U0256516

中国主要粮食作物一次性施肥技术

刘兆辉　主编

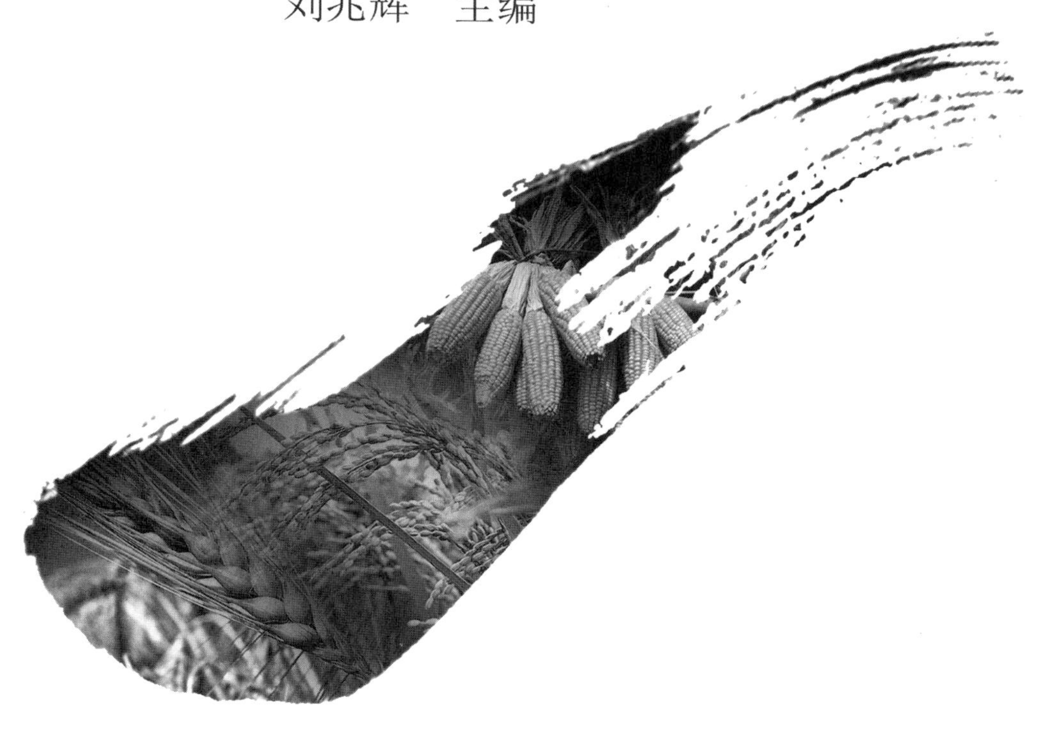

中国农业出版社
北　京

编　委　会

前言

小麦、玉米和水稻是我国的三大粮食作物，小麦和水稻是绝对的口粮作物，关系到国计民生。历年来全国上下特别重视三大粮食作物的生产，我国人多地少的矛盾突出，为获得高产，作物生产必须精细管理，不仅过程烦琐，而且需要投入大量人力和物力。生产中小麦一般施肥2～3次，水稻施肥2～3次，玉米施肥2次。目前我国农村劳动力短缺，难以实现多次施肥，对粮食生产造成很大的威胁。为保障产量，过量施肥特别是“一炮轰”施肥现象普遍存在，全国调查结果表明，农户中小麦施肥量一般超出科学用量的20%，水稻超出20%以上，玉米超出10%以上，既造成了巨大的资源浪费，又加剧了环境污染。近年来，随着农业机械化的快速发展，在一些科研项目的支持下，课题组利用肥料新产品开展了简化施肥的研究和实践，取得了显著的进展，为全国大面积应用一次性施肥技术提供了科技支撑。

在公益性行业（农业）科技项目的支持下，山东省农业科学院联合中国农业大学、中国农业科学院农业资源与农业区划研究所、中国科学院南京土壤研究所、华中农业大学、山东省农业机械科学研究院、吉林省农业科学院、广东省农业科学院农业资源与环境研究所、浙江省农业科学院环境资源与土壤肥料研究所和山东金正大生态工程股份有限公司，结合各单位的研究基础和优势，开展了5年的联合攻关。从肥料产品、配套机械研发和施肥关键技术等方面入手，以小麦、玉米和水稻为研究对象，进行了新型环保一次性施肥产品的研制和筛选，同时开展了相配套施肥机械的研发；在三大粮食作物四大典型区域（东北春玉米区、黄淮海冬小麦-夏玉米区、长江中下游单双季稻区和华南双季稻区）进行一次性施肥关键技术及相应机理研究；结合区域特点和高效栽培、植物营养、土壤等多学科交叉研究以及综合管理措施进行技术集成，同时开展一次性施肥对生物效应和生态环境效应的影响评价；建立典型产区三大粮食作物一次性施肥技术模式，开展田间试验并进行大面积示范、推广。

受编写水平和专业知识等方面的限制，书中内容可能存在不足之处，且由于研究时间较短、试验研究区域的限制，有一些方法、观点和结果不一定准确，恳请读者批评指正。

编　者

2019年11月

目
录

第一章　概　　论

第一节　主要粮食作物面积、分布和施肥情况

小麦、玉米和水稻作为我国三大主要粮食作物，2016 年的播种面积分别达到 3.677×10^7 hm^2、2.419×10^7 hm^2 和 3.018×10^7 hm^2，总播种面积占全国粮食作物总播种面积的 80.6%；2016 年的产量分别达到 2.1955×10^8 t、1.2885×10^8 t 和 2.0708×10^8 t，总产量达到全国粮食总产量的 90%以上（图 1-1）。小麦、玉米和水稻三大粮食作物在保障我国粮食安全中具有重要的地位和作用。

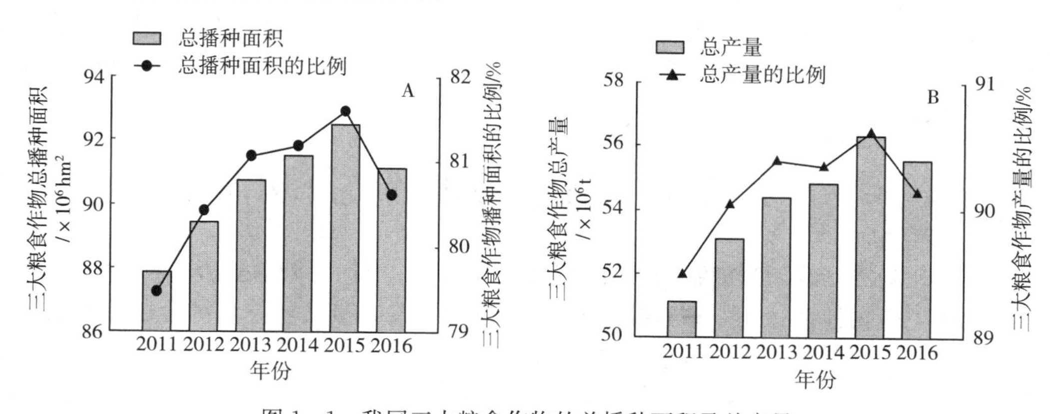

图 1-1　我国三大粮食作物的总播种面积及总产量

保障当前和未来粮食安全的同时减少粮食生产带来的巨大环境影响成为农业可持续发展的必然要求，科学施肥是保证高产、高效及减少环境污染的重要措施之一。然而，当前我国三大粮食主产区的施肥问题仍然比较突出。由于社会经济变革导致农业劳动力短缺，我国粮食生产中过量施肥、不合理施肥的现象仍然普遍存在。不仅造成肥料利用率低，同时导致地下水硝酸盐污染（Ju et al.，2006）、水体富营养化（Conley et al.，2009）和温室气体排放（Zhang et al.，2013；Oita et al.，2016）等问题，严重影响了农业生态环境和人类健康（Sutton et al.，2011；Gu et al.，2015）。张福锁等（2008）研究认为我国三大粮食作物的肥料利用率远低于国际水平，与 20 世纪 80 年代相比均呈下降趋势。作物高产与养分高效的本质是养分供应的时空有效性与作物的需求同步（Tilman et al.，2002；Zhang et al.，2010；Shen et al.，2013），即供肥必须与作物的养分吸收规律相吻合，实现根层养分供应与高产作物需求在数量上匹配、时间上同步、空间上一致，这就要求在作物生产中必须进行多次施肥，这与当前我国农业劳动力短缺的社会现实是矛盾的，已有的科学施肥技术因劳动力不足很难在我国大面积粮食生产中发挥作用。因此，当前我国的粮食生产迫切需要探索一套既省工节本又稳定高产的简化施肥技术，在满足作物生长的前提

下，简化施肥管理，以实现减少劳动力投入，同时提高养分利用效率，协调作物高产与环境保护的目的。一次性施用控释肥不仅能满足作物整个生育期的养分需求，而且能简化操作和减少环境污染，具有重要的环境效益和经济效益（Yang et al.，2012），因而开展一次性施肥技术的研究，可为我国粮食生产的施肥转型提供新思路，为保障我国农村劳动力短缺现状下的粮食安全提供技术支撑，对保障国家粮食安全以及农业的可持续发展具有重大意义。

根据区域特点和生产布局，我国玉米种植区主要包括4个大区：东北春玉米区、西北春玉米区、华北夏玉米区、西南玉米区。小麦种植区主要包括5个大区：东北春麦区、华北冬麦区、长江中下游冬麦区、西北麦区、西南麦区。水稻种植区主要包括4个大区：东北单季稻区、西南高原山地单季稻区、长江流域单双季稻区、江南华南单双季稻区（武良，2014；吴良泉，2014）。

针对劳动力短缺与施肥习惯的矛盾、肥料产品与施肥方式改革的矛盾，本书主要探讨主要粮食作物一次性施肥技术，以东北、黄淮海、长江中下游、华南四个粮食主产区作为典型，探讨肥料投入和劳动力投入“双节约”以及环境友好的粮食生产技术模式，促进粮食产量、农民收益增长，保持生态安全，为我国粮食生产的施肥转型提供新思路，为精简化施肥提供技术模式和示范样板。

第二节　一次性施肥技术的概念和内涵

进行简化栽培已成为当前我国粮食生产的必然需求。简化栽培是运用现代农业机械代替人工操作，简化种植管理，减少田间作业次数，将农机和农艺技术结合以减轻劳动强度，实现农业生产轻便简捷、节本增效的施肥与耕作栽培方法。简化栽培技术是动态的和不断发展的，其具体的管理措施与保障技术等都随当前农业的发展水平而不断变化、提升和完善，但无论如何变化，简化栽培都要满足在实现作物高效生产的前提下，获得高产、优质、生态、安全和可持续发展（官春云，2012）。

施肥技术是作物栽培体系中的重要组成部分，是作物高产的根本保证。作为简化栽培发展的高级形式，一次性施肥技术是指小麦、玉米等种子直播作物在播种的同时将肥料施入，水稻等移栽作物在插秧移栽或整地时将肥料施入，整个生育期内不需要再次追肥，实现作物不减产或小幅度增产，达到经济效益、环境效益和社会效益协同提高的目标。与将普通肥料作为底肥或口肥的“一炮轰”施肥方式不同，一次性施肥技术是以作物专用控释肥料为支撑，与农业机械同步实施，同时将传统多次施肥习惯进行简化，实现大幅节省劳动力成本（王强 等，2017）。控释肥料具有传统速效肥料不可比拟的优势（Ni et al.，2010）。依托新型肥料为载体的施肥技术不仅能简化施肥过程，而且还能提高肥料利用率，降低施肥量（杜建军 等，2002）。

对于不同的作物，一次性施肥技术的管理方式也不完全相同。玉米一次性施肥技术是根据土壤肥力情况和玉米需肥特性确定最佳的施肥量，在整地时将玉米全生育期所需的专用缓/控释氮肥配合磷、钾肥作底肥（或播种时作基肥）一次性施入，整个生育期内不再追肥的技术。小麦一次性施肥技术是指播种期根据小麦不同生育阶段对各营养成分的需求特点，结合当地的气候特征和土壤条件，以小麦目标产量为基础，按科学施肥理论和肥料改型改性技术，采用缓/控释氮肥掺混磷、钾等其他养分的方法，将小麦整个生育期所需的养分，在播种的同时一次性施入的技术。水稻一次性施肥技术是指水稻从移栽到收获整个生育期只施肥一次，依据水稻高产稳产对肥料养分的动态需求以及结合当地的气候特征和土壤条件进行科学配方，将专用缓/控释肥在水稻移栽前作基肥结合耕作措施全层施用，一次施用无须追肥，就能满足整个水稻生长期对养分的需求，同时实现增产增收的一项新技术（徐培智 等，2005；张绪美 等，2015）。

一次性施肥技术与农机结合是简化管理、减少生产环节以及进行大面积作业的重要措施。我国粮食主产区可实现一次性施肥技术的农业生产方式主要包括以下三类：①一次性基施控释氮肥，将控释氮肥与配套农机相结合，通过专用控释肥实现作物全生育期的养分需求，不仅省工省力、简化操作，而且还能提高肥料利用率、减少环境污染（Geng et al.，2015）；②氮肥减施技术，通过氮肥减量施用技术探寻作物氮素需求与土壤氮素供应之间的平衡关系，以实现农业高产、高效和持续健康发展，已被国内外广泛使用（Lambert，1990；Qiao et al.，2012），书中所述氮肥减施技术是指通过控释肥等新型肥料的应用实现氮肥施用量的进一步优化；③化学调控技术，施肥时通过添加化学调控剂（如硝化抑制剂、脲酶抑制剂等）调控养分释放和进行简化操作，以解决普通肥料肥效短以及肥料利用率低的问题。

第三节 一次性施肥技术的进展

缓/控释肥料是一次性施肥技术的重要载体，其中控释肥料又是缓释肥料的高级形式（张民 等，2005；陈剑秋 等，2012；Azeem et al.，2014）。目前关于控释肥的研究工作主要集中在包膜材料的选用、研制和控释机制的研究上（Notario et al.，1995；景旭东 等，2015）。据统计，2005—2015 年，我国缓/控释氮肥的总生产量为 2 100 万 t，总推广面积达到 3 300 万 hm^2（颜晓元 等，2018）。缓/控释肥及其应用技术的研究对一次性施肥技术的发展具有重要意义。

一、一次性施肥技术在玉米上的应用

经过 60 年的不懈努力，我国玉米栽培的目标已由高产为主向高产、高效、生态、安全等多目标协同发展。近年来玉米生产立足于农机、农艺结合，逐渐形成了不同主产区的全程机械化生产技术规范，并且实现了产量和效率的协同提高（李少昆 等，2017）。一次性施肥技术因操作简便、高效、生态、节肥和省工等特点而被广泛应用于农业生产，并在提高作物产量、氮肥利用率、培肥地力以及降低环境污染等方面取得了明显的效果。赵贵哲等（2007）研究表明，与农民传统施肥方式相比，一次性基施控释肥可显著提高玉米产量 16.6%，与农家肥混施增产率高达 56.6%。许海涛等（2012）研究表明，一次性基施控释肥有利于促进夏玉米叶面积增大和根系增多，改善玉米的产量性状，提高千粒重和产量。与掺混肥（尿素＋磷酸氢二铵＋氯化钾）相比，一次性基施控释肥明显促进玉米对氮

素的吸收利用，提高氮肥当季利用率 38.1%～86.6%，同时降低氨挥发速率 40%～96.5%，减少氨挥发损失量 39.2%～81.3%（李雨繁 等，2015）。胡小康等（2011）的研究结果表明，一次性基施控释肥能够显著降低夏玉米季土壤氧化亚氮（N_2O）的排放，N_2O 排放系数（0.30%）显著低于分次施用尿素处理（1.15%），生长季内土壤排放的 N_2O 总量显著降低 73.4%。张婧等（2016）的研究结果表明，一次性基施控释氮肥可有效减少冬小麦-夏玉米轮作系统土壤 N_2O 排放，较普通尿素分次施用相比 N_2O 年排放总量显著减少 22.8%。Li 等（2011）的研究表明，与普通尿素分次施用相比，一次性基施控释氮肥可使 0～1.3 m 土层的氮素淋溶显著降低 53%。与碳酸氢铵和普通尿素相比，一次性基施控释氮肥可有效降低氮素径流损失 15%～25%（付伟章 等，2013）。对一次性基施缓/控释肥在我国玉米主产区上的应用效果进行了系统总结，全国大范围的试验结果表明，与农民传统施肥相比，一次性基施缓/控释肥可使玉米产量、氮肥利用率分别平均提高 8.3%、37.5%，使氨挥发、N_2O 排放、氮素淋溶和氮素径流损失分别平均降低 58.6%、24.5%、25.7%和 22.4%（Xia et al.，2017）。上述研究表明一次性基施缓/控释肥不仅协同提高了玉米产量和氮肥利用率，而且还减少了活性氮的损失，改善了农田环境。

全量或减量施用缓/控释肥在玉米上均具有增产效果（卫丽 等，2009；卢艳丽 等，2011）。在减氮 20%的情况下，玉米一次性基施控释氮肥仍可比普通肥料增产 18.3%（卢艳丽 等，2011）。在减少 1/3 的纯氮用量的情况下，施用控释尿素仍可维持夏玉米产量不下降（孙克刚 等，2008）。索东让等（2002）的研究表明，玉米一次性基施控释氮肥可以节约氮肥 25%，与普通尿素相比，氮肥利用率提高 16.5%。彭正萍等（2015）在河北省的研究表明，控释氮肥减施 20%较优化施肥（尿素）处理相比可使玉米增产 2.7%，氮肥利用率增加 5.0%，同时减少氮素表观损失 76.6%。表明控释氮肥减量施用可在保证作物产量的同时，提高肥料利用率，实现经济效益、社会效益和生态效益的最大化（刘兆辉 等，2016）。史桂芳等（2017）研究指出，综合考虑玉米产量、氮素利用效率和经济效益，缓/控释肥减氮 20%可以达到省工、高产、高效和节肥的目的，适宜在华北夏玉米主产区推广应用。除缓/控释肥以外，向普通尿素中添加硝化抑制剂或脲酶抑制剂也可实现玉米一次性施肥，并且提高氮肥利用率和产量。2015 年我国混合硝化抑制剂和脲酶抑制剂的氮肥生产量达到了 140 万 t，应用面积达到 200 万 hm^2（颜晓元 等，2018）。化学调控技术已逐渐成为提高氮肥利用率和减少活性氮损失的关键策略。研究表明，添加硝化抑制剂可使玉米产量较农民习惯施肥增加 7.1%，较优化施肥（尿素）增加 8.6%，同时提高氮肥利用率 5.0%和减少氮素表观损失 53.0%（彭正萍 等，2015）。夏龙龙等（2017）通过文献综述的方法总结了硝化抑制剂与脲酶抑制剂在我国玉米主产区上的应用效果，研究发现添加硝化抑制剂使玉米产量和氮肥利用率分别提高 6.5%和 23.9%，同时使 N_2O 排放显著减少 38.9%，但对农田氨挥发无显著影响；添加脲酶抑制剂使玉米的产量和氮肥利用率分别提高 6.1%和 40.7%，NH_3、N_2O 的排放分别减少 46.1%和 37%。此外，林海涛等（2015）的研究结果表明，氮肥与硝化抑制剂配施可显著增加玉米的产量、氮肥偏生产力以及农学利用率，同时可降低纯氮用量 60 kg/hm^2，增收 346 元/hm^2，实现了玉米生产的节本增效。

二、一次性施肥技术在小麦上的应用

近年来缓/控释肥的研究和应用实践证明，一次性施用缓/控释肥能够提高肥料利用率，改善作物生长后期的供肥能力，促进作物增产（唐拴虎 等，2006)。张春伦等（1998）研究表明，在冬小麦上，一次性基施缓/控释肥比分次施用普通尿素增产18.3%～27.8%。汪强等（2007）报道，一次性基施缓/控释肥可促进小麦产量增加10.0%～11.2%，氮肥利用率提高6.2%～11.6%。彭正萍等（2015）在河北省的研究表明，一次性基施控释氮肥使小麦产量较农民习惯施肥相比增加5.7%，氮肥利用率增加53.7%；与优化施肥相比增产3.1%，氮肥利用率提高35.5%。王茹芳等（2005）研究表明，与普通尿素相比，一次性基施缓/控释肥能使冬小麦产量提高23.8%，小麦籽粒的粗蛋白、氨基酸、湿面筋和总糖含量分别增加3.5%、21.3%、4.6%和43.8%。刘蕊等（2010）研究表明，控释尿素的养分控制释放性能显著促进小麦的生长及对氮素的吸收，产量、氮肥利用率较普通尿素分别提高13.1%～31.7%、48.9%～59.3%；与普通尿素相比，控释尿素使土壤氨挥发速率峰值有效推迟3～5 d，降低氨挥发速率峰值44.4%～69.5%，减少整个小麦季氨挥发累积损失量39.3%～52.1%。肖强等（2008）冬小麦-夏玉米轮作3年6季的田间试验研究表明，缓/控释肥料能提高小麦氮素利用率2.8%～23.4%、玉米氮素利用率1.0%～21.6%，土壤-作物系统的氮素损失比普通化肥配施处理减少2.0%～24.9%。徐钰等（2016）的研究表明一次性基施控释肥可使N_2O排放显著降低22.4%～35.5%，甲烷（CH_4）的吸收量增加9.3%～44.2%，一次性基施控释肥能够抵消由于秸秆还田引起的N_2O排放增加。利用文献综述和数据挖掘的方法总结和分析了一次性基施缓/控释肥在我国小麦主产区的应用效果，一次性基施缓/控释肥较农民习惯施肥相比可使小麦的产量、氮肥利用率分别提高6.4%和30.2%，使NH_3、N_2O排放分别减少33.8%、34.9%，但对麦田氮素淋溶和径流的影响并不显著（Xia et al.，2017)。

综合产量、效益、养分效率和生态环境等方面考虑，控释氮肥减量施用技术在小麦上可以实现一次性施肥，具有简化生产环节、节本增收、提高养分利用率和减少环境污染等优势。朱晓霞等（2013）在鲁西地区的研究结果表明，与农民习惯施氮（300 kg/hm²）相比，在优化施氮的基础上施用缓/控释肥减氮20%（168 kg/hm²）能够保证小麦稳产，其氮素回收率、氮肥偏生产力分别提高19.7%和34.3%。彭正萍等（2015）在河北省的研究结果表明，控释氮肥减氮20%与农民习惯施肥相比使小麦产量增加7.1%，与优化施肥相比增产4.5%，氮肥利用率提高12.2%，且氮素表观损失减少57.3%。谭德水等（2016）研究表明，与普通尿素分次施用相比，一次性基施控释氮肥使小麦生长季N_2O排放显著减少22.7%，同时降低小麦收获期土壤硝态氮残留，从而减少了氮向土壤深层淋溶和向大气排放的环境风险。张英鹏等（2013）在山东棕壤上发现，一次性施用缓/控释肥减少37%的氮肥用量仍可保证小麦获得高产，并且显著提高氮肥利用率以及降低硝态氮的淋溶风险。表明氮肥减量施用技术可实现小麦节本、稳产、增效以及环境友好的目标，与传统施肥方式相比具有较大的优势，有望在我国冬麦区全面推广应用（谭德水 等，2016)。与农民习惯施肥相比，添加硝化抑制剂小麦产量增加13.4%；与优化施肥处理相比，添加硝化抑制剂小麦增产 10.6%，氮肥利用率提高 16.4%，氮素表观损失量减少 76.7%（彭正萍 等，2015）。添加硝化抑制剂能够显著抑制旱地冬小麦季 N_2O 排放对施肥的响应，并能在普通尿素分次施用的基础上提升产量 10.9%，同时降低单位产量 N_2O 排放量 22.1%（胡腾 等，2014）。对化学调控技术在我国小麦主产区上的应用效果进行了系统的总结，研究发现与农民传统施肥习惯相比，添加硝化抑制剂可使小麦产量和氮肥利用率分别提高 12.3%和 31.6%，同时使 N_2O 排放、氮素淋溶和氮素径流分别减少 31.8%、41.8%和 46.1%，但对麦田 NH_3 排放无显著影响；添加脲酶抑制剂使小麦的产量和氮肥利用率分别提高 5.8%和 25.4%，使 NH_3、N_2O 的排放分别减少 51.2%、11.9%（Xia et al.，2017）。

三、一次性施肥技术在水稻上的应用

国际上美国、欧洲和澳大利亚等发达国家的水稻种植以机械直播为主（张绍军 等，2012；高一铭 等，2013）。美国水稻种植 80%采用机械旱直播，澳大利亚 80%采用飞机撒播的方式，大型农业机械与飞机的应用可以快速地提高工作效率，同时机械化耕作、施肥、除虫以及收获也保证了水稻的高效种植（王在满，2016）。日本人多地少，地块小、分散，日本政府对粮食生产和施肥技术非常重视，不断研究、开发和推广了大量适合本国农业生产的新技术和新机具，使日本一次性施肥技术达到了世界领先水平。我国水稻种植区域跨度大，研发适合我国区域生产条件的一次性施肥技术，同时提高水稻生产机械化水平是实现水稻高产、高效的重要途径，也是解决劳动力短缺、提高劳动生产率的关键。我国水稻机械化以机械插秧和机械直播为主，针对目前我国水稻生产中面临的问题，水稻一次性施肥技术不断发展，并在大面积应用上取得了较好的效果。

研究表明，采用同步开沟起垄水稻机械化穴播技术，与人工撒播相比平均增产 16.7%，与机械插秧相比增产 4.1%～27.0%；与人工插秧、人工抛秧和机械插秧相比，分别可降低生产成本 4.4%、7.7%和 7.9%（王在满，2016）。采用 60 d 释放期的缓/控释肥可促进水稻对氮素的吸收和减少氮肥用量，实现早稻和晚稻的一次性施肥（张木 等，2017）。沈寅寅等（2011）报道，水稻缓/控释肥养分释放速度平稳，能有效减少无效分蘖，提高水稻成穗率。纪雄辉等（2007）的研究表明，控释肥料一次性基施可提高早、晚稻产量 10.3%～18.3%。Fu 等（2001）的研究表明，与普通尿素相比，一次性基施控释肥料可使早稻的肥料利用率提高 13.6%～86.4%，晚稻提高 100%～164%。控释肥料能够有效地控制氮素的释放，降低氮素的氨挥发损失，减少稻田 N_2O 的排放，提高氮素利用率，减少因氮素损失对环境造成的污染（纪雄辉 等，2007）。郑圣先等（2004）的研究结果表明，一次性基施控释氮肥的氨挥发、淋失和硝化-反硝化的损失量分别比普通尿素处理下降 54.0%、32.5%和 94.2%。王春枝等（2003）研究表明，缓/控释肥可明显抑制 NH_3 和 NO_x 的挥发损失。邹洪涛等（2006）研究了不同膜质材料覆膜制成的包膜肥料对抑制氮素挥发的影响，结果表明，与对照相比，包膜肥料的氮素挥发总量减少了 18.1%～26.0%。周亮等（2014）研究表明，与普通尿素处理比较，氨挥发累积损失量早稻控释氮肥处理比普通尿素处理低 43.0%～54.3%，晚稻控释氮肥处理比普通尿素处理降低了 27.8%～

35.3%。通过整合分析的方法对一次性基施缓/控释肥在我国水稻主产区的应用效果进行了总结，与传统施肥方式相比，一次性基施缓/控释肥水稻的产量和氮肥利用率分别提高了9.3%和36.6%，NH_3排放、N_2O排放、氮素淋溶和氮素径流分别降低69.1%、48.9%、15.3%和43.2%（Xia et al.，2017）。

在减少20%施氮量的情况下，一次性基施缓/控释肥较分次施用普通尿素相比可使水稻产量持平或略增加，氮肥利用率显著提高2.3%～20.4%（王强 等，2018）。陈建生等（2005）的研究表明，一次性施用水稻控释肥与常规施肥相比在纯氮、磷分别减少22.1%和21.8%的情况下，仍能实现增产8.2%。控释氮肥减量施用可以在维持水稻产量不降低的情况下平均节约氮素20%，同时提高氮肥利用率以及减少稻田氮素损失，实现水稻节本增收、稳产高效以及环境友好的可持续生产。与传统施肥方式相比，添加硝化抑制剂可使早稻产量增加12.4%，氮肥利用率、氮肥农学利用率、氮肥偏生产力分别增加27.3%、21.9%、10.3%，经济效益每公顷增加2 615元；使晚稻增产9.9%，氮肥利用率、氮肥农学利用率、氮肥偏生产力分别增加78.3%、27.1%、10.0%，经济效益每公顷增加2 528元（刘彦伶 等，2013）。周旋等（2017）研究表明，与普通尿素相比，添加脲酶抑制剂可使水稻增产22.2%～22.8%，经济效益提高24.6%～25.2%；添加硝化抑制剂使水稻增产20.1%，经济效益提高22.2%。对化学调控技术在我国水稻主产区上的应用效果进行了全面总结，研究发现与农民传统施肥相比，配施硝化抑制剂可使水稻产量和氮肥利用率分别提高11.4%和24.4%，使N_2O排放和氮素淋溶分别降低51.0%和31.6%，但使稻田NH_3的排放增加34.7%；配施脲酶抑制剂使水稻产量显著增加11.1%，NH_3和N_2O排放分别降低46.7%和45.2%，但对氮肥利用率无显著影响（Xia et al.，2017）。

第四节 一次性施肥存在的问题及发展趋势

一次性施肥技术在我国未来农业的发展中具有良好的应用前景。但是，目前一次性施肥技术在农业生产中仍然存在一些不足和问题：①缓/控释肥存在养分释放不能做到完全与作物的需肥规律相一致；②缓/控释肥的市场价格相对较高，限制了其在大田作物上的推广；③我国机械化水平仍然较低，农业机械装备总量不足，结构不合理，地区之间农业机械化水平严重不平衡；④现有农业机械缺少与一次性施肥技术的有效结合，施肥作业的效果不能适应不同土壤条件、不同种植方式和作物不同生长阶段的需求；⑤对一次性施肥技术在田间的应用效果缺乏科学系统的评价（经济效益、社会效益、环境效益及长远效益等方面）；⑥对一次性施肥宣传不够，农民的认识度有待进一步提高。

一次性施肥技术具有广阔的前景和很好的发展趋势：①开发更多效果更好、价格更低作物专用一次性施肥的肥料产品，包括液体肥料等多种形态的肥料组合；②研究各种作物一次性施肥或简化施肥技术；③研发一次性施肥或简化施肥专用联合作业机；④进行农机、农艺融合，建立我国区域一次性施肥技术体系，形成区域技术规程和模式，将成为我国一次性施肥技术发展的重要方向；⑤通过田间试验和跟踪调查等方式，综合评价一次性施肥技术在不同作物主产区的应用效果；⑥形成从产品研发、生产、配送到田间施用的一体化运营。

主要参考文献

陈建生，徐培智，唐拴虎，等，2005. 一次基施水稻控释肥技术的养分利用率及增产效果［J］. 应用生态学报，16（10）：1868－1871.

陈剑秋，葛雨明，孙德芳，等，2012. 缓控释肥质量快速检测方法探讨［J］. 磷肥与复肥，27（5）：13－15.

杜建军，廖宗文，宋波，等，2002. 包膜控释肥养分释放特性评价方法的研究进展［J］. 植物营养与肥料学报，8（1）：16－21.

付伟章，史衍玺，2013. 模拟降雨条件下肥料品种与施肥方式对氮素径流流失的影响［J］. 水土保持学报，27（3）：14－17，58.

高一铭，闫涛，刘文杰，2013. 国内外水稻直播机械化研究进展［J］. 农业科技与装备（1）：28－29.

官春云，2012. 作物简化生产的发展现状与对策［J］. 湖南农业科学（1）：7－10. DOI：10.16498/j.cnki.hnnykx.2012.02.010.

胡腾，同延安，高鹏程，等，2014. 黄土高原南部旱地冬小麦生长期 N_2O 排放特征与基于优化施氮的减排方法研究［J］. 中国生态农业学报，22（9）：1038－1046.

胡小康，黄彬香，苏芳，等，2011. 氮肥管理对夏玉米土壤 CH_4 和 N_2O 排放的影响［J］. 中国科学：化学，41（1）：117－128.

纪雄辉，罗兰芳，郑圣先，2007. 控释肥料对提高水稻养分利用率和削减稻田土壤环境污染的作用［J］. 磷肥与复肥，22（2）：67－68.

景旭东，林海琳，阎杰，2015. 新型缓释/控释肥包膜材料的研究与展望［J］. 安徽农业科学，43（2）：139－141.

李少昆，赵久然，董树亭，等，2017. 中国玉米栽培研究进展与展望［J］. 中国农业科学，50（11）：1941－1959.

李雨繁，贾可，王金艳，等，2015. 不同类型高氮复混（合）肥氨挥发特性及其对氮素平衡的影响［J］. 植物营养与肥料学报，21（3）：615－623.

林海涛，李慧，余晔，等，2015. 氮肥与新型增效剂配施对夏玉米生长及产量的影响［J］. 山东农业科学，2015（11）：68－71.

刘蕊，2010. 控释尿素对土壤氨挥发、氮素养分和微生物多样性及小麦产量的影响［D］. 泰安：山东农业大学.

刘彦伶，来庆，徐旱增，等，2013. 不同氮肥类型对黄泥田双季稻产量及氮素利用的影响［J］. 浙江大学学报（农业与生命科学版），39（4）：403－412.

刘兆辉，薄录吉，李彦，等，2016. 氮肥减量施用技术及其对作物产量和生态环境的影响综述［J］. 中国土壤与肥料（4）：1－8.

卢艳丽，白由路，王磊，等，2012. 华北小麦-玉米轮作区缓控释肥应用效果分析［J］. 植物营养与肥料学报，17（1）：209－215.

彭正萍，刘亚男，李迎春，等，2015. 持续氮素调控对小麦/玉米轮作系统氮素利用和表观损失的影响［J］. 水土保持学报，29（6）：74－79.

沈寅寅，郭栋，施俭，等，2011. 水稻缓（控）释配方肥应用技术研究［J］. 安徽农学通报（下半月刊），17（8）：52－54.

史桂芳，董浩，衣文平，等，2017. 不同用量长效控释肥对夏玉米生长发育及产量的影响［J］. 山东农业科学，49（7）：95－98.
孙克刚，和爱玲，李丙奇，等，2008. 控释尿素和普通尿素在夏玉米上的应用效果比较［J］. 河南农业科学（12）：61－63.
索东让，梁国森，2002. 长效尿素肥效及施用技术研究［J］. 耕作与栽培（2）：46－47.
谭德水，江丽华，房灵涛，等，2016. 控释氮肥一次施用对小麦群体调控及养分利用的影响［J］. 麦类作物学报，36（11）：1523－1531.
唐拴虎，杨少海，陈建生，等，2006. 水稻一次性施用控释肥料增产机理探讨［J］. 中国农业科学，39（12）：2511－2520.
汪强，李双凌，韩燕来，等，2007. 缓/控释肥对小麦增产与提高氮肥利用率的效果研究［J］. 土壤通报，38（4）：693－696.
王春枝，张玉龙，张玉玲，2003. 尿素涂层施入水田后对 NH_3 和 NO_x 挥发影响的研究［J］. 沈阳农业大学学报，34（1）：20－22.
王强，姜丽娜，潘建清，等，2017. 长江下游单季稻一次性施肥产量效应及影响因子研究［J］. 浙江农业学报，29（11）：1875－1881.
王强，姜丽娜，潘建清，等，2018. 长江下游单季稻一次性施肥的适宜缓释氮肥筛选［J］. 中国土壤与肥料（3）：48－53.
王茹芳，张夫道，刘秀梅，等，2005. 胶结型缓释肥在小麦上应用效果的研究［J］. 植物营养与肥料学报，11（3）：340－344.
王在满，2016. 同步开沟起垄水稻机械化穴播技术研究［D］. 广州：华南农业大学.
卫丽，马超，黄晓书，等，2009. 控释肥对土壤全氮含量及夏玉米产量品质的影响［J］. 水土保持学报，23（4）：176－179.
吴良泉，2014. 基于“大配方、小调整”的中国三大粮食作物区域配肥技术研究［D］. 北京：中国农业大学.
武良，2014. 基于总量控制的中国农业氮肥需求及温室气体减排潜力研究［D］. 北京：中国农业大学.
肖强，张夫道，王玉军，等，2008. 纳米材料胶结包膜型缓/控释肥料的特性及对作物氮素利用率与氮素损失的影响［J］. 植物营养与肥料学报，14（4）：779－785.
徐培智，谢春生，陈建生，等，2005. 水稻一次性施肥技术及其应用效果评价［J］. 土壤肥料（5）：49－51.
徐钰，刘兆辉，朱国梁，等，2016. 不同农业管理措施对华北地区麦田温室气体排放的影响［J］. 中国土壤与肥料（2）：7－13.
许海涛，王成业，刘峰，等，2012. 缓控释肥对夏玉米创玉 198 主要生产性状及耕层土壤性状的影响［J］. 河北农业科学，16（10）：66－70.
颜晓元，夏龙龙，遆超普，2018. 面向作物产量和环境双赢的氮肥施用策略［J］. 中国科学院院刊，33（2）：177－183.
张春伦，朱兴明，胡思农，1998. 缓释尿素的肥效及氮素利用率研究［J］. 土壤肥料（6）：17－20.
张福锁，王激清，张卫峰，等，2008. 中国主要粮食作物肥料利用率现状与提高途径［J］. 土壤学报，45（5）：918－924.
张婧，夏光利，李虎，等，2016. 一次性施肥技术对冬小麦/夏玉米轮作系统土壤 N_2O 排放的影响［J］. 农业环境科学学报，35（1）：195－204.
张民，杨越超，宋付朋，等，2005. 包膜控释肥料研究与产业化开发［J］. 化肥工业，32（2）：7－13.
张木，唐拴虎，张发宝，等，2017. 60 天释放期缓释尿素可实现早稻和晚稻的一次性基施［J］. 植物营养与肥料学报，23（1）：119－127.

张绍军，杨宝田，罗阁山，2012. 国内外水稻直播机械化的发展研究 [J]. 农业科技与装备（5）：61-62.

张绪美，沈文忠，李梅，2015. 水稻控释肥一次性施肥技术对比试验初报 [J]. 甘肃农业科技（11）：5-6.

张英鹏，刘兆辉，仲子文，等，2013. 氮肥调控对冬小麦主要性状，氮素利用及土壤硝态氮时空变化的影响 [J]. 江西农业学报，25（12）：78-81.

赵贵哲，刘亚青，薛怀清，等，2007. 玉米专用高分子缓释肥的制备及肥效研究 [J]. 中北大学学报（自然科学版）（2）：138-142.

郑圣先，刘德林，聂军，等，2004. 控释氮肥在淹水稻田土壤上的去向及利用率 [J]. 植物营养与肥料学报，10（2）：137-142.

周亮，荣湘民，谢桂先，等，2014. 不同氮肥施用对双季稻稻田氨挥发及其动力学特性的影响 [J]. 水土保持学报，28（4）：143-147.

周旋，吴良欢，戴锋，2017. 生化抑制剂组合与施肥模式对黄泥田水稻产量和经济效益的影响 [J]. 生态学杂志，36（12）：3517-3525.

朱晓霞，谭德水，江丽华，等，2013. 减量施用控释氮肥对小麦产量效率及土壤硝态氮的影响 [J]. 土壤通报，44（1）：179-183.

邹洪涛，张玉龙，黄毅，等，2006. 不同膜质材料制成包膜肥料对抑制氮素挥发效果的研究 [J]. 土壤通报，37（3）：519-521.

AZEEM B，KUSHAARI K Z，MAN Z B，et al，2014. Review on materials & methods to produce controlled release coated urea fertilizer [J]. Journal of Controlled Release，181：11-21.

CONLEY D J，PAERL H W，HOWARTH R W，et al，2009. Controlling eutrophication：nitrogen and phosphorus [J]. Science，323：1014-1015.

FU J R，ZHU Y H，JIANG L N，2001. Use of controlled release fertilizer for increasing N efficiency on direct seeding rice [J]. Pedosphere，11（4）：333-339.

GENG J B，MA Q，ZHANG M，et al，2015. Synchronized relationships between nitrogen release of controlled release nitrogen fertilizers and nitrogen requirements of cotton [J]. Field Crops Research，184：9-16.

GU B J，JU X T，CHANG J，et al，2015. Integrated reactive nitrogen budgets and future trends in China [J]. Proceedings of the National Academy of Sciences，112：8792-8797.

JU X T，KOU C L，ZHANG F S，et al，2006. Nitrogen balance and groundwater nitrate contamination：comparison among three intensive cropping systems on the North China Plain [J]. Environmental Pollution，143（1）：117-125.

LAMBERT D K，1990. Risk considerations in the reduction of nitrogen fertilizer use in agricultural production [J]. Western Journal of Agricultural Economics，15（2）：234-244.

LI G H，ZHAO L P，ZHANG S X，et al，2011. Recovery and leaching of 15N-labeled coated urea in a lysimeter system in the North China Plain [J]. Pedosphere，21（6）：763-772.

NI B，LIU M，LU S，2010. Multifunctional slow-release organic-inorganic compound fertilizer [J]. Journal of Agricultural & Food Chemistry，58（23）：12373-12378.

NOTARIO DEL PINO J S，ARTEAGA PADRÓN I J，GONZÁLEZ MARTIN M M，et al，1995. Phosphorus and potassium release from phillipsite-based slow-release fertilizers [J]. Journal of Controlled Release，34（1）：25-29.

OITA A，MALIK A，KANEMOTO K，et al，2016. Substantial nitrogen pollution embedded in international trade [J]. Nature Geoscience，9：111-115.

QIAO J, YANG L Z, YAN T M, et al, 2012. Nitrogen fertilizer reduction in rice production for two consecutive years in the Taihu Lake area [J]. Agriculture, Ecosystems & Environment, 146 (1): 103 - 112.

SHEN J B, CUI Z L, MIAO Y X, et al, 2013. Transforming agriculture in China: from solely high yield to both high yield and high resource use efficiency [J]. Global Food Security, 2: 1 - 8.

SUTTON M A, OENEMA O, ERISMAN J W, et al, 2011. Too much of a good thing [J]. Nature, 472: 159 - 161.

TILMAN D, CASSMAN K G, MATSON P A, et al, 2002. Agricultural sustainability and intensive production practices [J]. Nature, 418 (6898): 671 - 677.

XIA L L, LAM S K, CHEN D L, et al, 2017. Can knowledge - based N management produce more staple grain with lower greenhouse gas emission and reactive nitrogen pollution? A meta - analysis [J]. Global change biology, 23 (5): 1917 - 1925.

YANG Y C, ZHANG M, LI Y C, et al, 2012. Controlled release urea improved nitrogen use efficiency, activities of leaf enzymes, and rice yield [J]. Soil Science Society of America Journal, 76 (6): 2307 - 2317.

ZHANG F S, SHEN J B, ZHANG J L, et al, 2010. Rhizosphere processes and management for improving nutrient use efficiency and crop productivity: implications for China [J]. Advances in Agronomy, 107: 1 - 32.

ZHANG W, DOU Z, HE P, 2013. Improvements in manufacture and agricultural use of nitrogen fertilizer in China offer scope for significant reductions in greenhouse gas emissions [J]. Proceedings of the National Academy of Sciences, 110: 8375 - 8380.

第二章　主要粮食作物养分需求特征

第一节　冬小麦养分需求特征

一、氮需求特征

（一）材料与方法

氮素需求特征数据为大样本数据，分为两部分。第一部分数据用来分析冬小麦氮素需求随产量变化特征，数据来源于2000—2011年本课题组及土壤-作物系统综合管理协作网的合作单位在我国北方小麦主产区开展的田间试验。具体的试验地点为北京市东北旺乡、河北省曲周县、山东省惠民县和泰安市、河南省兰考县和温县、山西省洪洞县和永济市，数据库共包含429组数据。第二部分数据用于分析不同产量水平下冬小麦干物质累积与氮素养分吸收动态特征，数据来自2008—2012年田间试验，试验地点为河北省曲周县中国农业大学曲周实验站，共收集501组试验数据。图2-1至图2-3所有氮肥处理均为适宜施氮条件下的处理，氮肥施用总量在54～270 kg/hm^2（N），图2-4数据包括了所有的施氮处理，氮肥施用总量范围为0～300 kg/hm^2（N）。所有试验在播种前施用了过磷酸钙（0～150 kg/hm^2，P_2O_5）和氯化钾（0～120 kg/hm^2，K_2O）。氮肥形态为尿素，分别在播种前和拔节期施用。

在冬小麦越冬期（GS23）、拔节期（GS30）、扬花期（GS60）和成熟期（GS100）等关键生育时期，每个小区收割1 m^{2}的小麦地上部植株样品，于烘箱75℃烘干至恒重，称量计算干物质累积量，然后样品粉碎，用凯氏定氮法测定植株氮浓度。成熟期收割6 m^{2}小麦植株，脱粒，籽粒烘干，并计算籽粒产量（含水量14%）。取部分样品粉碎，用凯氏定氮法测定植株氮素浓度。

（二）冬小麦氮素需求随产量变化的特征

地上部需氮量与小麦籽粒产量呈显著的幂函数相关，地上部需氮量随籽粒产量的提高而增加，89%地上部需氮量的变化归结为籽粒产量的变化（图2-1）。为进一步明确地上部需氮量与产量的关系，将数据按产量水平分为6组（表2-1）：<4.5 t/hm^2、4.5～6.0 t/hm^2、6.0～7.5 t/hm^2、7.5～9.0 t/hm^2、9.0～10.5 t/hm^{2}和>10.5 t/hm^2。收获指数平均为0.456，各产量水平下收获指数平均分别为0.392、0.436、0.465、0.464、0.476和0.484，收获指数随产量的提高而增加（图2-3A），各产量水平下平均氮收获指数在0.774左右（图2-3B）。籽粒氮浓度平均为21.8 g/kg，各产量水平的平均籽粒氮浓度分别为24.1 g/kg、22.5 g/kg、22.1 g/kg、21.3 g/kg、20.0 g/kg和20.6 g/kg，总体随着产量水平的提高而降低（图2-3C）；平均秸秆氮浓度在产量水平<4.5 t/hm^{2}时为4.7 g/kg，产量水平>4.5 t/hm^{2}时则在5.3 g/kg左右（图2-3D）。籽粒氮素需求量平均为24.3 kg/t，各产量水平下籽粒氮素需求量平均分别为 27.1 kg/t、25.0 kg/t、24.5 kg/t、23.8 kg/t、22.7 kg/t和 22.5 kg/t，籽粒氮素需求量随着产量水平的提高而降低（图 2－2）。冬小麦籽粒氮素需求量随产量水平增加而降低的趋势可分为 3 个阶段。第一阶段为从产量水平＜4.5 t/hm² 到 6.0～7.5 t/hm²，该阶段内小麦产量的提高是收获指数和地上部生物量共同提高的结果。在此阶段，产量提高 67.5%（由 4.0 t/hm² 提高到 6.7 t/hm²），而地上部生物量提高 40.4%（从 8.9 t/hm² 提高到 12.5 t/hm²），收获指数提高 0.186。由于收获指数从 0.392 增加到 0.465，同时籽粒氮浓度从 24.1 g/kg 降低到 22.1 g/kg，导致籽粒氮素需求从 27.1 kg/t降低到 24.5 kg/t。第二阶段为产量水平从 6.0～7.5 t/hm² 到 9.0～10.5 t/hm²，在此阶段收获指数稳定在 0.47，产量的提高主要是由于地上部生物量的提高。籽粒氮浓度从 22.1 g/kg 降低到 20.0 g/kg，导致籽粒氮素需求从 24.5 kg/t 降低到 22.7 kg/t。第三阶段为产量水平从 9.0～10.5 t/hm² 到＞10.5 t/hm²，产量的提高主要是由于地上部生物量的提高，而收获指数不变。由于籽粒氮浓度没有太大变化，因此单位籽粒氮素需求也基本没有变化。以上结果表明，地上部需氮量随籽粒产量的提高而增加，但籽粒氮素需求量随着产量水平的提高而降低，这种趋势主要是由收获指数和籽粒氮浓度的变化引起的。

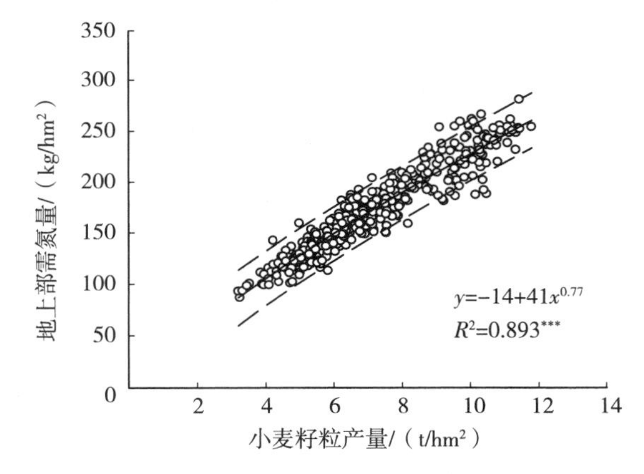

图 2－1　地上部需氮量与小麦产量的关系

注：实线表示拟合曲线，虚线表示 95%预测区间，*** 显著性为 0.001。

表 2－1　优化施氮处理不同产量水平下的产量数据分布

产量范围/（t/hm²）	样本量	平均值	标准差	最小值	25%位点	中值	75%位点	最大值
＜4.5	24	4.0	0.4	3.2	3.9	4.1	4.3	4.5
4.5～6.0	103	5.3	0.4	4.5	5.0	5.3	5.7	6.0
6.0～7.5	147	6.7	0.4	6.0	6.3	6.6	7.0	7.5
7.5～9.0	64	8.1	0.5	7.5	7.7	8.1	8.6	8.9
9.0～10.5	66	9.8	0.4	9.0	9.6	9.9	10.2	10.5
＞10.5	25	11.0	0.3	10.5	10.8	11.1	11.3	11.8
全部	429	7.2	1.9	3.2	5.8	6.7	8.6	11.8

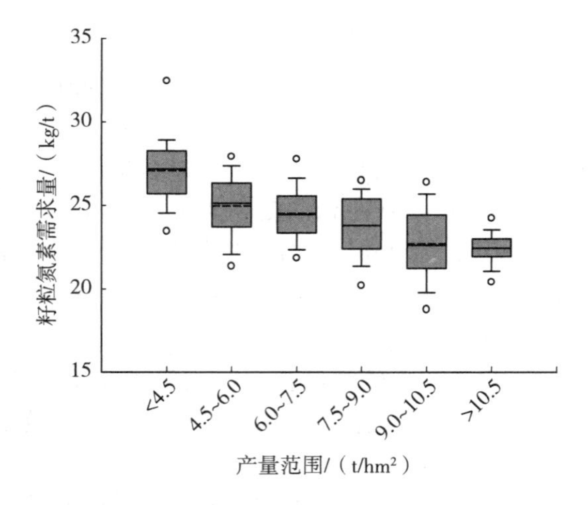

图 2-2　各产量水平下单位籽粒氮素需求

注：箱线图中部实线代表中值，虚线代表平均值，箱上、下边分别代表上、下四分位点，上、下横虚线分别代表 90%和 10%，上、下圆点分别代表 95%和 5%的位点。

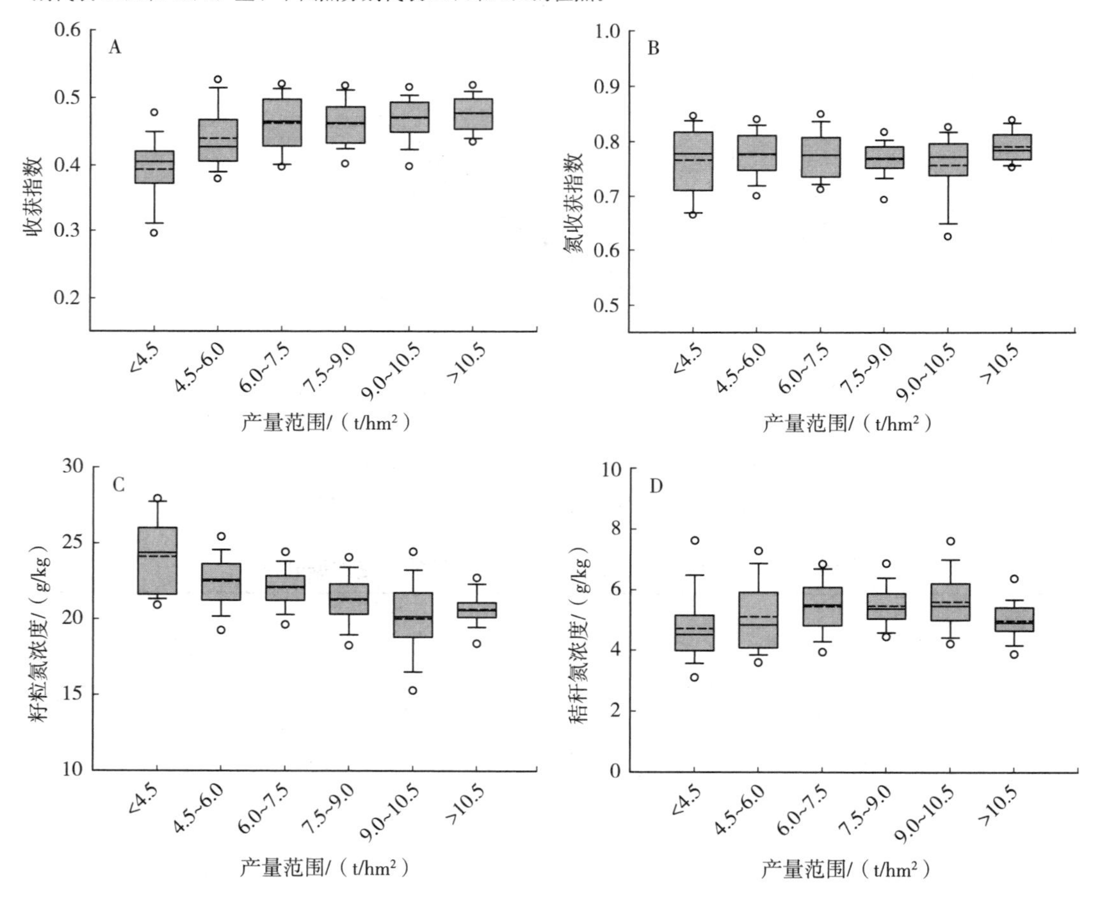

图 2-3　冬小麦各产量水平下的收获指数（A）、氮收获指数（B）、籽粒氮浓度（C）和秸秆氮浓度（D）

注：箱线图中部实线代表中值，虚线代表平均值，箱上、下边分别代表上、下四分位点，上、下横虚线分别代表 90%和 10%，上、下圆点分别代表 95%和 5%的位点。

(三)不同产量水平下冬小麦干物质累积与氮素养分吸收动态特征

图2-4总结了<7.0 t/hm²、7.0~8.5 t/hm²和>8.5 t/hm² 3个产量水平下越冬期、拔节期、扬花期和成熟期4个关键生育时期的平均干物质累积与氮素养分吸收动态特征。从播种到拔节期之前,3个产量水平的干物质累积和氮吸收速率无明显差异。进入拔节期后,不同产量水平下的干物质累积与氮素吸收量的差异逐渐增大,拔节至扬花阶段表现出最大的干物质累积与氮素吸收速率。拔节至扬花阶段,产量水平>8.5 t/hm²时干物质累积的变化量为9.0 t/hm²,比7.0~8.5 t/hm²和<7.0 t/hm²产量水平时的干物质累积的变化量分别提高26%和70%;产量水平>8.5 t/hm²时氮素吸收变化量比7.0~8.5 t/hm²与<7.0 t/hm²产量水平时的氮素吸收变化量分别提高12.8%(97 kg/hm²、86 kg/hm²)和79.6%(97 kg/hm²、54 kg/hm²)(图2-4B)。在成熟期,产量水平>8.5 t/hm²时的氮素吸收总量比7.0~8.5 t/hm²和<7.0 t/hm²产量水平时的氮素吸收总量分别提高25.3%(238 kg/hm²、190 kg/hm²)和80.3%(238 kg/hm²、132 kg/hm²)。以上结果表明,冬小麦的干物质累积量及累积速率和氮素养分吸收量及吸收速率在拔节期之后开始显著增加,高产水平下冬小麦具有更高的养分吸收量和吸收速率。

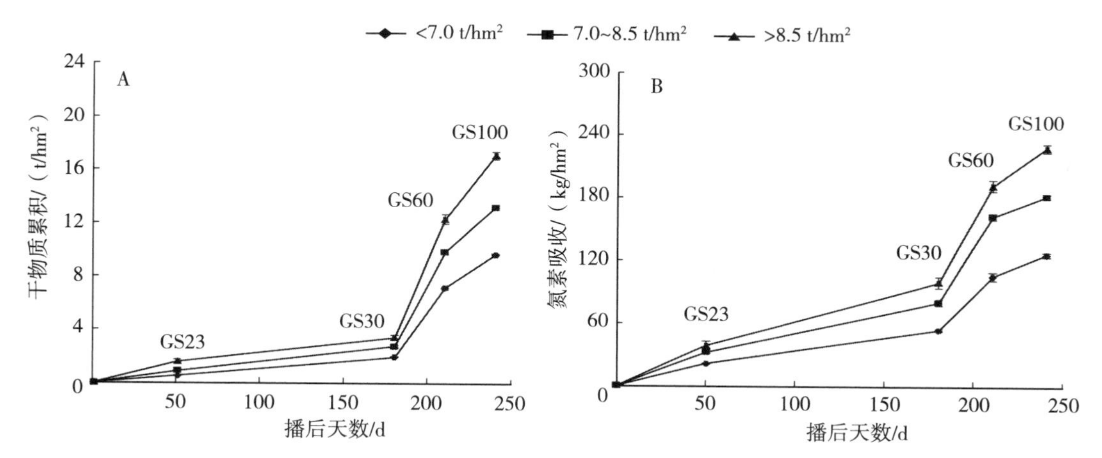

图2-4 冬小麦不同产量水平的动态干物质累积(A)与氮素养分吸收(B)

注:GS23、GS30、GS60与GS100分别代表越冬期、拔节期、扬花期与成熟期。

二、磷需求特征

(一)材料与方法

磷素需求特征数据为大样本数据,来自2000—2013年集中收集的1 232组农户和田间试验数据,地点为河北、河南、山东、陕西和江苏。试验点的详细资料这里不详细列出。氮肥分别在播前和拔节期施用,磷肥和钾肥全部在播种前施用,所有磷肥处理均为适宜施磷条件下的处理,施磷量从50 kg/hm²(P_2O_5)到150 kg/hm²(P_2O_5)。为了进一步理解不同生育时期产量和地上部生物量与磷素需求之间的关系,从试验中挑选了178组分别测定了小麦返青期（GS25）、拔节期（GS30）、扬花期（GS60）和成熟期（GS100）的生物量和地上部磷浓度。

分别在返青期（GS25）、拔节期（GS30）、扬花期（GS60）和成熟期（GS100）选取长势均匀、长0.5m的两行样方。植株样品放入70℃烘箱烘干称量，取部分样品粉碎用于测定植株磷含量。成熟期收获整个小区项目植株，以测定生物量和籽粒产量（含水量13%）。植株用浓硫酸（H_2SO_4）和过氧化氢（H_2O_2）消化，并用钒钼黄比色法测定磷浓度。

（二）冬小麦磷素需求随产量变化的特征

在适宜施磷条件下，小麦籽粒产量与地上部需磷总量呈显著的幂函数相关关系（图2-5），地上部86%磷素总吸收量的变化归结为籽粒产量的变化。为进一步明确籽粒产量和磷素需求之间的关系，将所有数据根据产量水平分为5组：<4.5 t/hm²（n=422，平均产量2.4 t/hm²），4.5～6.0 t/hm²（n=243，平均产量5.3 t/hm²），6.0～7.5 t/hm²（n=361，平均产量6.7 t/hm²），7.5～9.0 t/hm²（n=155，平均产量8.0 t/hm²），>9.0 t/hm²（n=51，平均产量9.9 t/hm²）。籽粒磷素需求量平均为4.5 kg/t，各产量水平下籽粒磷素需求量平均分别为4.7 kg/t、4.5 kg/t、4.5 kg/t、4.4 kg/t和4.2 kg/t（图2-6），籽粒磷素需求量随产量水平的提高而降低，这可能是由收获指数的增加和籽粒磷浓度的降低引起的（图2-7A，C）。5个产量水平下，收获指数从产量水平<4.5 t/hm²时的0.457上升到产量水平>9.0 t/hm²时的0.483（图2-7A），籽粒磷浓度从产量水平<4.5 t/hm²时的3.8 g/kg降低到产量水平>9.0 t/hm²时的3.2 g/kg（图2-7C），而秸秆磷浓度从产量水平<4.5 t/hm²时的0.8 g/kg上升到产量水平>9.0 t/hm²时的0.9 g/kg（图2-7D）。上述结果表明，地上部需磷量随籽粒产量的提高而增加，但籽粒磷素需求量随着产量水平的提高而降低，这种趋势主要是由收获指数的增加和籽粒磷浓度的降低引起的。

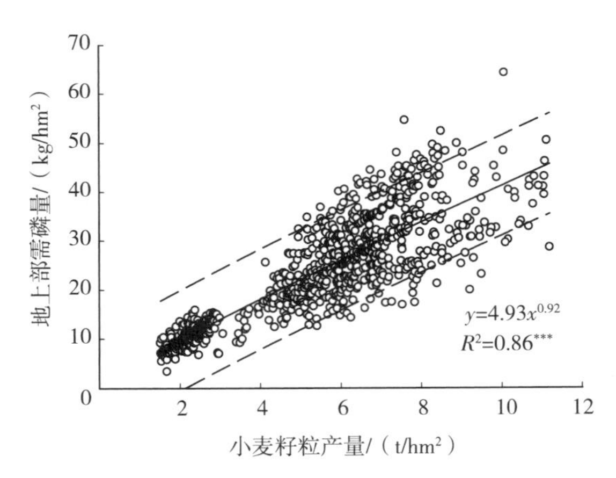

图2-5　地上部需磷量与小麦籽粒产量的关系

注：实线表示拟合曲线，虚线表示95%预测区间，***显著性为0.001。

（三）不同产量水平下冬小麦干物质累积与磷素养分吸收动态特征

为了探究不同产量水平下冬小麦地上部干物质累积和磷素养分吸收的动态变化特征，

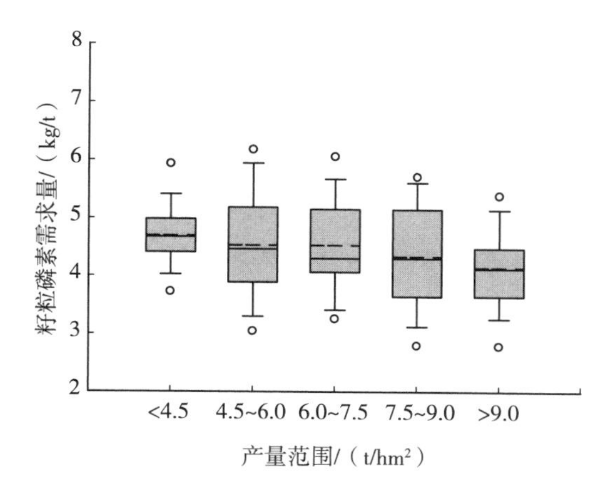

图 2-6　各产量水平下单位籽粒磷素需求

注：箱线图中部实线代表中值，虚线代表平均值，箱上、下边分别代表上、下四分位点，上、下横虚线分别代表 90%和 10%，上、下圆点分别代表 95%和 5%的位点。

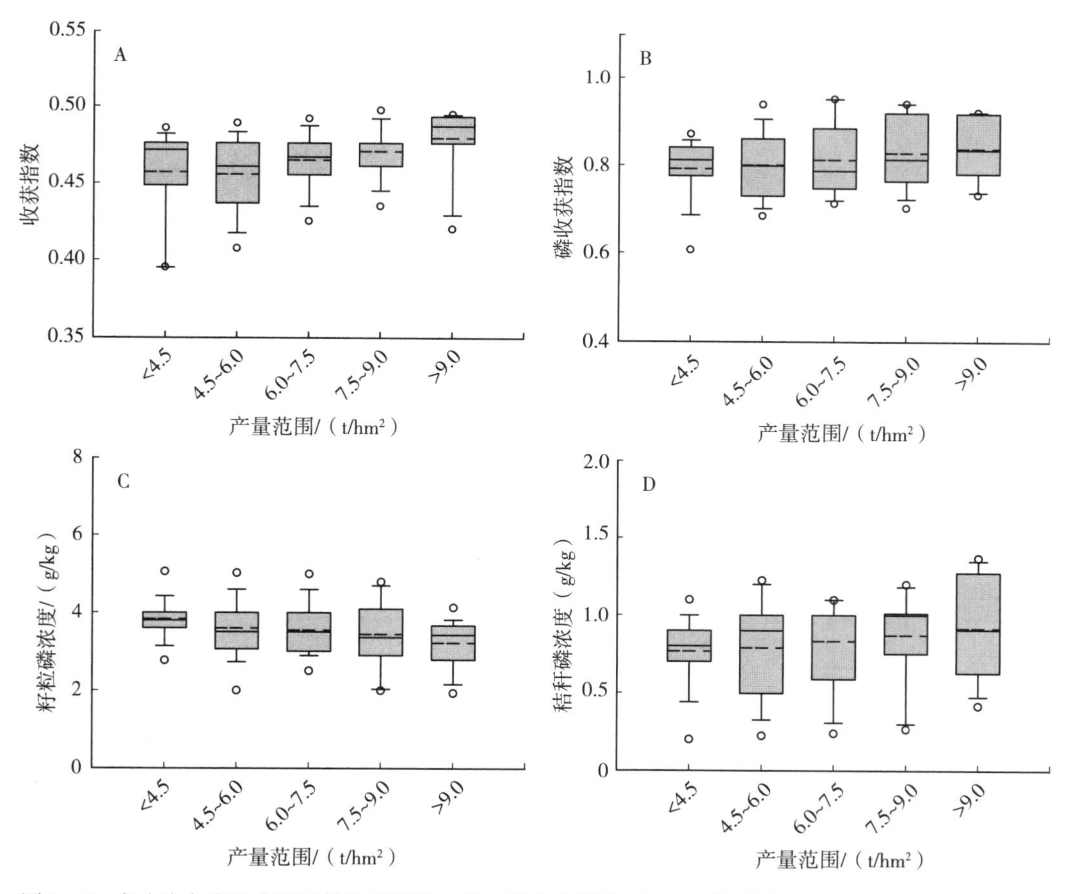

图 2-7　冬小麦各产量水平下的收获指数（A）、磷收获指数（B）、籽粒磷浓度（C）和秸秆磷浓度（D）

注：箱线图中部实线代表中值，虚线代表平均值，箱上、下边分别代表上、下四分位点，上、下横虚线分别代表 90%和 10%，上、下圆点分别代表 95%和 5%的位点。

从适宜施磷条件下选取 178 组数据，根据产量水平将其分为 4 组：<6.0 t/hm^2（n=39），6.0～7.5 t/hm^2（n=48），7.5～9.0 t/hm^2（n=54），>9 t/hm^2（n=37）。在冬小麦整个生育期，产量水平>9.0 t/hm^2 时的地上部干物质累积和磷素吸收均大于其他 3 个产量水平（图 2－8）。从播种到返青期，地上部干物质累积在产量水平>9.0 t/hm^2 时为 0.9 t/hm^2，比其余 3 个产量水平高 4.7%～75.5%。磷素吸收量在产量水平>9.0 t/hm^2 时为 3.4 kg/hm^2，比其余 3 个产量水平高 6.3%～112.5%。在返青期前，地上部干物质累积量和磷素吸收量在 6.0～7.5 t/hm^2、7.5～9.0 t/hm^2 和>9.0 t/hm^2 3 个产量水平间无明显差异，从返青期开始，地上部干物质累积量和磷素吸收量在 3 个产量水平间开始出现差异。各产量水平在拔节至扬花阶段表现出最大的干物质累积与磷素吸收速率，地上部干物质累积量的变化量在 7.5～9.0 t/hm^2 和>9.0 t/hm^2 时分别为 6.2 t/hm^2 和 7.0 t/hm^2，磷素吸收的变化量分别为 13.1 kg/hm^2 和 12.7 kg/hm^2。在成熟期，产量水平>9.0 t/hm^2 时的干物质累积和磷素吸收量分别为 18.9 t/hm^2 和 34.2 kg/hm^2，分别比其余 3 个产量水平高 29.5%～100.2%和 25.6%～97.7%。以上结果表明，冬小麦的干物质累积与磷素养分吸收量在返青期之后开始显著增加，高产水平下冬小麦具有更高的养分吸收量和吸收速率。

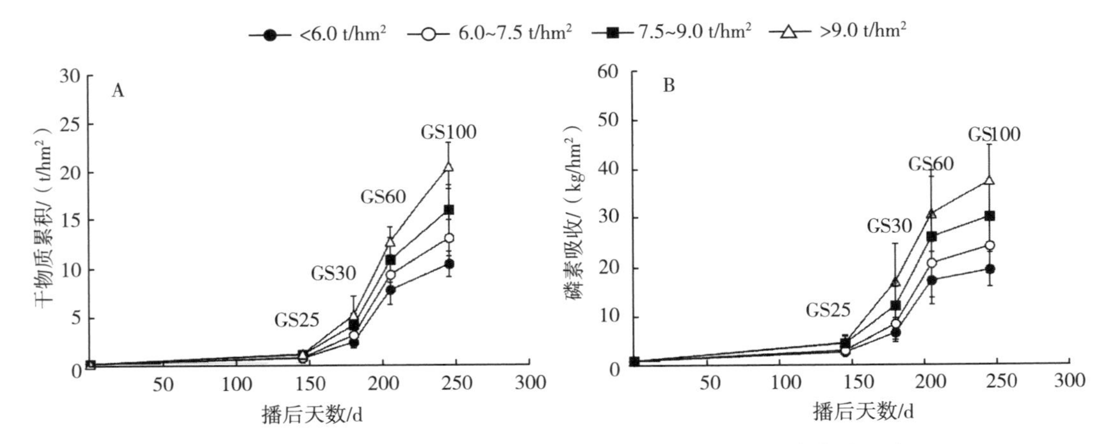

图 2－8　冬小麦不同产量水平的动态干物质累积（A）与磷素养分吸收（B）

注：GS25、GS30、GS60 与 GS100 分别代表返青期、拔节期、扬花期与成熟期。

三、钾需求特征

（一）材料与方法

钾素需求特征数据为大样本数据，来自 2005—2009 年收集的田间试验数据，试验地点为河北、山东、陕西和江苏，共 209 组试验数据。试验点的详细资料这里不详细列出。所有试验点钾肥处理均为适宜施钾条件下的处理，施钾量 48～150 kg/hm^2（K_2O）。小麦植株样品于成熟期选取长势均匀、长 0.5 m 的两行样方取样。地上部植株放入 75℃烘箱中烘干称量以测定生物量，并测定籽粒产量（含水量 13%），取部分样品粉碎用于测定植株钾含量。植株用 H_2SO_4 和 H_2O_2 消化，钾浓度使用火焰光度法（Cole－Parmer 2655－00，Vernon Hills，IL）进行测定。

（二）冬小麦钾素需求随产量变化的特征

在适宜施钾条件下，小麦籽粒产量与地上部钾素总吸收量呈现出指数函数的关系（图 2-9），地上部 65%钾素总吸收量的变化归结为籽粒产量的变化。为明确籽粒产量和钾素需求之间的关系，将所有数据根据产量水平分为 4 组：<4.5 t/hm² (n=71，平均产量 3.0 t/hm²)，4.5～6.0 t/hm² (n=42，平均产量 5.4 t/hm²)，6.0～7.5 t/hm² (n=39，平均产量 6.8 t/hm²)，>7.5 t/hm² (n=57，平均产量 8.2 t/hm²)。籽粒钾素需求量平均为 21.1 kg/t，各产量水平下籽粒钾素需求量的平均值分别为 23.8 kg/t、22.5 kg/t、21.6 kg/t 和 20.2 kg/t，籽粒钾素需求量随产量水平的提高而降低（图 2-10），这可能是由收获指数的升高和籽粒钾浓度的降低引起的（图 2-11A，C）。收获指数平均为 0.470，随着产量水平的增加，收获指数从产量水平<4.5 t/hm² 时的 0.455 增加到产量水平>7.5 t/hm²

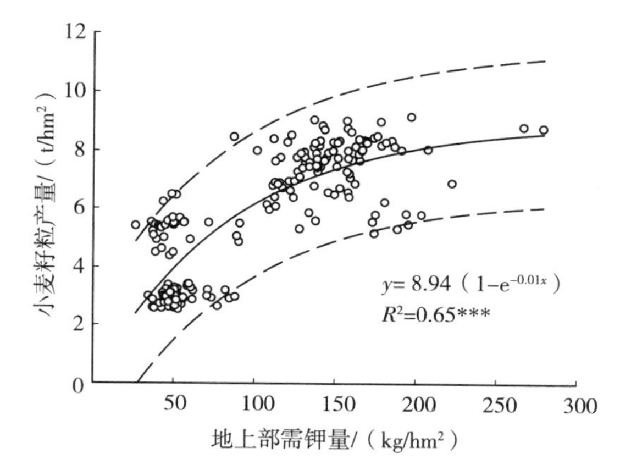

图 2-9 地上部需钾量与小麦籽粒产量的关系

注：实线表示拟合曲线，虚线表示 95%预测区间，*** 显著性为 0.001。

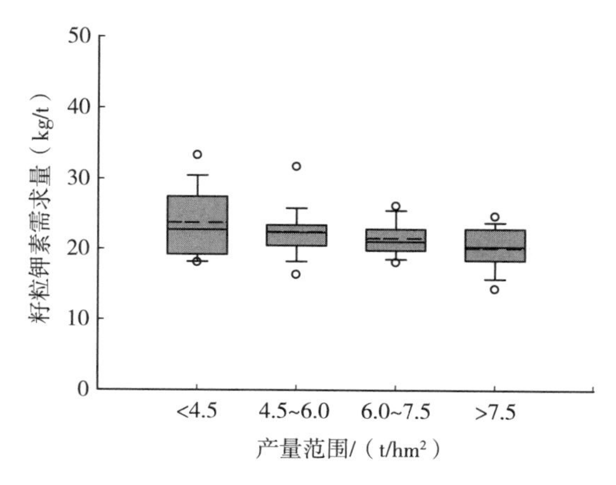

图 2-10 各产量水平下单位籽粒钾素需求

注：箱线图中部实线代表中值，虚线代表平均值，箱上、下边分别代表上、下四分位点，上、下横虚线分别代表 90%和 10%，上、下圆点分别代表 95%和 5%的位点。

时的 0.486（图 2-11A）。<4.5 t/hm²、4.5～6.0 t/hm²、6.0～7.5 t/hm² 和>7.5 t/hm² 4 组产量水平下钾收获指数的平均值分别为 0.236、0.230、0.198 和 0.202（图 2-11B）；籽粒钾浓度的平均值分别为 4.7 g/kg、4.5 g/kg、4.3 g/kg 和 4.0 g/kg，籽粒钾浓度随着产量水平的提高而降低（图 2-11C）。然而，秸秆钾浓度随着产量水平的提高而升高，4 组产量水平下的秸秆钾浓度平均值分别为 14.1 g/kg、15.4 g/kg、15.8 g/kg 和 16.2 g/kg（图 2-11D）。上述结果表明，地上部需钾量随籽粒产量的提高而增加，但籽粒钾素需求量随着产量水平的提高而降低，这种趋势主要是由收获指数的升高和籽粒钾浓度的降低引起的。

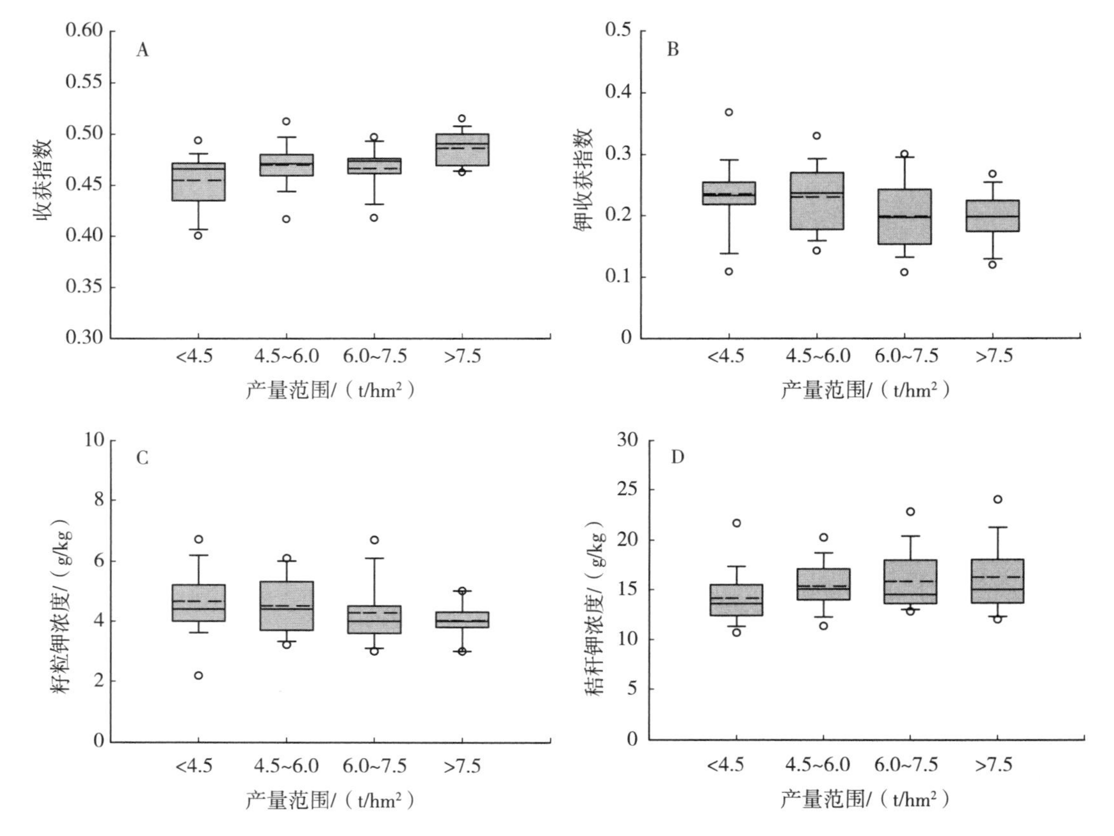

图 2-11　冬小麦各产量水平下的收获指数（A）、钾收获指数（B）、籽粒钾浓度（C）和秸秆钾浓度（D）

注：箱线图中部实线代表中值，虚线代表平均值，箱上、下边分别代表上、下四分位点，上、下横虚线分别代表 90%和 10%，上、下圆点分别代表 95%和 5%的位点。

第二节　春玉米养分需求特征

一、氮需求特征

（一）材料与方法

本文主要搜集了 1 246 个试验点的春玉米产量（含水量 15.5%）及成熟期氮的数据，

包括籽粒与秸秆的总干物重及籽粒与秸秆的氮浓度，数据来源为 2005—2009 年 105 个试验点，主要分布在东北春玉米区（n=1050）、西北（n=62）及华北（n=134），其中东北春玉米总产占我国春玉米区总产的 80%，在东北与西北地区，玉米主要是雨养，每年的降水量 500～800 mm，70%的降水量在玉米生育期内，华北地区主要是灌溉玉米。玉米为一年一季单作，东北、西北与华北的种植密度范围分别是 50 000～65 000 株/hm^2、65 000～75 000 株/hm^2 与 70 000～75 000 株/hm^2。在所有的试验点，选择适应性强的当地品种进行种植，玉米一般在 4 月底或 5 月初播种，在 9 月底收获。玉米生育期内进行合理的综合管理，及时中耕、除草及防治病虫害。氮肥施用量范围在 0～450 kg/hm^2（N）（大多数在 200 kg/hm^2 左右），磷肥施用量范围为 0～135 kg/hm^2（P_2O_5）（大多数在 70 kg/hm^2左右），钾肥施用量范围为 0～150 kg/hm^2（K_2O）（大多数在 70 kg/hm^2）。

试验 1 是不同年代玉米品种试验（与中国农业科学院作物科学研究所李少昆老师小组合作），于 2009 年在吉林省公主岭市试验站（124.81°E，43.51°N）进行，玉米在 5 月 3 日播种，10 月 15 日收获，播种密度为 67 500 株/hm^2，当年的降水量是 295 mm，玉米生育期内进行灌溉。本试验在玉米十叶期与吐丝期每次灌溉 50 mm。6 个试验品种分别是白鹤、吉单 101、中单 2 号、掖单 13、郑单 958 与先玉 335，其中白鹤、吉单 101、中单 2 号与掖单 13 推广的年代分别是 20 世纪 50 年代、20 世纪 60—70 年代、20 世纪 70—80 年代与 20 世纪 80—90 年代，郑单 958 与先玉 335（氮高效）都是 21 世纪初推广的品种。试验采用随机区组排列，3 次重复，每个小区的面积是 20 m^2，氮肥在播前的施用量为 150 kg/hm^2（N），六叶期追施 75 kg/hm^2（N），播种时施磷、钾肥，施肥量分别为 90 kg/hm^2（P_2O_5）与 120 kg/hm^2（K_2O），播种前与出苗后用除草剂防治杂草。

试验 2 于 2007 年及 2008 年在北京上庄试验站（116.22°E，40.10°N）进行，2007 年与 2008 年玉米的播种期分别是 4 月 28 日与 4 月 27 日，收获期分别是 9 月 22 日与 9 月 19 日，两年的种植密度是 100 000 株/hm^2，2007 年与 2008 年的收获密度分别是 90 450 株/hm^2 与 89 175 株/hm^2，两年的降水量分别是 428 mm 与 608 mm。当土壤含水量低于田间持水量的 75%时进行灌溉，2007 年在六叶期灌溉 50 mm，2008 年没有灌溉，主要原因是 2008 年降水量大。试验分为 3 个处理，不施氮（N_0）、优化施氮（N_{opt}）与过量施氮（N_{over}），基于大量的玉米高产试验，过量施氮处理施氮量为 450 kg/hm^2，优化施氮量的确定基于土壤测试结果，2007 年与 2008 年优化施氮量分别为 209 kg/hm^2 与 225 kg/hm^2（N），播前磷、钾、锌肥的施用量分别为 90 kg/hm^2（P_2O_5）、80 kg/hm^2（K_2O）与 30 kg/hm^2（$ZnSO_4 \cdot 7H_2O$），另外的 45 kg/hm^2（P_2O_5）与 40 kg/hm^2（K_2O）分别在十叶期与吐丝期追施。2007 年与 2008 年小区面积分别是 56 m^2（5.6 m×10.0 m）与 40 m^2（5 m×8 m），随机区组排列，4 次重复。

在吐丝期，试验 1 与 2 每小区取 6 株植株，进行生物量及氮浓度的测定，在收获期，所有试验在每个小区选择 9～20 m^2 面积进行测产，随机选择 10 个穗子在 70℃条件下烘干，用来计算产量（15.5%含水量），所有试验每个小区取 6 株，分为籽粒与秸秆，在 70℃烘干计算地上部生物量与收获指数，所有植株样品氮的测定采用凯氏定氮法。

（二）春玉米氮素需求随产量变化的特征

1 246 个试验点的玉米平均产量为 11.1 t/hm²，变化范围为 3.3～20.8 t/hm²。由图 2－12 可知，玉米产量与地上部植株需氮量呈现显著相关。每吨籽粒需氮量平均为 17.4 kg，为了进一步理解玉米产量与氮吸收需求的关系，把玉米产量划分为 6 个产量范围，分别是 <7.5 t/hm²（n=78，平均产量 6.3 t/hm²），7.5～9 t/hm²（n=137，平均产量 8.4 t/hm²），9～10.5 t/hm²（n=278，平均产量 9.8 t/hm²），10.5～12 t/hm²（n=332，平均产量 11.2 t/hm²），12～13.5 t/hm²（n=248，平均产量 12.6 t/hm²），>13.5 t/hm²（n=173，平均产量 15.0 t/hm²），相应的每吨籽粒需氮量分别为 19.8 kg、18.1 kg、17.4 kg、17.1 kg、17.0 kg 与 16.9 kg，呈现出下降的趋势，主要原因是收获指数的增加与籽粒与秸秆氮浓度的下降。从产量等级<7.5 t/hm² 至 10.5～12 t/hm²，每吨籽粒氮素吸收需求从 19.8 kg 下降到 17.1 kg，当产量大于 10.5 t/hm² 时，每吨籽粒需氮量保持在 17 kg 左右（图 2－13）。

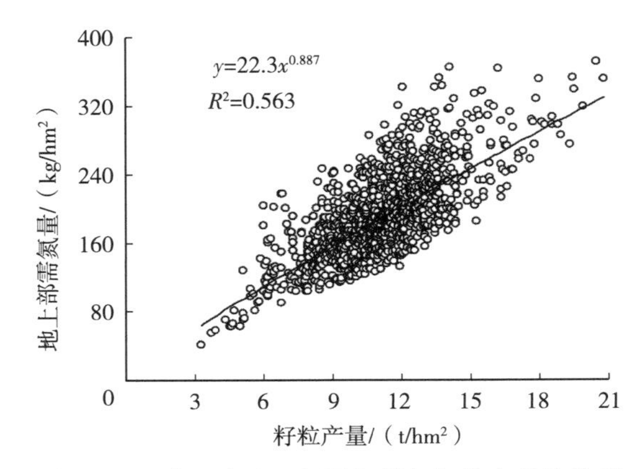

图 2－12　春玉米地上部需氮量与籽粒产量的关系

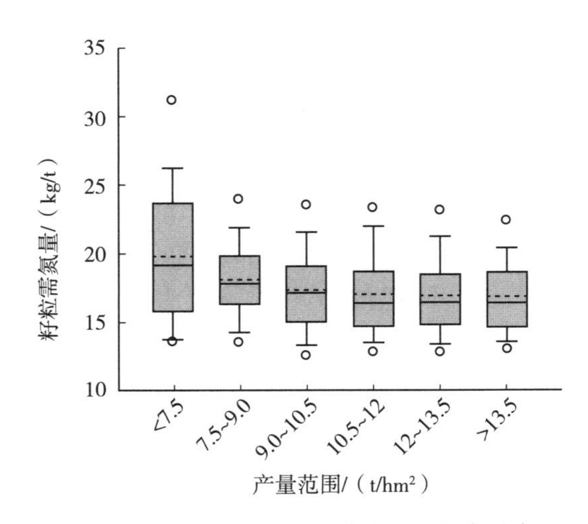

图 2－13　各产量水平下单位籽粒氮素需求

注：箱线图中部实线代表中值，虚线代表平均值，箱上、下边分别代表上、下四分位点，上、下横虚线分别代表 90％和 10％，上、下圆点分别代表 95％和 5％的位点。

平均籽粒氮浓度与秸秆氮浓度分别是12.5 g/kg与8.0 g/kg，随着产量增加，6个产量范围的平均籽粒氮浓度分别为13.8 g/kg、13.5 g/kg、12.5 g/kg、12.2 g/kg、12.3 g/kg与12.1 g/kg（图2-14A）。从产量等级<7.5 t/hm^{2}至9～10.5 t/hm^2，籽粒氮浓度从13.8 g/kg下降至12.5 g/kg，大于产量等级10.5～12 t/hm^{2}时，籽粒氮浓度维持在12.2 g/kg左右。在6个产量等级中，秸秆氮浓度变化范围为7.9 g/kg至8.6 g/kg（图2-14B），在产量等级<7.5 t/hm^{2}时，秸秆氮浓度是8.6 g/kg，其他5个产量范围的秸秆氮浓度在8.0 g/kg左右。在所有数据中，收获指数（HI）与氮收获指数（NHI）分别平均为0.51与0.62。在6个产量范围中，HI变化范围为0.48～0.52，从产量范围<7.5 t/hm^{2}到7.5～9 t/hm^2 HI从0.48增加到0.51（图2-14C），之后稳定在0.51。从产量范围<7.5 t/hm^{2}到7.5～9 t/hm^2，NHI从0.60增加到0.64，之后在产量范围9.0～10.5 t/hm^{2}降低至0.61（图2-14D）。

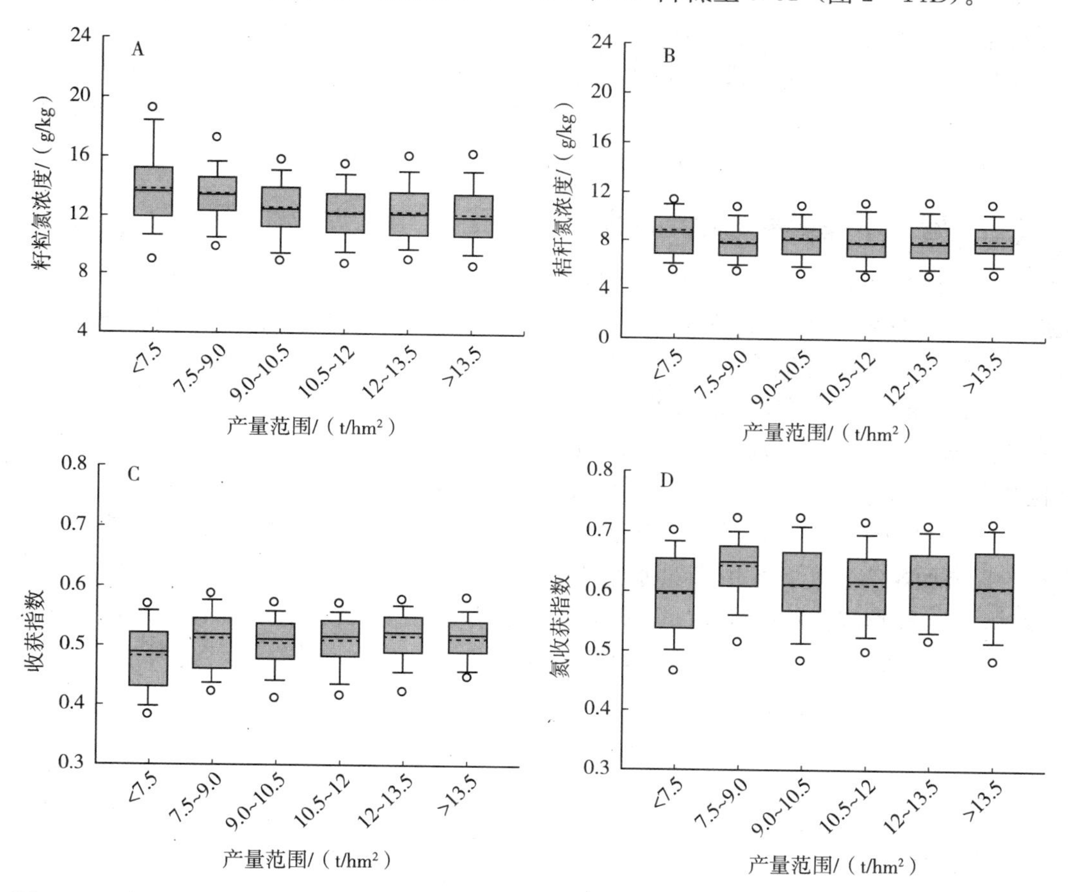

图2-14　春玉米各产量水平下的籽粒氮浓度（A）、秸秆氮浓度（B）、收获指数（C）和氮收获指数（D）

注：箱线图中部实线代表中值，虚线代表平均值，箱上、下边分别代表上、下四分位点，上、下横虚线分别代表90%和10%，上、下圆点分别代表95%和5%的位点。

在本研究中，氮需求与产量的关系可以划分为3个阶段，从<7.5 t/hm^{2}到7.5～9.0 t/hm^2，产量的增加主要因为收获指数与生物量提高，产量增加34%，地上部植株干物重增加26%，HI从0.48增加到0.51，籽粒氮需求量随着产量的增加而降低，主要原因是

HI 的增加，籽粒氮浓度不变，秸秆氮浓度下降 9.8%；从 7.5～9 t/hm^2 到 10.5～12 t/hm^2，产量的增加主要是因为生物量的增加，而 HI 没有变化，维持在 0.51 左右，籽粒氮需求量下降的主要原因是籽粒氮浓度的下降，秸秆氮浓度没有变化，籽粒氮浓度下降 9.4%；从 10.5～12 t/hm^2 到>13.5 t/hm^2，产量的增加主要也是因为生物量的增加，HI 不变，维持在 0.51 左右，籽粒需氮量没有变化，主要是因为这一阶段籽粒与秸秆氮浓度都没有变化。

二、磷需求特征

（一）材料与方法

磷素需求特征数据为大样本数据，来自 2006—2010 年集中收集的 1 664 组农户和田间试验数据，地点为黑龙江、吉林和辽宁三省，试验点的详细资料这里不详细列出。氮肥分别在播前和拔节期施用，磷肥和钾肥全部在播种前施用，所有磷肥处理均为适宜施磷条件下的处理，施磷量为 35～150 kg/hm^2。成熟期收获整个小区项目植株，以测定生物量和籽粒产量（含水量 14.5%）。植株用 H_2SO_4 和 H_2O_2 消化，并用钒钼黄比色法测定磷浓度。

（二）春玉米磷素需求随产量变化的特征

在适宜施磷条件下，春玉米籽粒产量与地上部需磷总量呈显著的相关性（图 2 - 15），为进一步明确籽粒产量和磷素需求之间的关系，将所有数据根据产量水平分为 6 组：<6 t/hm^2（n=175，平均产量 4.2 t/hm^2），6～8 t/hm^2（n=219，平均产量 7.1 t/hm^2），8～10 t/hm^2（n=405，平均产量 9.0 t/hm^2），10～12 t/hm^2（n=505，平均产量 10.9 t/hm^2），12～14 t/hm^2（n=259，平均产量 12.8 t/hm^2），>14 t/hm^2（n=101，平均产量 15.0 t/hm^2）。籽粒磷素需求量平均为 4.1 kg/t，各产量水平下籽粒磷素需求量平均分别为 4.9 kg/t、4.0 kg/t、4.1 kg/t、4.1 kg/t、4.0 kg/t 和 3.9 kg/t（图 2 - 16），籽粒磷素需求量随产量水平的提高而略有降低。6 个产量水平下，籽粒磷浓度没有太大的变化，维持在 3.0～3.3 g/kg，秸秆磷浓度随产量增加呈略微降低趋势，6 个产量水平下的秸秆磷浓度分别为 1.5 g/kg、1.3 g/kg、1.4 g/kg、1.4 g/kg、1.4 和 1.2 g/kg（图 2 - 17A，B）。收获指数

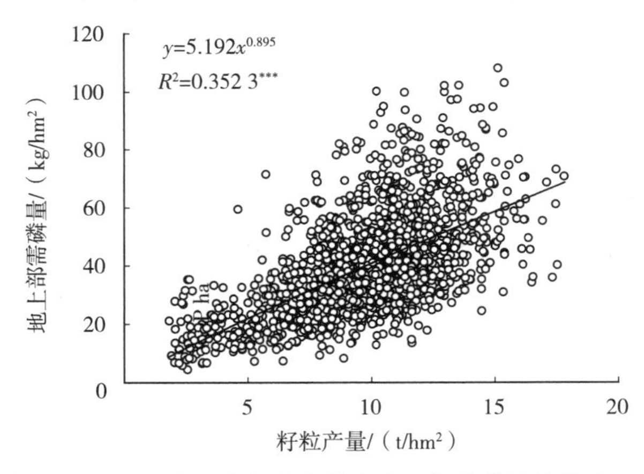

图 2 - 15　春玉米籽粒产量和地上部需磷量的关系

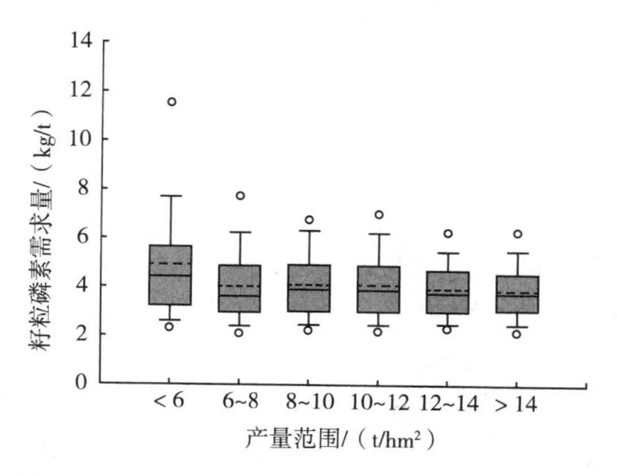

图 2-16 春玉米各产量水平下单位籽粒磷素需求

注：箱线图中部实线代表中值，虚线代表平均值，箱上、下边分别代表上、下四分位点，上、下横虚线分别代表 90%和 10%，上、下圆点分别代表 95%和 5%的位点。

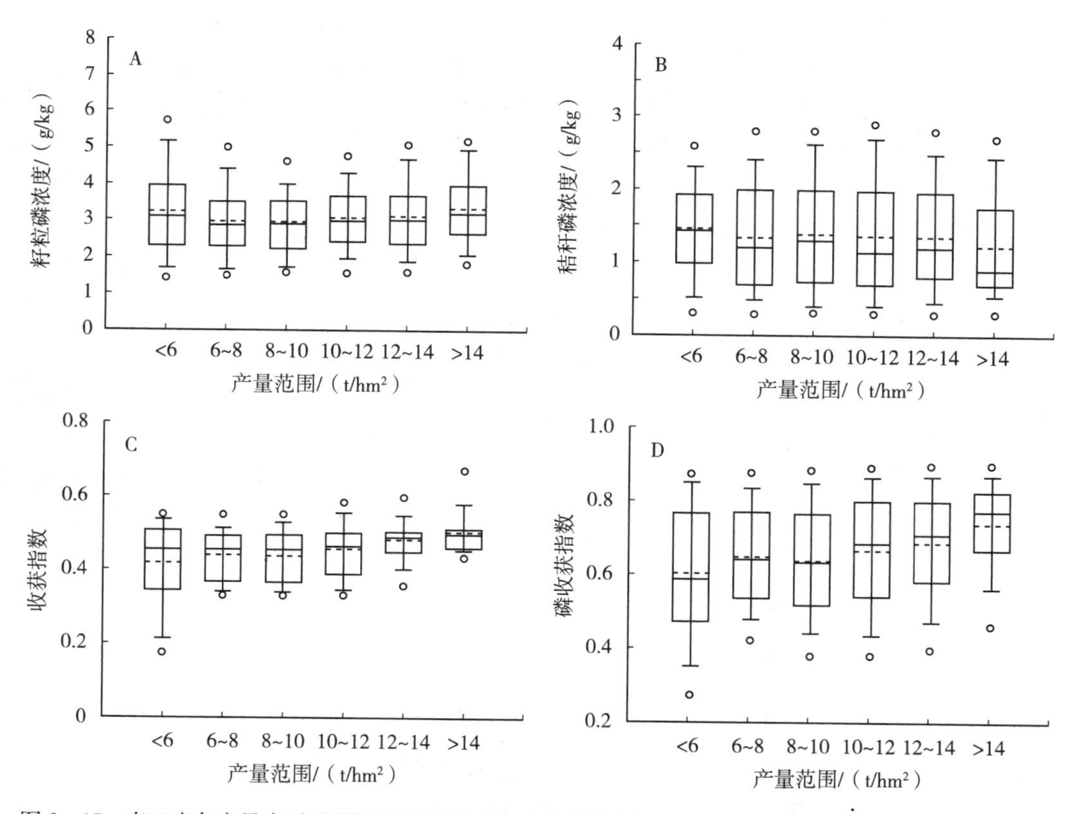

图 2-17 春玉米各产量水平下的籽粒磷浓度（A）、秸秆磷浓度（B）、收获指数（C）和磷收获指数（D）

注：箱线图中部实线代表中值，虚线代表平均值，箱上、下边分别代表上、下四分位点，上、下横虚线分别代表 90%和 10%，上、下圆点分别代表 95%和 5%的位点。

和磷收获指数随产量水平的提高而增加。收获指数从产量水平<6 t/hm² 时的 0.42 上升到产量水平>14 t/hm² 时的 0.50（图 2-17C），磷收获指数从产量水平<6 t/hm² 时的 0.60

上升到产量水平>14 t/hm^2 时的 0.74（图 2-17D）。

三、钾需求特征

（一）材料与方法

钾素需求特征数据为大样本数据，来自 2006—2010 年集中收集的 2 199 组农户和田间试验数据，地点为黑龙江、吉林和辽宁三省，试验点的详细资料这里不详细列出。氮肥分别在播前和拔节期施用，磷肥和钾肥全部在播种前施用，所有钾肥处理均为适宜施钾条件下的处理，施钾量从 11～180 kg/hm^2（K_2O）。成熟期收获整个小区项目植株以测定生物量和籽粒产量（含水量 14.5%）。植株用 H_2SO_4 和 H_2O_2 消化，钾浓度使用火焰光度法（Cole-Parmer 2655-00，Vernon Hills，IL）进行测定。

（二）春玉米钾素需求随产量变化的特征

在适宜施钾条件下，春玉米籽粒产量与地上部需钾总量呈显著的相关性（图 2-18），为进一步明确籽粒产量和钾素需求之间的关系，将所有数据根据产量水平分为 6 组：<6 t/hm^2（n=157，平均产量 4.8 t/hm^2），6～8 t/hm^2（n=312，平均产量 7.2 t/hm^2），8～10 t/hm^2（n=641，平均产量 9.1 t/hm^2），10～12 t/hm^2（n=606，平均产量 10.9 t/hm^2），12～14 t/hm^2（n=346，平均产量 12.8 t/hm^2），>14 t/hm^2（n=137，平均产量 15.0 t/hm^2）。籽粒钾素需求量平均为 15.4 kg/t，各产量水平下籽粒钾素需求量平均分别为 18.0 kg/t、16.6 kg/t、15.8 kg/t、15.0 kg/t、14.1 kg/t 和 13.6 kg/t（图 2-19），籽粒钾素需求量随产量水平的提高而降低。6 个产量水平下，产量水平<6 t/hm^2 时籽粒钾浓度为 3.2 g/kg，之后维持在 3.4～3.5 g/kg（图 2-20A）。秸秆钾浓度随产量增加呈增长趋势，6 个产量水平下的秸秆钾浓度分别为 11.2 g/kg、11.5 g/kg、11.4 g/kg、12.0 g/kg、12.2 g/kg 和 12.6 g/kg（图 2-20B）。收获指数和钾收获指数随产量水平的提高而增加。收获指数从产量水平<6 t/hm^2 时的 0.42 上升到产量水平>14 t/hm^2 时的 0.51（图 2-20C），钾收获指数从产量水平<6 t/hm^2 时的 0.18 上升到产量水平>14 t/hm^2 时的 0.24（图 2-20D）。

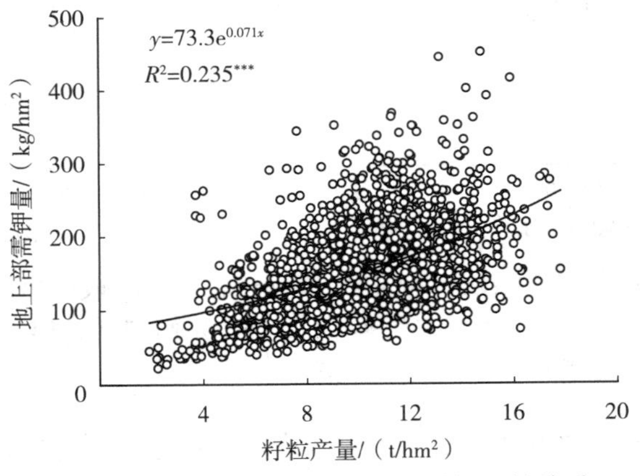

图 2-18　春玉米产量和地上部需钾量的关系

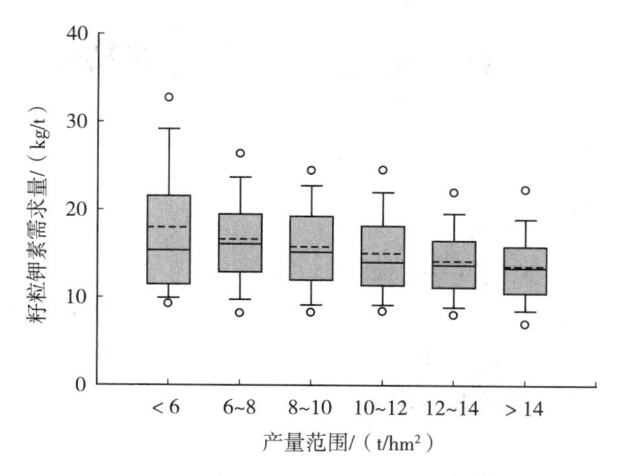

图 2-19　春玉米各产量水平下单位籽粒钾素需求

注：箱线图中部实线代表中值，虚线代表平均值，箱上、下边分别代表上、下四分位点，上、下横虚线分别代表 90%和 10%，上、下圆点分别代表 95%和 5%的位点。

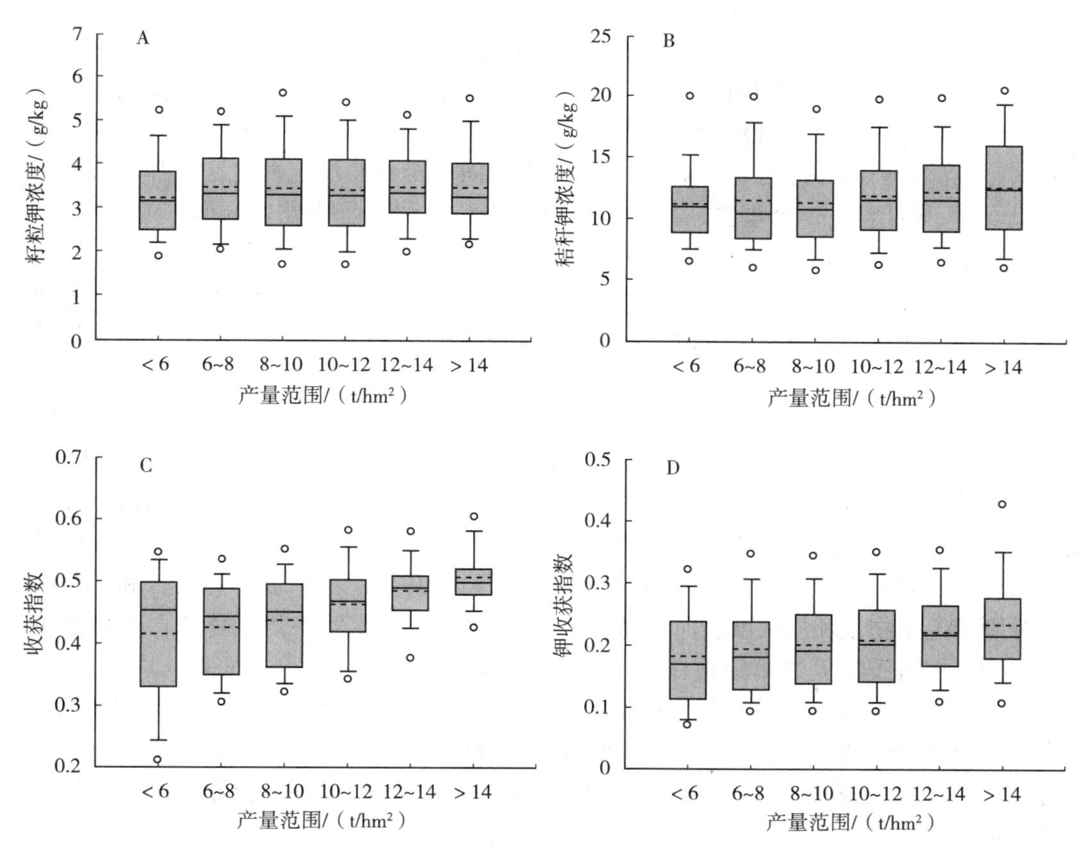

图 2-20　春玉米各产量水平下的籽粒钾浓度（A）、秸秆钾浓度（B）、收获指数（C）和钾收获指数（D）

注：箱线图中部实线代表中值，虚线代表平均值，箱上、下边分别代表上、下四分位点，上、下横虚线分别代表 90%和 10%，上、下圆点分别代表 95%和 5%的位点。

第三节　夏玉米养分需求特征

一、氮需求特征

（一）材料与方法

收集了华北平原 8 个地区 9 个试验点 2000—2013 年共 512 个试验数据。该区域的年平均降水量在 500 mm 左右，其中 70%～90%集中在夏玉米种植季。这些试验点分布于：北京的东北旺，河南省的温县、西平和浚县，河北省的曲周县，山东省的惠民、龙口和禹城。每个试验的占地面积在 2.4～21.6 亩*，每个小区的面积在 60～1 800 m^2。

除了曲周 2 的试验点外，所有的试验包括至少 3 个氮肥处理：空白处理（N=CK）、优化处理（N=OPT）和农民习惯处理（FNP）或者高产处理（HY）。曲周 2 试验点包括优化处理（N=OPT）和农民习惯处理（FNP）2 个处理，禹城试验点包括空白处理（N=CK）、优化处理（N=OPT）和高产处理（HY）3 个处理，东北旺、新乡、惠民和龙口试验点包括空白处理（N=CK）、优化处理（N=OPT）和农民习惯处理（FNP）3 个处理，温县、西平和曲周 1 试验点包括空白处理（N=CK），优化处理（N=OPT），优化上调 30%和 50%，优化下调 25%、30%和 50%，农民习惯处理（FNP）等，详细情况见表 2-2。所有试验点都是采用等行距 60 cm，在三叶期人工间苗至试验设定密度。所有试验都是随机区组设计，包括 3～4 个重复。所有试验点采用的品种都是当地普遍推广的主推品种。根据土壤中有效磷、速效钾的养分测定结果，所有试验在播种前使用过磷酸钙（0～150 kg/hm^2，P_2O_5）和氯化钾（0～120 kg/hm^2，K_2O），氮肥形态为尿素。所有处理都进行优化耕作、灌水和病虫草害防治等，整个生育时期没有明显的病虫草害和干旱胁迫等外界环境胁迫。

在每个试验点试验开始前取 0～30 cm 土样，风干过筛后分别测定土壤有机质、土壤全氮、有效磷和速效钾含量。为测定玉米整个生育时期的生物量累积和氮素吸收动态变化规律，各试验点（除曲周 1 以外）分别在六叶期、吐丝期和收获期取植株样，测定生物量和植株氮浓度。在曲周 1 试验点，分别在六叶期、吐丝期、吐丝后 14 d、吐丝后 28 d、吐丝后 42 d 和收获期取样，并且从吐丝后 14 d 开始，植株被分为秸秆和籽粒两部分，分别测定生物量和氮浓度。所有植株样品均放入 70℃烘箱中烘干称量，然后部分样品粉碎后采用凯氏定氮法测定植株含氮量（Horowitz，1970）。所有试验点均为冬小麦、夏玉米轮作种植体系，受到生育时期有效积温不足的限制，夏玉米无法实现生理成熟，通常在乳线长至米粒的 2/3 时收获。收获期各小区测产面积在 12～21 m^2，玉米产量换算成含有 15.5%水分的标准产量。同时在收获期测定实际收获密度，穗粒数和千粒重等产量构成因素。

---

* 亩为非法定计量单位，1 亩≈667 m^2。——编者注

表 2-2　各试验点玉米品种、密度、氮肥处理、试验年份和土壤基本理化性状

试验点	地点	年份	土壤结构	有机质含量/(g/kg)	全氮含量/(g/kg)	有效磷含量/(mg/kg)	速效钾含量/(mg/kg)	品种	密度/(株/m^2)	氮肥处理
1	东北旺 东北旺	2000 2002—2003	L	21.4	1.17	35	145	京科 114、 农华 103	6.0 6.0	N=CK (0), N=OPT (30), FNP (300) N=CK (0), N=OPT (57, 79), FNP (300)
2	温县	2009—2010	ML	16.0	1.10	26	130	丰玉 4 号、 浚单 22	6.0 6.0	N=CK (0), 50% N=OPT (120), 75% N=OPT (180), N=OPT (240), 150% N=OPT (360), FNP (450)
3	西平	2009	ML	14.8	1.08	27	125	郑单 958	7.5	N=CK (0), 50% N=OPT (134), N=OPT (224), 150% N=OPT (312), FNP (237)
4	浚县	2009	ML	15.5	1.11	26	130	郑单 958	6.75	N=CK (0), N=OPT (240), FNP (360)
5	曲周	2009—2013	L	16.0	0.92	12	96	郑单 958、 先玉 335、 掖单 13	7.5 7.5 7.5	N=CK (0), 50%～70% N=OPT (32～134), N=OPT (105～193), 130%～150% N=OPT (137～251), FNP (250)
6	曲周	2010—2013	SL	12.6	0.70	5	73	郑单 958	7.5	N=OPT (185), FNP (250)
7	惠民	2009—2010	L	10.6	0.99	18	96	鲁单 9002、 浚单 20	8.0 6.75	N=CK (0), N=OPT (255), FNP (345～405)
8	龙口	2009—2010	L	13.3	1.08	24	157	登海 6213、 登海 3622	7.5 7.5	N=CK (0), N=OPT (149～234), FNP (296～356)
9	禹城	2010	L	11.0	0.72	19	94	郑单 958 超试 1 号	7.5 10.5	N=CK (0), N=OPT (180～225), HY (600～750)

注：L、ML 和 SL 分别代表壤土、中壤、沙壤。

所有试验点数据根据不同氮肥管理分为以下 4 组：空白处理（N=CK）；基于氮素适时监控技术或者专家推荐的优化施氮处理（N=OPT）；施氮量小于优化施氮的处理（N<OPT）；施氮量大于优化施氮的处理（N>OPT）。另外，在优化施氮处理中，根据产量水平又进一步划分为 3 组：低产（<8 t/hm²）、中产（8～10 t/hm²）和高产（>10 t/hm²）。同时对于曲周 1 试验点的数据，也按照上述不同产量水平的划分，分别研究其籽粒生物量累积、氮素累积动态规律。

（二）不同氮肥管理对玉米产量、氮需求、生物量和氮素累积的影响

如前所述，分别总结了根据不同氮肥管理所划分的 N=CK、N<OPT、N=OPT 和 N>OPT 4 组的产量、收获指数、籽粒氮浓度、秸秆氮浓度和施氮量（表 2-3）。对于空白处理，夏玉米的平均产量为 6.4 t/hm²（n=73），而优化施氮处理的平均产量到达 9.6 t/hm²（n=176），氮肥平均用量为 180 kg/hm²。与优化施氮处理相比，优化下调施氮处理的平均施氮量为 103 kg/hm²，但是产量降低 9.3%。此外，优化上调处理的平均施氮量到达 305 kg/hm²，但是其产量仅为 9.3 t/hm²，甚至低于优化施氮处理。

表 2-3 产量、收获指数、籽粒氮浓度、秸秆氮浓度和施氮量的数据分布

处理	参数	样本 n	平均值	标准差	最小值	25%位点	中值	75%位点	最大值
全部处理	产量/(t/hm²)	512	9.0	2.4	1.9	7.2	9.1	10.7	16.3
	收获指数	512	0.50	0.05	0.27	0.46	0.50	0.54	0.60
	籽粒氮浓度/%	512	1.27	0.19	0.70	1.13	1.29	1.40	1.78
	秸秆氮浓度/%	512	0.87	0.17	0.39	0.77	0.89	0.98	1.44
	施氮量/(kg/hm²)	512	196	132	0	120	185	250	750
N=CK	产量/(t/hm²)	73	6.4	1.6	1.9	5.5	5.9	7.3	10.4
	收获指数	73	0.49	0.04	0.27	0.47	0.50	0.53	0.57
	籽粒氮浓度/%	73	1.11	0.21	0.78	0.93	1.08	1.26	1.67
	秸秆氮浓度/%	73	0.60	0.16	0.39	0.51	0.62	0.72	1.02
	施氮量/(kg/hm²)	73	—	—	—	—	—	—	—
N<OPT	产量/(t/hm²)	77	8.7	2.3	4.3	7.2	9.4	10.6	13.9
	收获指数	77	0.51	0.04	0.41	0.47	0.52	0.54	0.57
	籽粒氮浓度/%	77	1.12	0.17	0.70	1.02	1.12	1.24	1.57
	秸秆氮浓度/%	77	0.62	0.12	0.52	0.55	0.63	0.74	0.98
	施氮量/(kg/hm²)	77	103	51	32	54	120	135	180
N=OPT	产量/(t/hm²)	176	9.6	2.4	4.4	8.0	9.6	11.5	16.3
	收获指数	176	0.50	0.06	0.41	0.46	0.50	0.54	0.60
	籽粒氮浓度/%	176	1.20	0.14	0.99	1.12	1.21	1.33	1.68
	秸秆氮浓度/%	176	0.82	0.16	0.51	0.72	0.87	0.95	1.23
	施氮量/(kg/hm²)	176	180	54	105	160	180	195	365

（续）

处理	参数	样本 *n*	平均值	标准差	最小值	25%位点	中值	75%位点	最大值
N>OPT	产量/(t/hm²)	186	9.3	2.0	4.5	8.0	9.6	10.7	13.9
	收获指数	186	0.50	0.06	0.32	0.46	0.50	0.55	0.60
	籽粒氮浓度/%	186	1.33	0.16	0.70	1.25	1.35	1.43	1.73
	秸秆氮浓度/%	186	1.00	0.11	0.72	0.89	0.98	1.06	1.44
	施氮量/(kg/hm²)	186	305	114	137	250	273	356	750

对于优化施氮处理，玉米籽粒平均产量为 9.6 t/hm²，收获指数为 0.50，籽粒和秸秆氮浓度分别为 1.20%和 0.82%，籽粒氮需求的平均值为 18.4 kg/t。和优化施氮处理相比，优化下调施氮处理的籽粒氮需求的平均值由 18.4 kg/t 下降到 15.5 kg/t，籽粒和秸秆氮浓度分别下降到 1.12%和 0.62%。而对于空白处理，籽粒氮需求量是最低的，其平均值仅为 15.3 kg/t，这主要是因为其籽粒和秸秆氮浓度也是最低的，分别为 1.11%和 0.60%。但是当施氮量大于优化施氮量时，籽粒氮需求从 18.4 kg/t 增加到 21.3 kg/t，这是因为籽粒和秸秆中的氮浓度都有增加，但是两者的增加幅度是不一样的。其中籽粒氮浓度从 1.20%增加到 1.33%，增幅为 10.8%，而秸秆氮浓度从 0.82%增加到 1.00%，增幅为 22.0%。这意味着过量施氮导致氮素在植株，尤其是秸秆中的过多累积。

从图 2-21 可以看出，空白处理的生物量累积和氮素吸收在整个生育时期都要低于其他 3 个处理的。对于优化下调施氮处理和优化施氮处理，在六叶期的生物量累积和氮素吸收没有差异，但是从六叶期到抽雄期，优化处理的生物量累积和氮素吸收分别增加 7.7 t/hm² 和 111 kg/hm²，分别比优化下调施氮处理的高出 10%和 35%。从抽雄期到收获期这一阶段，优化施氮处理的生物量累积和氮素吸收分别增加 9.3 t/hm² 和 42 kg/hm²，分别比优化下调施氮处理的高出 22%和 36%。对于优化施氮处理和优化上调施氮处理，在六叶期到抽雄期之间的生物量累积和氮素吸收方面没有差异。从抽雄期到收获期，优化上调施氮处理的氮素吸收量增加 60 kg/hm²，比优化施氮处理的 42 kg/hm² 增加 43%，但是在该时期的生物量累积方面这两个处理之间没有差异。

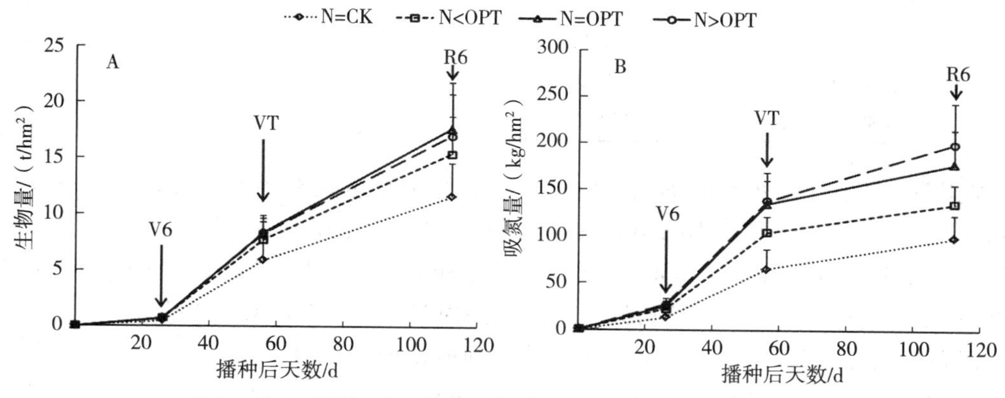

图 2-21　不同氮肥处理下生物量（A）和氮素累积动态（B）

注：V6 表示拔节期（六叶期），VT 表示抽雄期，R6 表示收获期。

（三）优化施氮处理下不同产量水平氮需求以及生物量累积和氮素吸收动态规律

为了进一步明确地上部氮素吸收和产量之间的关系，我们把优化施氮处理下的数据按照不同产量水平划分为3组（表2-4）：<8 t/hm^2（n=45，平均产量为6.4 t/hm^2），8～10 t/hm^2（n=52，平均产量为9.1 t/hm^2）以及>10 t/hm^2（n=79，平均产量为11.8 t/hm^2）。这3个不同产量水平下的籽粒氮需求分别为19.5 kg/t、19.9 kg/t和17.3 kg/t，这主要是由于收获指数、收获期籽粒和秸秆氮浓度的差异导致的。在产量水平为>10 t/hm^{2}下，其收获指数高达0.53，而<8 t/hm^{2}和8～10 t/hm^{2}产量水平下的收获指数仅为0.46和0.47。另外，随着产量水平的提高，收获期籽粒和秸秆氮浓度是不断下降的，从低产水平到高产水平，籽粒氮浓度分别为1.28%、1.24%和1.14%，秸秆氮浓度分别为0.90%、0.83%和0.80%。

表2-4　优化施氮处理下不同产量水平其产量、收获指数、籽粒氮浓度、秸秆氮浓度和施氮量的数据分布

产量水平/(t/hm^2)	参数	样本 n	平均值	标准差	最小值	25%位点	中值	75%位点	最大值
<8	产量/(t/hm^2)	45	6.4	0.9	4.4	5.9	6.6	7	8
	收获指数	45	0.46	0.08	0.27	0.44	0.47	0.5	0.54
	籽粒氮浓度/%	45	1.28	0.1	1.16	1.22	1.25	1.3	1.58
	秸秆氮浓度/%	45	0.9	0.07	0.83	0.86	0.92	0.98	1.05
	施氮量/(kg/hm^2)	45	158	7	105	150	160	170	193
8～10	产量/(t/hm^2)	52	9.1	0.5	8.2	8.7	9.1	9.5	10
	收获指数	52	0.47	0.05	0.37	0.43	0.48	0.51	0.58
	籽粒氮浓度/%	52	1.24	0.12	1.99	1.17	1.23	1.3	1.57
	秸秆氮浓度/%	52	0.83	0.14	0.69	0.72	0.83	0.94	1.13
	施氮量/(kg/hm^2)	52	177	53	105	171	185	193	365
>10	产量/(t/hm^2)	79	11.8	1.3	10.1	10.8	11.7	12.4	16.3
	收获指数	79	0.53	0.06	0.38	0.46	0.55	0.58	0.6
	籽粒氮浓度/%	79	1.14	0.14	0.92	1.05	1.11	1.28	1.5
	秸秆氮浓度/%	79	0.8	0.12	0.59	0.69	0.81	0.88	1
	施氮量/(kg/hm^2)	79	197	52	105	185	185	200	365

收获期，随着产量水平的提高，生物量累积和吸氮量也在不断增加。各产量水平<8 t/hm^2、8～10 t/hm^{2}和>10 t/hm^{2}的生物量累积分别为12.7 t/hm^2、17.6 t/hm^{2}和20.7 t/hm^2；吸氮量分别为125 kg/hm^2、181 kg/hm^{2}和205 kg/hm^2。对于生物量和氮素累积动态变化规律，从图2-22可以看出，从播种期到六叶期，3个产量水平下的生物量累积和氮素吸收之间没有差异。但是从六叶期到抽雄期，8～10 t/hm^{2}产量水平下的生物量增加7.7 t/hm^2，这要比<8 t/hm^{2}产量水平下的6.2 t/hm^{2}高出24.2%。另外在这一时期，8～10 t/hm^{2}产量水平下的氮素吸收量增加123 kg/hm^2，这要比<8 t/hm^{2}产量水平

下的 81 kg/hm² 高出 51.9%。抽雄期至收获期 8～10 t/hm² 产量水平下的生物量和氮素吸收量分别增加 9.2 t/hm² 和 34 kg/hm²，而＜8 t/hm² 产量水平下的仅分别增加 5.8 t/hm² 和 20 kg/hm²。在抽雄期，8～10 t/hm² 和＞10 t/hm² 产量水平之间的生物量和氮素吸收量没有差异，但是在抽雄期到收获期这段时间，＞10 t/hm² 产量水平下的生物量和氮素吸收量分别增加 11.4 t/hm² 和 53 kg/hm²，分别比 8～10 t/hm² 产量水平下的高出 23.9%和 58.8%。因此在抽雄期到收获期，＞10 t/hm² 产量水平下干物质累积和氮素吸收比例分别达到 55.1%和 26.0%，这比 8～10 t/hm² 产量水平下的分别高出 5.4%和 36.8%。

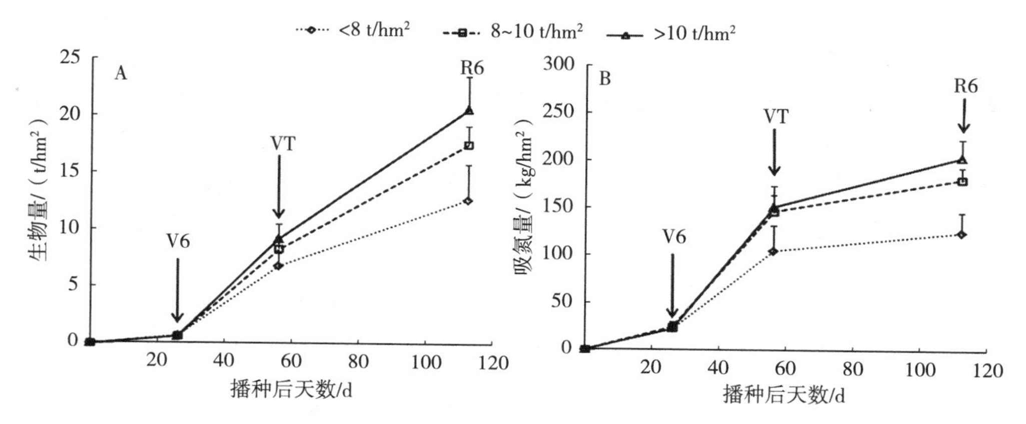

图 2-22　优化施氮处理下不同产量水平夏玉米生物量和氮素累积动态

注：V6 表示拔节期（六叶期），VT 表示抽雄期，R6 表示收获期。

（四）优化施氮处理下不同产量水平花后籽粒和秸秆生物量与氮素累积动态

在曲周 1 试验点中，在 2010—2013 年优化施氮处理下详细测定了抽雄期、抽雄后 14 d、抽雄后 28 d、抽雄后 42 d 和收获期的秸秆和籽粒的生物量和氮素累积动态变化，并按照不同产量水平分别比较了其花后籽粒和秸秆的生物量累积和氮素吸收动态变化。其中＜8 t/hm² 的点有 6 个，平均产量为 6.7 t/hm²；8～10 t/hm² 的点有 10 个，平均产量为 9.0 t/hm²；＞10 t/hm² 的点有 12 个，平均产量为 11.4 t/hm²（表 2-5）。这三个不同产量水平在收获期的收获密度方面差异不大，分别为 7.2 万株/hm²、7.5 万株/hm² 和 7.6 万株/hm²。但是随着产量水平的提高，穗粒数分别从 420 提高到 444，最终增长到 468；千粒重从 235 g 提高到 282 g，最终到 302 g；收获指数从 0.50 提高到 0.51，最后到 0.54。

表 2-5　优化施氮处理下曲周 1 试验点不同产量水平下其平均产量、收获密度、穗粒数、千粒重和收获指数

产量水平/（t/hm²）	平均产量/（t/hm²）	收获密度/（株/m²）	穗粒数	千粒重/g	收获指数
＜8	6.7±0.4c	7.2±0.7a	420.3±6.4b	234.8±9.3c	0.50±0.01b
8～10	9.0±0.1b	7.5±0.5a	444.1±20.7ab	282.0±8.2b	0.51±0.01b
＞10	11.4±0.3a	7.6±0.2a	468.0±28.3a	301.8±8.9a	0.54±0.01a

注：表中数据为平均值±标准误；同列数据后不同小写字母表示差异达显著水平（$P<0.05$）。

从图 2-23A 可以看出，在抽雄期和收获期，8～10 t/hm² 和>10 t/hm² 产量水平下的秸秆生物量累积要高于<8 t/hm² 产量水平下的秸秆生物量累积，但是他们两个之间没有差异。从抽雄期开始，三个产量水平下的秸秆生物量都开始出现下降，但是>10 t/hm² 产量水平下的秸秆生物量始终大于 8～10 t/hm² 和<8 t/hm² 产量水平下的秸秆生物量。从抽雄期开始，三个产量水平下的籽粒生物量都是不断累积增加的，但是 8～10 t/hm² 和>10 t/hm² 产量水平下的籽粒生物量累积始终大于<8 t/hm² 产量水平下的籽粒生物量累积。另外，8～10 t/hm² 和>10 t/hm² 产量水平下之间的籽粒生物量累积在抽雄期至抽雄后 24 d 没有差异，从抽雄后 24 d 开始，>10 t/hm² 产量水平下的籽粒生物量累积大于 8～10 t/hm² 产量水平下的籽粒生物量累积。

从图 2-23B 可以看出，在抽雄期，秸秆中氮素累积在 8～10 t/hm² 和>10 t/hm² 产量水平下分别为 143 kg/hm² 和 144 kg/hm²，两个产量水平之间没有差异，但是显著高于<8 t/hm² 产量水平下的 121 kg/hm²。从抽雄期开始，秸秆中氮含量不断下降，在收获期三个产量水平下秸秆氮含量分别为 63 kg/hm²、65 kg/hm² 和 69 kg/hm²。抽雄期后籽粒中氮含量随着生育进程的推进在三个产量水平下都是增加的，并且在 8～10 t/hm² 和>10 t/hm² 产量水平下的增加速度要高于<8 t/hm² 产量水平下的增加速度。

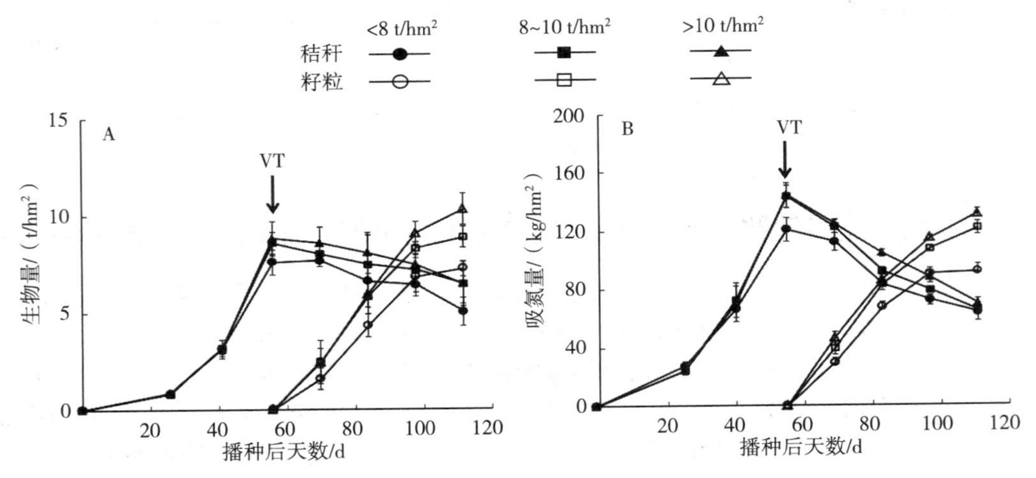

图 2-23 优化施氮处理下不同产量水平下夏玉米秸秆和籽粒的生物量（A）和氮素累积（B）动态

注：VT 表示抽雄期。

二、磷需求特征

（一）材料与方法

本研究中，总共收集整理了 2000—2012 年来自华北平原的 44 个农户田间试验和定位试验点的 955 组测试数据，用于研究夏玉米的磷素需求。该数据库覆盖较大的产量范围（3.1～15.2 t/hm²，平均为 9.0 t/hm²）。该数据库总共包括 955 组数据，包含生理成熟期的产量、总生物量、籽粒和茎秆的磷浓度等信息。在华北平原，典型的冬小麦-夏玉米轮作体系是一种占主导的生产体系，夏玉米播种面积占全国夏玉米播种面积的 81%。玉米生长季几乎没有灌溉条件，年降水量 500～700 mm，70%～80%发生在夏玉米生长季。夏玉米于 6 月播种，10 月收获，种植密度为 70 000～75 000 株/hm^2。所有的试验点都应用高产管理方式，整个玉米生长季未见明显的病虫草害和水分胁迫发生。

该数据库主要包括两种类型的试验。①29 磷水平试验：所有试验点包含磷肥优化用量处理（Opt.），该处理基于土壤测试结果推荐或根据农学家推荐。另外，包括优化上调和下调的处理，根据不同点的情况设计 3～5 个处理的试验，通常包括典型的农户施磷习惯，不施磷对照，50%、150%、200%和 300%Opt. 等处理。②15 示范试验：氮、磷、钾肥用量均为优化用量，在此基础上设置不同的耕作措施和肥料品种的试验。

为进一步掌握不同产量水平下花前花后的干物质累积和磷素累积规律，收集了优化施磷处理下的 123 组具有吐丝期（R1）和成熟期（R6）的生物量和养分测试的数据。由于本研究中关注的是在华北平原多年多点，代表了不同环境条件下夏玉米磷素需求规律，因此未提供详细的单个田间试验的基础信息。试验中氮肥的平均用量为 175 kg/hm^2（45～376 kg/hm^2，N），磷肥的平均用量为 32 kg/hm^2（0～300 kg/hm^2，P），钾肥的平均用量为 61 kg/hm^2（37～318 kg/hm^2，K）。氮肥通常采用播种前和六叶期施用，两次施用的比例分别为 30%～40%、60%～70%。磷、钾肥在播种前全部施用，未施用有机肥。

将优化施磷处理（P＝Opt.）根据产量分成 4 组：＜8.0 t/hm^2、8～10 t/hm^2、10～12 t/hm^2 和＞12.0 t/hm^2。优化施磷处理（P＝Opt.）中包含 R1 和 R6 时期的干物质和磷吸收的数据被分成 3 组：＜8.0 t/hm^2、8～10 t/hm^2 和＞10.0 t/hm^2。每生产 1 t 籽粒的需磷量（P）被定义为生产 1 t 籽粒时整个地上部的磷总需求量（玉米产量为含有 15.5%水的标准产量）。收获指数（HI）指谷物产量和总生物量的比值。磷收获指数（PHI）指谷物磷素累积量占地上部总磷素累积量的比值。

（二）产量、磷浓度和磷吸收

如表 2-6 所示，对于整个数据库（n＝955），夏玉米平均籽粒产量（15.5%含水量）为 9.0 t/hm^2，产量范围为 3.1～15.2 t/hm^2。2007—2008 年的大样本农户调查结果表明，华北区夏玉米的平均产量为 7.3 t/hm^2。本研究中的总体产量水平要明显高于区域农户产量的平均，这代表在优化的管理条件下能实现的产量水平，极少由于生物和非生物胁迫造成产量损失。收获指数的变幅为 0.22～0.75，平均为 0.50。夏玉米籽粒磷浓度的变幅为 1.25～4.75 g/kg，平均值为 2.65 g/kg，而秸秆磷浓度的平均值 1.11 g/kg（变幅为 0.16～3.59 g/kg）。总体上，地上部磷（P）吸收量平均为 28.5 kg/hm^2，磷收获指数为 0.71。平均每生产 1 t 籽粒需磷量为 3.20 kg，变幅为 1.79～5.71 kg。

（三）不同磷管理策略下的磷需求

如表 2-6 所示，磷肥用量小于优化施磷处理（P＜Opt.，平均磷肥用量为 2.1 kg/hm^2）、优化施磷处理（P＝Opt.，平均磷肥用量为 35.7 kg/hm^2）和施磷用量大于优化施磷处理（P＞Opt.，平均磷肥用量为 90.8 kg/hm^2）的平均产量分别为 8.7 t/hm^2、9.1 t/hm^2 和 8.9 t/hm^2。总体上，不同的施磷处理下地上部磷素需求量与产量呈显著的幂函数关系（图 2-24）。P＜Opt.、P＝Opt. 和 P＞Opt. 处理的地上部吸磷量的变异分别有 59.9%、

54.1%和55.1%可以被产量变化所解释。同时，随着磷肥用量的增加，拟合曲线的位置升高。

表 2-6 夏玉米生理成熟期的产量、收获指数、籽粒和秸秆磷浓度、磷收获指数及单位籽粒产量磷需求的数据分布

处理	参数	样本 *n*	平均值	标准差	最小值	25%位点	中值	75%位点	最大值
总计	产量/(t/hm²)	955	9.0	2.3	3.1	7.3	8.9	10.7	15.2
	收获指数	955	0.50	0.05	0.22	0.47	0.50	0.54	0.75
	籽粒磷浓度/(g/kg)	955	2.65	0.59	1.25	2.29	2.59	2.92	4.75
	秸秆磷浓度/(g/kg)	955	1.11	0.50	0.16	0.78	0.99	1.31	3.59
	地上部磷吸收量/(kg/hm²)	955	28.5	8.5	9.1	22.4	27.1	33.9	54.4
	磷收获指数	955	0.71	0.11	0.36	0.65	0.72	0.78	0.91
	每生产1t籽粒地上部需磷量/kg	955	3.20	0.68	1.79	2.73	3.08	3.55	5.71
<Opt.	产量/(t/hm²)	167	8.7	1.9	3.4	7.4	8.5	9.6	15.0
	收获指数	167	0.50	0.06	0.22	0.46	0.50	0.54	0.63
	籽粒磷浓度/(g/kg)	167	2.44	0.42	1.25	2.15	2.49	2.69	3.42
	秸秆磷浓度/(g/kg)	167	0.89	0.36	0.38	0.66	0.82	1.02	2.02
	地上部磷吸收量/(kg/hm²)	167	24.5	5.9	11.5	20.3	23.8	28.8	43.7
	磷收获指数	167	0.73	0.10	0.37	0.68	0.74	0.81	0.91
	每生产1t籽粒地上部需磷量/kg	167	2.84	0.44	1.99	2.46	2.85	3.12	4.02
Opt.	产量/(t/hm²)	673	9.1	2.4	3.1	7.3	9.2	10.9	15.2
	收获指数	673	0.50	0.05	0.29	0.47	0.50	0.54	0.64
	籽粒磷浓度/(g/kg)	673	2.60	0.57	1.47	2.23	2.56	2.90	4.75
	秸秆磷浓度/(g/kg)	673	1.15	0.50	0.16	0.82	1.03	1.40	1.58
	地上部磷吸收量/(kg/hm²)	673	28.7	8.5	9.1	22.5	27.6	34.2	54.4
	磷收获指数	673	0.70	0.11	0.36	0.63	0.71	0.77	0.94
	每生产1t籽粒地上部需磷量/kg	673	3.20	0.69	1.79	2.72	3.08	3.56	5.71
>Opt.	产量/(t/hm²)	115	8.9	1.5	6.2	7.8	8.7	10.0	13.1
	收获指数	115	0.49	0.05	0.34	0.47	0.49	0.52	0.75
	籽粒磷浓度/(g/kg)	115	2.85	0.44	1.61	2.61	2.78	3.06	4.25
	秸秆磷浓度/(g/kg)	115	1.20	0.49	0.69	0.97	1.10	1.23	3.59
	地上部磷吸收量/(kg/hm²)	115	30.3	5.6	23.7	26.0	28.5	33.9	44.0
	磷收获指数	115	0.70	0.08	0.49	0.66	0.72	0.74	0.88
	每生产1t籽粒地上部需磷量/kg	115	3.44	0.45	2.56	3.10	3.37	3.78	4.61

P<Opt.、P=Opt.和P>Opt.处理每生产1t籽粒地上部需磷量分别为2.84kg、3.20kg和3.44kg。当磷肥用量小于优化施磷处理（P<Opt.）时，籽粒磷的浓度下降6.15%（由2.60g/kg下降到2.44g/kg），而秸秆磷的浓度下降22.6%（由1.15g/kg下降到0.89g/kg），结果单位产量需磷量由3.20kg下降到2.84kg（下降了11.25%）。当

磷肥用量大于优化施磷处理（P＞Opt.）时，籽粒磷的浓度增加 9.62%（由 2.60 g/kg 增加到 2.85 g/kg），而秸秆磷的浓度增加 4.35%（由 1.15 g/kg 增加到 1.20 g/kg），结果单位产量需磷量由 3.20 kg 增长到 3.44 kg（增长 7.5%）。

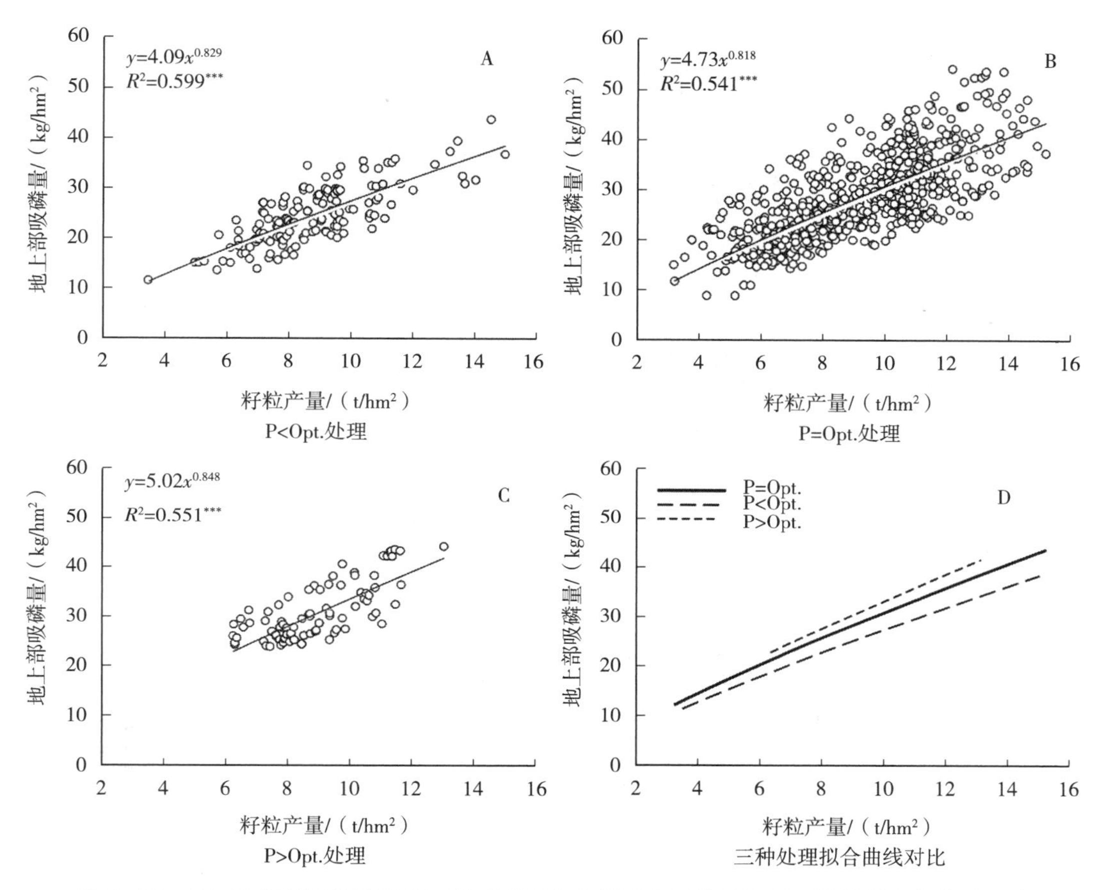

图 2-24　不同磷肥管理策略下夏玉米产量与地上部吸磷量的关系及三种处理拟合曲线对比

（四）优化施磷下不同产量水平下的磷需求

为进一步阐述地上部需磷量与产量间的关系，将优化施磷下（P＝Opt.）的全部数据（n＝673）分成 4 个产量水平：＜8 t/hm²（n＝238，平均为 6.5 t/hm²），8～10 t/hm²（n＝155，平均为 8.9 t/hm²），10～12 t/hm²（n＝195，平均为 10.8 t/hm²），＞12 t/hm²（n＝85，平均为 13.1 t/hm²）。这 4 个产量水平下每生产 1 t 籽粒地上部需磷量分别为 3.41 kg、3.15 kg、3.09 kg 和 2.94 kg（图 2-25），表现为随着产量水平的增加单位产量需磷量呈下降趋势，主要原因是收获指数的增加与籽粒磷浓度的下降。

对于籽粒磷浓度，其平均值随着产量水平的增加而增加，各产量水平下的平均籽粒磷浓度分别为 2.73 g/kg、2.59 g/kg、2.53 g/kg 和 2.42 g/kg（图 2-26A）。而秸秆磷浓度则基本稳定在 1.15 g/kg 左右，4 个产量水平下分别为 1.14 g/kg、1.15 g/kg、1.15 g/kg 和 1.14 g/kg（图 2-26B）。对于收获指数，其平均值随着产量水平的增加而增加，各产量水平下的平均值分别为0.47、0.51、0.52、0.53（图2-26C）。磷收获指数则基本稳定在0.69左右（图2-26D）。

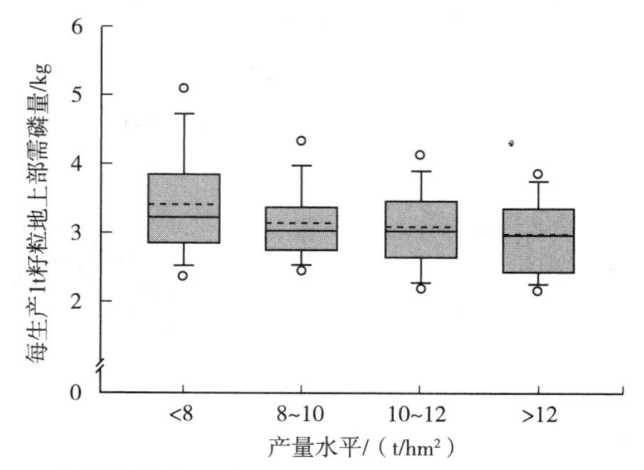

图2-25 优化施磷处理夏玉米各产量水平下的单位籽粒磷素需求量

注：箱线图中部实线代表中值，虚线代表平均值，箱上、下边分别代表上、下四分位点，上、下横虚线分别代表90%和10%，上、下圆点分别代表95%和5%的位点。

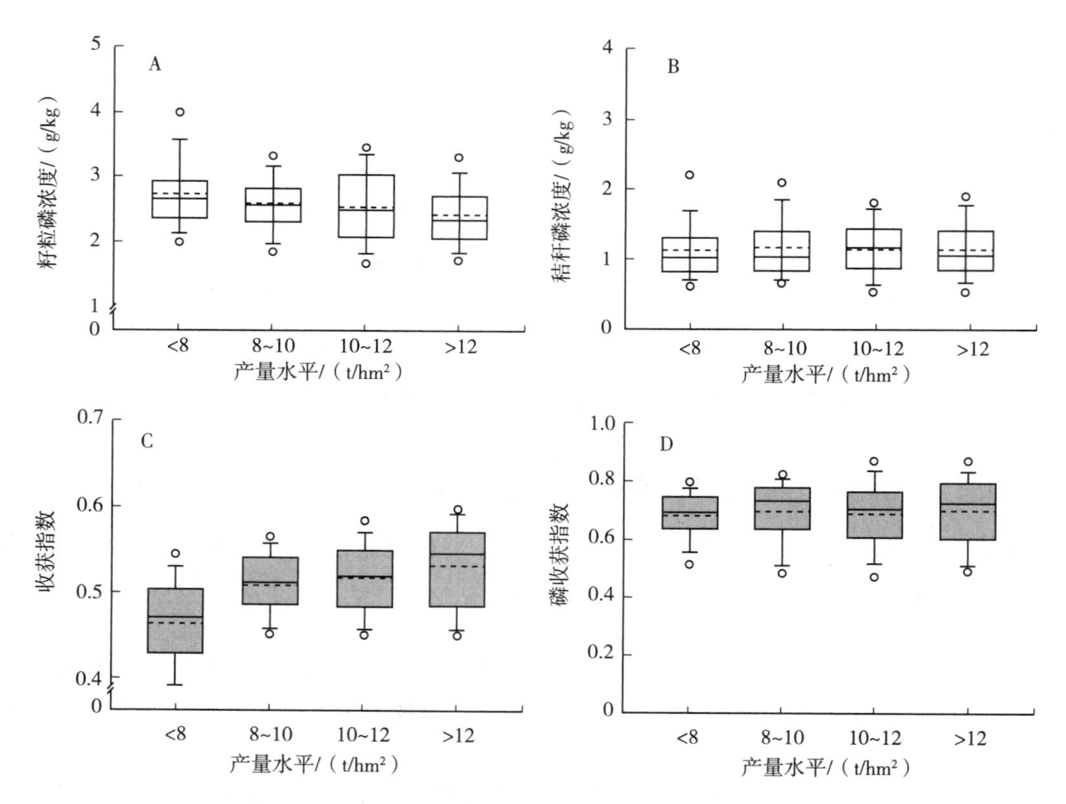

图2-26 优化施磷处理夏玉米各产量水平下的籽粒磷浓度（A）、秸秆磷浓度（B）、收获指数（C）和磷收获指数（D）

注：箱线图中部实线代表中值，虚线代表平均值，箱上、下边分别代表上、下四分位点，上、下横虚线分别代表90%和10%，上、下圆点分别代表95%和5%的位点。

（五）不同产量水平下花前、花后干物质和磷累积动态

为更好掌握干物质和磷素花前、花后的累积规律，本文收集了优化施肥下的具有 R1 和 R6 期样品的 123 组数据（产量的变幅为 5.1～15.2 t/hm^2，平均产量为 8.9 t/hm^2）。根据产量将这些数据分成 3 组：<8 t/hm^2（n=53，平均产量为 7.1 t/hm^2），8～10 t/hm^2（n=34，平均产量为 8.7 t/hm^2），>10 t/hm^2（n=36，平均产量为 12.0 t/hm^2）。对于所有数据点，花前和花后的干物质累积量分别为 6.7 t/hm^2（43%）和 8.8 t/hm^2（57%）；相应阶段磷累积量分别为 15.3 kg/hm^2（58%）和 10.9 kg/hm^2（42%）。

干物质和磷素的累积明显受到产量水平的影响（图 2－27）。对于干物质累积，最大的差别是在花后（成熟期数据减去开花期数据），各产量水平下的干物质累积量分别为 7.1 t/hm^2、8.5 t/hm^2 和 11.7 t/hm^2，而花前（即开花期）干物累积量差异较小，各产量水平下的干物质累积量分别为 6.6 t/hm^2、6.5 t/hm^2 和 7.0 t/hm^2。对于秸秆磷浓度，在不同时期的不同产量水平下差异不大。而籽粒的磷浓度在成熟期，随着产量水平的升高有所下降，在各产量水平下分别为 2.70 g/kg、2.64 g/kg、2.45 g/kg（表 2－7）。对于磷素累积的差异，也主要是来自花后累积的差异（各产量水平下的磷素累积量分别为 8.0 kg/hm^2、11.3 kg/hm^2 和 15.2 kg/hm^2），而花前磷累积量差异较小（各产量水平下的磷素累积量分别为 15.0 kg/hm^2、14.5 kg/hm^2 和 16.7 kg/hm^2）。相应地，当产量水平由<8 t/hm^2 增加到 8～10 t/hm^2，再增加到>10 t/hm^2，花后磷素累积由 35%增加到 44%，再增加到 48%。

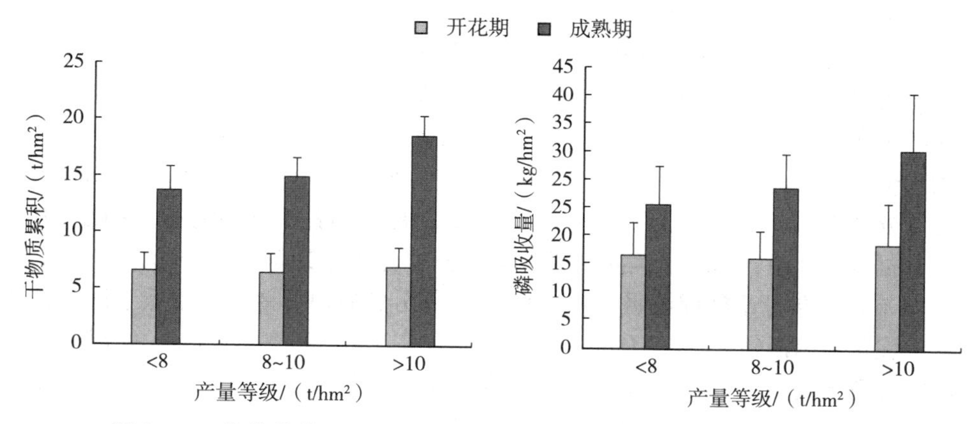

图 2－27　优化施磷下不同产量水平下花前、花后干物质和磷素累积规律

表 2－7　优化施磷下不同产量水平的开花期和成熟期秸秆和籽粒磷浓度

单位：g/kg

产量水平/（t/hm^2）	秸秆		籽粒
	R1	R6	R6
<8	2.27±0.57	0.85±3.1	2.70±0.55
8～10	2.28±0.53	0.84±2.7	2.64±0.46
>10	2.27±0.53	0.81±3.4	2.45±0.52

注：表中数据为平均值±标准误。

三、钾需求特征

（一）材料与方法

共收集整理了2000—2012年来自华北平原的56个农户田间试验和定位试验点的953组测试数据，用于研究夏玉米的磷素需求。该数据库覆盖较大的产量范围（4.1～15.2 t/hm^2，平均为9.5 t/hm^2），包含生理成熟期的产量（15.5%的含水量）、总生物量、籽粒和茎秆的钾浓度等信息。在华北平原，典型的冬小麦-夏玉米轮作体系是一种占主导的生产体系，夏玉米播种面积占全国夏玉米播种面积的81%。玉米生长季几乎没有灌溉条件，年降水量500～700 mm，70%～80%发生在夏玉米生长季。夏玉米于6月播种，10月收获，种植密度在70 000～75 000株/hm^2。所有的试验点都应用高产管理方式，玉米生长季未见明显的病虫草害和水分胁迫发生。

该数据库主要包括两种类型的试验。①37钾水平试验：所有试验点包含钾肥优化用量处理（Opt.），该处理基于土壤测试结果推荐或根据农学家推荐。另外，包括优化上调和下调的处理，根据不同点的情况设计3～5个处理的试验，通常包括典型的农户施钾习惯，不施钾对照，50%、150%、200%和300%Opt.等处理。②19示范试验：氮、磷、钾肥用量均为优化用量，在此基础上设置不同的耕作措施和肥料品种的试验。

为进一步掌握不同产量水平下花前、花后的干物质累积和钾素累积规律，收集了优化施钾处理下的118组具有拔节期（V6）、吐丝期（R1）和完熟期（R6）的生物量和养分测试的数据。由于本研究中关注的是在华北平原多年多点的田间试验，代表了不同环境条件下夏玉米钾素需求规律，因此未提供详细的单个田间试验的基础信息。试验中氮肥的平均用量为169 kg/hm^2（34～376 kg/hm^2，N），磷肥的平均用量为32 kg/hm^2（0～98 kg/hm^2，P），钾肥的平均用量为65 kg/hm^2（0～600 kg/hm^2，K）。氮肥通常采用播种前和六叶期施用，两次施用的比例分别为30%～40%、60%～70%。磷、钾肥在播种前全部施用。未施用有机肥。

所有数据分成3组：基于土壤测试或专家推荐的优化施钾量（K＝Opt.）；优化下调钾用量（K<Opt.），包括不施钾对照、50% Opt.和部分的农户习惯施钾量低于优化施钾量处理的用量；优化上调钾用量（K>Opt.），包括150%、200%和300% Opt.处理以及部分农户习惯施钾量高于优化施钾量处理的用量。将优化施钾处理（K＝Opt.）根据产量分成4组：<8.0 t/hm^2、8～10 t/hm^2、10～12 t/hm^{2}和>12.0 t/hm^2。优化施钾处理（K＝Opt.）中包含V6、R1和R6时期的干物质和钾吸收的数据分成3组：<10.0 t/hm^2、10～12 t/hm^{2}和>12.0 t/hm^2。每生产1 t籽粒的需钾量（Kreq）被定义为生产1 t籽粒时整个地上部的钾总需求量（玉米产量为含有15.5%水的标准产量）。收获指数（HI）指谷物产量和总生物量的比值。钾收获指数（KHI）指谷物钾素累积量占地上部总钾素累积量的比值。

（二）产量、钾浓度和钾吸收

如表2-8所示，对于整个数据库（n＝953），夏玉米平均籽粒产量（15.5%含水量）为9.5 t/hm^2，产量范围为4.1～15.2 t/hm^2。收获指数的变幅为0.33～0.65，平均为0.50。夏玉米籽粒钾浓度的变幅为1.58～6.00 g/kg，平均值为3.21 g/kg，而秸秆钾浓度的平均值

15.5 g/kg（变幅为 7.3～32.7 g/kg）。总体上，地上部钾（K）吸收量平均为 150 kg/hm^2，钾收获指数为 0.18。平均每生产 1 t 籽粒需钾量为 15.8 kg，变幅为 7.1～35.8 kg。

表 2-8 夏玉米生理成熟期的产量、收获指数、籽粒和秸秆钾浓度、钾收获指数及单位籽粒产量钾需求的数据分布

处理	参数	样本 *n*	平均值	标准差	最小值	25%位点	中值	75%位点	最大值
全部处理	产量/(t/hm^2)	953	9.5	2.2	4.1	7.9	9.5	10.9	15.2
	收获指数	953	0.50	0.05	0.33	0.47	0.50	0.54	0.65
	籽粒钾浓度/(g/kg)	953	3.21	0.68	1.58	2.74	3.08	3.61	6.00
	秸秆钾浓度/(g/kg)	953	15.5	4.0	7.3	12.6	14.9	17.8	32.7
	地上部钾吸收量/(kg/hm^2)	953	150	55	43	111	138	179	462
	钾收获指数	953	0.18	0.06	0.07	0.14	0.17	0.21	0.45
	每生产 1 t 籽粒地上部需钾量/kg	953	15.8	4.0	7.1	13.0	15.1	17.7	35.8
<Opt.	产量/(t/hm^2)	270	9.3	2.2	4.1	7.7	9.3	10.7	15.0
	收获指数	270	0.50	0.05	0.33	0.47	0.50	0.53	0.64
	籽粒钾浓度/(g/kg)	270	3.15	0.71	2.01	2.62	3.01	3.69	4.95
	秸秆钾浓度/(g/kg)	270	14.9	3.8	7.3	12.0	14.7	14.0	27.0
	地上部钾吸收量/(kg/hm^2)	270	143	49	43	107	134	179	276
	钾收获指数	270	0.18	0.06	0.08	0.14	0.18	0.21	0.45
	每生产 1 t 籽粒地上部需钾量/kg	270	15.3	3.5	7.1	12.7	14.8	17.7	27.3
Opt.	产量/(t/hm^2)	578	9.5	2.1	4.6	7.9	9.5	11.0	15.2
	收获指数	578	0.51	0.05	0.37	0.48	0.51	0.55	0.65
	籽粒钾浓度/(g/kg)	578	3.20	0.67	1.58	2.74	3.07	3.60	5.48
	秸秆钾浓度/(g/kg)	578	15.3	3.7	8.1	12.6	14.6	17.3	32.7
	地上部钾吸收量/(kg/hm^2)	578	144	45	60	110	136	169	319
	钾收获指数	578	0.19	0.05	0.09	0.15	0.18	0.21	0.41
	每生产 1 t 籽粒地上部需钾量/kg	578	15.0	3.0	8.5	12.9	14.8	16.8	24.8
>Opt.	产量/(t/hm^2)	105	9.5	2.3	4.3	7.9	9.3	11.3	15.1
	收获指数	105	0.48	0.06	0.35	0.44	0.48	0.51	0.64
	籽粒钾浓度/(g/kg)	105	3.42	0.58	2.50	3.00	3.33	3.76	6.00
	秸秆钾浓度/(g/kg)	105	18.2	5.0	7.9	14.7	18.0	22.4	28.0
	地上部钾吸收量/(kg/hm^2)	105	194	83	59	129	165	253	462
	钾收获指数	105	0.16	0.05	0.08	0.12	0.14	0.18	0.38
	每生产 1 t 籽粒地上部需钾量/kg	105	20.0	5.5	10.5	15.5	19.6	23.9	35.8

（三）不同钾管理策略下的钾需求

如表2-8所示，钾肥用量小于优化施钾处理（K<Opt.，平均钾肥用量为12kg/hm²）、优化施钾处理（K=Opt.，平均钾肥用量为64 kg/hm²）和施钾用量大于优化施钾处理（K>Opt.，平均钾肥用量为207 kg/hm²）的平均产量分别为9.3 t/hm²、9.5 t/hm² 和9.5 t/hm²。总体上，不同的施钾处理下地上部钾素需求量与产量呈显著的指数函数关系（图2-28）。K<Opt.、K=Opt. 和K>Opt. 处理的地上部吸钾量的变异分别有55.6%、57.4%和54.9%，可以被产量所解释。钾用量大于优化施钾处理（K>Opt.）的拟合曲线的位置明显高于钾肥用量小于优化施钾处理（K<Opt.）和优化施钾处理（K=Opt.）下的拟合曲线。

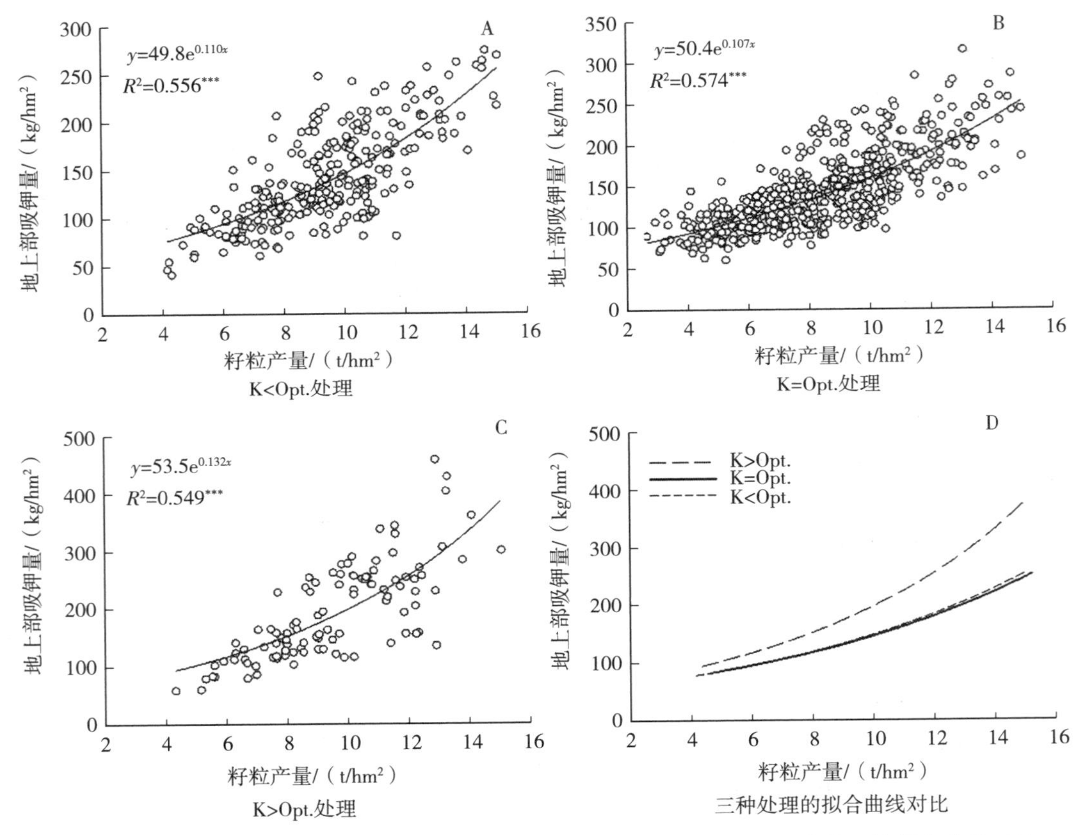

图2-28 不同钾肥管理策略下夏玉米产量与地上部吸钾量的关系及三种处理的拟合曲线对比

K<Opt.、K=Opt. 和K>Opt. 处理每生产1t籽粒地上部需钾量分别为15.3 kg、15.0 kg和20.0 kg。当钾肥用量小于优化施钾处理（K<Opt.）时，籽粒钾浓度下降1.6%（由3.20 g/kg下降到3.15 g/kg），而秸秆钾浓度下降2.6%（由15.3 g/kg下降到14.9 g/kg），但每生产1t籽粒地上部需钾量略微增加（由15.0 kg增加到15.3 kg），这主要是由于该处理下相对较低的收获指数（0.50，表2-8）。当钾肥用量大于优化施钾处理（K>Opt.）时，籽粒钾浓度增加6.9%（由3.20 g/kg增加到3.42 g/kg），秸秆钾浓度增加19.0%（由15.3 g/kg增加到18.2 g/kg），结果每生产1t籽粒地上部需钾量增长33%（由

15.0 kg 增长到 20.0 kg)。

(四)优化施钾下不同产量水平下的钾需求

为进一步阐述地上部需钾量与产量间的关系,将优化施钾下(K=Opt.)的全部数据(n=578)分成 4 个产量水平:<8 t/hm²(n=148,平均为 6.9 t/hm²),8~10 t/hm²(n=176,平均为 8.9 t/hm²),10~12 t/hm²(n=181,平均为 10.8 t/hm²),>12 t/hm²(n=73,平均为 13.2 t/hm²)(图 2-29)。这 4 个产量水平下的每生产 1 t 籽粒地上部需钾量分别为 15.0 kg、14.8 kg、14.8 kg 和 15.7 kg。

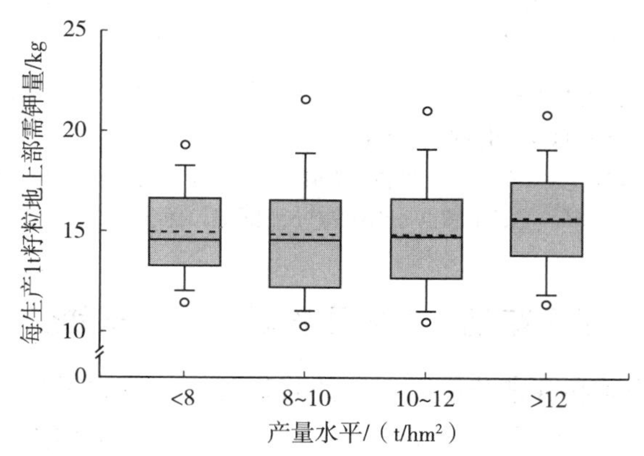

图 2-29 优化施钾处理夏玉米各产量水平下每生产 1 t 籽粒地上部需钾量

注:箱线图中部实线代表中值,虚线代表平均值,箱上、下边分别代表上、下四分位点,上、下横虚线分别代表 90%和 10%,上、下圆点分别代表 95%和 5%的位点。

对于籽粒钾浓度,其平均值随着产量水平的增加基本维持在 3.20 g/kg(图 2-30A)。而 4 个产量水平下秸秆钾浓度分别为 14.0 g/kg、14.9 g/kg、15.4 g/kg 和 18.1 g/kg,这将使单位产量需钾量随着产量的增加而增加(图 2-30B)。对于收获指数,其平均值随着产量水平的增加而增加,由<8 t/hm² 下的 0.48 增加到>12 t/hm² 下的 0.54,这将使单位产量需钾量随着产量的增加而降低,与秸秆钾浓度的影响相反(图 2-30C,D)。因此,当产量水平由<8 t/hm²(15.0 kg)增加到 8~10 t/hm²(14.8 kg)和 10~12 t/hm²(14.8 kg),单位产量需钾量没有明显变化,而在>12 t/hm² 下有一定的增加(15.7 kg)。

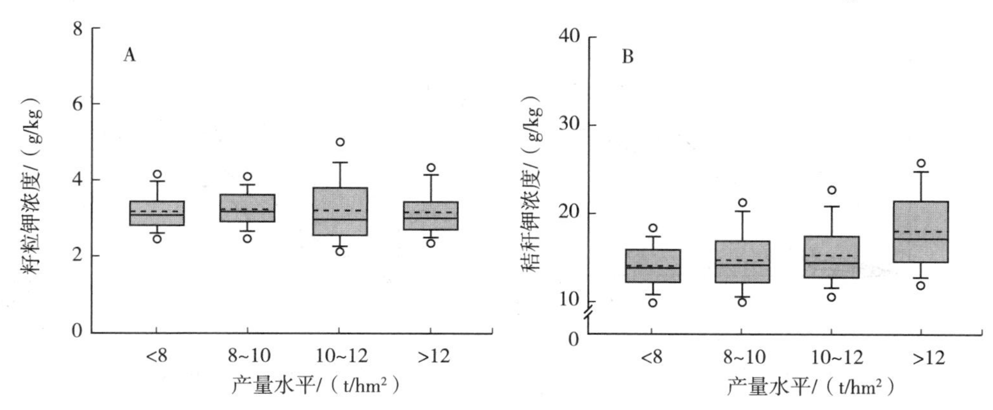

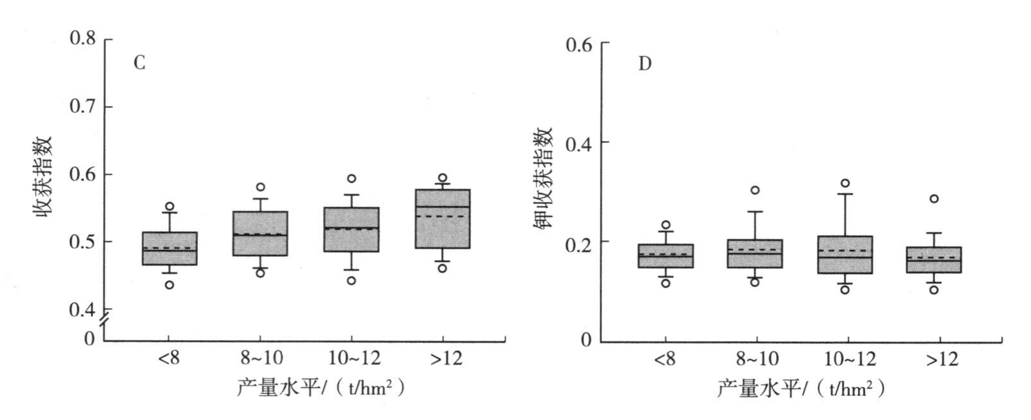

图 2－30　优化施钾处理夏玉米各产量水平下的籽粒钾浓度（A）、秸秆钾浓度（B）、收获指数（C）和钾收获指数（D）

注：箱线图中部实线代表中值，虚线代表平均值，箱上、下边分别代表上、下四分位点，上、下横虚线分别代表 90%和 10%，上、下圆点分别代表 95%和 5%的位点。

（五）不同产量水平下花前、花后干物质和钾累积动态

为了更好掌握干物质和钾素花前、花后的累积规律，收集了优化施肥下具有 V6、R1 和 R6 样品的 118 组数据（产量的变幅为 7.0～16.6 t/hm²，平均为 8.9 t/hm²）。根据产量将这些数据分成 3 组：＜10 t/hm²（n＝33，平均为 8.9 t/hm²），10～12 t/hm²（n＝58，平均为 10.9 t/hm²），＞12 t/hm²（n＝27，平均为 13.5 t/hm²）。对于所有数据点，从播种到 V6、V6 到 R1 和 R1 到 R6 的干物质累积量分别为 1.6 t/hm²（8%）、7.7 t/hm²（40%）和 10.1 t/hm²（52%）；相应阶段钾累积量分别为 50 kg/hm²（22%）、131 kg/hm²（58%）和 46 kg/hm²（20%）。

干物质和钾素的累积明显受到产量水平的影响（图 2－31）。对于干物质累积，最大的差别是在花后（R1 之后），各产量水平下的干物质累积量分别为 6.8 t/hm²、10.4 t/hm² 和 13.3 t/hm²，而花前（R1 之前）干物质累积量差异较小（各产量水平下的干物质累积量分别

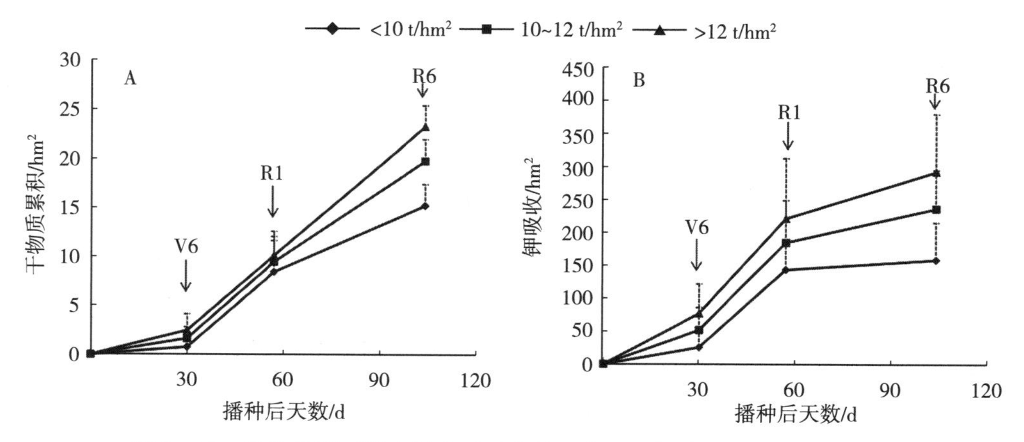

图 2－31　优化施钾不同产量水平下花前、花后干物质和钾素累积规律

为 8.4 t/hm^2、9.5 t/hm^2 和 10.1 t/hm^2）。对于钾累积，在整个生长期均具有较高的钾吸收量。不同产量水平下钾吸收的差别反映了更高产量水平下更高的干物质累积量和更高的钾浓度。秸秆钾浓度随着产量水平的增加而增加，尤其是在 V6 和 R1 期。在 R1 期，>12 t/hm^2 下的秸秆钾浓度平均为 21.3 g/kg，分别比 10～12 t/hm^2（20.3 g/kg）和<10 t/hm^2（19.0 g/kg）下的值高 4.9%和 12.1%（表 2-9）。在 R6 期，>12 t/hm^2 下的秸秆钾浓度平均为 21.2 g/kg，分别比 10～12 t/hm^2（19.5 g/kg）和<10 t/hm^2（16.8 g/kg）下的值高 8.7%和 26.2%。因此，当产量水平由<10 t/hm^2 增加到 10～12 t/hm^2 再增加到>12t/hm^2，花后钾累积量由 15 kg/hm^2（9%）增加到 52 kg/hm^2（22%）再增加到 71 kg/hm^2（24%）。

表 2-9　优化施磷不同产量水平下的 V6、开花期和成熟期秸秆和籽粒钾浓度

产量水平/(t/hm^2)	秸秆/(g/kg)			籽粒/(g/kg)
	V6	R1	R6	R6
<10	32.8±6.1	19.0±6.8	16.8±4.5	3.3±0.3
10～12	33.0±8.3	20.3±6.9	19.5±4.9	3.4±0.3
>12	33.0±8.7	21.3±6.4	21.2±3.8	3.4±0.3

注：表中数据为平均值±标准误。

第四节　水稻养分需求特征

一、氮需求特征

（一）材料与方法

本文主要搜集了 3 896 组水稻（单季稻）产量（含水量 14.5%）及成熟期氮的数据，包括籽粒与秸秆的总干物重及籽粒与秸秆的氮浓度。数据来源为 2005—2014 年的农户和田间试验数据，本文将水稻分为北方水稻和南方水稻两种类型。北方水稻研究数据主要来自黑龙江、吉林和辽宁三省，数据量为 1 401 组，南方水稻研究数据主要来自江苏、浙江、湖北、湖南、江西、广东、福建等省份，数据量为 2 495 组，试验点的详细资料这里不详细列出。氮肥施用量范围在 0～450 kg/hm^2（N），磷肥施用量范围为 0～135 kg/hm^2（P_2O_5），钾肥施用量范围为 0～150 kg/hm^2（K_2O）。成熟期收获整个小区项目植株，以测定生物量和籽粒产量（含水量 14.5%）。所有植株样品氮的测定采用凯氏定氮法。

（二）水稻氮素需求随产量变化的特征

北方水稻和南方水稻的平均产量分别为 8.4 t/hm^2 和 8.5 t/hm^2。水稻产量与地上部植株吸氮量呈现显著相关（图 2-32）。北方和南方水稻每吨籽粒需氮量平均分别为 15.5 kg 和 21.0 kg，为了进一步理解水稻产量与氮需求的关系，把北方水稻产量划分为 6 个产量范围，分别为：<7 t/hm^2、7～8 t/hm^2、8～9 t/hm^2、9～10 t/hm^2、10～11 t/hm^2 和>11 t/hm^2。南方水稻产量划分为 5 个产量范围，分别为：<7 t/hm^2、7～8 t/hm^2、8～9 t/hm^2、9～

10 t/hm² 和>10 t/hm²。北方水稻不同产量水平下每吨籽粒需氮量分别为 16.0 kg、16.0 kg、15.5 kg、14.5 kg、14.3 kg 和 13.9 kg，呈现出随产量增加而下降的趋势。南方水稻不同产量水平下每吨籽粒需氮量分别为 21.0 kg、20.9 kg、21.1 kg、21.1 kg 和 20.4 kg，基本维持在 21 kg 左右（图 2－33）。北方水稻籽粒氮浓度和秸秆氮浓度随着产量的增加而降低，籽粒氮浓度从产量<7 t/hm² 的 10.2 g/kg 降低到产量>11 t/hm² 的 9.4 g/kg，秸秆氮浓度从产量<7 t/hm² 的 5.9 g/kg 降低到产量>11 t/hm² 的 5.0 g/kg（图 2－34）。而南方水稻籽粒氮浓度随产量升高而呈略微增加趋势，5 个产量水平下的籽粒氮浓度分别为 13.0 g/kg、13.1 g/kg、13.1 g/kg、13.4 g/kg 和 13.4 g/kg，秸秆氮浓度随着产量的增加而降低，5 个产量水平下的秸秆氮浓度分别为 7.9 g/kg、7.7 g/kg、7.8 g/kg、7.7 g/kg 和 7.2 g/kg（图 2－35）。北方水稻和南方水稻的收获指数和氮收获指数均随产量水平的增加而增加。

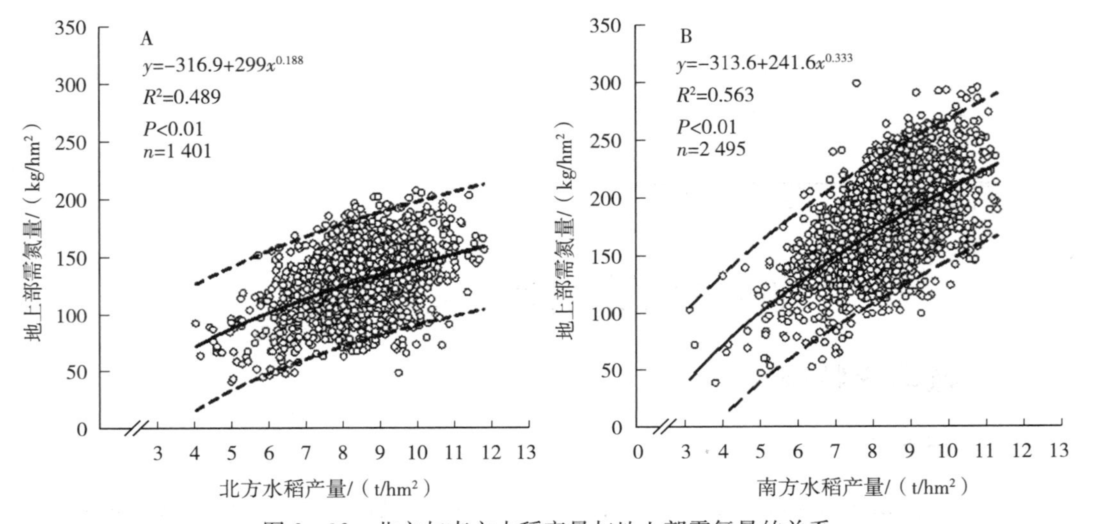

图 2－32　北方与南方水稻产量与地上部需氮量的关系

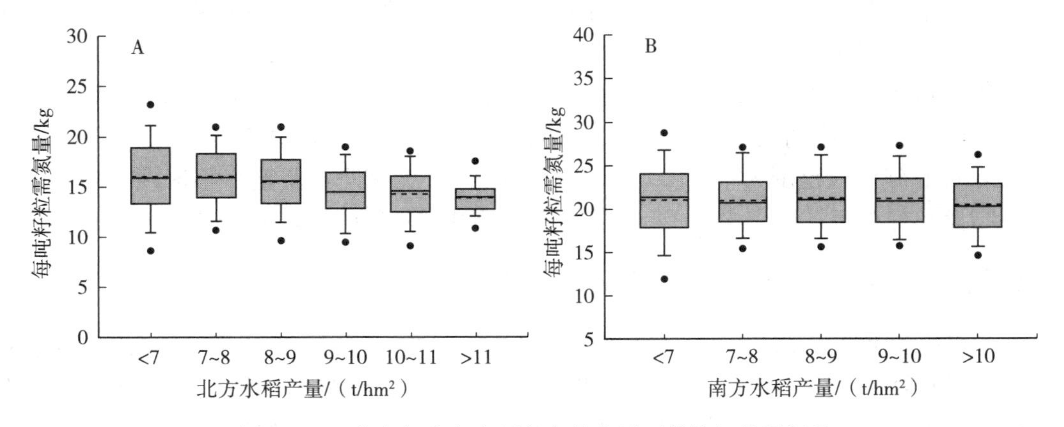

图 2－33　北方与南方水稻各产量水平下单位籽粒需氮量

注：箱线图中部实线代表中值，虚线代表平均值，箱上、下边分别代表上、下四分位点，上、下横虚线分别代表 90%和 10%，上、下圆点分别代表 95%和 5%的位点。

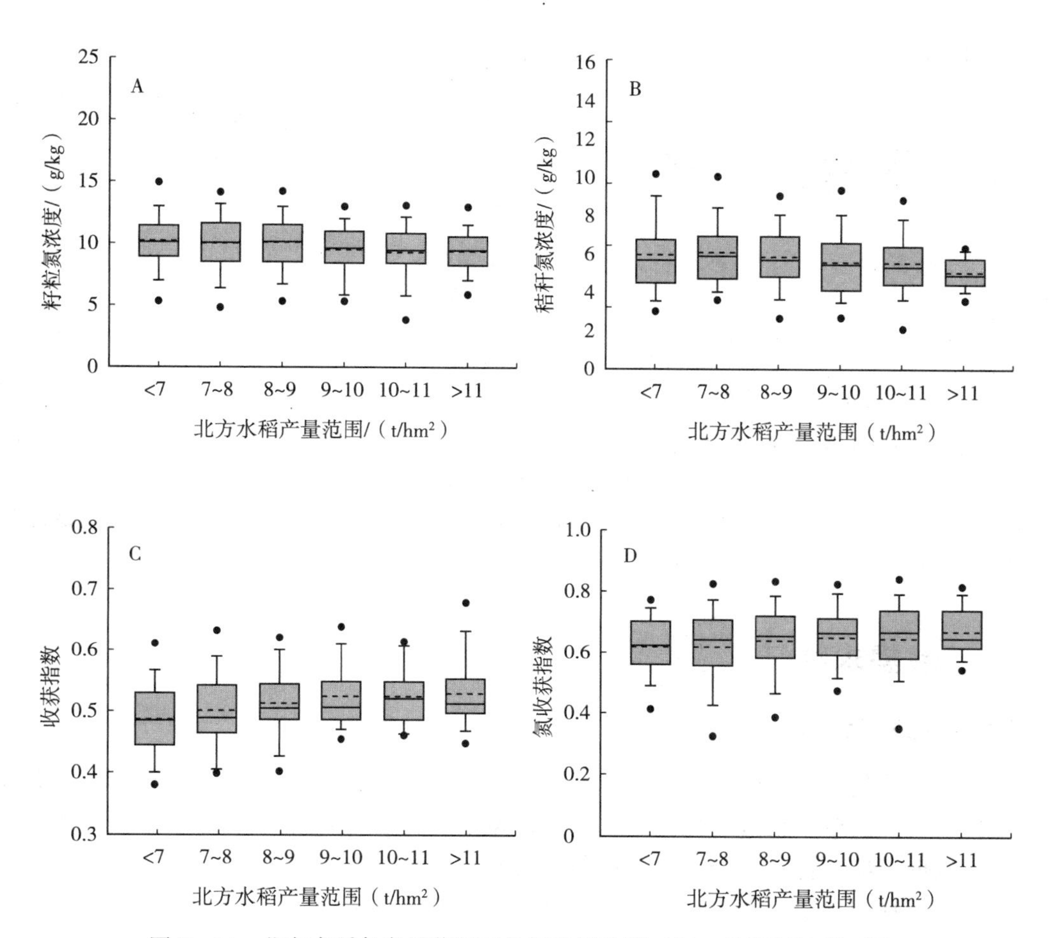

图 2-34 北方水稻各产量范围下的籽粒氮浓度（A）、秸秆氮浓度（B）、收获指数（C）和氮收获指数（D）

注：箱线图中部实线代表中值，虚线代表平均值，箱上、下边分别代表上、下四分位点，上、下横虚线分别代表 90%和 10%，上、下圆点分别代表 95%和 5%的位点。

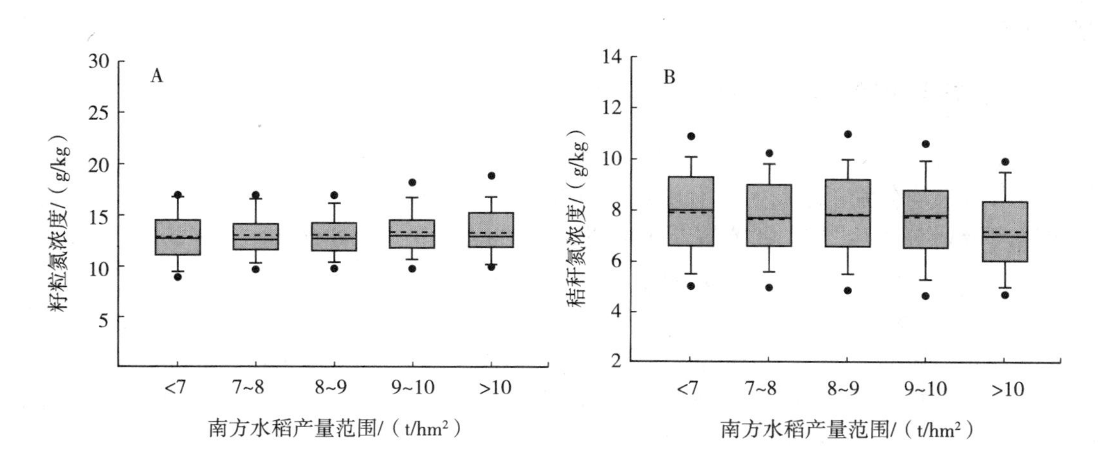

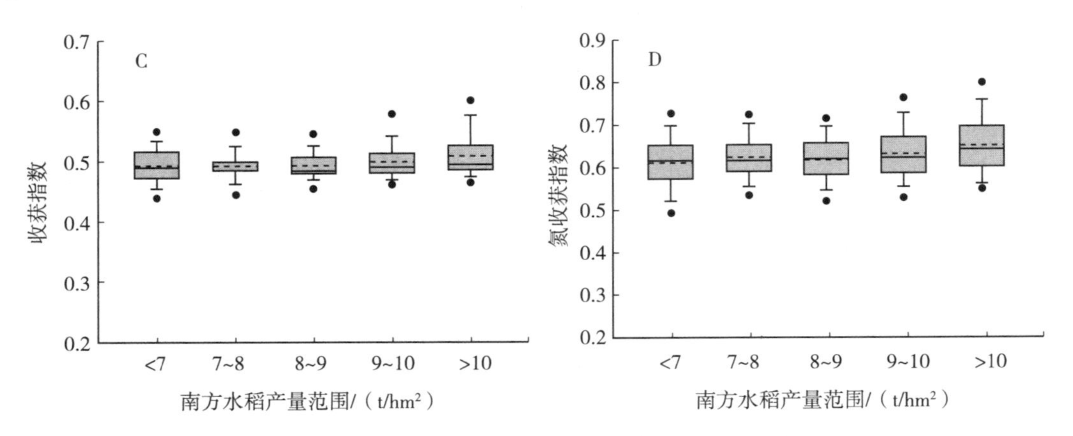

图 2－35　南方水稻各产量范围下的籽粒氮浓度（A）、秸秆氮浓度（B）、收获指数（C）和氮收获指数（D）

注：箱线图中部实线代表中值，虚线代表平均值，箱上、下边分别代表上、下四分位点，上、下横虚线分别代表 90%和 10%，上、下圆点分别代表 95%和 5%的位点。

二、磷需求特征

（一）材料与方法

本文主要搜集了 2 710 组水稻（单季稻）产量（含水量 14.5%）及成熟期磷的数据，包括籽粒与秸秆的总干物重及籽粒与秸秆的磷浓度。数据来源为 2005—2014 年的农户和田间试验数据，本文将水稻分为北方水稻和南方水稻两种类型。北方水稻研究数据主要来自黑龙江、吉林和辽宁三省，数据量为 1 010 组，南方水稻研究数据主要来自江苏、浙江、湖北、湖南、江西、广东、福建等省份，数据量为 1 700 组，试验点的详细资料这里不详细列出。氮肥施用量范围在 0～450 kg/hm² （N），磷肥施用量范围为 0～135 kg/hm² （P_2O_5），钾肥施用量范围为 0～150 kg/hm² （K_2O）。成熟期收获整个小区项目植株以测定生物量和籽粒产量（含水量 14.5%）。植株用 H_2SO_4 和 H_2O_2 消化，并用钒钼黄比色法测定磷浓度。

（二）水稻磷素需求随产量变化的特征

由图 2－36 可知，水稻产量与地上部植株吸磷量呈现显著相关。北方和南方水稻每吨籽粒需磷量平均分别 15.5 kg 和 21.0 kg，为了进一步理解水稻产量与磷需求的关系，把北方水稻产量划分为 6 个产量范围，分别为：＜7 t/hm²、7～8 t/hm²、8～9 t/hm²、9～10 t/hm²、10～11 t/hm² 和＞11 t/hm²。南方水稻产量划分为 5 个产量范围，分别为：＜7 t/hm²、7～8 t/hm²、8～9 t/hm²、9～10 t/hm² 和＞10 t/hm²。北方水稻每吨籽粒需磷量分别为 6.1 kg、5.9 kg、5.9 kg、6.0 kg、6.1 kg 和 6.9 kg，产量水平从＜77 t/hm² 到 10～11 t/hm² 每吨籽粒需磷量维持在 6.0 kg 左右，当产量＞11 t/hm² 时每吨籽粒需磷量增加。南方水稻每吨籽粒需磷量分别为 4.6 kg、4.4 kg、4.5 kg、4.6 kg 和 4.4 kg，基本维持在 4.5 kg 左右（图 2－37）。北方水稻籽粒磷浓度平均值为 3.5 g/kg（范围 3.3～3.8 g/kg），秸秆磷浓度平均值为 2.5 g/kg（范围 2.4～3.4 g/kg）（图 2－38）。南方水稻籽粒磷浓度平均值为 3.0 g/kg（范围 2.9～3.0 g/kg），秸秆磷浓度平均值为 1.5 g/kg（范围 1.4～1.6 g/kg）（图 2－39）。北方水稻和南方水稻的收获指数和磷收获指数均随产量水平的增加而增加。

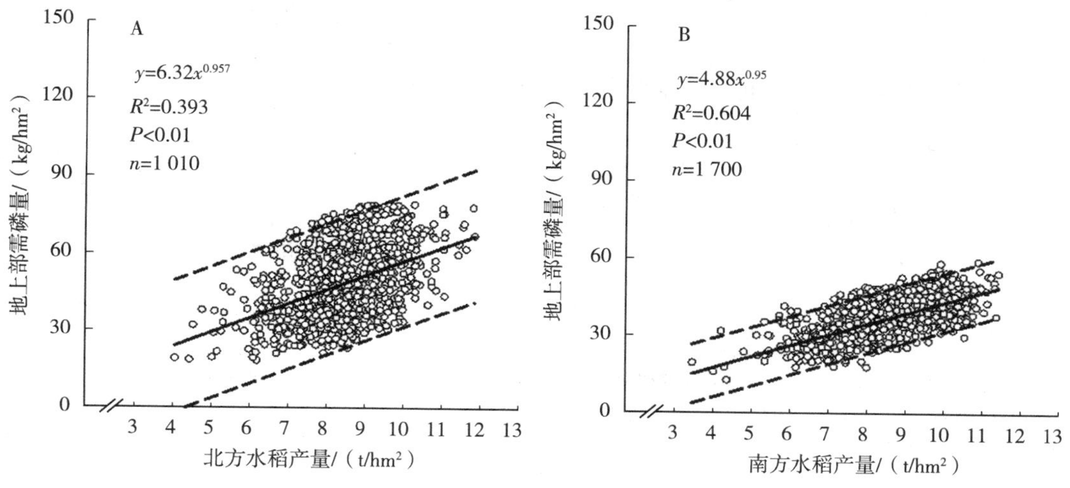

图 2－36　北方与南方水稻产量与地上部需磷量的关系

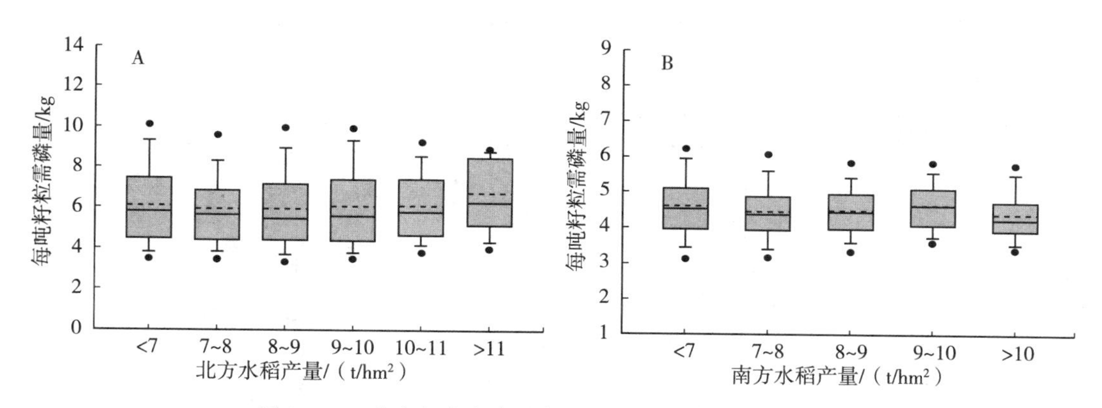

图 2－37　北方与南方水稻各产量水平下单位籽粒需磷量

注：箱线图中部实线代表中值，虚线代表平均值，箱上、下边分别代表上、下四分位点，上、下横虚线分别代表 90%和 10%，上、下圆点分别代表 95%和 5%的位点。

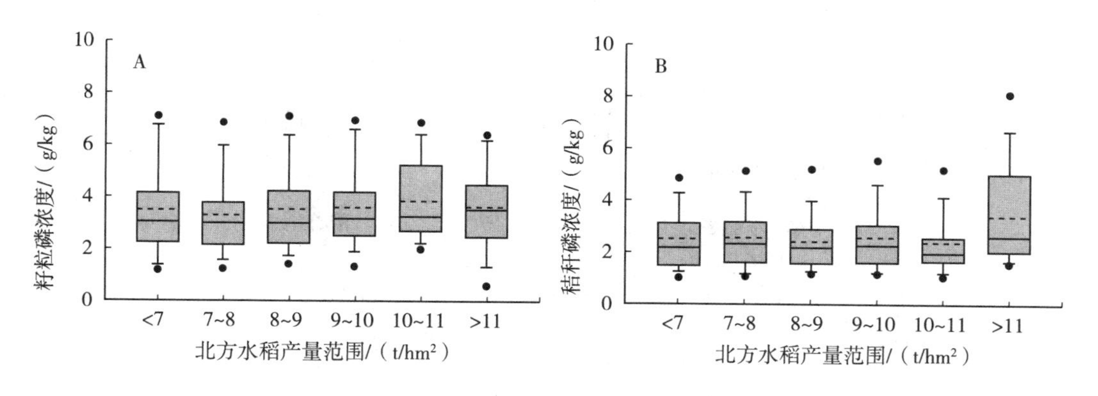

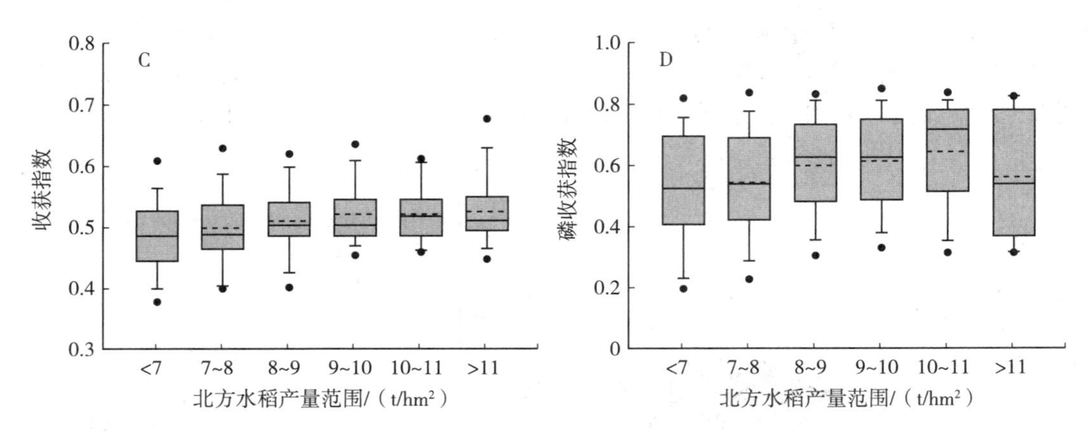

图 2-38 北方水稻各产量范围下的籽粒磷浓度（A）、秸秆磷浓度（B）、收获指数（C）和磷收获指数（D）

注：箱线图中部实线代表中值，虚线代表平均值，箱上、下边分别代表上、下四分位点，上、下横虚线分别代表 90%和 10%，上、下圆点分别代表 95%和 5%的位点。

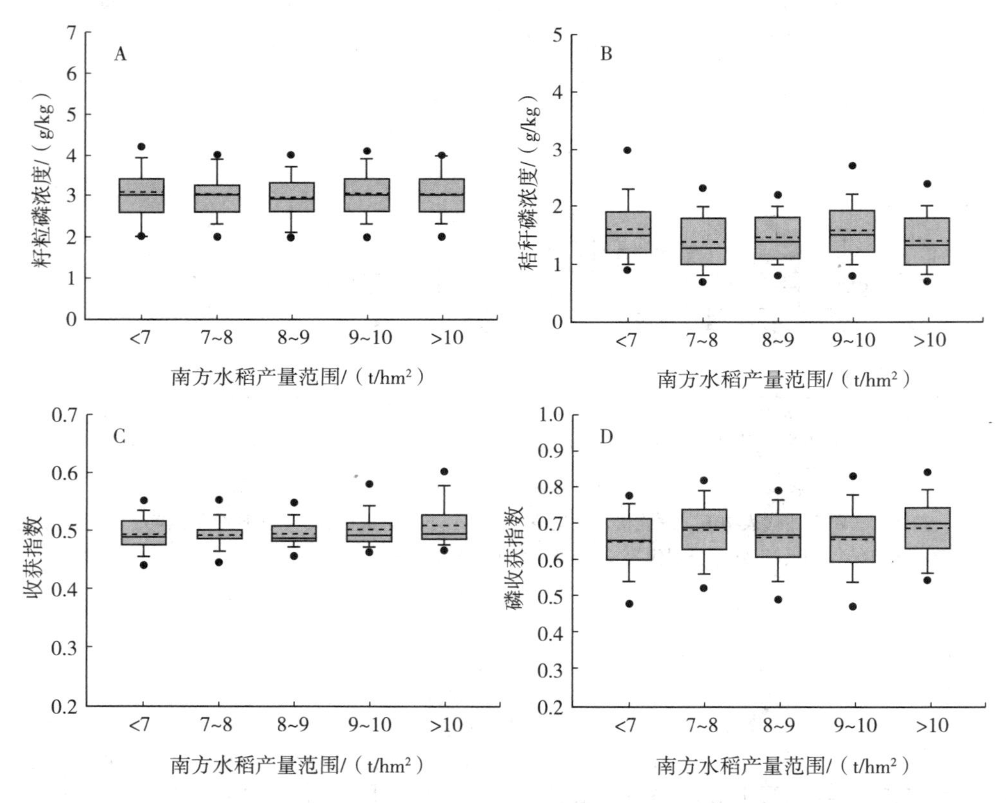

图 2-39 南方水稻各产量范围下的籽粒磷浓度（A）、秸秆磷浓度（B）、收获指数（C）和磷收获指数（D）

注：箱线图中部实线代表中值，虚线代表平均值，箱上、下边分别代表上、下四分位点，上、下横虚线分别代表 90%和 10%，上、下圆点分别代表 95%和 5%的位点。

三、钾需求特征

（一）材料与方法

本文主要搜集了 3 357 组水稻（单季稻）产量（含水量 14.5%）及成熟期钾的数据，包括籽粒与秸秆的总干物重及籽粒与秸秆的钾浓度。数据来源为 2005—2014 年的农户和田间试验数据，本文将水稻分为北方水稻和南方水稻两种类型。北方水稻研究数据主要来自黑龙江、吉林和辽宁三省，数据量为 1 120 组，南方水稻研究数据主要来自江苏、浙江、湖北、湖南、江西、广东、福建等省份，数据量为 2 237 组，试验点的详细资料这里不详细列出。氮肥施用量范围在 0～450 kg/hm² (N)，磷肥施用量范围为 0～135 kg/hm² (P_2O_5)，钾肥施用量范围为 0～150 kg/hm² (K_2O)。成熟期收获整个小区项目植株以测定生物量和籽粒产量（含水量 14.5%）。植株用 H_2SO_4 和 H_2O_2 消化，钾浓度使用火焰光度法（Cole－Parmer 2655－00，Vernon Hills，IL）进行测定。

（二）水稻钾素需求随产量变化的特征

由图 2－40 可知，水稻产量与地上部植株吸钾量呈现显著的相关。北方和南方水稻每吨籽粒需钾量平均分别为 20.0 kg 和 22.0 kg，为了进一步理解水稻产量与钾需求的关系，把北方水稻产量划分为 6 个产量范围，分别为：<7 t/hm²、7～8 t/hm²、8～9 t/hm²、9～10 t/hm²、10～11 t/hm² 和>11 t/hm²。南方水稻产量划分为 5 个产量范围，分别为：<7 t/hm²、7～8 t/hm²、8～9 t/hm²、9～10 t/hm² 和>10 t/hm²。北方水稻不同产量水平下每吨籽粒需钾量分别为 21.8 kg、20.7 kg、19.5 kg、19.1 kg、18.9 kg 和 18.7 kg，随产量水平的升高呈现出下降的趋势。南方水稻不同产量水平下每吨籽粒需钾量分别为 22.4 kg、22.4 kg、22.0 kg、21.4 kg 和 21.7 kg（图 2－41）。北方水稻籽粒钾浓度平均值为 3.8 g/kg（范围 3.4～4.0 g/kg），秸秆钾浓度平均值为 16.1 g/kg（范围 15.0～16.6 g/kg）（图 2－42）。南方水稻籽粒钾浓度平均值为 3.5 g/kg（范围 3.3～3.7 g/kg），秸秆钾浓度平均值为 18.2 g/kg（范围 17.9～18.5 g/kg）（图 2－43）。北方水稻和南方水稻的收获指数和钾收获指数均随产量水平的增加而增加。

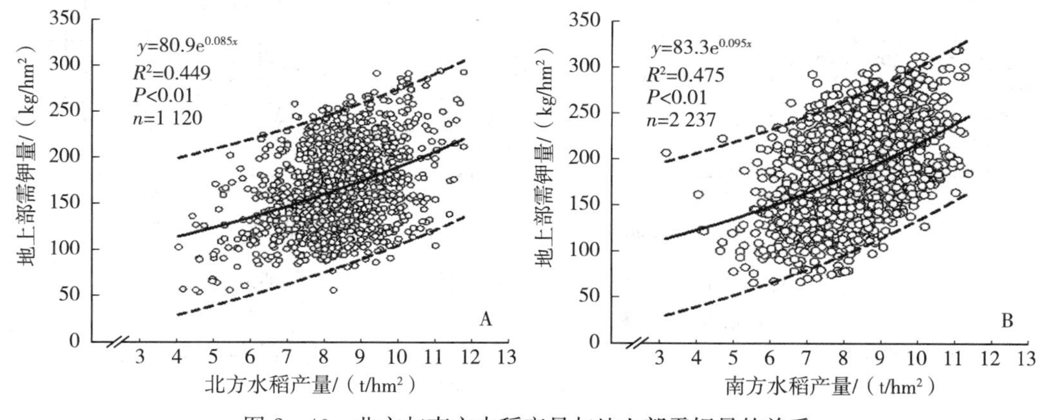

图 2－40　北方与南方水稻产量与地上部需钾量的关系

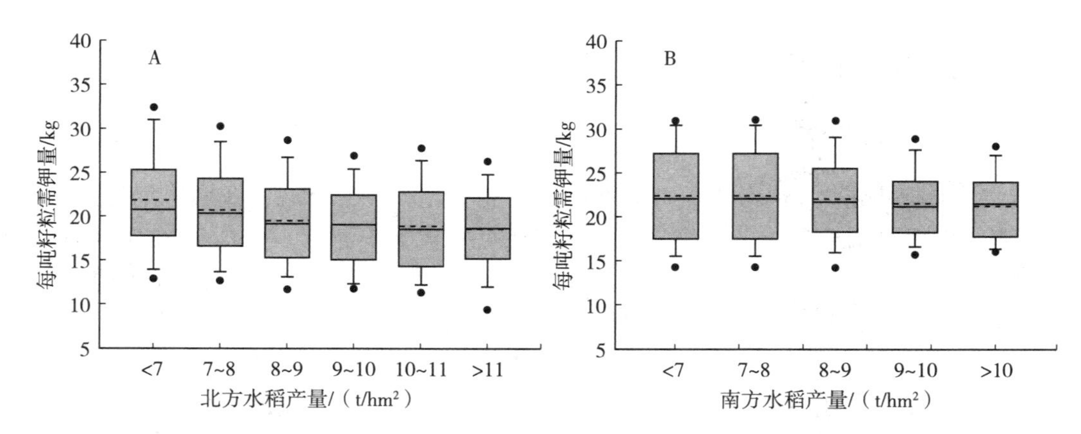

图 2－41　北方与南方水稻各产量水平下单位籽粒钾素需求

注：箱线图中部实线代表中值，虚线代表平均值，箱上、下边分别代表上、下四分位点，上、下横虚线分别代表 90％和 10％，上、下圆点分别代表 95％和 5％的位点。

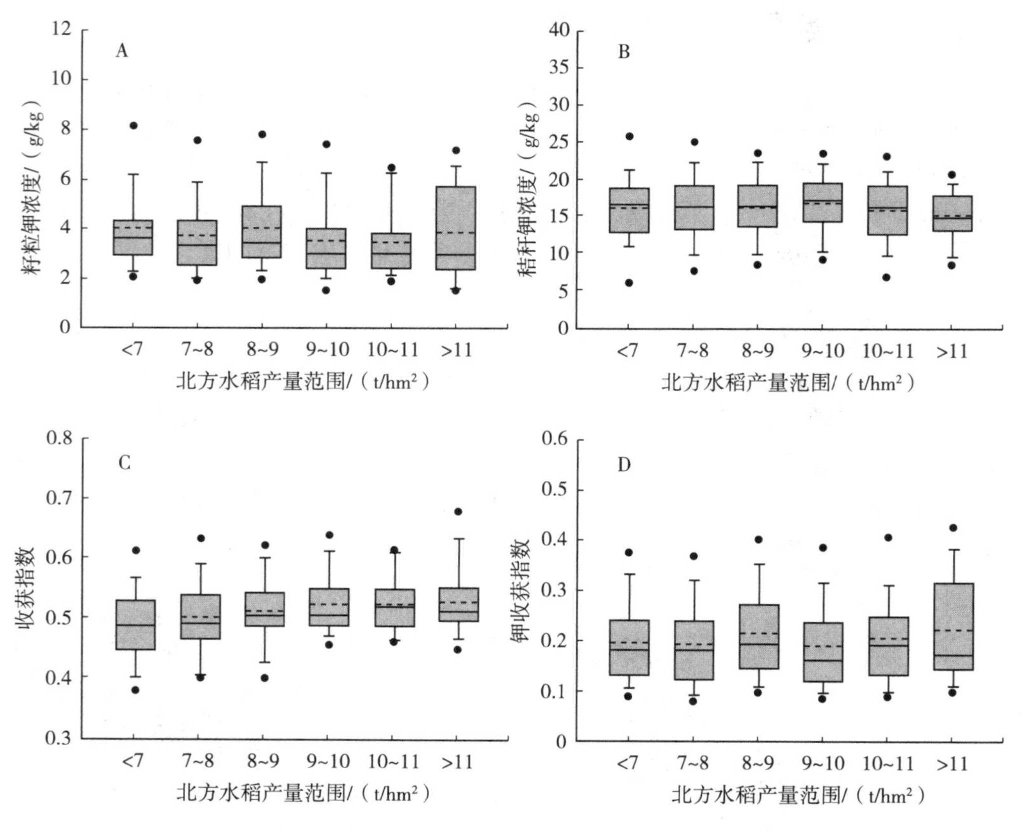

图 2－42　北方水稻各产量范围下的籽粒钾浓度（A）、秸秆钾浓度（B）、收获指数（C）和钾收获指数（D）

注：箱线图中部实线代表中值，虚线代表平均值，箱上、下边分别代表上、下四分位点，上、下横虚线分别代表 90％和 10％，上、下圆点分别代表 95％和 5％的位点。

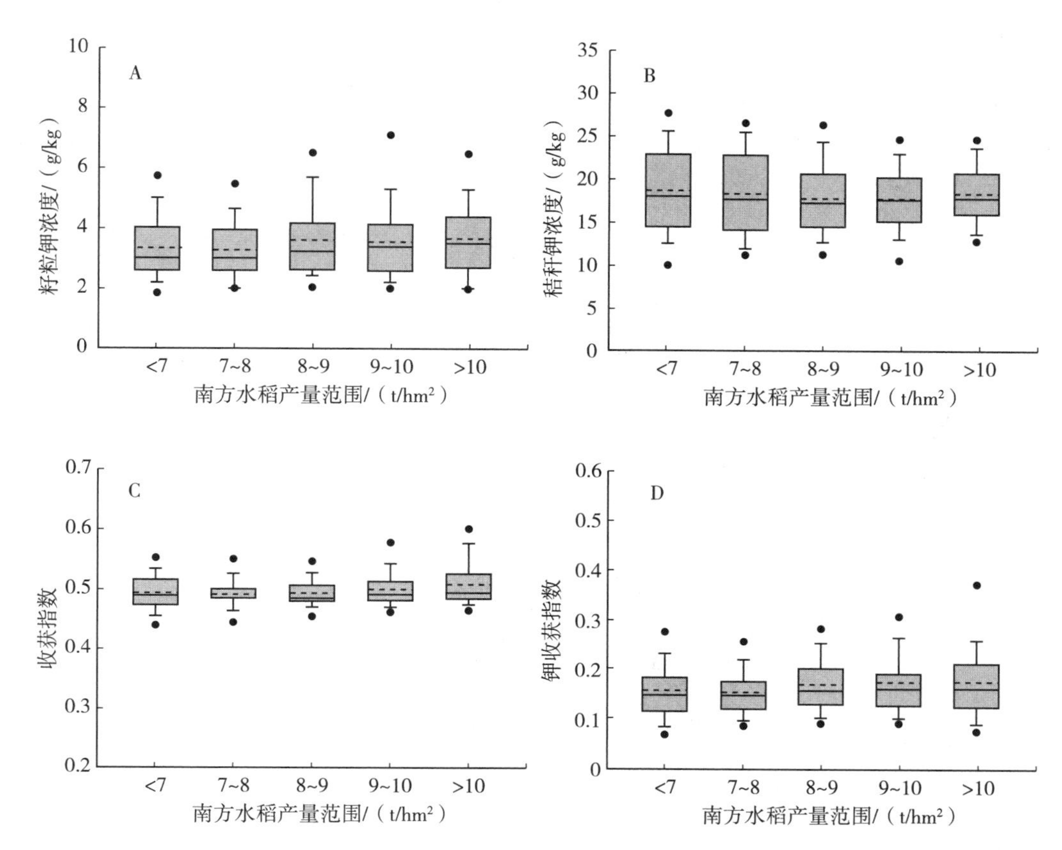

图 2-43 南方水稻各产量范围下的籽粒钾浓度（A）、秸秆钾浓度（B）、收获指数（C）和钾收获指数（D）

注：箱线图中部实线代表中值，虚线代表平均值，箱上、下边分别代表上、下四分位点，上、下横虚线分别代表 90%和 10%，上、下圆点分别代表 95%和 5%的位点。

主要参考文献

HOU P，GAO Q，XIE R，et al，2012. Grain yields in relation to N requirement：Optimizing nitrogen management for spring maize grown in China [J]. Field Crops Research，129：1-6.

LU D，YUE S，LU F，et al，2016. Integrated crop-N system management to establish high wheat yield population [J]. Field Crops Research，191：66-74.

WU L，CUI Z，CHEN X，et al，2014. High-yield maize production in relation to potassium uptake requirements in China [J]. Agronomy Journal，106 (4)：1153-1158.

WU L，CUI Z，CHEN X，et al，2015. Change in phosphorus requirement with increasing grain yield for Chinese maize production [J]. Field Crops Research，180：216-220.

YAN P，YUE S，MENG Q，et al，2016. An understanding of the accumulation of biomass and nitrogen is benefit for Chinese maize production [J]. Agronomy Journal，108 (2)：895-904.

YUE S，MENG Q，ZHAO R，et al，2012. Change in nitrogen requirement with increasing grain yield for winter wheat [J]. Agronomy Journal, 104 (6): 1687 - 1693.

ZHAN A, CHEN X, LI S, et al, 2015. Changes in phosphorus requirement with increasing grain yield for winter wheat [J]. Agronomy Journal, 107 (6): 2003 - 2010.

ZHAN A, ZOU C, YE Y, et al, 2016. Estimating on - farm wheat yield response to potassium and potassium uptake requirement in China [J]. Field crops research, 191: 13 - 19.

第三章 一次性施肥专用肥料产品

第一节 概 述

在资源、环境双重约束下，养分资源的高效利用、农业农村生态环境保护与农业可持续发展战略对施肥技术和肥料产品提出了新要求；另外，在农村劳动力急剧减少的情况下，保障国家粮食安全也对施肥技术和肥料产品提出了新要求。一次性施肥是采用新型缓/控释肥料，在小麦玉米播种时、水稻插秧或整地时一次性施入，无须追肥的轻简化技术，具有省工、节肥、增收、环保（绿色）突出优点。经过近几十年的发展，各种类型缓/控释肥料产品大量出现，为筛选和研制作物专用缓/控释肥，实现粮食作物一次性施肥提供了可能。

一、一次性施肥专用肥料的概念与范畴

一次性施肥专用肥料是指其养分供给与作物养分吸收相匹配且能满足一次施用即可满足特定作物整个生育期养分需要的一类肥料的总称。从概念上可以看出，一次性施肥专用肥料需要满足两个核心条件：一个是养分供给与养分吸收相匹配，这里所说的匹配不仅限于数量和时间上的匹配，也包括更高层次的空间匹配和氮素形态匹配；另一个是一次施用即可满足特定作物整个生育期的需要，需要强调的是，这个需要是指高产水平下的需要。从理论上讲，目前缓/控释肥料和稳定性肥料均有可能满足要求，但是否可作为主要粮食作物一次性施肥专用肥料有待实践检验。

缓/控释肥料根据养分释放特性，又可细分为缓释肥料（Slow Release Fertilizer，SRF）和控释肥料（Controlled Release Fertilizer，CRF）。

缓释肥料是指通过养分的化学复合或物理作用，使其对作物的有效态养分随着时间而缓慢释放的化学肥料（GB/T 23348—2009）。其养分释放速率远小于其在土壤中正常溶解释放速率，养分缓慢转化为有效态养分。这类肥料通过技术措施限制肥料养分释放过程，延缓养分的释放，延缓的程度或者说养分释放速率的快慢程度不可控，受肥料自身特性和环境条件影响。化学复合型主要是指脲醛类肥料，物理作用型主要是无机包裹类肥料。

控释肥料是指通过各种调控机制预先设定肥料在作物生长季节的养分释放模式（释放时长和速率），使其养分释放与作物需肥规律相一致的肥料。这类肥料主要通过膜材料和加工工艺来控制肥料养分释放过程，使得化学态养分的释放速率能够达到特定的释放模式，这种养分释放模式可以与某些作物养分吸收的规律相对应，主要指聚合物包膜肥料。

目前，缓释肥料品种主要有：化学缓释型，如脲甲醛、异丁叉二脲等；物理缓释型，如硫包衣尿素、磷矿粉包裹型肥料、腐植酸包裹型肥料。控释肥料品种主要是聚合物包膜

肥料，根据膜材料特性又可分为热塑性树脂包膜肥料和热固性树脂包膜肥料。

稳定性肥料是指经过一定工艺加入脲酶抑制剂和（或）硝化抑制剂，施入土壤后能通过脲酶抑制剂抑制尿素的水解和（或）通过硝化抑制剂抑制铵态氮的硝化，使肥效期得到延长的一类含氮肥料（包括含氮的二元或三元肥料和单质氮肥）（HG/T 4135—2010），是一类通过在传统肥料中加入氮肥增效剂来延长肥效期的产品的统称。

氮肥增效剂是一类进入土壤后能够影响土壤生化环境调节某些土壤酶活性、影响土壤微生物对氮肥的作用、降低氮素损失的物质。氮肥增效剂主要包括脲酶抑制剂和硝化抑制剂。

脲酶抑制剂是指在一段时间内通过抑制土壤脲酶的活性，从而减缓尿素水解的一类物质，如氢醌、N-丁基硫代磷酸三胺、邻苯基磷酰二胺、硫代磷酰三胺等。

硝化抑制剂是指在一段时间内通过抑制亚硝化单胞菌属活性，从而减缓铵态氮向硝态氮转化的一类物质，如吡啶、嘧啶、硫脲、噻唑等的衍生物，以及六氯甲烷、双氰胺等。

二、一次性施肥肥料类型及肥效作用原理

依据肥效作用模式，可分为养分缓/控释型和养分形态稳定限失型两大类。养分缓/控释型包括缓释和控释两种类型，其中养分缓释型又可细分为物理缓释型和生物化学缓释型，其物理缓释型的典型肥料种类分别是硫包衣肥料和磷矿粉包裹型肥料，而化学缓释型的典型肥料种类为脲醛型；控释型的典型肥料类型为聚合物包膜型。养分形态稳定限失型的典型肥料种类主要是稳定性肥料，腐植酸包裹肥料和腐植酸尿素螯合型肥料可归于此类。即使同种类型不同种类的肥料，其肥效作用模式也存在差异，因此有必要做一一介绍。

（一）硫包衣肥料

硫包衣肥料主要为硫包衣尿素（Sulfur Coated Urea，SCU），硫包衣尿素是以硫黄为主要包裹材料对颗粒尿素进行包裹，生产出可缓慢释放氮素的缓/控释肥料（GB 29401—2012），一般含氮 30%～40%，含硫 10%～30%。氮的示范时间与硫包衣的厚度、均匀度、封蜡等技术有关。尿素氮的释放途径是硫涂层表面产生的裂隙，一旦土壤中的水或水蒸气通过硫涂层的裂隙进入到涂层内部，引起尿素的溶解膨胀，溶解的尿素就在膨胀压力下顺着涂层中的裂隙和冲破涂层薄弱处释放到肥料周围的土壤中，因此可控性不如聚合物包膜型，但是硫包衣尿素在缺硫土壤中施用具有一定的优势。

（二）包裹肥料

包裹肥料是一种或多种植物营养物质包裹另一种植物营养物质而形成的植物营养复合体，该术语最早出现在专利“包裹肥料及其制备方法”中。包裹肥料是我国独创的，它是缓释肥料的一种，与聚合物包膜肥料相比，主要区别是包裹肥料所用的包裹材料为植物营养物质，另外包裹肥料产品中用作包裹层的物料所占比例较高，通常不少于 20%，通常产品包裹层的比例达 50%以上。包裹肥料的化工行业标准《无机包裹型复混肥料（复合肥料）》（HG/T 4217—2011）已颁布实施。该标准中规定的包裹肥料产品分为两种类型，Ⅰ型产品以钙镁磷肥或磷酸氢钙为主要包裹层，产品有适度缓效性；Ⅱ型产品以二价金属

磷酸铵钾盐为主要包裹层，通过包裹层的物理作用，实现核心氮肥的缓释作用。一方面，涂层中存在大量孔隙，核心中氮肥可以通过这些孔隙释放出来，另一方面，涂层中以微溶性无机化合物形态存在的磷、钾肥也可以随着作物的吸收和不断水解而释放出来。此外，也有众多研究者研究了以沸石粉、凹凸棒土、膨润土等天然矿物为包裹材料的新型缓释肥，但到目前为止，未见有产业化报道，因而不做详细介绍。

（三）脲醛肥料

脲醛肥料为微溶性含氮有机化合物，属于缓释肥料的重要类型之一。脲醛肥料是尿素和甲醛在一定条件下反应所生成的产物，其总氮含量在38%左右，产品并不是单一的化合物，而是由少量未反应尿素、羟甲基脲、亚甲基二脲、二亚甲基三脲、三亚甲基四脲、五亚甲基六脲等缩合物所组成的混合物。脲醛肥料施入土壤后，靠土壤微生物的分解释放氮素。其肥效的长短取决于分解的快慢，而分解的快慢又受脲醛自身特性和外部条件的影响。一般来说，脲醛缩合物的分子链长度越长，氮的释放期也越长。外部条件主要是气候条件，特别是温度条件，一般情况下，温度越高，氮的释放期越短。产品中的组分及链长可通过生产工艺条件进行适当控制，以调节产品氮的释放期，但由于其反应的自身特点，工艺控制只能在一定范围内实现，并不能精确控制其组分比例及链长，因此其产品指标均为范围性指标。

（四）聚合物包膜肥料

聚合物包膜肥料（Polymer Coated Fertilizer）是指肥料颗粒表面包覆了高分子膜层的肥料。通常有两种制备工艺方法：一种是喷雾相转化工艺（物理法），即将高分子材料制备成包膜剂后，用喷嘴涂布到肥料颗粒表面形成包裹层的工艺方法；另一种是反应成膜工艺（化学法），即将反应单体直接涂布到肥料颗粒表面，直接反应形成高分子聚合物膜层的工艺方法。物理法，一般以聚烯烃为主要膜材，通过选用不同的溶剂，在加热的条件下溶解聚合物，制备成浓度在5%～12%范围内的包膜剂，在流化床内将包膜剂喷涂到肥料颗粒表面，经过溶剂挥发、聚合物沉积成膜的过程，逐步形成一层膜层。因颗粒表面粗糙、喷雾缺陷等因素，膜层一般要50 μm，才能达到有效地控制释放。化学法采用的是肥料颗粒表面反应成膜，可以减少膜层缺陷，膜层厚度在20 μm左右即可有效控制养分释放，大大降低膜材成本，因此成为当前的一个热点。无论采用哪种包膜技术，都能在颗粒表面形成一层控释膜，该膜层具有良好的空隙结构，多为微孔，这些微孔的存在能够控制养分按照一定的速率释放，如果释放速率与植物养分吸收速率相匹配，就能达到一次性施肥无须追肥的目的。

（五）稳定性肥料

稳定性肥料的技术核心是抑制剂，主要是脲酶抑制剂和硝化抑制剂，脲酶抑制剂主要抑制土壤脲酶的活性，延长酰胺态氮向铵态氮转化的过程。土壤施用条件下，酰胺态氮不是作物吸收的主要形态，其需要转化为铵态氮才能被作物吸收，因此延长氮转化所需时间就能延长肥效。通常，施入土壤中的酰胺态氮在1周内完全转化为铵态氮，而施用脲酶抑制剂则可使该过程所需时间延长一倍至数倍。这样，一方面减缓氮素的转化，另一方面也减少了氨挥发。硝化抑制剂主要抑制亚硝化单胞菌活性。铵态氮向硝态氮转化有两个阶段，一个是铵态氮转化为亚硝态氮阶段，这个阶段是限速段，抑制了亚硝化细菌的活性，就能抑制硝化进程；另一个是亚硝态氮转化为硝态氮阶段，该阶段属于氧化反应，速度较快，难以抑制。因此，抑制了铵态氮的硝化作用，不仅增加了土壤铵态氮的浓度，而且可以减少硝态氮的淋溶损失，延长肥效。

三、一次性施肥肥料的发展与应用

自缓/控释肥料和稳定性肥料的诞生至今已有几十年的历史，即使在中国也有近 20 年的历史。其自产业化以来，得到了较广泛的应用，在应用中人们惊奇地发现这些肥料的应用带来的省工、省时、节肥、增产效果，然而在长期的施肥实践中也发现了这些肥料作为一次性施肥专用肥料方面的不足。这些不足给我们进行一次性施肥专用肥料的研发指明了方向。为了让读者对缓/控释肥料和稳定性肥料的应用有一个具体的认识，本文将依据主要的肥料类型进行一一介绍。

（一）硫包衣肥料

硫包衣肥料最早诞生于 20 世纪 50 年代的美国。最早的产品为硫包衣尿素（SCU），70 年代形成产业化，80 年代快速发展。这一时期代表性的国家有美国、英国、加拿大和日本，特别是日本，1975 年日本三井东亚化学公司在美国 TVA 公司公开 SCU 的技术基础上，进行了改进，用石蜡作为封闭剂，开发出了有机聚合物——硫包衣尿素（PSCU），较好地解决了硫黄涂层太脆且易出现裂缝的问题，使得硫包衣尿素的缓释性能得到改善。此后，还有学者采用聚烯烃类对硫化进行改性。尽管如此，但硫包衣肥料的肥效作用原理并没有改变，因此，其养分释放可控性的问题没有从根本上得到改变，因此作为一次性施肥专用肥料产品肥效的稳定性存疑，但不可否认硫包衣尿素作为缓释肥料，在提高肥料利用率和减少施肥次数方面都有自己独特的优势。主要表现在控制氮素释放的同时补充硫营养、氮硫互促增效方面。SCU 是发展最早、工艺最成熟的缓释肥品种，已在 30 多个国家、几十种作物上得到了应用，特别是硫包衣尿素与速效氮肥混合制成 BB 缓释肥料在大田作物上得到了普遍施用。

（二）包裹肥料

早在 1974 年，中国科学院南京土壤研究所就研发出了包裹型长效碳酸氢铵，用于直播水稻，取得了良好的增产效果，但由于种种原因，并没有实现产业化。1983 年，郑州大学许秀成教授带领的研究团队开发出了肥包肥型包裹肥料，目前，已在国内多家生产企业实现产业化。以钙镁磷肥或磷酸氢钙为主要包裹层的包裹尿素，较普通复合（混）肥其氮素利用率提高约 7%，适用于大多数粮食作物，尤其在夏播作物上增产效果更明显。以磷酸铵钾盐为主要包裹层的包裹尿素，有效供肥期一般为 3～4 个月，可满足大部分夏播作物全生长期的需要，在施肥量合理的情况下，可实现一次性施肥。在玉米上，能够实现节肥增产，特别是在夏玉米上曾经取得了减氮 60%，增产 9.6%的好成绩，此外在水稻、冬小麦上也取得了良好的节肥增产效果，氮素利用率提高 10%以上，节肥 30%以上，在冬小麦上在等施肥量的情况下甚至取得了增产20%的良好效果。

（三）脲醛肥料

脲醛肥料兴起于欧洲，1924年德国BASF公司获得了脲甲醛缩合肥料的第一个专利，1955年开始商业化生产，并成为20世纪国际上主要缓释肥料品种之一，其销售量约占全部缓/控释肥料的50%。除日本少量用于水稻种植外，脲醛肥料主要用于高尔夫球场、花卉园艺等非农业市场。脲醛肥料进入我国也只有近20年的时间，早期国内少数企业生产少量的脲醛产品用于高尔夫球场草坪或出口，尤其是高尔夫球场的果岭专用肥。近10年来，随着国内农业市场对缓释肥料认识的提高，我国缓/控释肥料得到快速发展，众多公司开展了脲醛肥料用于农业市场的探索，推出了脲醛系列复合（混）肥料，用于农业市场，也获得了较好的市场反响。

（四）聚合物包膜肥料

聚合物包膜肥料在国外的研究开展于20世纪60年代，Boller和Graver于1961年采用多元醇与二元脂肪酸或环氧树脂能够发生聚合反应形成高分子聚合物的机理，以肥料颗粒表面作为反应界面，合成了聚合物控释膜以控制肥料养分释放。随后，Hansen在1961年和1965年在其申请的两个专利中描述了利用多羟基化合物与异氰酸盐发生聚合反应制备控释肥料的技术。1974年日本窒素公司在美国申请的专利中介绍了生产聚烯烃包裹肥料的方法。1987年Moor以水溶性的含氨基肥料为核心，利用氨基的亲核作用和一些含亲电基团的化合物反应结合，形成聚合物包膜层，发明了“耐磨控释肥料”。1988年以色列的Blank使用一些高黏性不饱和油和低黏性不饱和油（如亚麻油、向日葵油、脱水蓖麻油和大豆油等），在催化剂的作用下，用转动盘设备进行反应交联成膜。随后日本的Fujita等人在1991年申请了一种以聚乙烯基醋酸纤维素为主要材料的可降解膜包膜肥料。1990年美国的Thompson等人以氯化聚偏二乙烯橡胶作为主要包膜材料，在40～50℃的流化床中包膜，开创了聚合物乳液包膜的先河。Goeitz等人1998年的专利中描述了二环戊二烯同一些醇酸树脂（如亚麻油、大豆油）聚合成膜生产树脂包膜肥料的方法。1999年日本Hirano等人通过在聚乙烯材料中添加填充剂的办法，发明了具有S形释放特性的热塑性聚烯烃包膜尿素的生产方法。2000年Geiger等人利用多元醇与肥料氮素中的氨基结合，然后用异氰酸盐与多元醇反应成膜，最后包裹有机蜡，这样的方法使包膜肥料的生产成本大大降低，使得包膜肥料的大量应用成为可能，该专利由Agrium所有，该公司开发的“ESN”是利用这项技术生产的。Mathews等（2010）以N-异丙基丙烯酰胺-聚氨酯共聚物为包衣材料制备了包膜尿素，结果表明肥料控释性能良好。整体而言，国外聚合物包膜控释肥料的研究开展的较早，发展地较成熟，整体处于领先的地位，形成了较为知名的品牌，与其相关的环境、经济、农学施用技术研究也有了相应的发展。

20世纪80年代以来，中国专利局受理了近百项该领域的专利，特别是近年来，这方面的专利增加很多。徐和昌（1993）发明了一种包膜缓释肥料及其制备方法：在包膜的填充共混物中加入具有吸附性的无机或有机物质粉末，使其吸附水溶性物质，而且使高聚物与填充物结合紧密不留孔隙；肥料施用后，包膜中水溶性物质溶解，膜上可形成均匀的释放孔；肥料释放完后，包膜可在耕作时破裂成200目*以下的粉末。武志杰等（2001）将一种环境友好材料溶于有机溶剂中，加入无机膜调理剂及增塑剂，混溶后在肥芯外表面进行喷浆包被，得到光滑、连续、均一的包膜肥料。邢礼军等（2002）在糊化淀粉中加入尿素，混匀后加入与高分子吸水树脂混合的甲醛溶液，然后再加入植物油以及包括草炭、秸秆在内的有机物和包括沸石粉在内的吸附剂，混匀后加入硫酸酸化，得到的固态产物经干燥、粉碎、过筛即得到所需的包膜产品。杨琥等（2002）将纤维素类化合物及其衍生物溶于乙醇/乙醚混合溶剂中，配制成包裹液，然后将包裹液涂抹在颗粒肥料的表面，在氮素颗粒肥料的表面包裹一层膜，以制备包膜肥料。殷以华等（2003）采用压片机将尿素压制成片后，经包衣机直接喷射酸性甲醛水溶液与片状尿素表面反应成膜，最后再经膜表面疏水改性的方法制造包膜缓释肥料。陈凯等（2003）用溶剂在加热条件下溶解聚乙烯、石蜡和淀粉制备成均一的包膜材料液体，制备包膜肥料。在低温常压下采用流化床将一定量的水溶性树脂溶液包裹在颗粒状复合肥料表面而将其制备成包膜型控释肥料（樊小林，2003）。张民等（2004）将热固性高分子树脂均匀涂布到涂硫尿素颗粒上，制造可快速固化成膜的包膜控释肥料；他们还利用回收的废旧热塑性树脂，添加多种填料，用于快速大批量工业化生产，采用加热流化床包膜工艺的包膜控释肥料及其制作方法。林海涛等（2007）以改性纤维素和水性树脂为原料采用乳液聚合的方法制备出了具有互传网络结构且可生物降解的包膜材料，研制出了生物可降解型自控缓释肥。陈森森（2008）采用醋酸纤维素和淀粉等为原料制备了包膜肥料，结果表明该肥料具有较好的养分控释与生物可降解性。北京化工大学的冯守疆等（2010）以有机溶剂溶解的废弃塑料为原料，通过添加一些填充物，制备得到了一种绿色环保型缓释肥，该肥料具有成本低、绿色环保的特点。牟林等（2014）以淀粉和聚乙烯醇（PVA）为原料，制备得到了包膜复合肥。山东农业大学张坤等（2015）以聚碳酸亚丙酯、聚丁二酸丁二醇酯（质量比7：5）作为尿素包膜原材料进行田间土埋试验，结果表明该材料在一年内可以完全生物降解，为可生物降解包膜材料在缓/控释肥料领域的应用提供了有力证明。陈迪等（2016）以地沟油与多元醇、有机硅、二甘醇、二甲苯等为原材料，制备出了低成本的缓/控释包膜尿素。我国的聚合物包膜肥料行业发展迅速，正在朝着国际领先水平快速前进。

聚合物包膜肥料作为优良的控释肥料，其使用方法和农学效应、经济效应和环境效应方面的研究工作较多，众多的研究者以聚合物包膜肥料为研究对象，研究其肥料利用率、经济效益、对耕层土壤速效养分分布以及进入环境的途径和数量等。谢培才等（2005）的研究表明施用包膜缓释肥冬小麦、夏玉米分别增产11.3%和12.6%，冬小麦品质得到显著提高，粗蛋白含量、湿面筋含量、沉降值和稳定时间各项指标都有明显增加。孙锡发等（2009）的研究结果表明，控释尿素对水稻的增产作用显著高于普通尿素，在中高肥力土壤上比无氮处理最高增产3 943.0 kg/hm^2（50.78%），比普通尿素一次施用增产1 062.0 kg/hm^2（9.97%）；在中低肥力土壤上最高增产2 647.7 kg/hm^2（43.15%），比普通尿素一次施用增产1 868 kg/hm^2（27.01%）。从田间试验的统计结果来看，聚合物包膜肥料的利用率可以达到43.5%～60%，综合来看，在保障作物产量和不增加肥料用量

* 目为非法定计量单位，表示网筛孔的规格，有时也用来表示粉末状物的规格。——编者注

的同时，聚合物包膜肥料可使氮素当季利用率提高10%～40%，与传统化肥相比，施用或部分施用聚合物包膜肥料无论是产量效应还是环境效应均具有明显优势。

（五）稳定性肥料

稳定性肥料在国外的研究也非常早，主要在美国、日本和西欧一些国家进行了大量硝化抑制剂和脲酶抑制剂的筛选与应用研究。

硝化抑制剂的研究始于20世纪50年代中期，美国最早开展了这方面的研究。60年代初，研制出西吡[2-氯-6-(三氯甲基-吡啶)]，取得了良好效果。1975年N-serve诞生。日本对硝化抑制剂也进行了深入的研究，应用较广的有AM、MBT、ASU、ATC、DCS、ST。90年代以来，硝化抑制剂的研究已经进入应用阶段，在世界肥料市场，许多硝化抑制剂申请了专利并注册为商品在市场上流通，但国外真正商品化的只有N-serve。

脲酶抑制剂的研究始于20世纪60年代，到了1971年筛选出了苯醌和氢醌类化合物作为效果较好的脲酶抑制剂，80年代国际上已开发了近70种具有实用意义的脲酶抑制剂。不过，目前两种脲酶抑制剂已经得到实际应用并作为商品在市场流通，其中之一为美国IMC-Agfico公司以Agrotain为商标在市场上销售的产品。

稳定性肥料肥效长、养分利用率高，可有效减少淋溶氮和气态氮损失，养分供给平稳，增产效果明显。氮素利用率可提高8.7%，减少氮淋失48.2%，减排N_2O 64.7%，作物平均增产10%～18%。稳定性肥料已在我国20余个省进行了应用，生产的稳定性专用肥有60多个品种，应用作物涉及小麦、玉米、水稻、大豆、棉花等30多种。在应用中也发现，稳定性氮肥节肥潜力有限；在盐碱地、旱地上施用需谨慎，因为很容易造成烧苗；沙土地不建议施用稳定性肥料，因为沙土地保水保肥能力差，漏肥严重，一次性施肥很容易造成后期脱肥，造成减产。

四、一次性施肥专用肥料的研发

目前国内外生产的缓/控释肥料尽管肥料利用率有一定程度提高（一般利用率达到50%～70%，我国略低），但其性能仍有局限性，还不能真正达到一次性精准施肥的目的。国外正在研究如何调控缓/控释肥料的释放模式与作物需肥规律相吻合，并取得了一定进展。现阶段，世界缓/控释肥料研发大多已将研究重点放在作物专用肥包膜上。因为作物专用肥是将大量、中量、微量元素按作物营养需要比例配制而成，包膜后使其养分的释放速率（释放期、释放量）和作物需肥特征（需肥期、需肥量）相一致，成为真正意义上的缓/控释肥料。

智能缓/控释肥料将是21世纪的新方向，其原理是依靠前沿技术，结合土壤肥料、植物营养、环境工程、微生物工程，运用高分子材料和膜技术、异粒变速技术等，生产养分释放模式与作物需肥规律同步的肥料。其重点在于膜材料的选择和膜包被工艺、异粒肥料的相配。因此，研制和筛选新型、高效、廉价包膜材料成了世界控释肥料研究的关键（龙继锐 等，2006）。

未来缓/控释肥料研究体现在以下几方面。一是以缓/控释氮肥为重点，最关键、最需要解决的是氮肥利用率低的问题（Venterea et al.，2011）。因为氮在农业生态环境中比磷、钾素更为活跃，容易流失，污染环境。据估计，我国每年氮损失约 1 500 万 t，直接经济损失 300 多亿美元（王新民 等，2003），因此发展缓/控释氮肥是首选目标。二是强化作物需肥规律等基础研究。缓/控释肥料养分释放特性与作物是否相配，直接关系到肥效高低。三是加强专用型和经济型缓/控释肥料研发。现在我国缓/控释肥料种类虽然不少，但推广应用率都不高，一个重要原因就是肥料针对性不强（Kinoshita et al.，2013）。作物都有其独特的需肥规律，一种缓/控释肥料不可能广泛应用于各种作物。而企业也不可能全方位研究各种作物的需肥特性，因此企业研发缓/控释肥料必须根据具体实际，有针对性地研发专用型、经济型缓/控释肥料。四是创新研发机制。制约我国缓/控释肥料大面积推广应用的“瓶颈”是产品价格。若使缓/控释肥料走上产业化发展之路，首先要创新包膜材料，研制低成本、低污染的材料（Zebarth et al.，2012）。同时，缓/控释肥料配套施用技术是最大限度发挥肥料肥效潜力的重要保障（Azeem et al.，2014）。企业要在注重产品质量和加工工艺创新的同时，创新研究机制，与农业院校、农业科研部门等联合，抓好基础研究，增强研发后劲（龙继锐 等，2006）。

第二节　冬小麦一次性施肥专用肥料产品及其研发

从文献调研并结合田间应用情况来看：硫包衣尿素虽然价格较低，但养分释放可控性差；包裹肥料的优点是环境友好、价格较低，缺点也是养分释放可控性差；脲醛肥料养分释放受环境影响很大，主要用于高尔夫球场，在粮食作物上应用案例不多；稳定性肥料养分供应受土壤条件影响很大，在沙土薄地、旱地、盐碱地施用受限。从以上内容不难看出，缓释肥料和稳定性肥料在一次性施肥条件下，很难做到养分的供给与作物的养分吸收相匹配，因此，硫包衣尿素、包裹型肥料、脲醛肥料等类型的缓释肥料和稳定性肥料不是冬小麦一次性施肥专用肥料的最佳选择。从养分释放原理来看，聚合物包膜型肥料最有可能实现养分的供给和养分的吸收相匹配，是冬小麦一次性施肥专用肥料的最佳选择，但在应用实践中发现，并不是所有的聚合物包膜肥料都可以作为冬小麦一次性施肥专用产品，这除了与养分释放期有关外，还与膜材料的特性有关。冬小麦生育期长达 240 d，不仅经历温度 V 形剧烈变化，而且常常面临春旱威胁。在聚合物包膜肥料的推广应用中发现，小麦季聚合物包膜肥料在土壤中的养分释放期要远远长于静水条件下的养分释放期，这是因为聚合物包膜肥料在土壤中的养分释放行为非常复杂，这反映在环境因素（温度、湿度等）的多变性方面，这不是恒温、恒湿条件所能模拟的，因而聚合物包膜肥料在大田环境和模拟环境的养分释放规律存在差异。如何设计和生产一种能够在大田环境下养分的释放与吸收同步的聚合物包膜肥料成为研发冬小麦一次性施肥专用肥料的关键，也是本文介绍的重点。

一、水基互穿网络聚合物包膜控释肥料的研制

（一）膜材料的制备

1. CM1 的制备

先将改性纤维素与聚乙烯醇按照一定比例混合后加水溶胀，24 h 加热溶解，温度控制

在75～85℃，待物料完全溶解后，冷却后备用；按照一定的质量配比分别称取丙烯酸混合单体（甲基丙烯酸甲酯、丙烯酸丁酯、丙烯酸、丙烯酰胺）和环氧树脂，然后将环氧树脂溶于丙烯酸混合单体中，然后加入盛有交联剂、乳化剂和去离子水的容器中，在20～27℃下，以5 000～12 000 r/min的转速剪切乳化0.4～0.6 h，得乳液；同时用预留的去离子水将引发剂配成浓度为1mg/mL的溶液，备用；调乳液pH到7.5；取1/10体积量的乳液和1/5体积量的引发剂溶液加入反应釜中，通入氮气，升温至75～80℃，20 min后，滴加上述剩余的混合有剩余引发剂溶液的乳液，2 h内滴加完，之后继续反应3～3.5 h，得具有互穿网络结构的丙烯酸酯-环氧树脂共聚物乳液，冷却后按照一定的质量配比与改性纤维素、聚乙烯醇混合，以8 000～10 000 r/min转速剪切乳化15～20 min，得到CM1乳液。

2. CM2的制备

先将改性纤维素与聚乙烯醇按照一定比例混合后加水溶胀，24 h加热溶解，温度控制在75～85℃，待物料完全溶解后，冷却备用；按照一定的质量配比分别称取丙烯酸混合单体和水性聚氨酯乳液，以水性聚氨酯乳液为种子聚合物，加入丙烯酸混合单体（甲基丙烯酸甲酯、丙烯酸丁酯、丙烯酰胺）、引发剂和少量乳化剂进行自由基聚合反应，得到聚氨酯-聚丙烯酸酯共聚物乳液。将此乳液按一定的质量比与改性纤维素、聚乙烯醇混合，以8 000～10 000 r/min的转速剪切乳化15～20 min，得到CM2乳液。

3. CM3的制备

先将改性纤维素与聚乙烯醇按照一定比例混合后加水溶胀，24 h加热溶解，温度控制在75～85℃，待物料完全溶解后，冷却后备用；按照一定的质量配比分别称取丙烯酸混合单体（甲基丙烯酸甲酯、丙烯酸丁酯、丙烯酸）、环氧树脂、聚氨酯预聚物，然后分别将环氧树脂、聚氨酯预聚物溶于丙烯酸混合单体中，再将其加入盛有交联剂、乳化剂和去离子水的容器中，在20～27℃下，以5 000～12 000 r/min的转速剪切乳化0.4～0.6 h，得乳液；同时用预留的去离子水将引发剂配成浓度为1 mg/mL的溶液，备用；调乳液pH至7.5；取1/10体积量的乳液和1/5体积量的引发剂溶液加入反应釜中，通入氮气，升温至75～80℃，20 min后，滴加上述剩余的混合有剩余引发剂溶液的乳液，2 h内滴加完，之后继续反应3～3.5 h，得到聚氨酯-丙烯酸酯-环氧树脂共聚而成的互穿网络聚合物乳液，将此乳液按照一定的质量配比与改性纤维素、聚乙烯醇混合，以8 000～10 000 r/min的转速剪切乳化15～20 min，得到CM3乳液。

（二）膜材料的表征与优选

评价包膜材料的优劣，需要从成膜条件以及成膜性能方面进行综合评价。成膜条件主要是看包膜乳液由乳液固化成膜所需的加热温度和加热时间，一般而言，加热温度越低、加热时间越短，能耗就越低，就越经济。成膜性能主要是看吸水性、水蒸气渗透性，这两个指标决定了膜材料的缓释性能，一般而言吸水性和水蒸气渗透性越低，缓释性能越好，制备的缓释肥释放期就越长；此外还有附着力（划格法）、断裂伸长率、耐酸碱腐蚀性、磨耗减量等指标，这些指标反映的是涂膜的牢靠度和稳定性，断裂伸长率反映的是膜的弹性，耐酸碱腐蚀性反映的是包膜后尿素能否与普通肥料掺混以及贮藏稳定性的问题，磨耗减量反映的是耐磨性的问题。

1. 成膜条件

以CM1、CM2、CM3为研究对象，研究三类包膜材料的固化成膜温度和固化成膜时间。试验结果见表3-1，从表中可看出CM1固化成膜条件最低，也意味着能耗最低；CM2、CM3成膜条件相接近，能耗要高于CM1。从能耗角度看，CM1为最优选择。

2. 成膜性能

从表3-2中可以看出，吸水性，CM3<CM1<CM2；水蒸气渗透性，CM3<CM1<CM2。因此，可判定CM3缓释性能最好，CM2缓释性能最差，CM1居于两者之间。

表3-1 不同类型膜材料烘烤固化成膜条件

包膜材料类型	烘烤固化成膜条件
CM1	60℃×2 h或140℃×20 min
CM2	175℃×30 min或180℃×15 min
CM3	175℃×15 min或200℃×10 min

表3-2 不同类型膜材料烘常温下的缓释性能

包膜材料类型	吸水性（25℃，30 d）/%	水蒸气渗透性/[mg/(cm^2·d)]
CM1	2.4	18.1
CM2	3.1	23.5
CM3	1.5	12.8

附着力反映了膜与肥料颗粒表面结合的牢靠程度，牢靠程度高，膜材料在运输过程中不易脱落；断裂伸长率反映了膜材料的柔韧性，柔韧性越高，膜材料越不易撕裂，但柔韧性过高，会影响膜材料的缓释性能；耐酸碱腐蚀性反映了膜材料与肥料颗粒长期接触的性质稳定性；磨耗减量反映了包膜肥料涂膜的耐磨性，磨耗减量越少，越耐磨。从表3-3中可以看出，四种包膜材料均有较高的附着力，对肥料颗粒包膜后不会产生膜脱落。CM2、CM3柔韧性较好，CM1柔韧性较差，但这三种材料均不会发生破碎。三种材料均有较好的耐酸碱腐蚀能力，在干燥条件下长期与肥料颗粒接触不会产生粉化现象。耐磨性，CM3>CM2>CM1，但三种材料的磨耗减量均在可接受的范围内。综合看，三种材料具有贮存稳定性，可实现肥料混合运输。

表3-3 不同类型膜材料与肥料混合运输及贮存稳定性

膜材类型	附着力（划格法）	断裂伸长率/%	耐酸碱腐蚀性	磨耗减量/mg
CM1	2级	5.4	不泛白、不粉化	80.4
CM2	2级	28.2	不泛白、不粉化	20.4
CM3	2级	19.4	不泛白、不粉化	15.2

3. 涂膜外表面形貌特征

从图3-1A可以看出，外膜表面连续完整，膜质细腻、光滑、均一、致密，因采用转鼓包膜工艺，在成膜过程中由肥料颗粒相互碰撞产生的凹坑清晰可见，依据图中提供的比例尺，凹坑的直径在5～10 μm。对凹坑放大17 000倍观察（图3-1B），亦未见微孔，可见凹坑并未深入膜内，对膜的控释性能影响不大；同时也可清晰地观察到膜呈片层结构，膜的表面还可以看到清晰的白色光点，这些白色光点为改性纤维素经高速剪切产生的微小片段。这些微小片段通过吸水溶胀产生的微孔为氮素的释放提供通路并促进膜材料的降解，在做到养分控释的同时，实现膜材料的可降解。

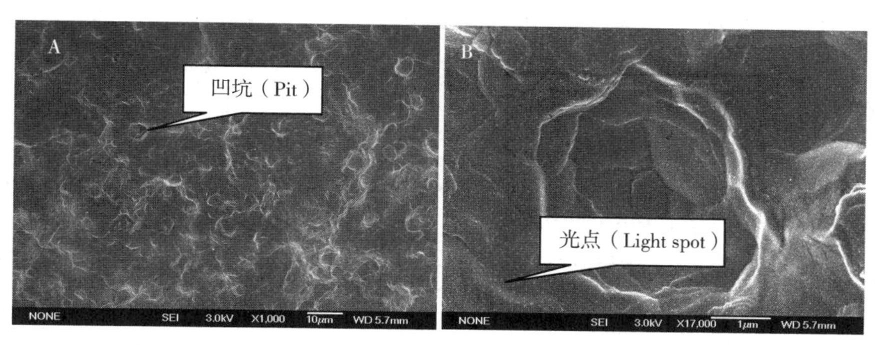

图 3-1　CM2 涂膜外膜表面的扫描电子显微镜（SEM）照片

（三）包膜控释肥料生产技术研究

1. 包膜缓释肥生产工艺现状

国外：美国、日本主要是采用流化床包膜工艺。其优点是包膜质量高、用料省，缺点是能耗高、不连续，单机产能小，成本高。

国内：包膜工艺种类较多，主要有圆盘（糖衣机）、转鼓、流化床包膜工艺。圆盘（糖衣机）包膜工艺设备要求低，能耗较低，主要用于无机材料的包裹，如乐喜施的肥包肥工艺，其缺点是包膜质量不高、用料多、不连续；转鼓包膜工艺，包膜工艺设备要求低，能耗较低，主要用于无机材料的包裹和热固性树脂包膜，如汉枫公司生产的硫包衣尿素、金正大公司生产的热固性树脂包膜尿素生产工艺，其缺点是包膜质量较高、用料较省、产能大，能连续生产；流化床包膜工艺主要用于热塑性树脂包膜，如北京首创、金正大、常林公司生产的热塑性树脂包膜尿素。

2. 包膜设备选型

本研究选择了目前复合肥生产企业常用的圆盘和转鼓以及医药企业采用的大型糖衣机作为包膜缓释肥生产设备，并通过包膜率、均匀度、完整性等指标进行了初步评价。圆盘直径为 2.5 m，转速 13 r/min，转盘倾角 45°；包膜转鼓的直径为 1.2 m，长度为 6 m，转速 16 r/min，倾角 15°，烘干筒的直径为 1.8 m，长度为 6 m，转速 12 r/min，倾角 15°；大型糖衣机，直径为 1 m，转速 16 r/min，容量 50～75 kg，倾角 45°。采用的肥芯为大颗粒尿素，直径为 1.8～4.3 mm，包膜材料为自制的水性包膜乳液（膜材料为 CM1）。包膜时间和膜材料固化时间均相同，分别为 15 min、30 min。

包膜率是衡量包膜质量的重要指标，它反映了包膜设备对材料的利用情况，用膜材料占包膜肥料的百分比（膜材料和肥料的投入量相同，10 份质量为 100 g 的包膜氮肥包膜率的平均值）表示。图 3-2 是不同包膜设备包膜率的对比图，可以看出糖衣机的包膜率最高，圆盘的最低，转鼓居中。

包膜均匀度是衡量包膜质量的重要指标，它反映了大颗粒尿素获得的包膜量及包膜机会情况，用包膜率标准偏差（10 份质量为 100 g，粒径在 3～5 mm 的包膜氮肥包膜率的标准偏差的平均值）表示。标准偏差越小，说明包膜量及包膜机会越均等，即包膜均匀度越高。图 3-3 是不同包膜设备包膜率标准偏差的对比图，从图中可以看出包膜率标准偏差糖衣机的最小，圆盘的最大，转鼓居中，即包膜均匀度糖衣机的最高，圆盘最低，转鼓居中。

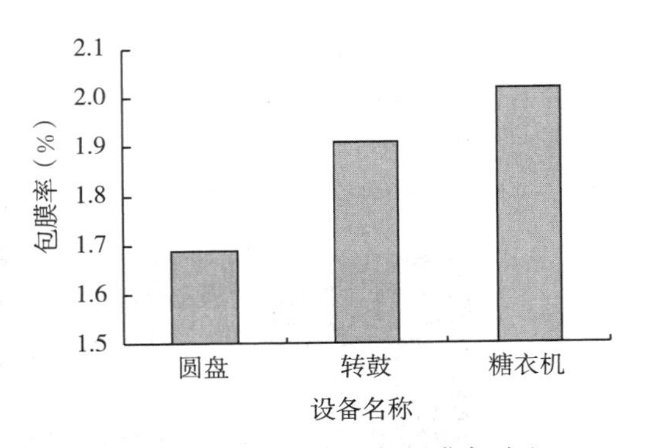

图 3-2　不同包膜设备包膜率对比

包膜完整性是衡量包膜质量的重要指标，它反映了包膜氮肥涂层是否完整、连续，用涂膜完整率（取 10 份个数为 100，粒径在 3～5 mm 的包膜氮肥经静水释放后涂膜仍然完整的百分比的平均值）表示。百分比越大，说明涂膜越完整。图 3-4 是不同包膜设备涂膜完整率对比图，可以看出涂膜完整率糖衣机的最大，圆盘的最小，转鼓居中。

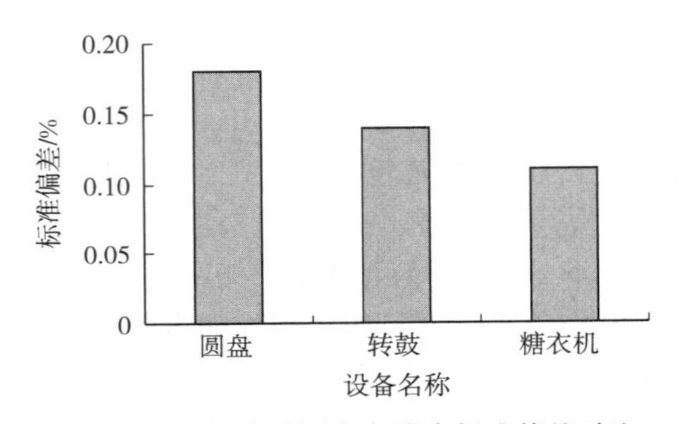

图 3-3　不同包膜设备包膜率标准偏差对比

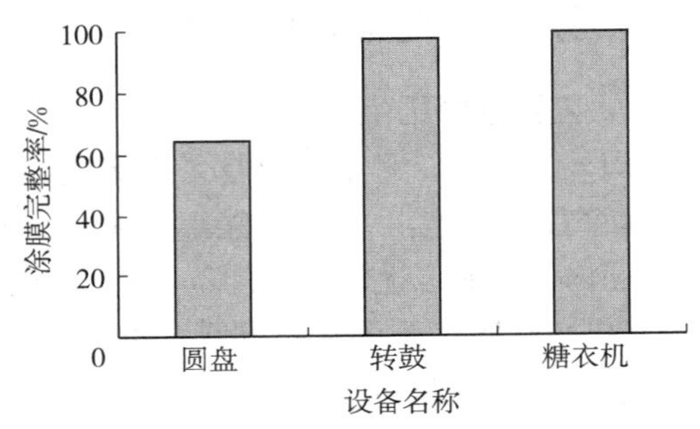

图 3-4　不同包膜设备涂膜完整率对比

3. 规模化连续生产工艺设计

研发团队在包膜设备优化选型的基础上，明确了转鼓包膜、转鼓烘干连续生产工艺，并在某肥料企业建立了产能 6 t/h 的缓释肥生产线。生产线主要由升温转鼓、转鼓包膜机和转鼓烘干机等关键设备串联组成，能够实现大颗粒尿素的升温、包膜和包膜乳液的固化成膜，实现连续生产（图 3-5）。

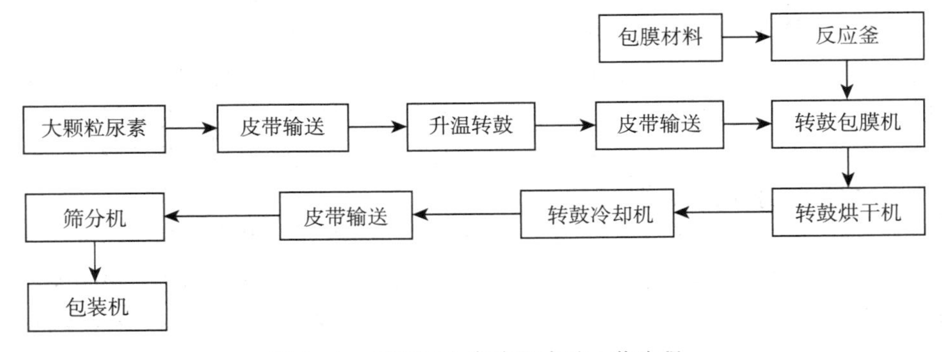

图 3-5　缓释肥生产线组成及工艺流程

4. 生产工艺关键参数的研究

对大颗粒尿素在包膜前是否需要加热，不同的研究者有不同的观点，有的认为需要加热，有的认为不需要加热。研发团队采用转鼓包膜工艺研究了一次包膜条件下不加温（室温 30℃）、加温至 50℃、加温至 70℃对养分释放速率的影响，烘干温度为 180℃（转鼓入口风温），风速为 13 000 m^3/h，转鼓转速为 11.5 r/min。课题组还研究了肥芯加温至 70℃条件下包膜次数（每次包膜率为 2%）对养分释放速率的影响。养分释放速率的大小用 100℃±1℃浸提，包膜氮肥养分全部释放所需要的时间（以下简称浸提时间）来衡量。

（1）肥芯加温对包膜氮肥养分释放速率的影响。图 3-6 是不同加温条件下包膜氮肥浸提时间对比图，可以看出，与室温处理相比，加温至 50℃处理浸提时间没有明显增加，表明肥芯加温至 50℃对包膜氮肥养分释放速率没有明显影响，加温至 70℃处理浸提时间大幅增加，表明肥芯加温至 70℃有利于降低包膜氮肥养分释放速率，延长缓释期。

（2）包膜次数对包膜氮肥养分释放速率的影响。图 3-7 是不同包膜次数下包膜氮肥浸提时间对比图，可以看出，与一次包膜相比，二次包膜浸提时间大幅增加，表明二次包膜能够大幅降低包膜氮肥养分释放速率，延长缓释时间；三次包膜浸提时间下降，表明三次包膜不利于降低包膜氮肥养分释放速率。

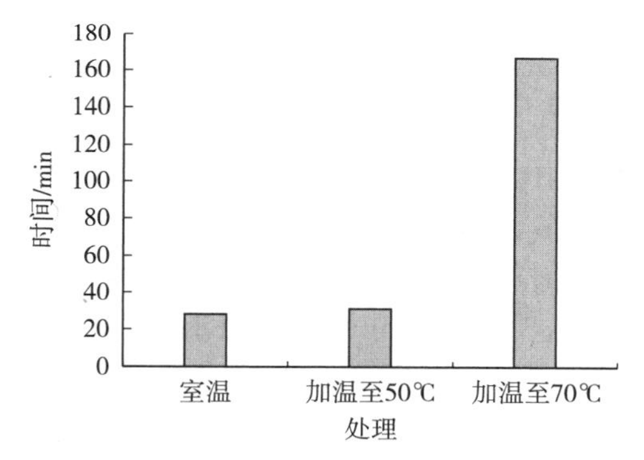

图 3-6 不同加温条件下包膜氮肥浸提时间对比

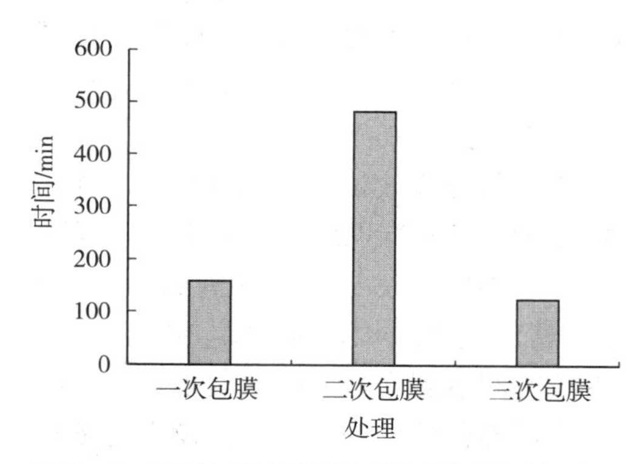

图 3-7 不同包膜次数下包膜氮肥浸提时间对比

二、水基互穿网络聚合物包膜尿素氮素释放与冬小麦氮素吸收匹配特征

了解水基互穿网络聚合物包膜尿素氮素释放特征及其与冬小麦氮素吸收特性在时空上的匹配性，为其在冬小麦一次性施肥上的应用提供理论依据。通过室内和田间试验相结合，研究了水基互穿网络聚合物包膜尿素氮素在静水与麦田中的释放特征、氮素释放与冬小麦氮素吸收的相关关系，不同土层土壤碱解氮含量的时间动态以及不同生育时期土壤碱解氮累积量与冬小麦吸收量的匹配关系。

（一）材料与方法

1. 供试材料

供试作物：冬小麦，品种为济麦 22，播种期为每年的 10 月 12 日，试验从 2013 年 10

月至2016年10月，共进行3年，播种量为180 kg/hm²，行间距为25 cm。

供试肥料：普通大颗粒尿素（含氮量≥46%）；水基互穿网络聚合物包膜尿素A（含氮量≥43%，包膜率为4%）、水基互穿网络聚合物包膜尿素B（含氮量≥43%，包膜率为4%）、水基互穿网络聚合物包膜尿素C（含氮量≥43%，包膜率为4%），均为自制；磷肥为重过磷酸钙（P_2O_5，46%），钾肥为氯化钾（K_2O，60%）。磷、钾肥均作为底肥施用，于播种前一次性均匀撒施，旋耕，使肥料在耕层内均匀分布，氮肥沟施埋袋。

供试土壤：本试验于山东省桓台县中国农业大学桓台试验站进行，多年平均降水量为544 mm，冬小麦生育期多年平均降水量约120 mm。供试土壤类型为黏质潮褐土，耕层（0～20 cm）土壤的pH为7.9，有机质含量为11.10 g/kg，碱解氮含量为53.9 mg/kg，有效磷为25.90 mg/kg，速效钾为197.00 mg/kg。

2. 试验方法

水基互穿网络聚合物包膜尿素的制备：先将耐水性树脂溶解在丙烯酸单体内，再将上述溶液加入含改性纤维素的水凝胶中，再加入乳化剂、交联剂、引发剂后高速剪切乳化，获得均一的乳液即为水基互穿网络聚合物包膜乳液，将包膜乳液在转鼓包膜机内均匀喷涂在大颗粒尿素的表面，经流化床干燥后固化成膜，即获得水基互穿网络聚合物包膜尿素，通过改变疏水树脂与丙烯酸单体的比例，获得A、B两种水基互穿网络聚合物包膜尿素，疏水树脂比例B大于A。C由2/3A和1/3B组成。C型成本介于A、B型之间，较普通尿素每吨需增加500元左右的生产成本。

静水养分释放试验：采用缓释肥料国家标准（GB/T 23348—2009）中的水浸泡法，称取3种水基互穿网络聚合物包膜尿素各10.00 g，放入由100目尼龙网做成的小袋中，封口后将小袋放入250 mL塑料瓶中，加入200 mL蒸馏水，加盖密封，置于25℃的生化恒温培养箱中，取样时间为1 d、3 d、5 d、7 d、10 d、14 d、28 d、42 d、56 d、84 d和112 d。每个取样时间点测定水中的尿素含量，然后绘制不同取样时间点的尿素释放曲线。

大田养分释放试验：试验设不施氮肥（CK）、施用普通尿素（U）和施用水基互穿网络聚合物包膜尿素（选择C型，缩写为WRCU）3个处理。普通尿素和水基互穿网络聚合物包膜尿素处理施氮量为210 kg/hm²，各处理磷、钾肥用量一致（P_2O_5 120 kg/hm²，K_2O 90 kg/hm²）。试验设3次重复，随机区组排列，小区面积50 m²，水基互穿网络聚合物包膜尿素处理设取样区和埋袋区，埋袋区设在冬小麦种植行之间。方法是将供试水基互穿网络聚合物包膜尿素过孔径2.0 mm和5.0 mm网筛，称取过筛后大于2.0 mm、小于5.0 mm的水基互穿网络聚合物包膜尿素10.0 g，装入长12 cm、宽8 cm已制作好的100目尼龙网袋中，塑封机封口。每个重复称50袋，分3行埋入深15 cm、宽12 cm的沟中，整平沟底，将网袋平铺在沟底，并使网袋中的肥料颗粒均匀散开，覆土至沟平，并压实。网袋上挂塑料牌，塑料牌露在土外，便于取样时准确找到肥料网袋。

样品采集：施肥后，在冬小麦苗期、返青期、拔节期、孕穗期、扬花期、灌浆期、收获期，分别采集植株地上部分，并取出网袋。所取植株在105℃恒温下杀青20 min，再在80℃恒温下烘干至恒重，粉碎，测定植株氮含量。取网袋样时，在埋袋区采用对角线法，每个小区取5袋，尽量避免肥料的机械损伤；土壤取样时，在行穿中间钻取0～30 cm、30～60 cm、60～90 cm土层，制备土壤样品，每个小区取3钻混合成一个样品。

测试项目及方法：水基互穿网络聚合物包膜尿素在水中、土中的氮素释放率采用对二甲氨基苯甲醛比色法；植株总氮含量测定采用凯氏定氮法；土壤硝态氮、铵态氮含量测定采用流动注射分析仪测定。

数据处理：数据采用 Microsoft Excel 处理，数据统计分析采用 SAS（ASA - Institute - Inc.，1999）统计分析软件。

（二）结果

1. 水基互穿网络聚合物包膜尿素在静水中的氮素释放特征

由图 3－8 可以看出，水基互穿网络聚合物包膜尿素在 25℃水中氮素释放曲线，A 型呈倒 L 形，B 型、C 型均接近 S 形。A 型初溶出率为 9.5%，28 d 释放率为 73.2%，氮素释放期约为 30 d，42 d 时氮素接近释放完全；B 型初溶出率为 5.1%，28 d 释放率为 31.2%，氮素释放期约为 60 d，112 d 氮素接近释放完全；C 型初溶出率为 6.4%，28 d 释放率为 43.4%，氮素释放期约为 45 d，84 d 氮素接近释放完全。3 种水基互穿网络聚合物包膜尿素均符合缓释肥国家标准（GB/T 23348—2009）。

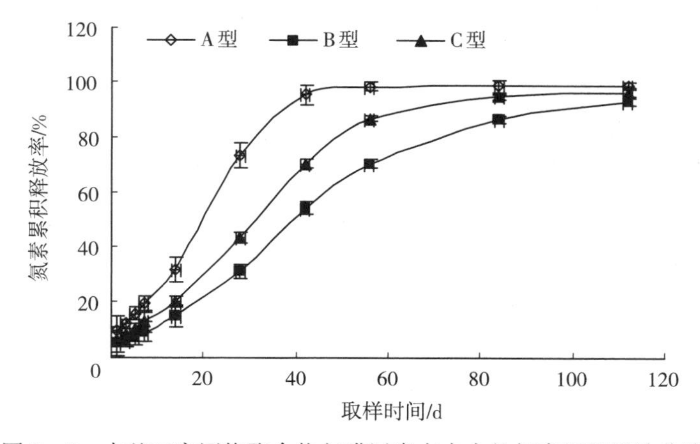

图 3－8　水基互穿网络聚合物包膜尿素在水中的氮素累积释放曲线

2. 水基互穿网络聚合物包膜尿素在麦田土壤中的氮素释放特征

图 3－9 显示，水基互穿网络聚合物包膜尿素在田间土壤中氮素累积释放曲线呈拉长 S 形，与在水中的释放曲线具有较高的相似度。水基互穿网络聚合物包膜尿素氮素累积释放率，苗期（施肥后 34 d）为 30.4%，到拔节期（施肥后 177 d）达到 71.4%，到收获期（施肥后 241 d）达到 98.6%，氮素接近释放完全。水基互穿网络聚合物包膜尿素在田间土壤中释放期约为 180 d，约为水中的 4 倍。氮素释放速率，苗期到返青期最小，返青到拔节期最大，拔节到孕穗期和孕穗到扬花期次之。这可能与田间温度和土壤湿度有关。

3. 冬小麦全生育期氮素吸收与水基互穿网络聚合物包膜尿素氮素释放关系

由图 3－10 可知，在大田条件下，水基互穿网络聚合物包膜尿素氮素累积释放量与冬小麦氮素累积吸收量呈极显著的线性正相关。R^2 高达 0.973 6（图 3－10A）。从各生育期氮素吸收量来看，冬小麦氮素吸收峰在全生育期有两个，一个在返青期，一个在孕穗期，且第一个峰高大于第二个，氮素吸收量分别为 74.60 kg/hm^2、47.47 kg/hm^2，分别占全

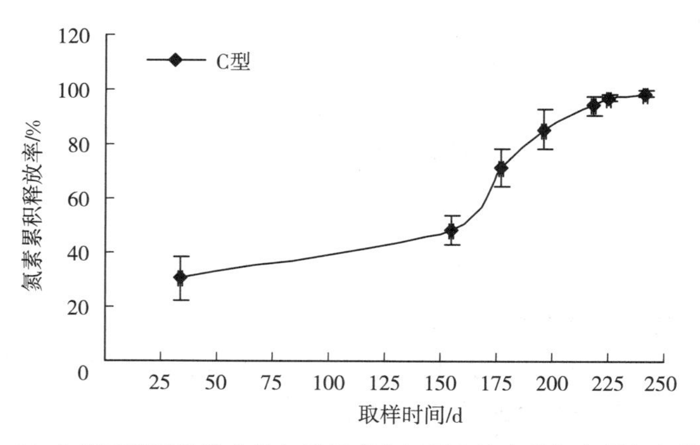

图 3-9 水基互穿网络聚合物包膜尿素在田间土壤中的氮素累积释放曲线

年氮素吸收量的 28.78%和 18.31%。从各生育期氮素释放量来看，水基互穿网络聚合物包膜尿素在田间的氮素释放峰也有两个，分别在苗期和拔节期，也是前者大于后者，氮素释放量分别为 63.84 kg/hm^2、48.72 kg/hm^2，分别占全年氮素释放量的 30.83%和 23.53%（图 3-10B）。从氮素吸收峰与氮素释放峰在生育期的匹配性来看，两者呈“错峰”关系，水基互穿网络聚合物包膜尿素氮素释放峰在前，冬小麦氮素吸收峰在后。这种“错峰”关系可能是由田间土壤温度高、湿度大造成的。冬小麦苗期正值 10 月中旬至 11 月中旬，白天耕层地温在 20℃以上，灌溉后播种使土壤含水量在 20%以上，该温度、湿度条件下，水基互穿网络聚合物包膜尿素氮素释放速率高，释放量大。而返青期正值翌年 3 月中旬，白天耕层地温在 15℃以下，春旱使土壤含水量在 15%以下，此时，水基互穿网络聚合物包膜尿素氮素释放速率低，释放量小。另外，在冬小麦孕穗、扬花期，水基互穿网络聚合物包膜尿素仍然有较高的氮素释放量。

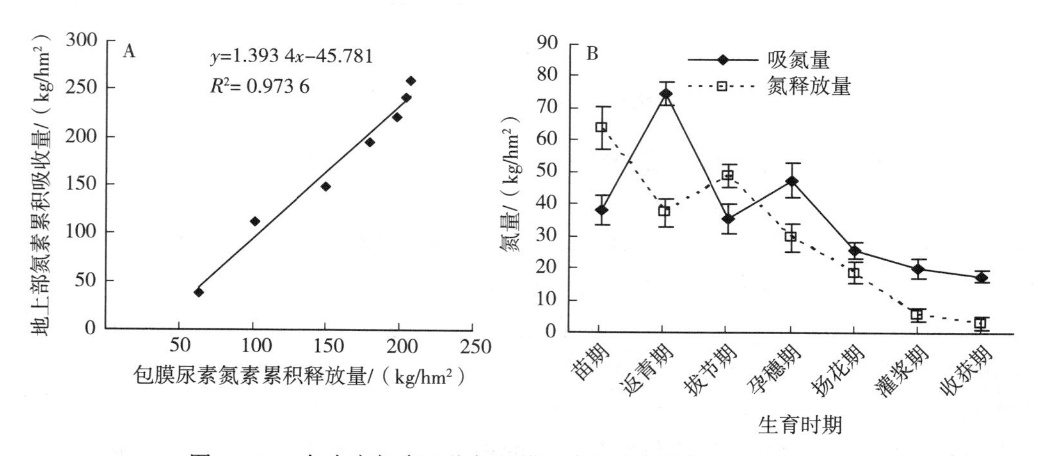

图 3-10 冬小麦氮素吸收与包膜尿素氮素释放特征匹配性分析

4. 不同土层土壤无机氮随时间的动态变化

如图 3-11 所示，施氮均能提高 0～30 cm 土层土壤无机氮含量，该层土壤无机氮的组成以硝态氮为主。0～30 cm 土层土壤硝态氮含量，普通尿素处理的不同生育期变化范围在 4.48～45.42 mg/kg，最大值出现在孕穗期；水基互穿网络聚合物包膜尿素处理的不同生育期变化范围在 15.61～55.50 mg/kg，最大值也出现在孕穗期。较普通尿素处理，水基互穿网络聚合物包膜尿素处理返青、孕穗、灌浆期土壤硝态氮含量分别提高了 46.1%、22.2%和 96.8%（图 3-11A）。0～30 cm 土层土壤铵态氮含量，普通尿素处理的不同生育期变化范围在 0.12～11.29 mg/kg，最大值出现在苗期；水基互穿网络聚合物包膜尿素处理的不同生育期变化范围在 0.15～9.65 mg/kg，最大值却出现在返青期。较普通尿素处理，水基互穿网络聚合物包膜尿素处理返青、孕穗、灌浆期土壤铵态氮含量分别提高了 375.8%、146.3%和 40.7%（图 3-11B）。这表明，水基互穿网络聚合物包膜尿素较普通尿素更能增加冬小麦生长发育关键期（营养生长期、营养生长与生殖生长并重期以及生殖生长期）0～30 cm 土层土壤硝态氮、铵态氮含量。

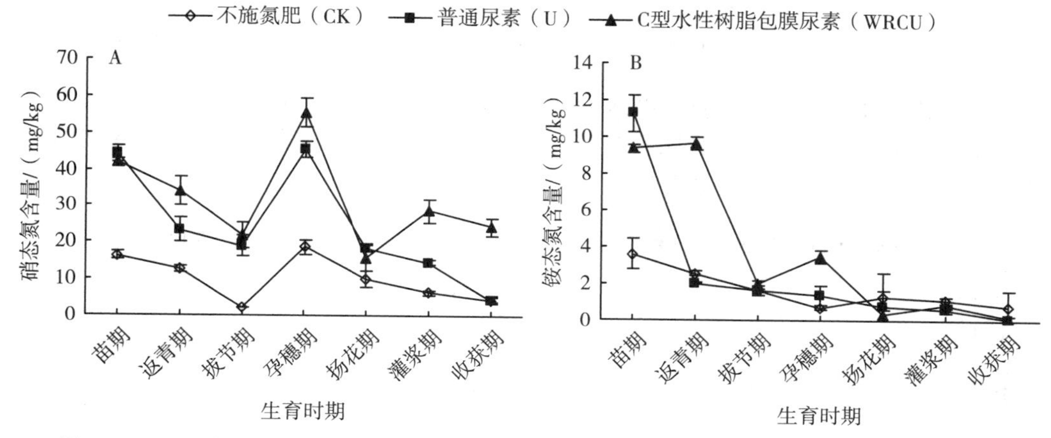

图 3-11　不同处理 0～30 cm 土层土壤硝态氮、铵态氮含量随冬小麦生育时期的动态变化

由图 3-12 可见，30～60 cm 土层土壤无机氮含量亦因施氮而提高，组成仍以硝态氮为主。30～60 cm 土层土壤硝态氮含量，普通尿素处理变化范围在 4.32～33.83 mg/kg，苗期最高；水基互穿网络聚合物包膜尿素处理变化范围在 10.17～44.97 mg/kg，孕穗期最高。较普通尿素处理，水基互穿网络聚合物包膜尿素处理孕穗、扬花、灌浆期土壤硝态氮含量分别提高了 34.2%、101.1%和 419.2%（图 3-12A）。这表明，水基互穿网络聚合物包膜尿素较普通尿素更能增加冬小麦生殖生长期 30～60 cm 土层土壤硝态氮含量。30～60 cm 土层土壤铵态氮含量，水基互穿网络聚合物包膜尿素较普通尿素处理返青、拔节、扬花、灌浆期分别提高了 261.4%、29.8%、91.1%、364.9%（图 3-12B）。这表明，水基互穿网络聚合物包膜尿素较普通尿素更能增加冬小麦营养生长和生殖生长期 30～60 cm 土层土壤铵态氮含量。

图 3-13 显示，60～90 cm 土层土壤无机氮含量亦能随施氮水平增加而提高，组成仍以硝态氮为主。60～90 cm 土层土壤硝态氮含量，水基互穿网络聚合物包膜尿素处理较普通尿素处理，扬花、灌浆期土壤硝态氮含量分别提高了 174.1%、373.5%（图 3-13A）。这表明，水基互穿网络聚合物包膜尿素较普通尿素更能增加冬小麦生殖生长中后期 60～90 cm 土层土壤硝态氮含量。60～90 cm 土层土壤铵态氮含量，水基互穿网络聚合物包膜

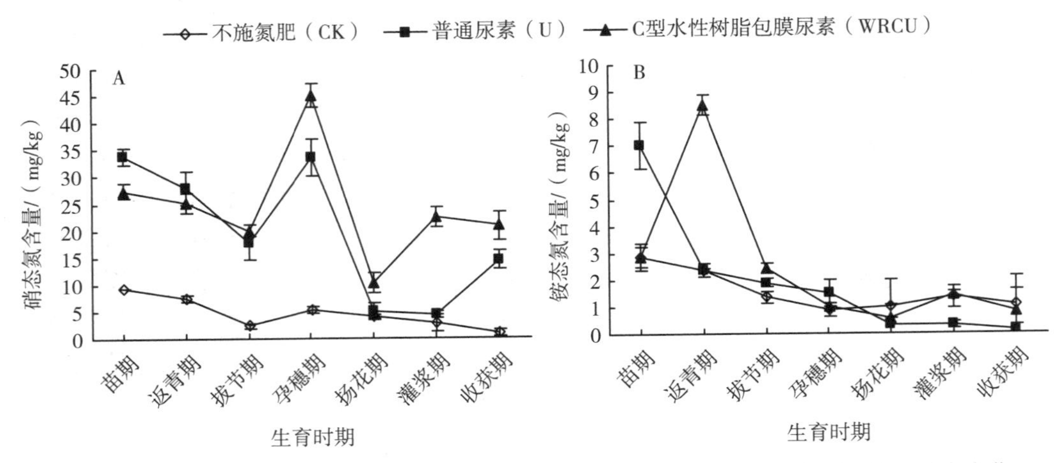

图 3-12　不同处理 30～60 cm 土层土壤硝态氮、铵态氮含量随冬小麦生育时期的动态变化

尿素处理较普通尿素处理，返青、灌浆期分别提高了 226.5%、487.7%（图 3-13B）。这表明，水基互穿网络聚合物包膜尿素较普通尿素更能增加冬小麦营养生长前期和生殖生长后期 60～90 cm 土层土壤铵态氮含量。

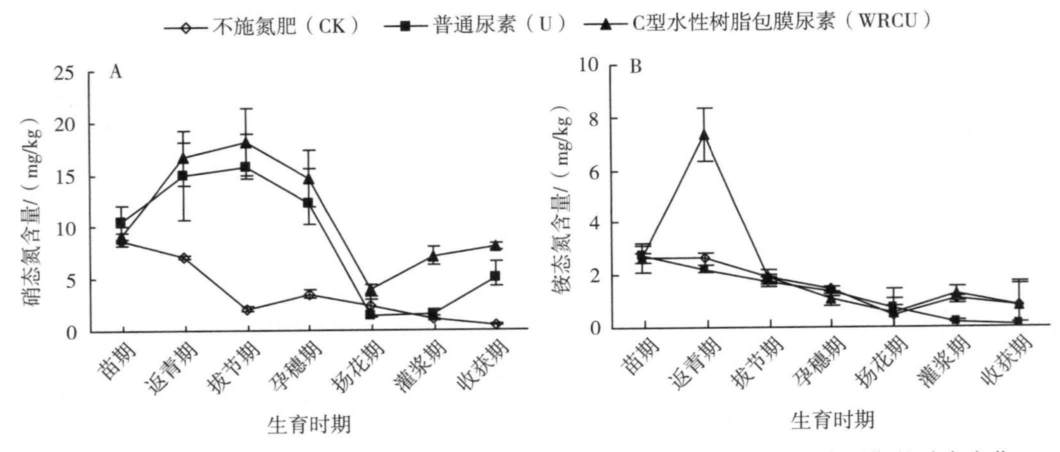

图 3-13　不同处理 60～90 cm 土层土壤硝态氮、铵态氮含量随冬小麦生育时期的动态变化

由表 3-4 可知，施氮能够提高冬小麦各生育时期不同土层土壤碱解氮（硝态氮、铵态氮之和）累积量（普通尿素处理，扬花至灌浆期 60～90 cm 土层除外）。0～30 cm 土层土壤碱解氮累积量，水基互穿网络聚合物包膜尿素较普通尿素处理在返青、孕穗、灌浆期分别提高了 72.4%、25.9%、94.8%，且差异达到了显著性水平；30～60 cm 土层土壤碱解氮的累积量，水基互穿网络聚合物包膜尿素较普通尿素处理在孕穗、扬花、灌浆期分别增加了 31.4%、100.6%、416.2%，差异达到了显著性水平；60～90 cm 土层土壤碱解氮的累积量，水基互穿网络聚合物包膜尿素较普通尿素处理在返青、扬花、灌浆期分别增加了 39.9%、104.3%、390.9%，差异达到了显著性水平。以上表明，水基互穿网络聚合物包膜尿素较普通尿素能显著提高 0～30 cm 土层在冬小麦返青、孕穗、灌浆期的氮素供应能力，显著提高 30～60 cm 土层在冬小麦孕穗、扬花、灌浆期的氮素供应能力，以及

60～90 cm 土层在冬小麦返青、扬花、灌浆期的氮素供应能力。

表 3-4　不同生育期不同土层土壤碱解氮累积量

土层深度/cm	处理	苗期	返青期	拔节期	孕穗期	扬花期	灌浆期
0～30	CK	57.5±5.4c	43.9±2.9c	11.0±1.0b	56.2±6.2c	32.8±9.7b	21.8±2.9c
	U	161.2±9.2a	73.7±9.7b	59.7±8.5a	135.9±8.0b	55.9±5.3a	44.0±2.6b
	WRCU	148.5±3.5b	127.1±12.9a	69.2±11.0a	171.1±10.3a	46.1±10.9ab	85.7±9.5a
30～60	CK	37.6±2.8c	30.0±2.4b	11.3±2.9b	18.8±1.6c	15.3±7.5b	12.5±3.0b
	U	125.6±7.4a	93.1±10.0a	60.7±10.a	107.6±11.7b	16.4±5.4b	14.2±2.0b
	WRCU	93.2±6.0b	103.9±6.8a	69.0±4.2a	141.4±7.5a	32.9±7.3a	73.3±6.3a
60～90	CK	36.4±1.0b	31.2±1.2c	12.8±1.6b	15.9±1.5b	8.8±4.5b	7.0±0.6b
	U	42.7±4.3a	54.9±13.7b	55.9±3.0a	43.6±6.9a	7.0±2.7b	5.5±0.3b
	WRCU	37.7±4.7b	76.8±11.6a	63.9±11.4a	50.4±9.1a	14.3±3.5a	27.0±3.6a

注：每个数值表示 3 次重复的平均值±标准误，同一土层深度同列数据后不同小写字母表示不同处理间达到 0.05 的显著性水平。

分析水基互穿网络聚合物包膜尿素处理 0～90 cm 土层碱解氮累积量和水基互穿网络聚合物包膜尿素氮素释放量和冬小麦氮素吸收量发现，水基互穿网络聚合物包膜尿素处理当期氮素供应总量（上一生育期 0～90 cm 土层累积的氮量与水基互穿网络聚合物包膜尿素当期释放的氮量之和）远高于当期冬小麦氮素吸收量，两者比值在 4.25～14.84，最大比值出现在扬花期，其次为拔节期。分析不同来源（水基互穿网络聚合物包膜尿素、不同土层）的氮量占当期氮素供应总量的比例时还发现：水基互穿网络聚合物包膜尿素释放的氮所占比例在返青至孕穗期较大，最大值出现在拔节期，为 14%；0～30 cm 土层累积的氮量所占比例为 30%～47%，随生育期的延长呈先下降后上升趋势，最低点出现在孕穗期；30～60 cm 土层累积的氮量所占比例为 29%～37%，随生育期的延长呈先上升后下降趋势，最高点出现在扬花期；60～90 cm 土层累积的氮量所占比例为 12%～28%，随生育期的延长呈先上升后下降趋势，最高点出现在孕穗期。从返青至孕穗期，所有土层只有 0～30 cm 土层累积的氮量所占比例最大，其次是 30～60 cm 土层，最后是 60～90 cm 土层，仅在孕穗期，三者都接近 30%。综上，水基互穿网络聚合物包膜尿素较普通尿素更能提高冬小麦关键生育期氮素供应能力，特别是深层（30～90 cm）土壤在冬小麦生长中、后期的氮素供应能力。水基互穿网络聚合物包膜尿素释放的氮和 0～90 cm 土层累积的氮为冬小麦氮素吸收提供了充足的氮源，在拔节和扬花期尤甚；水基互穿网络聚合物包膜尿素所在的 0～30 cm 土层累积的氮是冬小麦从返青到灌浆期氮素吸收的最大贡献源，但在返青至孕穗期，30～60 cm、60～90 cm 土层也是主要贡献源，两者所占比例之和超过了 50%，在扬花至灌浆期，30～60 cm 土层贡献也很大，与 0～30 cm 土层所占比例之和超过了 80%。

（三）讨论

1. 水性树脂包膜尿素氮素释放特征

膜材料的组成和成膜工艺决定了包膜缓释肥在水中的养分释放特性。自制的水性树脂包膜尿素主要以丙烯酸酯为膜材料，因而与张文辉等（1998）的研究结果是一致的，水性树脂包膜尿素在水中的累积释放曲线呈L形或S形。不同的是，本文将丙烯酸树脂与疏水树脂通过乳液聚合的方法获得具有IPN（互穿网络）结构的复合膜材料，膜致密、无微孔，氮素只能通过纤维素的分解或膜材料的溶胀产生的孔隙进行释放，因而随着疏水树脂比例的提高，膜材料的亲水性和溶胀性降低，养分释放速率降低，养分释放诱导期延长，养分累积释放曲线越接近S形，反之越接近L形。

2. 影响水性树脂包膜尿素在土壤中氮素释放的因素

温度、水分是影响水性树脂包膜控释氮肥氮素释放速率的关键性因素（Christianson，1988；喻建刚 等，2009）。水性树脂包膜尿素在麦田土壤中的氮素累积释放曲线呈拉长S形。这主要是因为冬小麦越冬期地温低、土壤湿度小，限制了养分释放，进入返青期后随着麦田灌水土壤湿度增大以及地温上升，养分进入快速释放期。水性树脂包膜尿素在麦田土壤中的氮素释放特性与非水性树脂包膜尿素在东北春玉米田土壤中的氮素释放特性相似（尹彩霞 等，2016），而与谢银旦等（2007）的研究结果有较大不同，这可能与田间气象条件不同有关，后者的研究采用了模拟试验，土壤含水量与温度均恒定，而本研究则完全是大田环境，温度和土壤含水量均是变化的。因此，在控释氮肥推向大田应用前，在大田条件下研究其养分释放特征必不可少。

3. 水性树脂包膜尿素氮素释放与冬小麦氮素吸收时空匹配性分析

作物专用缓释肥的设计，首先要依据作物的养分吸收规律以及它在静水和土壤中的养分释放规律，设计出来的缓释肥产品还不能成为专用产品，还要考虑养分供需的时空匹配，开展包膜缓释肥与作物的匹配度研究，确定作物专用缓释肥。

研究氮素释放与氮素吸收在时间上的匹配性是十分重要的。尹彩霞等在春玉米上的研究表明，非水性树脂包膜控释氮肥的氮素释放与春玉米的氮素吸收在不同生育期基本是同步的，而本研究的结果却是不完全同步，在孕穗期之前，氮素释放高峰提前，与氮素吸收峰呈“错峰”关系。研究控释氮肥的氮素释放与冬小麦氮素吸收的匹配性，不应脱离当前的生产实际。目前，黄淮海冬麦区基本实现了秸秆还田，如果苗期氮素投入不足，这会造成秸秆腐解与冬小麦争氮的问题，势必会影响苗期冬小麦的生长，最终影响冬小麦产量。因此，在苗期较多的氮素供应十分必要（冯金凤 等，2013；张杰 等，2014）。此外，冬小麦进入返青期后各生育期时间间隔较短，且控释氮肥释放出的尿素在土壤中转化为作物能吸收的氮也需要一定的时间（吴振宇，2017），因此，水性树脂包膜尿素氮素释放高峰提前，更有利于冬小麦的吸收。水性树脂包膜尿素在冬小麦孕穗至扬花期还有一个释放高峰，满足冬小麦花后氮素需求，更有利于高产（卢殿君 等，2013）。综合看，水性树脂包膜尿素氮素释放与冬小麦氮素吸收在时间上是匹配的。

研究氮素释放与氮素吸收还需要考虑两者在空间上的匹配性。阎素红等（2002）的研究表明，冬小麦根系主要分布在0～30 cm耕层内，该耕层内根系量占总根量的60%。本研究发现，水性树脂包膜尿素所在的0～30 cm土层累积的氮也是返青至灌浆期冬小麦氮素吸收的最大贡献源，因此，从冬小麦全生育期来看，根系主要分布与氮素主要供应在空间上是吻合的。邱新强等（2013）的研究结果显示，不同生育期冬小麦根系在土层中的分布不同，返青到拔节期，0～40 cm土层根系增长最显著，拔节后期40～80 cm土层则最为显著；

杨兆生等（2000）的研究结果表明，从全生育期看，返青到孕穗期是冬小麦根系生长的最旺盛时期，灌浆中、后期深层（70～80 cm 土层）根系的直径会小幅递增。本研究结果显示，水性树脂包膜尿素较普通尿素处理 0～30 cm 土层在冬小麦返青、孕穗、灌浆期土壤硝态氮、铵态氮含量大幅提高，30～90 cm 土层在冬小麦扬花、灌浆期土壤硝态氮、铵态氮含量大幅提高；水性树脂包膜尿素释放的氮所占比例也在返青至孕穗期较大，最大值出现在拔节期；水性包膜尿素较普通尿素更能提高深层土壤（60～90 cm）在冬小麦生长中、后期的氮素供应能力。因此，从冬小麦不同生育期来看，根系分布与水性树脂包膜尿素氮素释放及土壤氮素在土体中的分布在空间上也是吻合的。卢殿君（2015）研究发现，高产冬小麦（产量≥8.5 t/hm^2）拔节期 0～90 cm 土层土壤累积的碱解氮量应≥210 kg/hm^2。本研究的试验结果是在本试验条件下 0～90 cm 土层土壤累积的碱解氮量为 356 kg/hm^2，说明 210 kg/hm^2 的水性树脂包膜尿素能够满足冬小麦高产的需要。综上，水性树脂包膜尿素氮素释放与冬小麦氮素吸收在空间上也是匹配的，且能满足冬小麦高产对氮素的需求。

4. 膜材料的降解性对水性树脂包膜尿素氮释放与冬小麦氮吸收的影响

膜材料的降解性可能会对水性树脂包膜尿素的氮释放以及冬小麦的氮吸收产生直接或间接的影响。本研究采用的水性树脂包膜材料是由可生物降解的改性纤维素与丙烯酸酯、疏水树脂经乳液聚合而成。水性树脂包膜尿素施入土壤后，涂膜会吸水溶胀，产生一系列的微孔，土壤中含有的纤维素水解酶就会随水通过微孔进入膜内对膜内的纤维素进行水解，破坏膜的结构，产生更大的孔洞，从而加快氮素的释放。随着时间的延长，残膜会分解成微小的片段，再由微生物进一步将其分解为短链烷烃。谢丽华（2013）的研究证明了植物源纤维素与丙烯酸酯的聚合物在土壤中的生物降解性，其在土壤中 30 d 降解比例高达 33.8%。刘明（2011）的研究证明了树脂包膜材料在土壤中可降解为短链的烷烃。一定数量的（90～360 g/m^2）残膜短期内不会对土壤理化性质和小麦的生长产生显著性不良影响（程冬冬 等，2011），也不会对土壤细菌和放线菌数量以及有关土壤酶活性产生不良影响，甚至能够提高细菌和放线菌数量和土壤脲酶、转化酶、中性磷酸酶活性（刘明 等，2011）。长期施用（50 年累积量）可能会对土壤微生物和作物生长产生不利影响，这与膜材料类型有关（潘攀，2013）。综上，本研究采用的水性树脂包膜材料从理论上是可以降解的，膜材料的降解会加快包膜尿素的氮释放，其残留部分或降解产物在一定数量下短期内不会直接或间接地给作物生长和氮素吸收带来不利影响。

（四）结论

水性树脂膜表面致密完整，无疏水性树脂膜常见的微孔；3 种水性树脂包膜尿素（A、B、C）养分释放期为 30～60 d，初溶出率为 5.1%～9.5%，缓释性符合缓释肥国家标准（GB/T 23348—2009）；C 型水性树脂包膜尿素在水中和麦田中的氮素释放特征相似，均呈 S 形曲线，但在麦田中的释放期可长达 180 d。

水性树脂包膜尿素田间氮素累积释放量与冬小麦氮素累积吸收量呈极显著的线性正相关，在时间上，氮释放峰较氮吸收峰提前了一个生育时期（孕穗期之前）；水性树脂包膜尿素较普通尿素更能增加冬小麦生长发育关键期耕层（0～30 cm）和中、后期深层（30～90 cm）土壤硝态氮、铵态氮的含量和土壤碱解氮的累积量；0～30 cm 土层累积的氮是冬小麦从返青到灌浆期氮素吸收的最大贡献源。因此，水性树脂包膜尿素氮素释放与冬小麦氮素吸收在各生育时期匹配较好，适用于冬小麦一次性施肥技术。

三、水基互穿网络聚合物包膜控释肥料的应用

为了验证筛选出的冬小麦专用缓释肥料是否与冬小麦的生长和产量形成相匹配，开展了盆栽试验和大田试验，验证其肥效。

盆栽试验：选择自主研发的缓释肥料 A（由大颗粒尿素包膜而成，包膜材料为 CM1，包膜率为 4%）、缓释肥料 C（由大颗粒尿素包膜而成，包膜材料为 CM3，包膜率为 4%），自主研发的混合型缓释肥料 A4（由 3 份 A 和 1 份 C 混合而成，标注为 A），此外，还从市场上筛选了四种缓释肥料（外包装上标注，适用于冬小麦）缓释肥料 B（环氧树脂包膜，释放期为 90 d）、缓释肥料 F（聚氨酯包膜，国外进口，释放期 60 d）、缓释肥料 G（聚氨酯包膜，国产，释放期 60 d）、缓释肥料 H（水性树脂包膜，国产，释放期 30 d）。在盆栽条件下研究所选肥料一次性底施对冬小麦生长、关键生育期叶绿素含量以及籽粒产量的影响并与空白（CK0）对照以及大颗粒尿素（CK1）进行对照，验证其肥料效应。

大田试验：选择缓释肥料 A4（标注为 A）、缓释肥料 B，在大田条件下研究所选肥料一次性底施对冬小麦生长、关键生育期叶绿素含量以及籽粒产量的影响并与空白对照处理以及大颗粒尿素进行对照，验证其肥料效应。

（一）盆栽条件下的冬小麦专用缓释肥料的生物效应

缓释肥料 A 与大颗粒尿素处理冬小麦灌浆期的生长情况见图 3-14。可以看出，不施氮肥的对照处理，小麦植株矮小，穗少且小；大颗粒尿素处理较不施氮肥的对照，株高、穗的数量和大小都有所增加，但整齐度差；与大颗粒尿素处理相比，缓释肥料 A 处理，株高、穗的数量和大小都显著增加，而且整齐度高，氮素减量处理，冬小麦在株高、穗的数量和大小上均未见明显差异，整齐度更高一些，表现出一定的减肥潜力。

图 3-14　盆栽条件下自制缓释肥料对冬小麦生长的影响

注：CK0 为不施氮肥处理，CK1 为普通尿素处理，A1 为等氮量缓释肥 A 处理，A2 为 80%缓释肥 A 处理。

缓释肥料 A 与缓释肥料 C 处理冬小麦灌浆期的生长情况见图 3-15，两种缓释肥料处

理，小麦植株均有较高的整齐度，穗的数量和大小均较高，两者相比较而言，缓释肥料 A 分蘖产生的穗数更多一些，氮素减量处理亦然。针对缓释肥料 C 处理，氮素减量处理，冬小麦在株高、穗的数量和大小、整齐度上均未见明显差异。这说明缓释肥料 A 能够促进分蘖，增加穗数，而缓释肥料 C 则有利于冬小麦后期的生长，促进灌浆，增加穗粒数和千粒重。

图 3－15　盆栽条件下两种自制缓释肥料对冬小麦生长的影响

注：A1 为等氮量缓释肥料 A 处理，A2 为 80％缓释肥料 A 处理，C1 为等氮量缓释肥料 C 处理，C2 为 80％缓释肥料 C 处理。

缓释肥料 A 与缓释肥料 C 处理对冬小麦关键生育期叶绿素含量以及小麦籽粒产量的影响情况见表 3－5。较大颗粒尿素处理，两种缓释肥料处理冬小麦叶片在返青至拔节期以及孕穗至扬花期均有较高的叶绿素含量，反映了两种缓释肥均有较高的氮素供应能力，两者相比较而言，缓释肥料 A 处理冬小麦叶片在返青至拔节期叶绿素含量更高一些，而缓释肥料 C 处理冬小麦叶片在孕穗至扬花期叶绿素含量更高一些，氮素减量处理亦然。较大颗粒尿素处理，两种缓释肥料处理均有较高的小麦籽粒产量，提高幅度在 40％以上，氮素减量处理，施用缓释肥料 A 小麦籽粒产量有所增加，而缓释肥料 C 氮素减量处理小麦籽粒产量变化不明显。这两种自制缓释肥料均有一定的减肥增效潜力。

表 3－5　盆栽条件下自制缓释肥料对冬小麦叶片叶绿素含量和籽粒产量的影响

处理编号	处理内容	叶绿素含量（SPAD 值）		每盆小麦籽料产量/g
		返青至拔节期	孕穗至扬花期	
CK0	氮空白	51.4±6.8	45.2±3.5	34.8±3.8
CK1	等氮大颗粒尿素	55.4±4.9	53.2±4.1	44.8±2.7
A1	等氮缓释肥料 A	63.4±3.4	61.2±4.2	65.1±6.1
A2	80％缓释肥料 A	62.1±3.7	60.7±4.3	69.8±2.8
C1	等氮缓释肥料 C	61.7±5.1	64.4±5.7	64.2±4.3
C2	80％缓释肥料 C	58.9±4.2	62.3±2.9	63.8±2.3

注：表中数值均为平均值±标准误。

不同缓释肥料处理冬小麦生长情况见图 3-16，5 种缓释肥产品中缓释肥料 A（即 A4）、F、G 处理冬小麦整齐度较高，穗的数量和大小也较高。

图 3-16　盆栽条件下不同缓释肥料对冬小麦生长的影响

不同缓释肥料处理对冬小麦叶片关键生育期叶绿素含量以及小麦籽粒产量的影响情况见表 3-6。较大颗粒尿素处理，缓释肥料处理冬小麦叶片在返青至拔节期以及孕穗至扬花期均有较高的叶绿素含量，反映了缓释肥料均有较高的氮素供应能力。比较而言，缓释肥料 A、F、G 处理冬小麦叶片在孕穗至扬花期叶绿素含量更高一些。较大颗粒尿素处理，缓释肥料处理均有较高的小麦籽粒产量，提高幅度在 20%以上。小麦籽粒产量，施用缓释肥料 A、F、G 高于其他缓释肥料处理，产量提高幅度在 9%以上，因此，这三种肥料更适合作为冬小麦专用缓释肥料。

表 3-6　盆栽条件下缓释肥料对冬小麦叶片叶绿素含量和籽粒产量的影响

处理编号	处理内容	叶绿素含量（SPAD 值）		每盆小麦籽料产量/g
		返青至拔节期	孕穗至扬花期	
CK1	等氮大颗粒尿素	56.3±4.1	54.4±3.7	46.5±3.2
A	等氮缓释肥料 A	62.1±2.8	63.8±3.2	68.4±3.1
B	等氮缓释肥料 B	59.1±2.9	60.9±3.5	60.1±4.3
F	等氮缓释肥料 F	61.5±3.8	63.1±4.2	66.3±2.7
G	等氮缓释肥料 G	62.1±3.2	63.8±2.6	65.8±3.3
H	等氮缓释肥料 H	64.3±2.9	59.8±4.5	56.8±3.4

注：表中数值均为平均值±标准误。

（二）大田条件下的冬小麦专用缓释肥料的生物效应

由表 3-7 可知，施氮均有利于提高冬小麦的产量和生物量。施氮的各处理在产量和生物量上存在差异：各处理按产量由高到低的顺序为 CRF-A>FP>80%CRF-B>80% CRF-A>100%U>CRF-B>80%U，CRF-A 较 FP 冬小麦增产 4.8%。CRF-A 处理产量最高，与其具有较高的亩穗数和穗粒重有关。各处理按地上部生物量由高到低的顺序为：80%CRF－A>CRF－A>100%U>80%U>80%CRF－B>FP>CRF－B。80%CRF－A、CRF－A、100%U、80%U、80%CRF－B较FP，小麦地上部生物量分别增加9.0%、6.0%、4.3%、4.1%、0.6%。

表3－7　大田条件下缓释肥料对冬小麦籽粒产量和生物量的影响

处理编号	处理内容	产量/(kg/hm²)	较FP增产/%	生物量/(kg/hm²)	较FP生物量增加/%
CK	氮空白	3 865.6	－55.6	10 526.1	－48.9
FP	农民习惯施氮，两次施氮	8 696.7	—	20 609.9	—
100%U	等氮量尿素一次性底施	8 458.9	－2.7	21 494.8	4.3
CRF－A	等氮量缓释肥A一次性底施	9 113.3	4.8	21 838.1	6.0
CRF－B	等氮量缓释肥B一次性底施	8 323.3	－4.3	19 123.1	－7.2
80%U	80%尿素一次性底施	8 156.7	－6.2	21 450.9	4.1
80%CRF－A	80%缓释肥A一次性底施	8 522.2	－2.0	22 472.0	9.0
80%CRF－B	80%缓释肥B一次性底施	8 543.3	－1.8	20 735.3	0.6

（三）结论

盆栽试验表明自主研发的缓释氮肥较普通氮肥能够增加冬小麦有效分蘖，提高冬小麦关键生育期叶片叶绿素含量、整齐度以及籽粒产量。此外，从市场上筛选的两种聚氨酯包膜缓释氮肥也具有相同的效果，也可以作为冬小麦专用缓释氮肥。

大田试验也验证了一次性底施条件下自主研发的缓释氮肥较普通氮肥的增产效果，即使与农民习惯的分次施肥相比，在等氮量投入条件下也能增产4.8%，而且较市售普通缓释肥料也有较大的增产效果。再次证明了自主研发的缓释氮肥可以作为冬小麦专用缓释氮肥。

第三节　水基包膜控释肥料的研制

一、改性水基聚丙烯酸酯包膜控释肥料的研制

（一）材料与方法

水基聚丙烯酸酯乳液GA－1711由仪征多科水性有限公司提供，其固含量为（49±1)%，其合成用到的单体有甲基丙烯酸甲酯（15%～25%，质量分数）、丙烯酸正丁酯（15%～25%，质量分数）、丙烯酸和甲基丙烯酸（1%～3%，质量分数），乳化剂为乙烯基磺酸钠和聚合性表面活性剂DNS－86，交联剂为氮丙啶交联剂，催化剂为过硫酸钾，缓冲剂为碳酸氢钠，pH调节剂为氨水。具体制作过程为：①将催化剂加入一定量蒸馏水中，搅拌均匀后将其中30%作为引发剂，70%作为预乳化剂；②将选用的软硬单体和功能性单体按一定比例混合，配制混合单体；③乳化剂与蒸馏水以1∶30的比例搅拌0.5h，

然后加入70%的由步骤②制得的混合单体和70%的由步骤①制得的催化剂，制成预乳化液；④反应釜内制乳液，整个反应过程在80℃、400 r/min条件下进行，首先将30%的混合单体、30%的引发剂和一定量的蒸馏水加入三口烧瓶中，将剩下的预乳化液在3～4 h内分4次依次交替加入反应系统中，反应完毕后关闭加热器，待温度降为40℃时加入氨水调节pH，然后将乳液经过100目尼龙网过滤后收料。

生物炭原材料是小麦秸秆，由中国科学院南京土壤研究所谢祖彬研究员提供，采用特制的炭化炉（ZBX1型）通过热解法（400℃）制得。三聚氰胺（化学纯）购买自国药集团化学试剂有限公司。高塔造粒的复合肥（N-P_2O_5-K_2O为24-10-14）为史丹利化肥股份有限公司生产。底喷流化床（LDP-3型）购买自常州佳发机械设备公司。此外，还需要傅里叶红外光谱仪（Nicolet 6700，美国）及漫反射附件、光学显微镜（Olympus BH2，美国）、万能材料试验机（Instron3366，美国）、电导率仪（DDS-320，上海康仪仪器有限公司）。

（二）模型膜的制备

分别取8份质量为10 g的GA-1711乳液，磁力搅拌器下搅拌20 min，在搅拌的过程中，将表3-8中各种材料依次缓慢滴加于原乳液中。将获得的乳液延展于水平放置的聚四氟乙烯板上，置于鼓风干燥箱中，经过40℃ 10 h和80℃ 24 h烘烤，即可得到模型膜，用钻孔器制得直径为1 mm的圆形膜备用，其中交联剂用量为乳液干物重的1.2%，生物炭的用量分别为乳液干物重的0.5%、1.0%和2.0%，三聚氰胺的用量为干物重的0.5%。

表3-8　模型膜的组成配方表

处理编号	GA-1711/g	去离子水/g	氮丙啶交联剂/g	三聚氰胺/g	生物炭/g
1	10	10	0	0	0
2	10	10	0.06	0	0
3	10	10	0	0.025	0
4	10	10	0	0	0.100
5	10	10	0.06	0	0.025
6	10	10	0.06	0	0.050
7	10	10	0.06	0	0.100
8	10	10	0	0.025	0.100

（三）模型膜疏水性分析

用自制的钻孔器取一定面积的已制备好的模型膜，每个处理3次重复。先用千分之一天平称好样品质量（记为W_0），将样品置于盛有100 mL蒸馏水的广口瓶中（橡皮塞封口），于25℃下浸泡72 h，到时间后用滤纸吸去膜表面水分，快速称量（记为W_1）。用溶胀度（Swelling Capacity，简称*SC*）表征膜材料的疏水性。用以下公式计算溶胀度：

$$SC=(W_1-W_0)/W_0\times100\%$$

（四）模型膜的形态分析

用镊子和剪刀取下部分包膜肥料的膜壳，置于奥林巴斯光学显微镜（Olympus BH2）下，目镜选用10×，物镜选用20×，观察并拍照，同时对比模型膜的照片。

（五）模型膜力学性质分析

根据国家标准GB/T 528—2009，将制备好的模型膜用裁刀裁成哑铃状。其裁刀尺寸为（50mm×4mm），用Instron3366型万能材料试验机进行测定，自动进样，拉伸速度为10mm/min，摄像跟踪，本试验操作时温度为23℃，湿度为50%。分别用拉伸应力和断裂伸长率表征膜材料的强度和韧性。

（六）模型膜的红外光谱分析

用傅里叶红外光谱仪对已制备模型膜选用漫反射附件于中红外波段（500～4 000 cm^{-1}）进行扫描，以金镜作为参比，32次扫描，扫描间隔为4 cm^{-1}。

（七）包膜肥料的研制

将粒径为3～4mm的复合肥颗粒用LDP-3型底喷流化床包衣，膜材料质量为包膜肥料的10%，按照表3-8材料配比制备包膜乳液。在包衣过程中，设置以下参数：预热至进风温度为50℃，出风温度为40℃，乳液泵入流化床速度为2mL/min，雾化压力为0.12MPa，整个包衣过程持续约2h。由于包衣腔温度无法升至理想温度，故包衣后包膜肥料在80℃鼓风干燥箱内进行后处理2h，使膜中水分完全挥发并促进膜中交联反应（赵聪，2011）。处理结束后，于4℃密封保存。

（八）包膜肥料养分的释放

从密封保存的包膜肥料中随机挑选出颗粒完整的包膜肥料，每个处理称取5g，设3个重复，将每个重复的包膜肥料准确称量（精确到小数点后两位）后置于盛有100mL去离子水的广口瓶（橡皮塞封口）中，放入25℃培养箱内，每隔一定时间取一次样，每次取样后，将广口瓶中所有浸出液全部倒出，重新加入100mL去离子水继续培养。用电导率仪DDS-320测定样品电导率，用对应的养分累积释放率表征养分释放情况。

二、水基包膜肥料的表征

（一）模型膜疏水性和力学性质

在模型膜性质评价过程中，其疏水性和力学性质是评价的重要项目。膜材料的疏水性在一定程度上影响着材料的降解性和包膜肥料控释期（赵聪，2011），表3-9表明，向GA-1711乳液中分别添加改性材料后，各模型膜溶胀度发生了明显变化。同时添加氮丙啶交联剂和生物炭的膜溶胀度增加最显著，单独添加氮丙啶交联剂的次之，其他改性组略有增加，其原因可能是改性材料表面氨基与丙烯酸中的羧基发生了交联反应（Xiao et al.，2003)。模型膜中所含的水包括自由水和结合水两种状态，添加氮丙啶交联剂时，当用量较少时主要形成膜网络结构，自由水含量有所下降，而当用量较多时氮丙啶起延长分子链作用，自由水含量随碳链增长而增加（黄静 等，2010)，所以添加氮丙啶交联剂时模型膜溶胀度有所增加。同时，生物炭中绝大多数碳元素以稳定的芳香环形式存在（胡学玉等，2010)，亲水性差，膜结合水含量降低，造成单独添加生物炭时乳液溶胀度增加不显著。在氮丙啶交联剂改性的基础上添加生物炭，溶胀度增加，随着生物炭剂量的提高，模型膜网状结构形成越来越难，其溶胀度呈下降趋势。而三聚氰胺由于在水中溶解度较低，添加量较低，改性效果不显著。

与原乳液相比，添加改性材料后各处理模型膜的拉伸强度均有所增大。三种改性剂单独改性时拉伸强度增加幅度不大，生物炭与氮丙啶交联剂同时添加的处理中，随生物炭量的增加，模型膜拉伸强度逐渐增大；三聚氰胺和生物炭同时添加时模型膜拉伸强度最大。在拉伸强度变化的同时各模型膜断裂伸长率也发生了明显的变化，原因可能有以下几个方面。①各改性物质的氨基等官能团与乳液的羧基交联反应形成的网状结构增加了膜材料被拉断时所需的应力，即拉伸强度增大，同时分子链运动受到限制（胡学玉 等，2010)，造成了断裂伸长率的降低。当添加多种改性物质或增加生物炭剂量时补强效果会叠加。②单纯添加乳液干物量 0.5%的三聚氰胺没有带来显著的拉伸强度和断裂伸长率的变化，可能原因是当前条件下三聚氰胺剂量太低，与丙烯酸酯分子发生反应带来的力学效果不明显；而同时添加三聚氰胺和生物炭的处理发生力学性质显著变化的可能原因是生物炭官能团与丙烯酸酯形成微交联结构后，三聚氰胺的氨基继续修饰前两者微交联结构，使其力学性质发生了显著变化。

表 3-9　不同聚合物模型膜溶胀度和力学性质

处理编号	溶胀度/%	拉伸强度/MPa	断裂伸长率/%
1	10.43±0.23e	10.02±0.21e	279.85±3.02a
2	12.71±0.51c	11.04±0.51de	220.72±4.33d
3	11.73±0.23d	11.43±0.49de	272.17±1.23ab
4	10.86±0.48de	12.14±0.47d	258.32±2.36bc
5	15.25±1.21a	14.26±0.28c	207.95±6.68de
6	14.98±0.43a	15.81±0.77bc	192.92±7.10e
7	13.69±0.58b	16.13±0.12b	244.37±4.22c
8	10.81±0.22de	18.11±0.67a	172.16±5.58f

注：表中数据均为平均值±标准误；同列不同的小写字母表示拉伸强度在 $P<0.05$ 水平下差异显著。

（二）聚合物模型膜表面形态

模型膜的表面形态直接影响着养分的释放。在当前放大倍数下，图 3-17 显示出模型膜的部分信息。首先加入氮丙啶交联剂组模型膜 2 较原乳液模型膜 1 更加平滑，这是因为氮丙啶环与乳液中羧基发生交联反应；其次，单加三聚氰胺组模型膜 3 表面有粒状凹陷，可能是三聚氰胺的加入破坏了乳液的成膜性；生物炭添加至乳液后，生物炭颗粒比较均匀地分布于模型膜中，且随着生物炭含量的提高，单位面积膜的生物颗粒越多，表明生物炭能够与乳液较好的共混。由于包膜肥料的膜壳厚度约为 0.1mm，远远低于模型膜的厚度，所以全部处理的膜壳都可用 Olympus BH2 观察（图 3－18），但是由于膜壳内侧附着在肥料颗粒表面，造成膜壳内侧不平整，从而使得膜壳的图像提供的可用信息较少，但仍可以看出生物炭颗粒能够很好地共混于包膜肥料膜壳内。

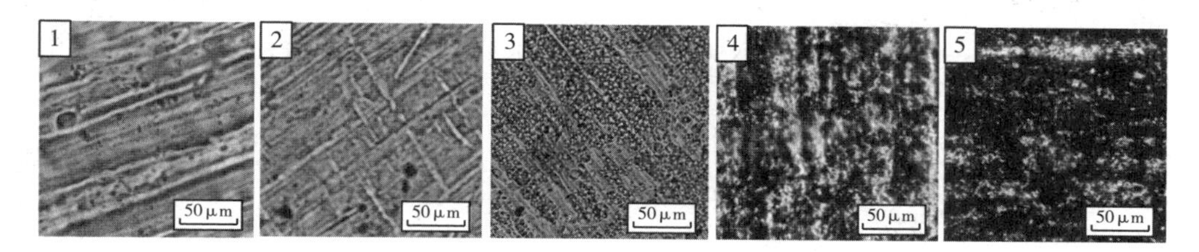

图 3－17　不同聚合物模型膜光学显微图像

注：由于模型膜较厚，光线不能透过 4、7 和 8 模型膜，所以无法成像。

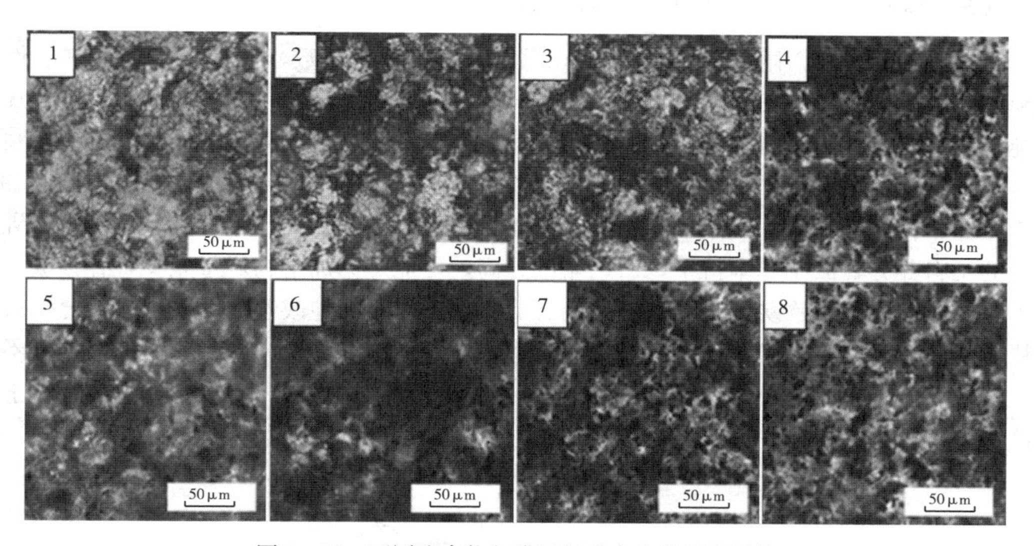

图 3－18　不同聚合物包膜肥料膜壳光学显微图像

（三）聚合物模型膜红外光谱分析

图 3－19A 为不同改性材料下制得的模型膜的傅里叶变换中红外漫反射光谱，该图谱表明了 500～4 000 cm^{-1}的区域具有丰富的吸收峰。不同模型膜具有相似的吸收特征，但不同处理下各吸收峰的相对吸收强度有显著差异；对谱图进行主成分分析（图 3－19B），可见不同处理主成分分布明显不同，即不同改性材料下制得的模型膜结构与组成存在显著差异，且这 8 种改性材料可分为三类，第一类包括 1、2、3 处理，第二类包括 4、5、6、7 处理，第三类包括 8 处理。处理 1、2、3 膜材料中可能是因为存在大量亚氨基团（—NH）而被归为一类，处理 4 材料中为单独添加生物炭处理，处理 5、6、7 为氮丙啶交

联剂的基础上添加不同含量的生物炭处理，这表明添加生物炭能够明显改变膜壳结构，而处理 8 为乳液中同时添加三聚氰胺和生物炭，表明三聚氰胺和氮丙啶交联剂耦合作用明显不同于生物炭或三聚氰胺单独添加。

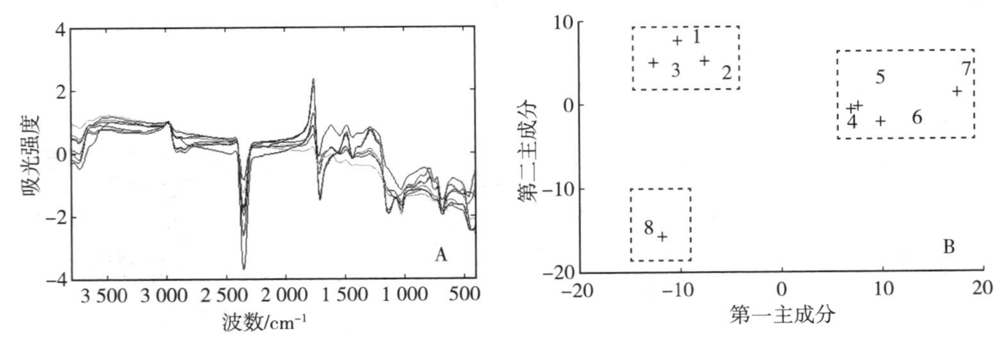

图 3-19　模型膜中红外光谱信息（A）及主成分分析图（B）

（四）聚合物包膜肥料养分释放曲线

由图 3-20 可知，同时添加生物炭（1%和 2%，质量分数）与氮丙啶交联剂改性的包膜肥料养分控释期最长（在 17 d 时养分累计释放率分别为 60.7%和 68.2%），只添加氮丙啶交联剂改性包膜肥料在 17 d 时养分累计释放率为 73.7%。原因可能是氮丙啶交联剂和生物炭与丙烯酸酯分子形成交联或微交联结构，阻碍了肥芯氮、磷、钾养分向外扩散，延长了养分释放期。而 0.5%（质量分数）的生物炭量改性效果不明显，前 10 d 与原乳液包制的肥料养分释放率基本持平，后期略微升高，可能是添加生物炭量太少，补强效果不显著，同时添加的生物炭影响了乳液的动态成膜性。对于其他改性包膜肥料，养分释放显著快于原乳液，可能是其改性乳液在包衣过程中动态成膜性降低，包衣不完整或包衣不均匀，导致养分释放反而加快。因此，同时添加生物炭和三聚氰胺组需要在动态成膜性上加以改进，否则难以应用。

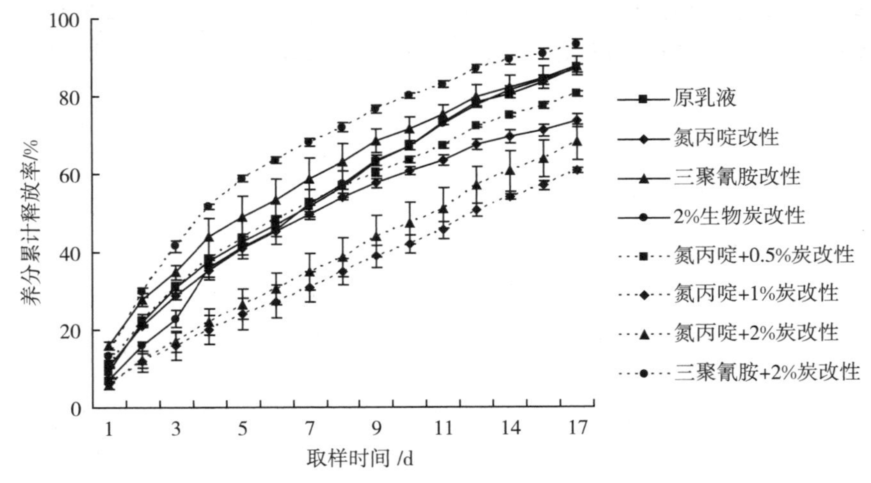

图 3-20　不同聚合物包膜肥料在 25℃静态去离子水中的养分释放曲线

三、热后处理工艺对包膜控释肥料的影响

（一）不同热后处理包膜肥料养分释放特征

不同热后处理条件下制得的包膜肥料的养分释放曲线如图 3-21 所示，后处理温度为 30℃时制得的包膜肥料的养分释放曲线为倒 L 形，包膜肥料累积释放 80%总养分的时间为 3 d，并且后处理时间的延长对其养分释放时间没有影响。而后处理温度为 60℃和 80℃制得的包膜肥料的养分释放曲线为 S 形，并且养分释放时间在一定程度上随后处理时间的增加而延长：60℃下 2 h、4 h、8 h 和 12 h 的包膜肥料累积释放其 80%养分需要的时间分别为 7 d、8 d、9 d 和 10 d，并且 24 h 后处理时间没有继续增加其控释时间；80℃下 2 h 和 4 h 的后处理包膜肥料累积释放其 80%的养分所需时间基本相同，为 12 d；8 h、12 h 和 24 h 后处理时间相同，为 15 d。

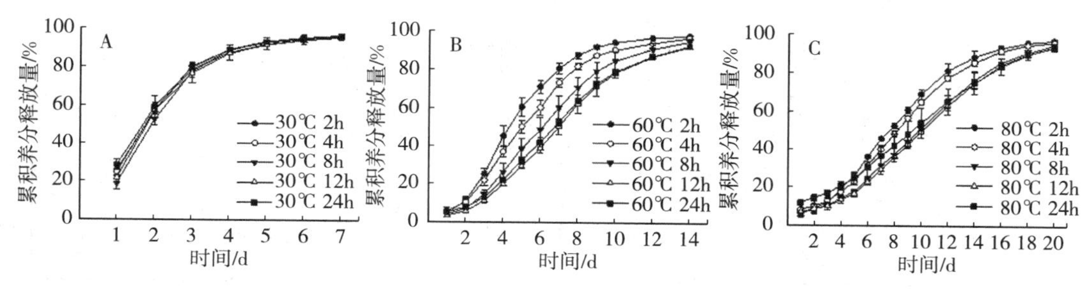

图 3-21　包膜肥料在不同条件下的累积释放曲线

（二）包膜肥料的膜壳特征

在底喷流化床中，肥料颗粒沿着一个循环的轨迹流动，在这个过程中，雾化的包衣乳液喷涂在肥料颗粒表面，肥料颗粒在流动过程中，其表面的包衣乳液中的水分逐渐挥发并延展成膜，如此多次，便形成了包膜肥料（Tzika et al.，2003；Lan et al.，2011）。

（三）包膜肥料的膜壳组成分析

从图 3-22 中，我们可以看到不同后处理温度和时间下得到的包膜肥料的膜壳在 4 个动镜速率（0.16 cm/s、0.32 cm/s、0.64 cm/s 和 1.28 cm/s）下的红外光声光谱图，其中它们具有相同的官能团，例如，3 250～3 550 cm^{-1} 的 O—H 和 N—H 伸缩振动，2 850 cm^{-1}附近的 C—H 伸缩振动，1 730 cm^{-1}附近的 C=O 伸缩振动，1 450 cm^{-1}附近的 C—H 弯曲振动和 1 160 cm^{-1}附近的伸缩振动，但是各个峰的强度存在些许差异。根据以下公式计算：

$$\mu=\sqrt{\frac{D}{\pi v \gamma}}$$

其中 μ 表示扫描深度（μm），D 表示样品的热扩散系数（m^2/s），v 表示动镜速率（cm/s），γ 表示波数（cm^{-1}）。

对同一膜材料用 4 个动镜速率进行扫描，动镜速率为 0.16 m^2/s 时材料的扫描速度最慢，材料扫描深度最深，动镜速率为 1.28 m^2/s 时的扫描速度最快，扫描深度最浅。通过观察，发现膜材料是异质的（图 3－22A，B）。在本研究中，更加关注动镜速率为 0.16 m^2/s 时的扫描谱图，因为其信噪比最大，信号干扰少。材料的亲水性能是影响水基聚合物包膜肥料养分释放快慢的一个重要因素，对于本文中用到的水基聚丙烯酸酯材料，—OH 和—NH 等亲水基团和羧基等氢键受体均能增加材料的亲水性。图 3－22C、D 和 E 为三个后处理温度分别在不同后处理时间下的光谱图，其中当后处理时间为 2 h 和 8 h 时，30℃后处理温度下制得的包膜肥料膜壳的亲水基团的面积最大、疏水性基团的面积最小，这意味着其疏水性最差。80℃后处理温度下制得的包膜肥料膜壳的疏水性最强。并且在图中我们也可以看出三个后处理温度分别制得的包膜肥料膜壳疏水性差异随后处理时间的延长而降低，这可能是受交联反应完全结束的时间影响，有文献报告其交联反应在常温下需要大约 1 d 的时间（Tillet et al.，2011），但高温可能加快反应的速率，图 3－22F 也能证明这一点。

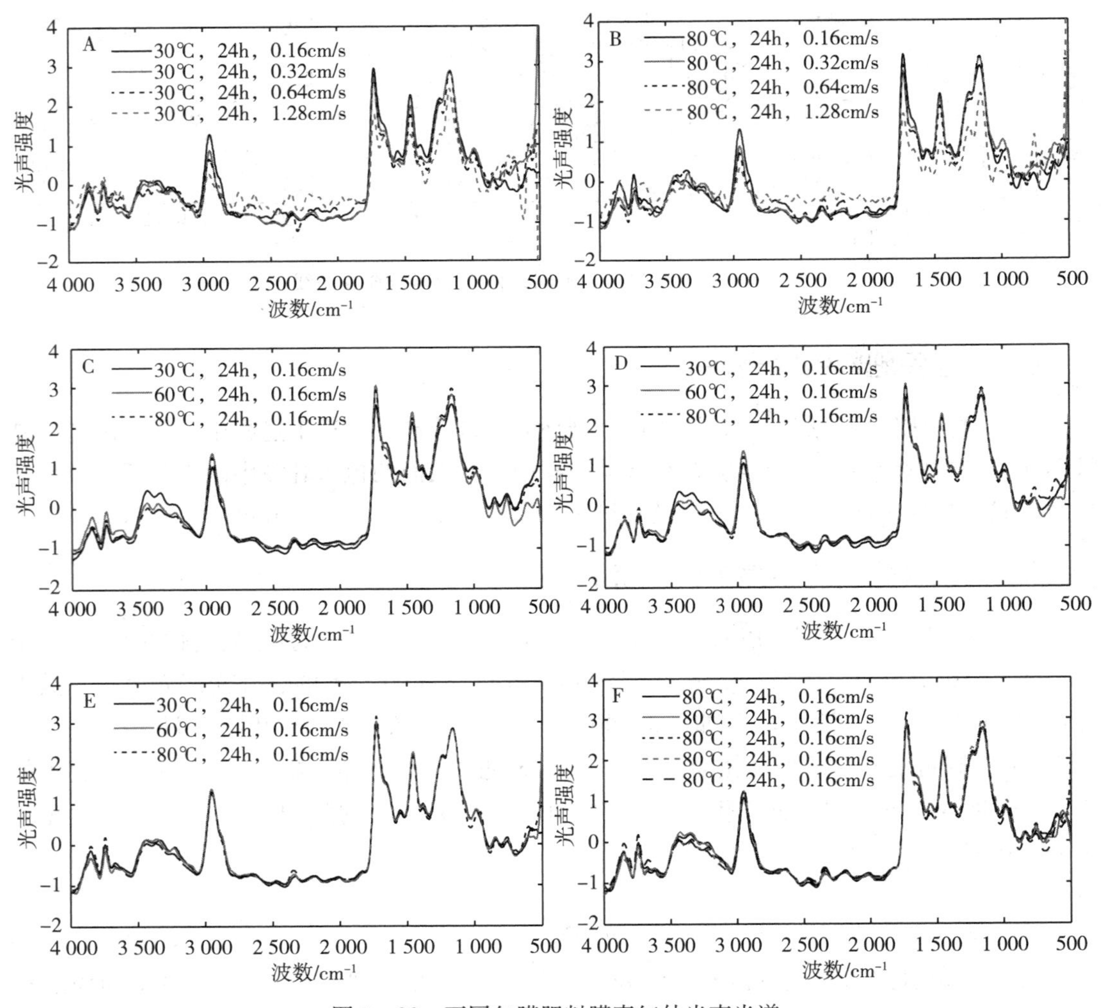

图 3－22　不同包膜肥料膜壳红外光声光谱

（四）包膜肥料膜壳的横截面分析

图3-23为用游标卡尺测定的不同后处理下包膜肥料的膜壳厚度，发现随着后处理温度的增加和后处理时间的延长，其相应的膜壳厚度呈逐渐减小的趋势。后处理温度为30℃，后处理时间为2h和4h的膜壳较厚，均为0.113mm；后处理温度为80℃，后处理时间为24h膜壳最薄，为0.072mm。将后处理温度为30℃、60℃和80℃下后处理时间为2h和8h的包膜肥料膜壳的横截面用扫描电子显微镜进行观察，发现后处理温度为30℃时包膜肥料的膜壳最厚，为0.085mm，后处理温度为80℃时其最薄，为0.055mm。由于膜壳厚度的不均一性以及膜壳可能会沾有部分肥料颗粒从而导致游标卡尺下的测定值偏高，但是不同后处理下通过两台仪器测定的膜壳厚度变化趋势是一致的。另外，利用扫描电子显微镜，发现后处理温度为30℃的膜壳横截面上布满了孔隙，处理温度为60℃下孔隙的数目明显降低，80℃的膜壳横截面上基本没有孔隙的存在（图3-24）。因此，包膜肥料的膜壳会随着后处理温度的升高和后处理时间的延长变得更加致密。

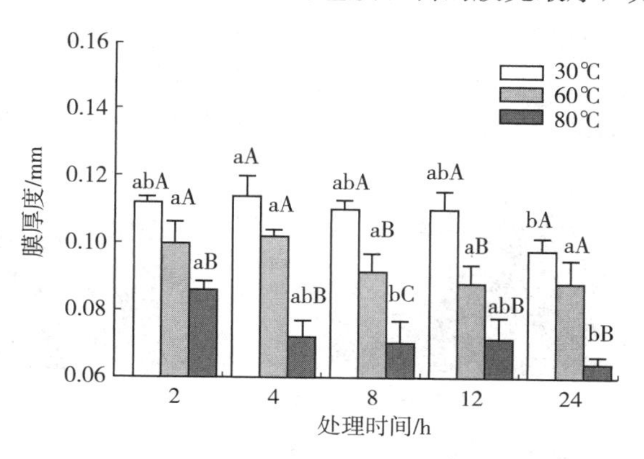

图3-23　不同处理条件下包膜肥料膜壳厚度的变化

注：图中不同大、小写字母表示差异显著性。

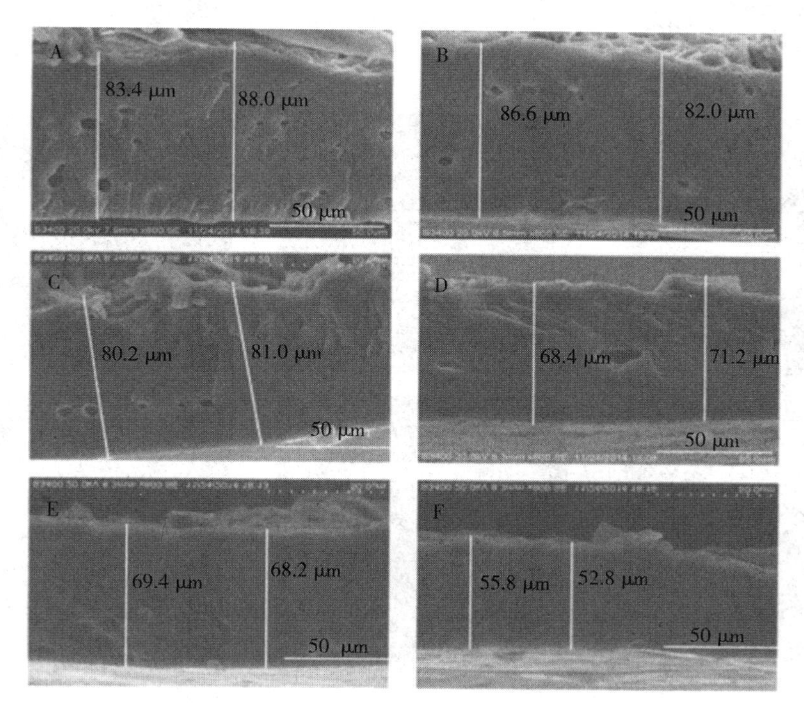

图3-24　聚丙烯酸酯包膜肥料在经过80℃后处理0h（A）、2h（B）、4h（C）、8h（D）、12h（E）和24h（F）后，膜壳横截面的电子显微镜扫描结果

（五）包膜肥料膜壳的表面形态分析

用原子力显微镜对后处理温度为30℃、60℃和80℃下分别处理2h和8h的包膜肥料膜壳进行表面形态的分析，结果如图3-25所示。图中的A～F为膜壳表面形态三维高度图，a～f为膜壳表面形态的相位图，从其三维高度图中可以看出后处理温度为60℃和80℃的包膜肥料膜壳较30℃下的膜壳更加光滑，从相位图中可以观察到30℃后处理温度下膜壳上有很多裂缝。通过NanoScope Analysis软件对观察的图像进行数字化，得出三个粗糙度指数见表3-10，分别为平均粗糙度（*R*a），均方根粗糙度（*R*q）和最大粗糙度（*R*max）。三个指数有相同趋势，即随着后处理温度的升高而有所降低，后处理时间影响不显著。较高的温度可能会影响膜的形变，从而导致膜更加致密光滑。

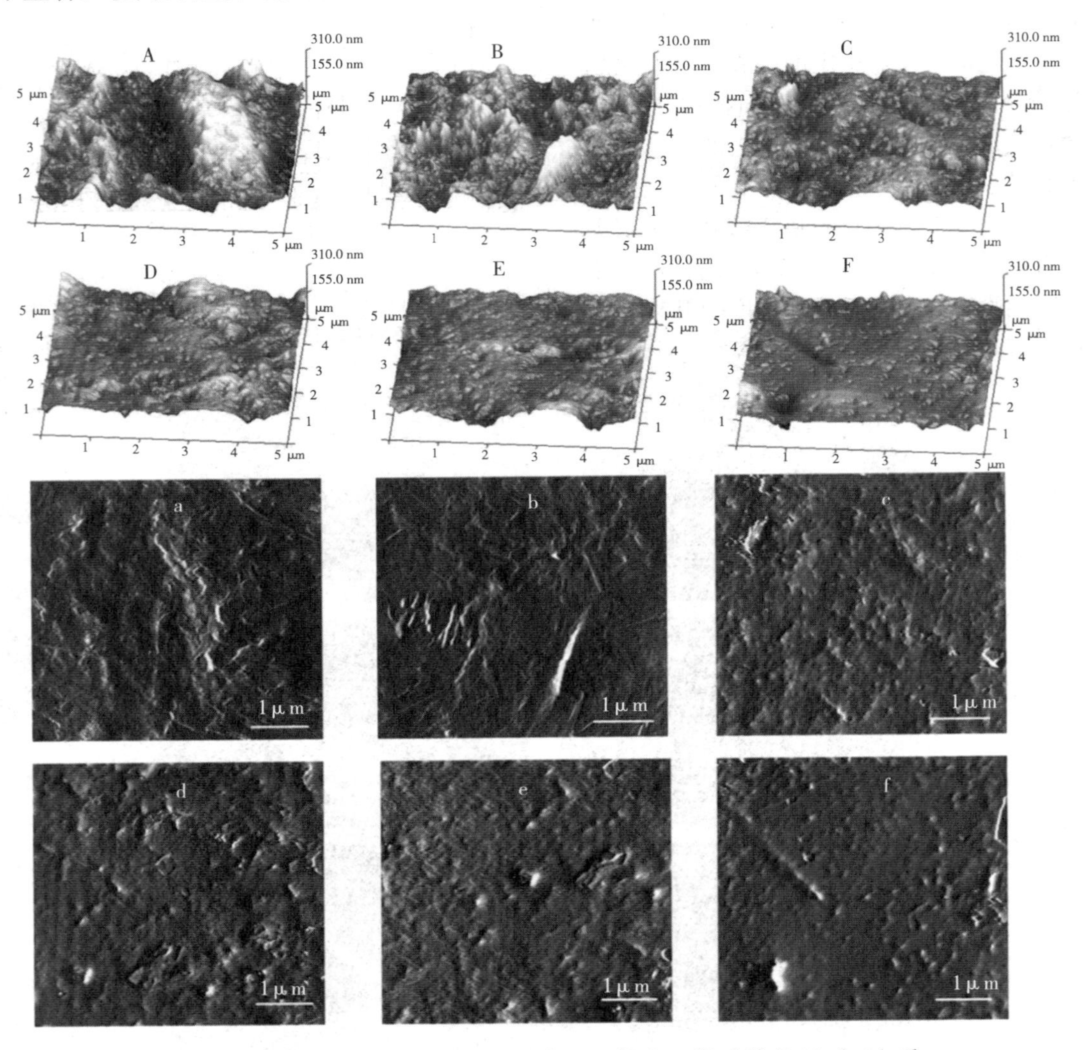

图3-25　聚合物包膜肥料在经过30℃、60℃和80℃后处理2h和8h后，原子力显微镜测定的膜壳表面形态结构的变化

注：A～F为其高度图，a～f为其相位图。

表 3-10　聚丙烯酸酯包膜肥料膜壳表面的粗糙度

不同温度/℃	Ra/nm		Rq/nm		Rmax/nm	
	2 h	8 h	2 h	8 h	2 h	8 h
30	30.1±3.7A	25.8±3.7A	39.6±3.5A	33.5±4.9A	281.3±10.7A	284.0±44.0A
60	12.9±1.4B	12.5±1.5B	17.2±1.5B	16.9±1.7B	152.7±13.3B	159.7±7.1B
80	14.0±1.4B	12.1±2.3B	16.9±2.7B	16.0±3.2B	161.2±44.3B	160.6±35.6B

注：表中数据均为平均值±标准误；同列中不同字母表示不同后处理温度下相同后处理时间对膜壳粗糙度的影响在 0.05 水平上差异显著。同一后处理温度在不同后处理时间对膜壳粗糙度的影响不显著（*R*a，*P*=0.219；*R*q，*P*=0.270；*R*max，*P*=0.883）。后处理温度和后处理时间的交互作用对膜壳粗糙度的影响不显著（*R*a，*P*=0.649；*R*q，*P*=0.489；*R*max，*P*=0.988）。

第四节　水稻和小麦专用包膜控释肥料的应用

一、材料与方法

（一）研究区概况

试验在中国科学院南京土壤研究所汤泉试验基地进行。浦口区汤泉镇属亚热带季风气候区，降水量在年、季节之间差异较大，丰枯明显，降水量分布不均。据多年的资料统计，该地多年平均降水量为 1 102.2 mm，多年平均径流量约 2.62 亿 m^3。

（二）供试材料

供试土壤：供试土壤为水稻土，pH 为 6.00，有机质含量为 22.26 g/kg，全氮含量为 1.31 g/kg，有效磷含量为 15.41 mg/kg，速效钾含量为 146.4 mg/kg。供试作物和品种：水稻，南粳 46；小麦，扬麦 16。

供试肥料：①绿聚能复合肥（水稻用），氮、磷、钾比例为 16∶8∶18；绿聚能复合肥（小麦用），氮、磷、钾比例为 16∶9∶20，均为江苏中东集团有限公司生产提供。②大颗粒尿素含氮 46.4%，鲁西化工集团股份有限公司生产提供。③艾萨斯水基聚合物包衣控释尿素含氮 41.8%，控释期为 3 个月，静水 25℃溶出，江苏艾萨斯新型肥料工程技术有限公司生产提供。

（三）试验设计

试验在中国科学院南京土壤研究所汤泉试验基地进行，具体试验处理见表 3-11 和表 3-12。每个处理重复 4 次，试验小区面积为 40 m^2（4 m×10 m），不完全随机区组排列，四周设保护行，每个小区均单独设置进、排水口。各处理的灌溉、施药等田间管理措施完全一致。常规分次施肥以尿素、磷酸氢二铵和硫酸钾形式一次性基施，水稻氮肥分为基肥、分蘖肥、穗肥（比例为 5∶2∶3）3 次施用，小麦氮肥分为基肥、拔节肥（比例为 6∶4）2 次施用。秸秆还田处理为上季该小区玉米秸秆全部粉碎还田。水基包衣控释掺混肥处理中氮、磷、钾肥的施用量与常规分次施肥处理保持一致，磷、钾肥由绿聚能复合肥提供，所施氮肥中有一定比例的氮由水基聚合包衣控释尿素代替，氮、磷、钾肥一次性基施。水稻种植密度为20 cm×15 cm，于2015年6月17日插秧，11月28日收获。小麦按187.5 kg/hm²麦种均匀播撒，于2017年11月20日播种，2018年6月7日收割。

表3-11　水稻施肥情况

单位：kg/hm²

处　理	施肥		
	氮	磷	钾
T1：不施肥			
T2：常规分次施肥	240	60	122.7
T3：水基包衣控释掺混肥1（控释氮占20%）	240	60	122.7
T4：水基包衣控释掺混肥2（控释氮占30%）	240	60	122.7
T5：水基包衣控释掺混肥3（总氮减15%，控释氮占30%）	204	60	122.7

表3-12　小麦施肥情况

单位：kg/hm²

处　理	施肥		
	氮	磷	钾
T1：不施肥			
T2：常规分次施肥	195	67.5	165
T3：水基包衣控释掺混肥1（控释氮占30%）	195	67.5	165
T4：水基包衣控释掺混肥2（控释氮占30%）+秸秆还田	195	67.5	165
T5：水基包衣控释掺混肥3（总氮减15%，控释氮占30%）	165.8	67.5	165
T6：水基包衣控释掺混肥4（总氮减15%，控释氮占30%）+秸秆还田	165.8	67.5	165

二、项目测定与方法

（一）对水稻和小麦SPAD值的影响

使用SPAD-502型叶绿素计对植株完全展开的倒三叶SPAD值进行测定，分别在水稻分蘖期、拔节期、齐穗期和成熟期选择长势相同的植株，每株测定1片叶，选择叶片中间位置，避开叶脉，重复测5次，取平均值。

（二）对水稻和小麦株高及分蘖数的影响

分别在水稻分蘖期、拔节期、齐穗期和成熟期（小麦为分蘖期、拔节期、成熟期）随机选择3穴植株，进行株高与分蘖数的测定。

（三）对水稻和小麦生物量的影响

分别在水稻分蘖期、拔节期、齐穗期和成熟期（小麦为分蘖期、拔节期、成熟期）随机选择3穴植株，分为茎、叶、穗（小麦为秸秆、穗）放入信封袋，在烘箱中105℃杀青，70℃烘干至恒重称量。

（四）水基包衣控释掺混肥对水稻和小麦产量及其相关指标的影响

水稻和小麦成熟后，每个处理随机选择5穴植株测定有效穗数、穗粒数、结实率、千粒重，同时每个小区称量实际产量。

（五）对水稻和小麦不同生育期各部位氮素积累量的影响

分别在水稻分蘖期、拔节期、齐穗期和成熟期（小麦为分蘖期、拔节期、成熟期）随机选择3穴植株，分为茎、叶、穗（小麦为秸秆、穗）放入信封袋，在烘箱中105℃杀青，70℃烘干至恒重称量，并用H_2SO_4、H_2O_2联合消煮，凯氏定氮法测定植株全氮。

（六）对水稻和小麦不同生育期土壤铵态氮与硝态氮的影响

分别在水稻分蘖期、拔节期、齐穗期和成熟期（小麦为越冬期、分蘖期、拔节期、成熟期）在每个小区土壤表层（0～15 cm）取土，用2 mol/L的氯化钾浸提，然后振荡1 h并过滤，再用间断式化学分析仪（SmartChem 200，Alliace，France）测定土壤铵态氮与硝态氮含量。

（七）对土壤顶空氨挥发浓度和氧化亚氮浓度的影响

测定方法是基于红外光声效应的土壤顶空NH_3和N_2O浓度原位检测。在施肥后不下雨的情况下，于每天气温最高的14：00（有利于气体挥发）在每个小区随机选取4个位点，用注射器抽取水面或土壤上空1 cm左右高度处空气，注入干燥真空的200 mL特氟龙气体采样袋密封待测。使用激光-光声光谱气体分析仪（LP1，Gasera，Finland）对采样袋内气体的NH_3和N_2O浓度进行检测，其最终结果可以直接以数字形式显示出来。

（八）植株样品采集与分析

水稻季：分别于水稻分蘖期（移栽后20 d）、拔节期（移栽后40 d）、齐穗期（移栽后90 d）、成熟期（移栽后150 d）每个小区采集植株样品3穴，分茎、叶、籽粒，先在105℃下杀青30 min，然后在70℃下烘干至恒重，称量、粉碎，采用H_2SO_4、H_2O_2联合消煮，凯氏定氮法测定含氮量。于成熟期选取4 m^2水稻样方用于产量及其构成因素的测定，所有小区全部收割测产。

小麦季：分别于小麦分蘖期（播种后117 d）、拔节期（播种后145 d）、成熟期（播种后235 d）取各小区植株样品10株，成熟期分秸秆和籽粒两部分，先在105℃下杀青30 min，然后在70℃下烘干至恒重，称量、粉碎，采用H_2SO_4、H_2O_2联合消煮，凯氏定氮法测定含氮量。于小麦成熟期取4 m^2小麦样方用于产量及其构成因素的测定，所有小区全部收割测产。

（九）土壤样品采集与分析

分别在采集植株样品的同时，试验前用土钻在每个试验小区内的供试土壤板田 0～20 cm土层上按 S 形取样法（不少于 5 点）采集耕层（0～20 cm）土样，四分法缩分，留取 200 g 左右装入自封袋。用 2 mol/L $CaCl_2$ 浸提，然后震荡 1 h 并过滤，再用间断式化学分析仪（SmartChem 200，Alliace，France）测定土壤铵态氮与硝态氮含量。

（十）数据处理与分析

植株氮素累积量（kg/hm^2）＝地上部生物量（kg/hm^2）×植株含氮量（kg/kg）；氮素农学利用率（AE_N，kg/kg）＝（施氮区产量－空白区产量）/总施氮量；氮素表观利用率（RE_N）＝[（施氮区地上部吸氮量－无氮空白区地上部吸氮量）/施氮量]×100%；氮肥偏生产力（PFP_N，kg/kg）＝施氮处理的产量/氮肥施用量；数据均使用 Excel 2007 计算，使用 IBM SPSS statistics 20 进行样本数据的差异显著性统计分析，利用 Excel 2007 作图。

三、水稻专用控释肥料对作物生长的影响

（一）对水稻 SPAD 值的影响

新完全展开叶叶绿素含量是表征植物光合作用的关键因素，是影响水稻生物学产量的一个重要因子。所有处理的叶片 SPAD 值从分蘖期到拔节期明显增加，拔节期到齐穗期变化不大，齐穗期到成熟期大幅下降。在分蘖期与拔节期，T3、T4、T5 处理的叶片 SPAD 值均大于 T2 处理，但相互之间没有显著差异（$P<0.05$）。从拔节期到齐穗期，T1 处理和 T2 处理的叶片 SPAD 值均有微幅增长，而 T3、T4 和 T5 处理的叶片 SPAD 值微幅下降。到了齐穗期，叶片营养慢慢向穗部转移，叶片 SPAD 值理论上应当开始下降，但 T1 与 T2 发育相对迟缓，叶片 SPAD 值仍在上升。T3、T4 和 T5 处理的叶片 SPAD 值在齐穗期和成熟期低于 T2 处理。因此，控释肥处理对水稻叶片 SPAD 值起着稳定增长—稳定降低的作用（表 3－13）。

表 3－13　水稻不同生育阶段叶片的 SPAD 值动态变化

处理	分蘖期	拔节期	齐穗期	成熟期
T1	33.2b	39.1b	39.3b	18.7b
T2	38.5a	42.4a	42.9a	27.7a
T3	39.6a	43.5a	41.6a	26.9a
T4	39.5a	43.8a	42.2a	26.5a
T5	39.1a	43.1a	41.1a	26.1a

注：同列数据后的不同字母表示不同处理间在 $P<0.05$ 水平上的差异显著。

（二）对水稻和小麦株高及分蘖数的影响

由表 3－14 可以看出，水稻所有处理的株高随着植株发育不断增高，从齐穗期到成熟期，增长基本停止；分蘖数从分蘖期到拔节期略有增加，然后从拔节期开始不断下降。

T3、T4、T5 处理的株高与分蘖数在多数生育期高于 T2 处理，但是没有达到显著水平（$P<0.05$）。总体看来，施肥处理均显著增加了水稻株高与分蘖数，说明施肥对水稻株高和分蘖数影响很大，但不同施肥处理之间的株高和分蘖数并没有显著差异（$P<0.05$）。

表 3-14　水稻不同生育阶段部分生物学特性的动态变化

指标	处理	分蘖期	拔节期	齐穗期	成熟期
株高/cm	T1	28.8b	53.7b	97.4b	97.9b
	T2	37.3a	63.3a	107.1a	107.3a
	T3	38.3a	65.6a	109.4a	110.2a
	T4	38.3a	66.3a	111.6a	111.8a
	T5	37.8a	64.1a	110.7a	110.9a
分蘖数/个	T1	12.6b	13.6b	12.2b	11.8b
	T2	18.1a	19.2a	15.7a	15.2a
	T3	18.7a	19.9a	15.6a	15.3a
	T4	19.7a	20.5a	15.8a	15.4a
	T5	19.4a	20.2a	15.3a	15.1a

注：同列数据后的不同字母表示不同处理间在 $P<0.05$ 水平上差异显著。

由表 3-15 可以看出，小麦所有处理的株高随着植株发育不断增高，在成熟期达到最大值；所有处理的分蘖数从分蘖期到成熟期呈减少趋势。在分蘖期，控释肥处理 T3、T4、T5、T6 与常规分次施肥处理 T2 在株高和分蘖数上均有显著差异（$P<0.05$），其中加秸秆处理的 T4 与 T6 总体表现为分别大于不加秸秆的相同施肥处理的 T3 与 T5。总体来看，在分蘖期的株高和分蘖数上 T4>T3>T6>T5>T2>T1。在拔节期，T2 处理追肥后，在株高和分蘖数上已经与控释肥处理的 T3、T4、T5、T6 没有显著差异了（$P<0.05$），说明 T2 处理后期的追肥完全能保证小麦的正常生长。

表 3-15　小麦不同生育阶段部分生物学特性的动态变化

指标	处理	分蘖期	拔节期	成熟期
株高/cm	T1	16.7c	37.4b	60.1b
	T2	20.3b	61.1a	88.8a
	T3	24.2a	62.1a	86.2a
	T4	24.2a	64.3a	89.3a
	T5	23.9a	59.4a	85.0a
	T6	24.0a	60.0a	85.7a
分蘖数/个	T1	3.2c	2.0b	1.8b
	T2	4.3b	4.1a	3.6a
	T3	5.2a	3.9a	3.5a
	T4	5.4a	4.1a	3.6a
	T5	4.9a	4.0a	3.4a
	T6	5.0a	4.1a	3.5a

注：同列数据后的不同字母表示不同处理间在 $P<0.05$ 水平上差异显著。

（三）对水稻和小麦不同生育阶段生物量的影响

如表3-16所示，在所有处理中水稻叶干重到齐穗期前一直在增加，齐穗期达到最大值，成熟期降低；水稻茎干重一直处于增加状态；水稻穗干重从齐穗期到成熟期增加了约8倍。与不施肥处理相比较，施肥处理在每个生育期中均显著提高了植株各部位与总的生物量（$P<0.05$）。在成熟期，缓/控释肥处理中最优的T4处理与T2处理相比，在穗干重和总干重上分别增加了3.26%和1.25%。从总体来看，缓/控释肥处理与常规施肥处理在各生育期的生物量上并没有显著差异（$P<0.05$）。

表3-16　水稻不同生育阶段干物质的动态变化

单位：$\times10^3$ kg/hm^2

指标	处理	分蘖期	拔节期	齐穗期	成熟期
叶干重	T1	0.52b	1.10b	5.39b	2.49b
	T2	1.55a	2.41a	8.82a	3.86a
	T3	1.60a	2.48a	8.98a	3.80a
	T4	1.64a	2.57a	8.85a	3.84a
	T5	1.55a	2.51a	8.99a	3.69a
茎干重	T1	0.46b	1.27b	5.56b	6.23b
	T2	1.25a	2.37a	6.79a	9.10a
	T3	1.28a	2.44a	6.80a	8.95a
	T4	1.24a	2.46a	7.02a	9.17a
	T5	1.21a	2.40a	6.81a	9.00a
穗干重	T1	—	—	1.70b	10.99b
	T2	—	—	2.07a	15.95a
	T3	—	—	2.05a	16.03a
	T4	—	—	2.02a	16.47a
	T5	—	—	1.99a	16.17a
总干重	T1	0.98b	2.37b	12.65b	19.71b
	T2	2.80a	4.79a	17.68a	28.91a
	T3	2.88a	4.92a	17.83a	28.78a
	T4	2.90a	5.02a	17.89a	29.27a
	T5	2.76a	4.92a	17.79a	28.86a

注：同列数据后的不同字母表示不同处理间在$P<0.05$水平上差异显著。

如表3-17所示，小麦地上部的生物量均随着生育期的推进呈逐渐增加的趋势。在分蘖期，相对于不施肥处理，各施肥处理显著提高了小麦的地上部生物量，且缓/控释肥处理T3、T4、T5、T6均显著高于常规施肥处理T2（$P<0.05$）；到了拔节期，除了不施肥处理，其余各施肥处理之间无显著差异（$P<0.05$）；在成熟期，T2处理为地上部生物量最大值，且显著优于T5处理。其中加秸秆处理的T4和T6分别大于不加秸秆的相同施肥

处理 T3 和 T5。总体来说，缓/控释肥处理后期氮素供应不足，长势不如常规施肥处理，应当减少前期速效氮肥的投入，转为长期释放的控释氮肥，等春季来临小麦拔节时，有足够的氮素供应。综上所述，水基包衣控释掺混肥只有 30%的控释氮是不够的，应当加大控释氮所占的比例。

表 3-17　小麦不同生育阶段干物质的动态变化

单位：$\times 10^3$ kg/hm²

处理	分蘖期	拔节期	成熟期
T1	0.33c	1.46b	5.09c
T2	0.65b	5.38a	14.04a
T3	0.82a	5.32a	13.73a
T4	0.84a	5.53a	13.89a
T5	0.80a	5.23a	13.16b
T6	0.81a	5.36a	13.63a

注：同列数据后的不同字母表示不同处理间在 $P<0.05$ 水平上差异显著。

（四）对水稻和小麦的产量及其相关指标的影响

如表 3-18 所示，水稻季的研究表明，施肥处理均显著提高了穗粒数、有效穗数、千粒重、结实率和水稻的产量（$P<0.05$）。虽然缓/控释肥处理与常规施肥处理产量并没有显著差异（$P<0.05$），但是控释肥处理 T3、T4、T5 比常规施肥处理 T2 产量分别提高 1.71%、4.66%、3.78%。其中 T4 处理的产量、每穗粒数、每穴有效穗数、千粒重均为最高。T5 为减氮处理，表明水基包衣控释肥在减少施氮量的情况下仍能保证水稻的稳产、高产。

表 3-18　不同施肥处理对水稻产量及其构成因素指标的影响

处理	产量/(kg/hm²)	穗粒数/(个/穗)	有效穗数/($\times 10^6$ 穗/hm²)	千粒重/g	结实率/%
T1	7 575b	118.2b	2.18b	26.4a	90.2b
T2	9 432a	128.9a	2.6a	27.5a	92.95a
T3	9 593a	129.5a	2.6a	27.65a	93.75a
T4	9 872a	132.8a	2.75a	27.75a	93.45a
T5	9 789a	131.4a	2.6a	27.6a	93.5a

注：同列数据后的不同字母表示不同处理间在 $P<0.05$（LSD）水平上差异显著。

如表 3-19 所示，小麦季的研究表明，相比不施肥处理，施肥显著提高了小麦的产量（$P<0.05$）。从各个处理来看，秸秆还田的 T4 处理比相同施肥但不加秸秆的 T3 处理产量提高了 2.49%，同样，T6 比 T5 处理产量提高了 9.59%。其中，常规施肥处理 T2 的产量最高，为 5 222 kg/hm²，其穗粒数、千粒重均是最大值。与 T2 处理相比，T3、T4、T5、T6 处理产量分别下降了 7.55%、5.25%、17.29%、9.36%，这说明控释肥处理的小麦后期供氮不足，尤其是减氮处理的小麦，产量减幅较大。因为小麦前期生长缓慢，所

需氮素较少，应当减少前期速效氮肥的投入，转为长期释放的控释氮肥，等春季来临小麦拔节时，有足够的氮素供应。综上所述，水基包衣控释掺混肥只有30%的控释氮是不够的，应当加大控释氮所占的比例。

表3-19 不同施肥处理的小麦产量及其相关指标

处理	产量/(kg/hm²)	穗粒数/(个/穗)	有效穗数/(×10⁶ 穗/hm²)	千粒重/g
T1	1 320 d	12.3b	2.2b	36.5b
T2	5 222a	32.6a	4.3a	41.2a
T3	4 828ab	30.4a	4.35a	40.05a
T4	4 948ab	31.2a	4.3a	39.95a
T5	4 319c	29.8b	4.2a	39.2a
T6	4 733ab	30.3a	4.2a	39.9a

注：同列数据后的不同字母表示不同处理间在 $P<0.05$（LSD）水平上差异显著。

四、水基包衣控释肥料对水稻和小麦氮素利用的影响

（一）对水稻和小麦各生育阶段植株氮素含量的影响

如表3-20所示，在水稻试验中，所有处理的植株总氮量在各个时期持续增加，其中常规施肥处理T2与缓/控释肥处理T3、T4、T5的各部位氮素累积量在各时期均没有显著差异，但不同生育阶段氮素累积量高低变化不同。

表3-20 不同施肥处理对水稻各生育阶段氮素累积量的影响

单位：kg/hm²

项目	处理	分蘖期	拔节期	齐穗期	成熟期
叶	T1	12.64b	22.57b	39.81b	17.03b
	T2	40.72a	53.98a	85.15a	37.03a
	T3	42.86a	55.45a	78.01a	35.68a
	T4	43.58a	56.67a	78.87a	36.21a
	T5	42.79a	56.07a	77.93a	35.52a
茎	T1	7.04b	11.57b	22.84b	22.94b
	T2	16.83a	25.44a	42.33a	47.59a
	T3	18.09a	26.33a	40.58a	44.75a
	T4	18.77a	27.07a	41.78a	46.47a
	T5	17.97a	26.26a	40.49a	45.67a
穗	T1	—	—	12.91b	119.36b
	T2	—	—	22.99a	156.27a
	T3	—	—	21.12a	165.86a

（续）

项目	处理	分蘖期	拔节期	齐穗期	成熟期
穗	T4	—	—	21.47a	168.29a
	T5	—	—	21.05a	163.92a
合计	T1	19.68b	34.14b	75.56b	159.33b
	T2	57.55a	79.42a	150.47a	240.89a
	T3	60.95a	81.78a	139.71a	246.29a
	T4	62.35a	83.74a	142.12a	250.97a
	T5	60.76a	82.33a	139.47a	245.11a

注：相同项目下同列数据后的不同字母表示不同处理间在 $P<0.05$ 水平上差异显著。

在分蘖期与拔节期，T3、T4、T5 处理的叶与茎的氮素累积量均高于 T2 处理；在齐穗期，由于之前追施穗肥，T2 处理的茎、叶及穗中的氮素累积量高于 T3、T4、T5 处理；到了成熟期，T2 处理茎、叶中的氮素累积量仍高于 T3、T4、T5 处理，但是穗中的氮素含量是最低的。虽然 T2 与 T3、T4、T5 处理之间没有显著差异，但在生育后期控释肥处理 T3、T4、T5 中的氮素具有更容易转到穗部的趋势。在成熟期，与 T2 处理相比，T3、T4、T5 处理的穗部含氮量分别增加了 6.14%、7.69%、4.90%；总含氮量分别增加了 2.24%、4.18%、1.75%。其中，T4 处理为氮素累积量最优处理。

如表 3－21 所示，在小麦试验中，所有处理的植株总氮量在各个时期持续增加，其中常规施肥处理 T2 与控释肥处理 T3、T4、T5、T6 的各部位氮素累积量在不同生育阶段高低变化不同。

表 3－21　不同施肥处理对小麦各生育阶段氮素累积量的影响

单位：kg/hm^2

项目	处理	分蘖期	拔节期	成熟期
秸秆	T1	5.7c	11.30b	7.31c
	T2	16.3b	67.92a	27.06a
	T3	23.13a	70.33a	23.22b
	T4	23.33a	71.45a	23.89b
	T5	22.75a	67.45a	21.34b
	T6	22.86a	68.45a	22.67b
籽粒	T1	—	—	31.45c
	T2	—	—	121.44a
	T3	—	—	107.04b
	T4	—	—	107.56b
	T5	—	—	103.76b
	T6	—	—	104.86b

（续）

项目	处理	分蘖期	拔节期	成熟期
合计	T1	5.7c	11.30b	38.76c
	T2	16.3b	67.92a	148.50a
	T3	23.13a	70.33a	130.26b
	T4	23.33a	71.45a	131.45b
	T5	22.75a	67.45a	125.10b
	T6	22.86a	68.45a	127.53b

注：相同项目下同列数据后的不同字母表示不同处理间在 $P<0.05$ 水平上差异显著。

在分蘖期，T3、T4、T5、T6 处理的秸秆氮素累积量均显著高于 T2 处理（$P<0.05$）；在拔节期，由于追肥，T2 处理的秸秆氮素累积量已经与 T3、T4、T5、T6 处理没有明显差异；到了成熟期，T2 处理的秸秆和籽粒氮素累积量均显著高于 T3、T4、T5、T6 处理（$P<0.05$）。在成熟期，与 T2 处理相比，T3、T4、T5、T6 处理的籽粒含氮量分别减少了 11.86%、11.43%、14.56%、13.65%；总含氮量分别减少了 12.28%、11.48%、15.76%、14.12%，其中，T4 为氮素累积量最接近 T2 的处理。综上所述，控释肥处理后期氮素供给不足，应当加大控释氮所占比例，以满足小麦后期的氮素生长需求。

（二）对水稻和小麦各生育阶段土壤铵态氮和硝态氮的影响

由于水稻土壤长期处于淹水状态，硝化作用被强烈抑制，水稻田氮素形态以铵态氮为主（朱兆良 等，2010）。由图 3-26 可以看出，T1 处理土壤铵态氮一直处于较低水平。T2 处理在拔节期处于很低状态，齐穗期有一些上升，成熟期又迅速下降。T3、T4、T5 处理处于持续降低状态，在齐穗期基本降至最低。在分蘖期，水稻对土壤氮素需求量大，T3、T4、T5 处理与 T2 处理均供给了充足的铵态氮，分别为 57.40 mg/kg、60.24 mg/kg、55.50 mg/kg、45.15 mg/kg，促进了水稻的分蘖；在拔节期，T3、T4、T5 处理土壤铵态氮含量分别降至 20.42 mg/kg、22.21 mg/kg、20.18 mg/kg，而 T2 处理已经降至 12.38 mg/kg，接近 T1 处理；在齐穗期，由于 T3、T4、T5 处理是一次性施肥，且有大部分是速效氮，土壤铵态氮已经接近 T1 处理，而 T2 处理由于穗肥施用，铵态氮含量有小幅度上升，达到 18.57 mg/kg；到了成熟期，T2 处理土壤铵态氮也降至 T1 处理水平。

图 3-27 表明，在小麦季 T1 处理土壤铵态氮一直处于较低水平。T2 处理在越冬期明显低于控释肥处理，分蘖期时处于很低状态，拔节期有一些上升，成熟期又迅速下降。T3、T4、T5 处理处于持续降低状态，在拔节期时已经接近 T1 处理。在越冬期，控释肥处理的土壤铵态氮较常规施肥处理的高，其中 T4 最高，为 19.95 mg/kg，T2 为 17.75 mg/kg；在分蘖期，T2 仍比 T3、T4、T5、T6 低且接近 T1 处理，只有 10.47 mg/kg；在拔节期，T2 由于追肥上升到 15.73 mg/kg，而 T3、T4、T5、T6 已经基本降至 T1 水平；在成熟期，T2 也回落到 T1 水平。综上所述，控释肥处理土壤铵态氮在小麦拔节期就接近空白处理了，没能持续供应铵态氮，应当加大控释氮所占的氮肥比例，保证为小麦持续供氮。

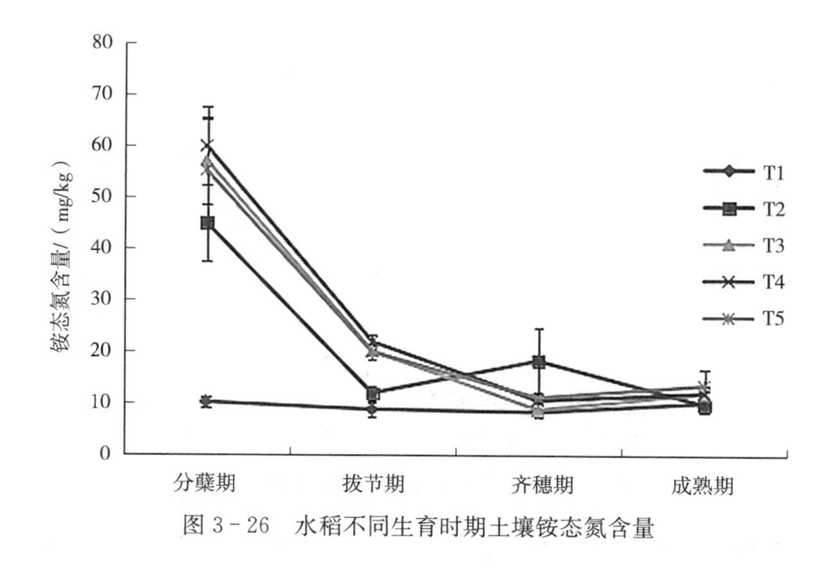

图 3-26 水稻不同生育时期土壤铵态氮含量

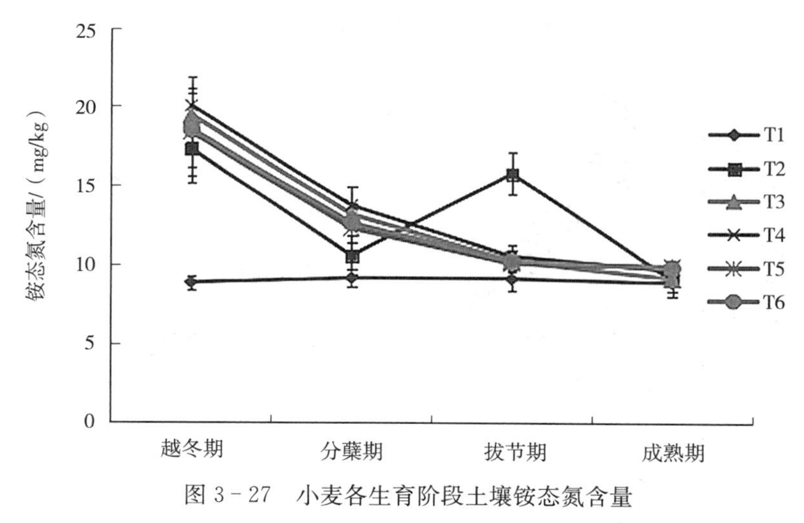

图 3-27 小麦各生育阶段土壤铵态氮含量

由图 3-28 可以看出，水稻所有处理在各生育期的土壤硝态氮含量基本一致。在分蘖期与拔节期，由于水稻田淹水，硝化作用被强烈抑制，各处理的土壤硝态氮含量均十分低。到了齐穗期与成熟期，稻田排水，土壤通气，硝化细菌活跃，土壤硝态氮含量有所上升，但其总量明显低于铵态氮。

从图 3-29 可以看出，在小麦季硝态氮的含量变化与铵态氮基本是一致的，不施肥处理一直稳定在较低水平，控释肥处理处于持续降低状态，常规施肥处理呈下降到上升再下降的状态。由于小麦季耕层土壤以氧化条件为主，因而耕层土壤无机氮素的形态主要以硝态氮为主，所以硝态氮含量高于铵态氮含量。在越冬期，控释肥处理的土壤铵态氮较常规施肥处理的高，其中 T4 最高，为 38.75mg/kg，T2 为 32.33mg/kg；在分蘖期，T2 仍比 T3、T4、T5、T6 低且接近 T1 处理，只有 13.82mg/kg；在拔节期，T2 由于追肥，上升到 22.53mg/kg，而 T3、T4、T5、T6 已经基本降至 T1 水平；在成熟期，T2 也回落到

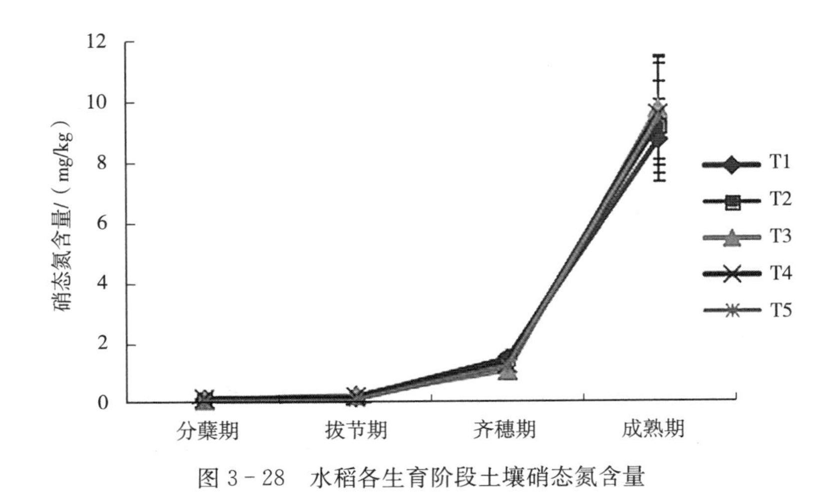

图 3-28　水稻各生育阶段土壤硝态氮含量

T1 水平。综上所述，控释肥处理土壤硝态氮在小麦生育前期供给充足，但后期匮乏，应当加大控释肥所占的氮肥比例，保证为小麦持续供氮。

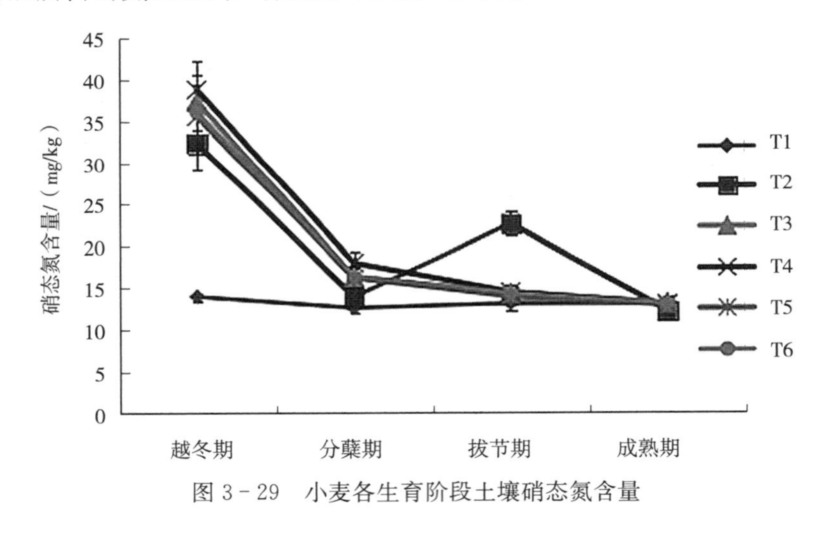

图 3-29　小麦各生育阶段土壤硝态氮含量

（三）对水稻和小麦土壤顶空氨挥发与氧化亚氮排放浓度的影响

水稻土壤顶空 NH_3 浓度与 NH_3 挥发密切相关。从图 3-30 可以看出，施肥处理均在施肥 2 d 后出现 NH_3 浓度峰值，其中 T2、T3、T4、T5 分别为 530 mg/L、590 mg/L、576 mg/L、555 mg/L。第二次出现 NH_3 浓度峰值是在施肥后 10 d（T2 处理追分蘖肥后 2 d），其峰值为 410 mg/L。第三次出现 NH_3 浓度峰值是在施肥后 70 d（T2 处理追穗肥后 2 d），其峰值为 420 mg/L。两次 NH_3 浓度峰均出现在施肥后 2 d，并在 6 d 内逐渐降低，趋于平稳。T3、T4、T5 处理是一次性施肥，且控释氮肥只占 20%～30%，因此第一次 NH_3 挥发峰值高于 T2 处理。T2 处理追肥后，出现明显 NH_3 挥发峰，但是同时段内的 T3、T4、T5 处理顶空 NH_3 浓度明显降低，即追肥增加了 NH_3 排放。在历时 74 d 的监测期内，T1、T2、

T3、T4、T5 处理 NH_3 挥发平均浓度分别为 289 mg/L、356 mg/L、333 mg/L、332 mg/L、329 mg/L。总体上控释肥处理的 NH_3 挥发损失小于常规施肥处理，其中 T5 处理 NH_3 挥发损失最小。

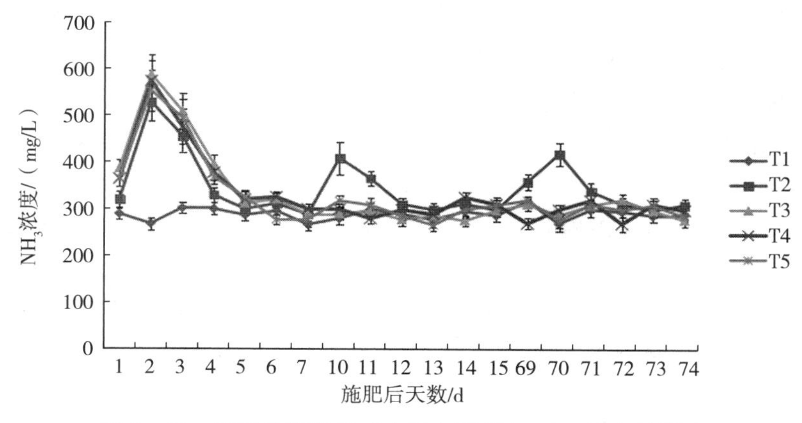

图 3－30　不同施肥处理对水稻土壤顶空 NH_3 浓度的影响

水稻土壤顶空 N_2O 浓度与 N_2O 排放密切相关。从图 3－31 可以看出，N_2O 浓度动态与 NH_3 浓度明显不同，N_2O 浓度峰明显滞后，且 T2 处理分别在施肥后 4 d、12 d（T2 处理追分蘖肥肥后 4 d）、31 d 和 72 d（T2 处理追穗肥后 4 d）出现峰值，第一、第二和第四个峰较小，第三个峰较大，4 个峰浓度分别为 108 μg/L、99 μg/L、111 μg/L、322 μg/L。T3、T4、T5 处理在 4 d、31 d 分别出现 1 个小峰和 1 个大峰，小峰浓度分别为 132 μg/L、126 μg/L、115 μg/L，大峰浓度分别为 340 μg/L、344 μg/L、333 μg/L。各处理的 N_2O 浓度排放小峰与施肥有关，而在 31 d 之所以出现大排放峰，是因为施肥后 30～32 d 进行了排水晒田。在监测期内，T1、T2、T3、T4、T5 处理的 N_2O 排放平均浓度分别为 74 μg/L、88 μg/L、85 μg/L、84 μg/L、82 μg/L。由此可以看出，N_2O 排放除了与施肥有关外，还与干湿交替有关，且在排水晒田期出现峰值，而在淹水条件下 N_2O 排放较少。

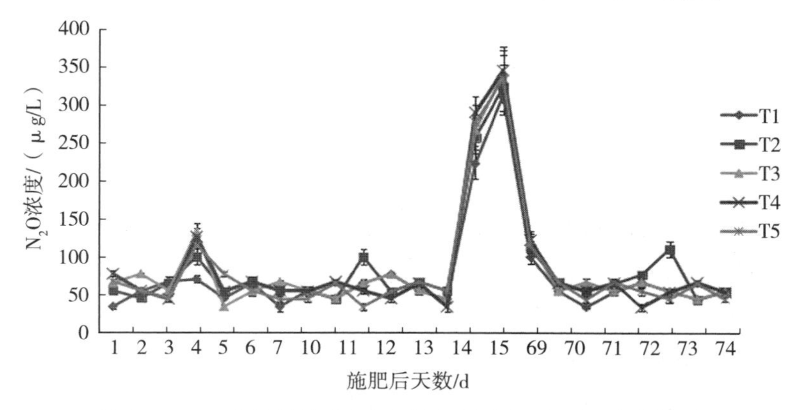

图 3－31　不同施肥处理对水稻土壤顶空 N_2O 浓度的影响

土壤中 N_2O 的产生主要源于土壤中微生物参与的硝化和反硝化反应，而硝化及反硝化细菌的活性受制于水、气、热等条件。土壤含水量很低或长期持续淹水都不利于硝化及反硝化细菌的生长，对稻田土壤来说，土壤水分含量始终处于很高的状态，这时土壤通气性就有可能成为微生物活性最重要的制约因素。土壤由于持续淹水而处于缺氧和强还原状态，N_2O 的产生以反硝化作用为主，但这时反硝化作用产生的 N_2O 可以被 N_2O 还原酶还原为 N_2，而且加上水层对 N_2O 向大气扩散过程的阻隔及对 N_2O 的少量溶解，导致淹水期间稻田向大气排放的 N_2O 量很少（曹金留 等，1999）。排水晒田期间，土壤的干湿交替使硝化作用和反硝化作用交替成为 N_2O 的主要产生来源，同时，土壤的干湿交替还能抑制反硝化过程中的深度还原，使 N_2O 的产生量增加（王智平 等，1994；封克 等，1995）。

小麦土壤顶空 NH_3 浓度与 NH_3 挥发密切相关。从图 3－32 可以看出，所有施肥处理在施肥后 2 d 出现一个 NH_3 浓度峰值，T2、T3、T4、T5、T6 分别为 347 mg/L、386 mg/L、408 mg/L、372 mg/L、384 mg/L，这是施肥引起的。4 d 后，由于上午下雨，下午监测时，所有处理 NH_3 浓度值均较低。这是因为雨水下渗将水溶出的肥料带入深层土壤，增加 NH_4^+ 被土壤颗粒吸附或被植株吸收的机会，并且增加了上升到土壤表层的阻力，从而减少了 NH_3 挥发。在 5 d 后雨水基本完全渗透到土壤中，NH_3 浓度值有个回升的峰值，T2、T3、T4、T5、T6 分别为 250 mg/L、291 mg/L、237 mg/L、249 mg/L、271 mg/L。之后，NH_3 浓度值呈缓慢下降的趋势。在 123 d（T2 处理追拔节肥），由于春季气温回升，大气中 NH_3 浓度值提高，所有处理 NH_3 浓度均上升到了 200 mg/L 以上，并且 T2 处理在追肥后 2 d 出现 351 mg/L 的 NH_3 浓度峰值。在 129 d 的监测期内，T1、T2、T3、T4、T5、T6 的 NH_3 平均浓度值分别为 212 mg/L、261 mg/L、247 mg/L、251 mg/L、253 mg/L、243 mg/L。

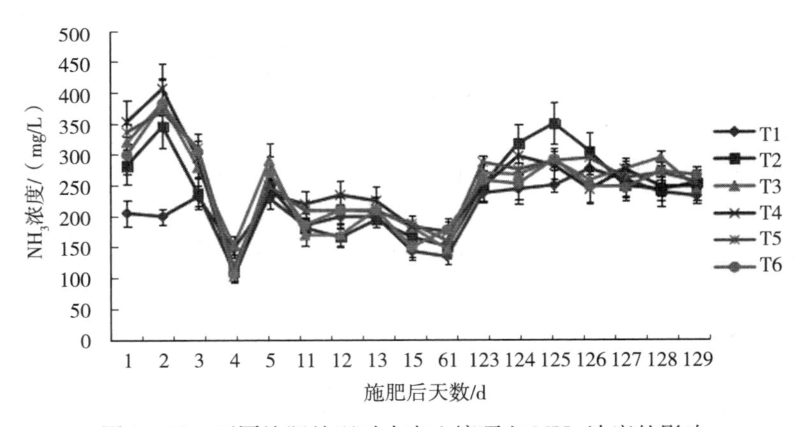

图 3－32　不同施肥处理对小麦土壤顶空 NH_3 浓度的影响

小麦土壤顶空 N_2O 浓度与 N_2O 排放密切相关。从图 3－33 可以看出，N_2O 浓度动态与 NH_3 浓度明显不同，N_2O 浓度峰稍微滞后，所有施肥处理在施肥后 3 d 出现第一个 N_2O 浓度值峰，T2、T3、T4、T5、T6 分别为 423 μg/L、482 μg/L、483 μg/L、478 μg/L、472 μg/L，这是施肥引起的。在施肥后 4 d，T2、T3、T4、T5、T6 的 N_2O 浓度值因为降雨也有所下降，但在 5 d 分别回升到 403 μg/L、388 μg/L、398 μg/L、352 μg/L、400 μg/L。之后，各处理的 N_2O 浓度值处于不断波动状态，但基本在 300 μg/L 上下浮动，只有 T2 在施肥后 126 d（追拔节肥后 3 d）出现 368 μg/L 的峰值。在 129 d 的监测期内，T1、T2、T3、T4、T5、T6 的 N_2O 平均浓度值分别为 309 μg/L、345 μg/L、338 μg/L、337 μg/L、334 μg/L、333 μg/L。

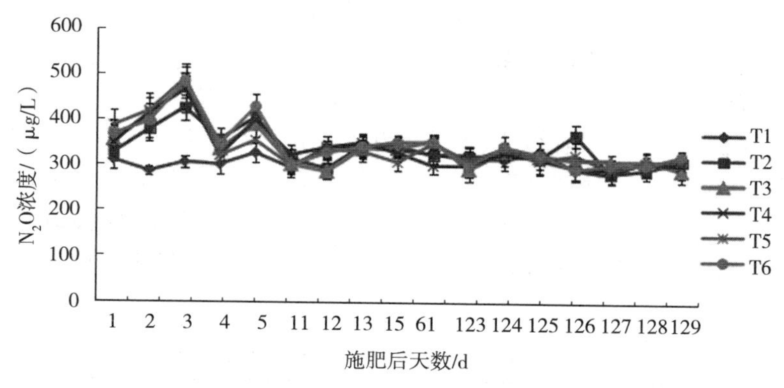

图 3-33 不同施肥处理对小麦土壤顶空 N_2O 浓度的影响

本试验中基于红外光声效应的土壤顶空 NH_3 和 N_2O 浓度原位检测法在田间试验中的应用与传统常用的罩式检测方法相比，具有明显的优点。一是从田间收集的气体不需要添加任何化学试剂，可直接进行光谱扫描，减少了化学实验带来的误差；二是实验过程简便，直接进行光谱扫描，不需要烦琐的化学实验；三是罩式方法改变了罩内的温度、湿度及空气流动等，所得结果可能不同程度地偏离实际情况，而土壤顶空监测方法是原位分析方法，能更好地反映真实情况。本次气体监测试验在每天 14：00 进行，浓度的测定虽然能在一定程度上反映土壤中相关气体的排放状况，但无法准确反映不同气体的排放速率，故在进一步的试验中应当增加每天气体浓度的观测次数和观测位置，并考虑环境因子，进行排放模型构建，以计算不同气体的排放通量。

（四）对水稻和小麦氮素利用效率的影响

从表 3-22 可以看出，与不施肥处理相比，常规施肥处理与控释肥处理都增加了水稻的产量。在氮素农学利用率、氮肥表观利用率、氮素偏生产力上均呈现 T5＞T4＞T3＞T2 的趋势。其中，T5 处理在上述三个氮素利用率中分别比 T2 处理增加了 40.18%、24.99%、22.09%。T5 为减氮 15%的处理，而且能保证水稻产量稳定，因此该处理的各项氮素利用效率为最优。由此看来，合理配施控释肥可以节约肥料，并且达到稳定产量提高氮素利用效率的目的。

表 3-22 不同施肥处理对水稻氮素利用率的影响

处理	产量/kg	氮素农学利用率/（kg/kg）	氮素表观利用率/%	氮素偏生产力/（kg/kg）
T1	7 574.5b	—	—	—
T2	9 432.1a	7.74 d	33.98c	39.30b
T3	9 593.2a	8.41c	36.23b	39.97b
T4	9 872.1a	9.57b	38.18ab	41.13b
T5	9 788.9a	10.85a	42.47a	47.98a

注：同列数据后不同字母表示不同处理间在 $P<0.05$ 水平上差异显著。

从表3-23可以看出，与不施肥处理相比，常规施肥处理与控释肥处理都增加了小麦的产量，但T2处理产量明显高于其他处理。在氮素农学利用率上T6>T2>T4>T5>T3，在氮素表观利用率上T2>T6>T5>T4>T3，在氮素偏生产力上T6>T2>T5>T4>T3。与小麦氮素利用率相比，减氮处理并不是每项氮素利用率都是最优的，因为T2处理产量显著高于T5、T6处理（$P<0.05$）。在相同施肥处理下，加秸秆的T4、T6处理在各项氮素利用率上均高于不加秸秆的T3、T5处理。以上结果表明，T2处理是所有氮素利用率中综合最优的，控释肥处理需增加控释氮的比例，满足小麦后期的氮素需求，提高氮肥利用率。

表3-23　不同施肥处理对小麦氮素利用率的影响

处理	产量/kg	氮素农学利用率/(kg/kg)	氮素表观利用率/%	氮素偏生产力/(kg/kg)
T1	1 320.0d	—	—	—
T2	5 222.0a	20.01a	56.27a	26.77ab
T3	4 827.5ab	17.99b	46.92b	24.75b
T4	4 948.3ab	18.61ab	47.53b	25.37b
T5	4 318.9c	18.09b	52.07ab	26.04ab
T6	4 732.5b	20.58a	53.54ab	28.54a

注：同列数据后不同字母表示不同处理间在$P<0.05$水平上差异显著。

水稻季：在分蘖期与拔节期，水基包衣控释掺混肥处理土壤铵态氮含量较高，使植株吸收了充足的氮素，保证了在后期氮素由茎叶充分向穗部转移。常规施肥处理虽然在各生育期植株氮素含量与水基包衣控释掺混肥没有显著差异（$P<0.05$），但是在成熟期其茎、叶氮素含量较高，而穗部含量较低，氮素没有充分向穗部转移。在水基包衣控释掺混肥处理中，T4处理的氮素含量最高，但是减氮处理的T5由于保证了稳产，所以氮素利用率综合最优。

小麦季：在小麦分蘖期，由于水基包衣控释掺混肥处理一次性投入的速效氮比例大，因此在植株氮含量显著优于常规施肥处理（$P<0.05$）。拔节期追肥后，常规施肥处理迅速吸收氮素生长，已经与水基包衣控释掺混肥处理没有差异（$P<0.05$）。在成熟期，由于水基包衣控释掺混肥处理中的控释氮比例较小，因此未能为植株供应充足的氮素，导致植株含氮量低于常规施肥处理。与小麦氮素利用率相比，T2处理产量显著高于T5、T6处理（$P<0.05$）。从土壤铵态氮和硝态氮看，在分蘖期，水基包衣控释掺混肥中控释肥的含量已经比较少了，在后期氮素供应上要弱于追肥的常规施肥处理。综上所述，应当加大水基包衣控释掺混肥中控释肥的比例，让小麦在冬季后有充足氮素供应，保证小麦的稳产。

主要参考文献

曹金留，徐华，张宏康，1999. 苏南丘陵区稻田氧化亚氮的排放特点［J］. 生态学杂志，18（3）：6-9.

陈宝成，马丽，张民，2010. 控释肥对草莓生长及土壤养分的影响［J］. 北方园艺，1：7－10.
陈迪，邓祖丽颖，张文辉，等，2016. 地沟油生产包膜缓控释肥的工艺研究［J］. 应用化工（1）：52－55，59.
陈建生，徐培智，唐拴虎，等，2005. 一次基施水稻控释肥技术的养分利用率及增产效果［J］. 应用生态学报，16（10）：1868－1871.
陈凯，曹一平，2003. 一种包膜材料及可控释肥料的包膜方法［P］. 中国专利：03155813.5，2003－08－22.
陈森森，2008. 可生物降解的高聚物肥料包膜材料的制备和表征［D］. 合肥：合肥工业大学.
陈贤友，吴良欢，李金先，等，2010. 新型控释肥对水稻产量与氮肥利用率的影响探讨［J］. 土壤通报，1：133－137.
程冬冬，张民，杨越超，等，2011. 控释肥残膜对土壤性质和冬小麦和夏玉米生长的影响［J］. 水土保持学报，25（3）：225－230，235.
戴九兰，史衍玺，杨守祥，2002. 控释肥残膜对土壤性质和作物生长的影响［J］. 山东农业大学学报（自然科学版），33（3）：322－325.
戴平安，郑圣先，2002. 水稻控释氮肥对晚稻的施用效应及经济效益分析［J］. 湖南农业科学（5）：21－24.
丁一洪，工跃思，秦胜金，等，2010. 控释肥对土壤氮素反硝化损失和 N_2O 排放的影响［J］. 农业环境科学学报，29（5）：1015－1019.
樊小林，2003. 水溶性树脂流化包膜控释肥料制备方法［P］. 中国专利：03140097.3，2003－08－07.
封克，殷士学，1995. 影响氧化亚氮形成与排放的土壤因素［J］. 土壤学进展，23（6）：35－40.
冯金凤，赵广才，赵保军，等，2013. 氮肥追施比例对冬小麦产量和蛋白质组分及生理指标的影响［J］. 植物营养与肥料学报，19（4）：824－831.
冯守疆，龚成文，赵欣楠，等，2010. 包膜缓/控释肥料的研究现状及发展趋势［J］. 安徽农业科学，38（26）：14409－14411.
冯元琦，2004. 再议缓释/控释肥料——21 世纪肥料［J］. 磷肥与复肥，19（2）：7－10.
符建荣，2001. 控释氮肥对水稻的增产效应及提高肥料利用率的研究［J］. 植物营养与肥料学报，7（2）：145－152.
工智平，曾江海，张玉铭，1994. 农田土壤 N＝O 排放的影响因素［J］. 农业环境保护，13（1）：40－42.
韩文炎，马立锋，石元值，等，2007. 茶树施用控释氮肥的产量和品质效应［J］. 土壤通报，38（6）：1145－1149.
何绪生，李素霞，李旭辉，等，1998. 控效肥料的研究进展［J］. 植物营养与肥料学报，4（2）：9－106.
何绪生，廖宗文，黄培钊，2006. 保水缓控释肥料的研究进展［J］. 农业工程学报，22（5）：184－190.
胡学玉，易卿，禹红红，2010. 土壤生态系统中黑碳研究的几个关键问题［J］. 生态环境学报，21（1）：153－158.
黄静，赵琦，卓坚锐，等，2010. 交联 PVA/SiO_2 复合膜的制备及性能. 塑料，39（1）：7－8，41.
黄科延，戴平安，2002. 早稻施用控释氮肥的效果［J］. 湖南农业大学学报（自然科学版），28（1）：12－15.
黄旭，唐拴虎，徐培智，2006. 一次性施用控释肥料对超级稻生长及产量的影响［J］. 广东农业科学，9：17－19.
焦晓光，罗盛国，2003. 控释尿素施用对水稻吸氮量及产量的影响［J］. 土壤通报，34（6）：525－528.

焦晓光，罗盛国，刘元英，2004. 施用控释尿素对大豆吸氮量及产量的影响研究 [J]. 中国生态农业学报，12（3）：95-98.
井大炜，杨广怀，马文丽，等，2009. 控释BB肥对西瓜生长期土壤酶活性的影响 [J]. 中国农学通报，25（16）：150-152.
李东坡，武志杰，梁成华，等，2007. 丙烯酸树脂包膜尿素肥料研制及其控释效果 [J]. 农业工程学报，23（12）：218-224.
李娟，张建锋，姜慧敏，等，2011. 不同施肥模式对水稻生理特性、产量及其N肥农学利用率的影响 [J]. 核农学报，25（1）：169-173.
李敏，叶舒娅，刘枫．包膜控释尿素用量试验对花生产量和氮肥利用率的影响 [J]. 中国农学通报，2010，26（4）：170-173.
林海涛，刘兆辉，江丽华，等，2007. 一种生物可降解型自控缓释肥料及其制备方法 [P]. 中国专利：10013099.9，2007-2-12.
刘立军，徐伟，吴长付，等，2007. 实地氮肥管理下的水稻生长发育和养分吸收特性 [J]. 中国水稻科学，21（2）：167-173.
刘明，2011. 控释肥树脂残膜降解动态及其对土壤微生物活性的影响 [D]. 泰安：山东农业大学．
刘明，张民，杨越超，等，2011. 控释肥残膜对小麦各生育期土壤微生物和酶活性的影响 [J]. 植物营养与肥料学报，17（4）：1012-1017.
龙继锐，马国辉，周静，等，2006. 中国缓/控释肥料的研发现状及展望 [J]. 作物研究（5）：515.
卢殿君，2015. 华北平原冬小麦高产高效群体动态特征与氮营养调控 [D]. 北京：中国农业大学．
卢殿君，陈新平，张福锁，等，2013. 花后营养调控对冬小麦灌浆期物质生产、氮素吸收及运移的影响 [J]. 中国农学通报，29（9）：57-60.
卢艳艳，宋付朋，赵杰，等，2011. 控释尿素对土壤氨挥发和无机氮含量及玉米氮素利用率的影响 [J]. 水土保持学报（6）：79-82.
牟林，唐树戈，韩晓日，等，2014. 淀粉-聚乙烯醇包膜复合肥的评价方法研究 [J]. 土壤通报（6）：1349-1357.
潘攀，2013. 典型缓/控释肥料包膜材料的土壤生态影响研究 [D]. 成都：四川农业大学．
秦晓波，李玉娥，刘克樱，等，2006. 不同施肥处理对稻田氧化亚氮排放的影响 [J]. 中国农业气象，27（4）：273-276.
邱荣富，钱丽琴，土春芳，等，2007. 水稻缓/控释肥料试验研究初报 [J]. 上海农业科技，2：45.
邱新强，高阳，黄玲，等，2013. 冬小麦根系形态形状及分布 [J]. 中国农业科学，46（11）：2211-2219.
任祖淦，唐福钦，1997. 缓效氮肥的增产效应研究 [J]. 土壤通报，28（1）：22-24.
申亚珍，杜昌文，周建民，等，2009. 基于水基反应成膜技术的聚合物包膜肥料的研制 [J]. 中国土壤与肥料（6）：47：51.
宋勇生，范晓辉，2003. 稻田氨挥发研究进展 [J]. 生态环境，12（2）：240-244.
孙克君，毛小云，卢其明，等，2004. 几种控释氮肥减少氨挥发的效果及影响因素研究 [J]. 应用生态学报，15（12）：2347-2350.
孙锡发，涂仕华，秦鱼生，等，2009. 控释尿素对水稻产量和肥料利用率的影响研究 [J]. 西南农业学报，22（4）：984-989.
唐拴虎，陈建生，徐培智，等，2004. 控释肥料氮素释放与水稻吸收动态研究 [J]. 土壤通报，35（2）：187-189.
唐拴虎，谢春生，陈建生，等，2004. 水稻施用控释肥料生长效应研究 [J]. 中国农学通报，20（2）：

149 - 151.
唐拴虎，张发宝，黄旭，等，2008. 缓/控释肥料对辣椒生长及养分利用率的影响［J］. 应用生态学报，2008，19（5）：986 - 991.
汪军，王德建，张刚，等，2013. 麦秸全量还田下太湖地区两种典型水稻土稻季氨挥发特性比较［J］. 环境科学，34（1）：27 - 33.
王新民，介晓磊，侯彦林，2003. 中国缓控释肥料的现状与发展前景［J］. 土壤通报，34（6）：572 - 575.
王鑫，2005. 包膜控释尿素对保护地菜地土壤肥力及酶活性的影响［J］. 水土保持学报，19（5）：78 - 84.
王鑫，2007. 控释复合肥对保护地黄瓜产量和质量效应的影响［J］. 陇东学院学报（自然科学版），17（1）：61 - 64.
吴华山，郭德杰，马艳，等，2012. 猪粪沼液施用对土壤氨挥发及玉米产量和品质的影响［J］. 中国生态农业学报，20（2）：163 - 168.
吴振宇，2017. 新型缓释尿素养分释放特性及环境效应研究［D］. 合肥：安徽大学.
武志杰，张海军，陈利军，2004. 21 世纪我国肥料科学展望［M］. 北京：科学出版社.
武志杰，张海军，梁文举，等，2001. 一种新型控释肥料及制备方法［P］. 中国专利：01133415.0，2001 - 11 - 07.
谢春生，唐拴虎，徐培智，等，2006. 一次性施用控释肥对水稻植株生长及产量的影响［J］. 植物营养与肥料学报，12（2）：177 - 182.
谢丽华，2013. 小麦秸秆基缓控释肥料的制备及其性能研究［D］. 兰州：兰州大学.
谢培才，马冬梅，张兴德，等，2005. 包膜缓释肥的养分释放及其增产效应［J］. 土壤肥料（1）：23 - 28.
谢银旦，杨相东，曹一平，等，2007. 包膜控释肥料在土壤中养分释放特性的测试方法与评价［J］. 植物营养与肥料学报，13（3）：491 - 497.
邢礼军，李亚星，徐秋明，等，2002. 一种脲醛控释肥料的合成方法［P］. 中国专利：02155568.0，2002 - 12 - 11.
熊又生，陈明亮，喻永熹，等，2000. 包膜控释肥料的研究进展［J］. 湖北农业科学，5：40 - 42.
徐和昌，1993. 包膜缓释肥料及其制法［P］. 中国专利：93100227.3，1993 - 01 - 14.
徐培智，陈建生，张发宝，等，2003. 蔬菜控释肥的产量和品质效应研究［J］. 广东农业学报（1）：28 - 30.
许秀成，土好斌，李的萍，2000. 包裹型缓释/控制释放肥料专题报告Ⅲ：包膜（包裹）型控制释放肥料各国研究进展田［J］. 磷肥与复肥，15（6）：7 - 12.
阎素红，杨兆生，王俊娟，等，2002. 不同类型小麦品种根系生长特性研究［J］. 中国农业科学，35（8）：906 - 910.
杨珑，王治流，程镕时，等，2002. 包膜缓释肥料及其制备方法［P］. 中国专利：02137895.9，2002 - 07 - 04.
杨力，于淑芳，张玉凤，等，2007. “金正大”控释肥在大姜上的应用效果［J］. 中国农资（7）：62 - 64.
杨梢娜，俞巧钢，叶静，等，2010. 施氮水平对杂交晚粳浙优 12 产量及氮素利用效率的影响［J］. 植物营养与肥料学报，16（5）：1120 - 1125.
杨兆生，阎素红，王俊娟，等，2000. 不同类型小麦根系生长发育及分布规律的研究［J］. 麦类作物学报，20（1）：47 - 50.

叶雪珠，何积秀，王小骊，等，2001. 影响包膜尿素氮溶出的因素［J］. 浙江大学学报（农业与生命科学版），27（3）：307－310.
阴红彬，韩晓日，宋正国，等，2006. 水稻专用控释肥养分释放规律及对养分利用的影响［J］. 中国农学通报，22（2）：234－236.
殷以华，王治流，杨琥，等，2003. 包膜型缓释尿素及其制备方法［P］. 中国专利：03132085.6，2003－07－21.
尹彩霞，李前，孔丽丽，等，2016. 控释氮肥在土壤中的释放特征及其对春玉米养分吸收及氮肥利用率的影响［J］. 玉米科学，24（5）：100－104.
于立芝，李东坡，俞守能，等，2006. 缓控释肥料研究进展［J］. 生态学杂志，25（12）：1559－1563.
于淑芳，杨力，张民，等，2010. 控释肥对小麦玉米生物学性状和土壤硝酸盐积累的影响［J］. 农业环境科学学报（1）：128－133.
喻建刚，刘芳，樊小林，等，2009. 水溶性树脂包膜控释肥料养分释放特征及其影响因素［J］. 农业工程学报，25（9）：84－89.
张杰，王备战，冯晓，等，2014. 氮肥调控对冬小麦干物质量、产量和氮素利用效率的影响［J］. 麦类作物学报，34（4）：516－520.
张坤，徐静，张民，2015. PPC/PBS 包膜尿素膜材料降解特征［J］. 植物营养与肥料学报（3）：624－631.
张民，董树亭，杨越超，等，2004. 以硫为底涂层的高分子聚合物包膜控释肥料［P］. 中国专利：200410024050.X，2004－04－27.
张民，杨越超，万连步，2004. 回收热塑性树脂为可降解膜的包膜控释肥料［P］. 中国专利：200410035783.3，2004－09－29.
张文辉，段平，侯翠红，等，1998. 包膜尿素肥效试验与经济效益分析［J］. 磷肥与复肥（6）：67－68.
张文辉，辛星，谷守玉，等，2014. 水性丙烯酸酯乳液包膜尿素研究［J］. 磷肥与复肥，29（2）：4－6.
赵斌，董树亭，王空军，等，2009. 控释肥对夏玉米产量及田间氨挥发和氮素利用率的影响［J］. 应用生态学报，20（11）：2678－2684.
赵聪，2011. 水基聚合物包膜肥料生产工艺及优化［D］. 北京：中国科学院研究生院.
郑圣先，刘德林，2004. 控释氮肥在淹水稻田土壤上的去向及利用率［J］. 植物营养与肥料学报，10（2）：137－142.
郑圣先，聂军，熊金英，2001. 控释肥料提高氮素利用率的作用及对水稻效应的研究［J］. 植物营养与肥料学报，7（1）：11－16.
郑圣先，肖剑，易国英，2002. 控释肥料养分释放动力学及其机理研究第1报. 温度对包膜型控释肥料养分释放的影响［J］. 磷肥与复肥，17（4）：14－17.
钟雪梅，朱义年，刘杰，等，2006. 竹炭包膜对肥料氮淋溶和有效性的影响［J］. 农业环境科学学报，25（增刊）：154－157.
朱红英，董树亭，胡昌浩，2003. 不同控释肥料对玉米产量及产量性状影响的研究［J］. 玉米科学，11（4）：86－89.
朱小红，马中文，马友华，等，2012. 施肥对巢湖流域稻季氨挥发损失的影响［J］. 生态学报，32（7）：2119－2126.
朱兆良，1998. 我国氮肥的使用现状、问题和对策：中国农业持续发展中问题［M］. 南昌：江西出版社.
朱兆良，2000. 农田中氮肥的损失与对策［J］. 土壤与环境，9（1）：1－6.
朱兆良，张福锁，2010. 主要农田生态系统氮素行为与氮肥高效利用的基础研究［M］. 北京：科学出版社.

祝丽香，王建华，刘政波，2010. 控释肥料对杭白菊生长发育及产量品质的影响［J］. 北方园艺，1：27－30.

ACKSON L E，2000. Fates and losses of nitrogen from a nitrogen－15－labeled cover crop in unintensively managed vegetable system［J］. Soil Science Society of America Journal，64：1404－1412.

AZEEM B，KUSHAARI K Z，MAN Z B，et al，2014. Review on materials & methods to produce controlled release coated urea fertilizer［J］. Journal of Controlled Release，181：11－21.

BROWN M E，HINTERMANN B，HIGGINS N，2009. Markets，climate change，and food security in West Africa，Environ［J］. Sci. Technol，43（21）：8016－8020.

CAI G X，CHEN D L，DING H，et al，2002. Nitrogen loss from fertilizers applied to maize－wheat and rice in the North China plain［J］. Nutrient CyclLinug in Agro－Ecosystems，63：187－195.

CAO J L，TIAN G M，REN L T，2000. Ammonia volatilization from urea applied to the field of wheat and rice southern Jiangsu Provincee［J］. Journal of Nanjing Agricultural University，23（4）：51－54.

CHEN D M，WANG T J，YU S J 2002. Review on the research and development of control－release urea and slow release urea［J］. Chem Indust Engin Prog，21（7）：455－461.

CHRISTIANSON C B，1988. Factors affecting N release of urea from reactive layer coated urea. Fertilizer Research，3：86－92.

DOU H，ALVA A K 1998. Nitrogen uptake and growth of two citrus rootstock seedlings in a sandy soil receiving different controlled－release fertilizer sources［J］. Biology and Fertility of Soils，26：169－172.

EMILSSON T，BBRNDTSSON J C，MATTSON J E，et al，2007. Effect of using conventional and controlled release fertiliser on nutrient runoff from various vegetated roof systems［J］. Ecological Engeering，29：260－271.

FAN X H，LI Y C，2010. Nitrogen release from slow－release fertilizers as affected by soil type and temperature［J］. Soil Science Society of America Journal，74（5）：1635－1641.

GALLOWAY J N，DENTENER F J，CAPONE D G，et al，2004. Nitrogen cycles：Past，present and future［J］. Biogeochemistry，70（2）：153－226.

GHORMADE V，DESHPANDE M V，PAKNIKAR K M，2011，Perspectives for nano－biotechnology enabled protection and nutrition of plants［J］. Biotechnology advances，29（6）：792－803.

HE G，ZHANG C，PEI H，2011. Effect of slow－release urea to reduce the concentrations of water nitrogen and phosphorus in the paddy fields and increase the rice yield［J］. Guangdong Agricultural Sciences，17：19.

KINOSHITA T，SUGIURA M，NAGASAKI Y，2013. Development of a Simplified and Highly Nutrient－Efficient Fertilization Method by Using Controlled－Release Fertilizer in Tomato Cultivation［J］. Acta Horticulturae，1034：517－524.

LUNT O R，OERTLI J J，1962. Controlled release of fertilizer minerals by incapsulating membranes：II. Efficiency of recovery，influence of soil moisture，mode of application，and other consideration related to use［J］. Soil Science Society of America Journal，26：584－587.

LUPWAYI N Z，GRANT C A，SOON Y K，et al，2010. Soil microbial community response to controlled－release urea fertilizer under zero tillage and conventional tillage［J］. Applied Soil Ecology，45（3）：254－261.

MATHEWS A S，NARINE S，2010. Poly［N－isopropyl acrylamide］－co－polyurethane copolymers for controlled release of urea［J］. Journal of Polymer Science Part A：Polymer Chemistry，48（15）：3236－3243.

MIN L I, 2012. Effect of Controlled - release Nitrogen Fertilizer on Summer Corn Yield and Nitrogen Use Efficiency [J]. Journal of Anhui Agricultural Sciences, 16: 43.

MINAMIKAWA K, FUMOTO T, ITOH M, et al, 2014. Potential of prolonged midseason drainage for reducing methane emission from rice paddies in Japan: a long - term simulation using the DNDC - Rice model [J]. Biology and Fertility of Soils, 1 - 11.

NEWTON Z L, CYNTHIA A G, YOONG K S, et al, 2010. Soil microbial community response to controlled - release urea fertilizer under zero tillage and conventional tillage [J]. Applied Soil Ecology, 45: 254 -261.

NI B, LIU M, LÜ S, et al, 2011. Environmentally friendly slow - release nitrogen fertilizer [J]. Journal of agricultural and food chemistry, 59 (18): 10 169 - 10 175.

SHAVICA A, MIKKELSEN R L, 1993. Controlled - release fertilizers to increase efficiency of nutrient use and minimize environmental degradation - A review [J]. Fertilizer Research, 35: 1 - 12.

SHAVIV A, 2001. Advance in controlled - release fertilizers [J]. Advances in Agronomy, 71: 1 - 49.

SHEN S M, 2002. Contribution of nitrogen fertilizer the development of agriculture and its loss in China [J]. Acta PedoL Sin, 39: 12 - 25.

SHOJI S, DELGADO J, MOSIER A, et al, 2001. Use of controlled - release fertilizers and nitrification inhibitors to increase nitrogen use efficiency and to conserve air and water quality [J]. Communications in Soil Science and Plant Analysis, 32: 1051 - 1070.

SHOJI S, KANNO H, 1998. Use of polyolefin - coated fertilizers for increasing fertilizer efficiency and reducing nitrate leaching and nitrous oxide emission [J]. Fertilizer Research, 39: 147 - 152.

TIAN G M, CAO J L, CAI Z C, et al, 1998. Ammonia volatilization from winter wheat field top - dressed with urea [J]. Pedoxsphere, 4: 331 - 336.

TOKUO S, KYOIEHI S, MASAHIKO S, et al, 1993. Single basal application of totalnitrogen fertilizer withcontrolled release coad urea on non - tilledculture [J]. Jpn. J. Crop SCi, 62 (3): 408 - 413.

VENTEREA R T, BIJESH M, DOLAN M S, 2011. Fertilizer source and tillage effects on yield - scaled nitrous oxide emissions in a corn cropping system [J]. Journal of environmental quality, 40 (5): 1521 - 1531.

WADDELL J T, GUPTA S C, MONCRIEF J F, et al, 2000. Irrigation and nitrogen management impacts on nitrate leaching under potato [J]. Journal of Environmental Quality, 29: 251 - 261.

WANG S, LI X, LU J, et al, 2013. Effects of controlled - release urea application on the growth, yield and nitrogen recovery efficiency of cotton [J]. Agricultural Sciences, 4: 33.

WANG X, CUI J, ZHOU J, 2011. Ammonia volatilization of controlled - release urea enveloped with colophony from paddy field in typical red soil [J]. Soils, 43 (1): 56 - 59.

WEN L Z, YUN S L, LIXUAN R, et al, 2014. Application of Controlled - Release Nitrogen Fertilizer Decreased Methane Emission in Transgenic Rice from a Paddy Soil [J]. Water, Air, & Soil Pollution, 225 (3): 1 - 5.

XIAO C M, ZGOU G Y, 2003. Synthesis and properties of degradable poly (vinyl alcohol) hydrogel [J]. Polym. Degrad. Stabil. , 81: 297 - 301.

YAN T, TENG S, LIU S, 2011. Efficiency of Slow Sustained - released Fertilizer in Rice [J]. North Rice, 3: 6.

YANG Y C, ZHANG M, LI Y C, et al, 2013. Controlled - release urea commingled with rice seeds reduced emission of ammonia and nitrous oxide in rice paddy soil [J]. Jourual of Environmental Quanlity,

42 (6): 1661 - 1673.

YE Y, LIANG X, CHEN Y, et al, 2013. Alternate wetting and drying irrigation and controlled - release nitrogen fertilizer in late - season rice. Effects on dry matter accumulation, yield, water and nitrogen use [J]. Field Crops Research, 144: 212 - 224.

ZEBARTH B J, SNOWDON E, BURTON D L, et al, 2012. Controlled release fertilizer product effects on potato crop response and nitrous oxide emissions under rain - fed production on a medium - textured soil [J]. Canadian Journal of Soil Science, 92 (5): 759 - 769.

ZHAI C, WU H, WANG L, et al, 2011. Effects of Modified Starch Coated and Slow Released Urea on Growth and Nitrogen Agronomic Efficiency Winter Wheat [J]. Acta Agriculturae Boreali - Sinica, 2: 039.

ZHAO C, SHEN Y Z, DU C W, et al, 2010. Evaluation of waterborne couting for controlled - release fertilizer using wurster fluidized bed [J]. Industrial & Engineering Chemistry Research, 49: 9644 - 9647.

ZHOU Z J, DU C W, LI T, et al, 2015. Biodegradation of a biochar - modified waterborne polyacrylate membrane coating for controlled - release fertilizer and its effects on soil bacterial community profiles [J]. Environmental Science and Pollution Research, 22: 8672 - 8682.

ZIADI N, GRANT C, SAMSON N, et al, 2011. Efficiency of controlled - release urea for a potato production system in Quebec, Canada [J]. Agronomy Journal, 103 (1): 60 - 66.

第四章　一次性施肥联合作业机械

施用化肥是实现农业高产、高效与粮食安全的重要保证，而化肥配制、施肥技术与施肥机械是施肥的三大支柱（陈远鹏 等，2015）。化肥生产在政府的大力支持下已经达到较为先进的水平，相比之下施肥技术与施肥机械的发展较发达国家落后。为了跟上国外农业的先进水平，使农业资源得以高效利用，加速我国农业的现代化进程，就必须改变施肥技术与施肥机械落后的现状，积极研发先进的施肥技术与高效的施肥机械并推广应用于我国现代农业，从而提高化肥的利用率，减少化肥所造成的农业污染。

第一节　我国主要粮食作物施肥机械化生产现状与问题

一、主要粮食作物施肥机械化生产现状

我国施肥机械发展始于20世纪60年代中期，随着我国化肥工业的发展，华北、西北、东北等地相继出现了许多犁播、耙播、施肥联合作业的机具（白由路 等，2016）。20世纪80年代以后，大型的施肥机械一度近乎消失，这个时期出现了一些小型的施肥机械，且大部分是与播种机联合使用。近年来，随着农村劳动力的转移和农业机械化水平的提高，我国施肥机械得到了很大发展（袁文胜 等，2011）。

（一）冬小麦施肥机械化生产现状

冬小麦施肥最常见的机型即条施机型，在国内有很长的应用历史。小麦免耕施肥条播机（图4-1）主要由传动装置、排种装置、排肥装置、镇压轮及升降装置等部分组成。当机组前进时，固定在拖拉机左驱动半轴和右驱动半轴上的两个传动链轮，通过两根链条分别带动播种轴和排肥传动轴转动，排种轴带动排种槽轮转动进行排种，排肥传动轴则通过一对锥形齿轮带动排肥器进行排肥。排出的种子和肥料分别经输种管和输肥管送到排种头和排肥头，排种头和排肥头伸入土层中划出一条浅并将种子和肥料均匀地排入沟内，再由旋耕刀抛来的土所覆盖，经镇压轮镇压后完成作业。由于排肥头与排种头不在同一行，且排肥头安装的位置比排种头偏下3～5 cm，故能达到分层分行施肥播种的目的。

小麦是密植作物，行距通常较小，常用追肥机械为中耕追肥机（图4-2），一次完成开沟、追肥、覆土等多道工序，同时起到中耕作用。中耕追肥机由拖拉机牵引，肥料由肥箱经输肥管排入开沟器开出的沟槽中，开沟器同时完成中耕（王吉亮 等，2013）。

图 4-1　小麦免耕施肥条播机

图 4-2　小麦中耕追肥机

（二）玉米施肥机械化生产现状

玉米施肥机的分类方法有很多种，按照玉米施肥时间来分类，玉米施肥机械主要分为种肥施肥机械和中耕追肥机械两大类（李坤 等，2017）。其中，种肥施肥机械的应用更为普遍。玉米机械化种肥施肥多是与播种同时进行，由复式作业机一次完成玉米的播种和化肥的深施作业。现阶段，国内玉米播种施肥复式作业机应用已经比较成熟，许多以条施为主的机型在玉米生产中大范围应用。这些机具日趋成熟，机械化施肥性能好，大大降低了农民的劳动强度，提升了玉米机械化生产水平。

玉米免耕施肥播种机（图 4-3）作业时，拖拉机的动力经传动轴直接传入免耕施肥播种机的中间变速箱，并带动左右刀轴作旋切运转，刀具与地面接触的瞬间，前部的旋耕刀将部分秸秆或根茬切断后入土作带状旋松，紧随其后的播种、施肥开沟器在开沟的同时将秸秆及根茬推送到播种、施肥位置的两侧，后部的限深镇压轮（辊）靠自重与地面摩擦转动，经链条传动机构带动排种机构和排肥机构实施排种、排肥，排下的种子和化肥分别经输种管、输肥管进入开沟器，依次落入沟槽内，镇压轮（辊）随即将沟槽内松土压实（带喷洒装置的药液在喷雾泵的作用下，经喷杆喷头均匀地喷洒在地表），完成免耕施肥播种作业。

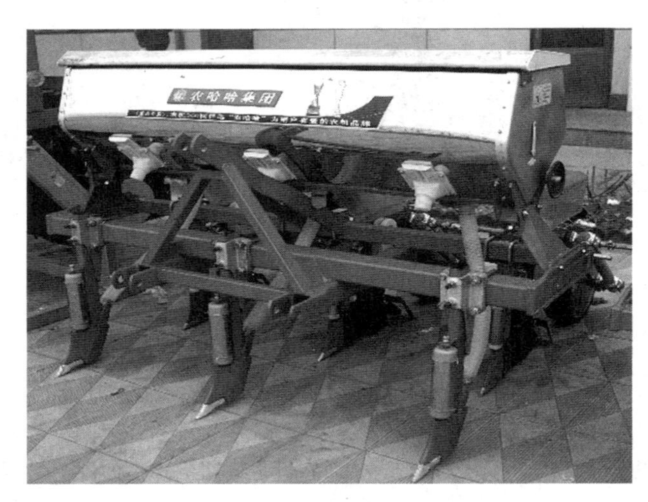

图 4 - 3　玉米免耕施肥播种机

（三）水稻施肥机械化生产现状

水稻的施肥包括施基肥和追肥。移栽水稻插秧前施入本田的称为基肥，基肥的施用方法包括全层施肥、铺肥和耕前施肥。移栽水稻插秧后施用肥料称为追肥，追肥包括分蘖肥、穗肥和粒肥（连永胜 等，2013）。水田施肥机械种类繁多，按用途可分为耕整地施肥机、种植施肥机和水田追肥机三类；按动力又可分为机力、畜力和人力施肥机。值得说明的是，虽然我国研制、生产了多种水田化肥深施机械，但成熟产品不多。主要问题是现有排肥器还不能完全满足排施潮湿粉状化肥的要求。下面介绍几种我国研制和生产的机型。

1. 旋耕施肥机

旋耕施肥机是在旋耕整地时将肥料施入土壤的一种新型联合作业机具（吴海平 等，1999）。

1GH - 6 型水田化肥深施机（图 4 - 4），是由旋耕机和化肥深施机组成的复式作业机具，工作时旋耕和化肥深施一次完成。将适量水加入待施的化肥之中，用螺旋式排肥装置（螺杆泵）将肥水混合物强制排入地下，通过向各落肥管轮换供肥的肥料分配器，实现由一台螺杆泵向多根落肥管均匀供肥，从而降低了化肥深施的成本。

2. 水田耙耕施肥机

1BSZ - 14 水田耙耕施肥机主要是由通用机架、驱动耙辊总成、旋耕刀轴总成和排肥

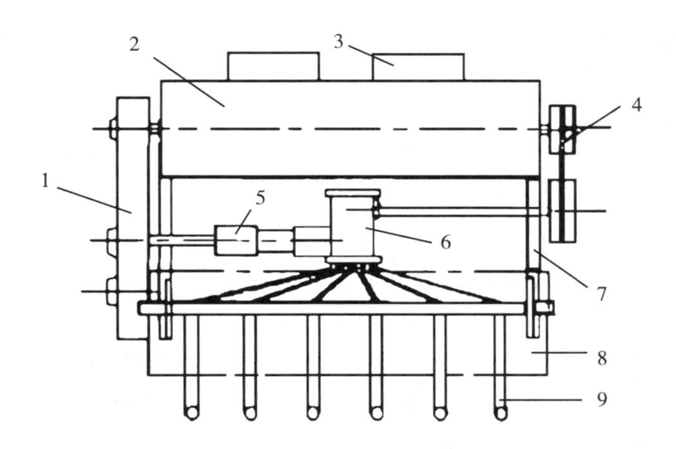

图 4-4　1GH-6 型水田化肥深施机结构示意

1. 动力传递链轮（由旋耕机动力输出到螺杆和肥箱搅拌器）　2. 肥箱　3. 加肥口　4. 带轮　5. 螺杆泵　6. 肥料分配器　7. 支架　8. 旋耕机　9. 排肥器

器总成组成，其结构如图 4-5 所示。通用机架主要由悬挂架、中央传动箱左右半轴总成、侧边齿轮箱和左支架等组成（张晋栋 等，2001）。

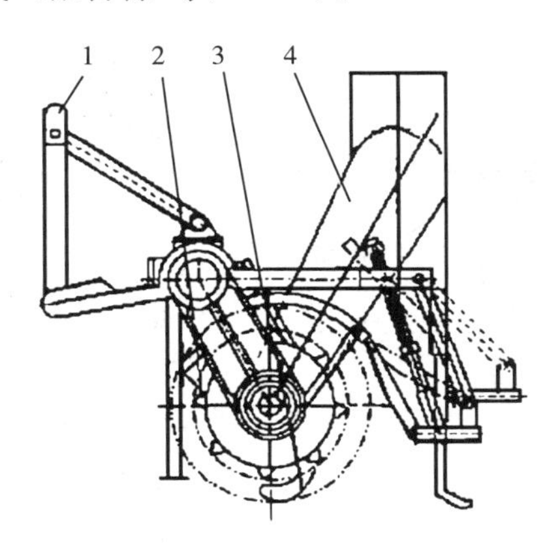

图 4-5　1BSZ-14 水田耙耕施肥机结构示意

1. 通用机架　2. 驱动耙辊总成　3. 旋耕刀轴总成　4. 排肥器总成

驱动耙辊总成主要由驱动耙齿板、刀齿和隔板及端盘等组成。旋耕刀轴总成主要由旋耕刀轴、刀座、左右弯刀组成。排肥器总成主要由排肥箱、排肥器总成、排肥管总成和传动机构总成组成。主要技术参数：排肥行数 5 行，排肥行距 30 cm，排肥深度 8～12 cm，肥箱容积 76 L，排肥轮转速 45 r/min。

工作原理：①作为水田驱动耙使用时，耙耕施肥机的拖板和耥板用来遮挡耙辊抛出的土块和泥水，改善劳动条件。为使土块能顺利通过，拖板和耥板呈圆弧形，拖板上端装有弹簧，形成不等边四杆机构，使拖板对耙后地表起平整作用，便于耙板进一步耙平。②作为水田旋耕施肥机使用时，耙耕施肥机拖板和耥板的位置调到双点划线的位置。通过调节弹簧拉杆销孔的位置，使拖板和耥板提高到一定高度，形成圆弧形，类似旋耕机的拖板。驱动耙作为旋耕机使用时，只需更换旋耕刀轴和调节弹簧拉杆销孔位置。③作为排肥装置使用时，以露在外面的刀轴轴头作为动力，通过链传动带动排肥轮工作。排肥轮采用外槽轮式，排肥量通过改变排肥轮轴上夹子的位置来调节。该机具最大的优点是采用通用机架，通过更换旋耕刀轴和耙刀轴不同工作部件，既可作为驱动耙使用，也可作为旋耕机用，实现一机多用。其结构紧凑、性能可靠、成本低，解决了水田深施肥难的问题。

3. 水稻插秧施肥机

水稻插秧施肥机通常是在水稻插秧机上安装肥箱、排肥器、排肥管及传动装置等，在插秧的同时进行底肥深施。

2ZTF－6 型水稻深施肥机与 2ZT－9356 型机动水稻插秧机配套使用，实现插秧、施肥一体化作业（辛明玲 等，1996）。插秧时，将化肥施入距秧苗一定距离的泥土中，达到省肥、省工、增产和减少污染的目的。该机主要由机架、肥箱、排肥器总成、排肥管、驱动连杆、开沟器总成、覆泥器及升降机构组成，其结构见图 4－6。施肥器由来自栽植臂的动力驱动，均匀连续地排肥，开沟器开出深浅一致的泥沟；施肥器将肥料施在沟中；覆泥器覆盖肥料并平整地表。

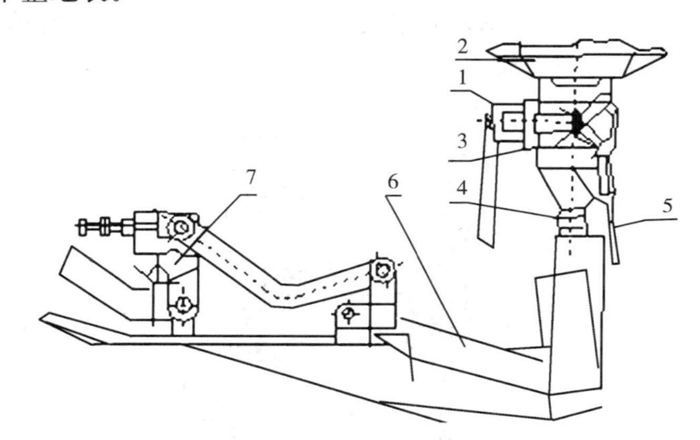

图 4－6　2ZTF－6 型水稻深施肥机结构示意

1. 机架　2. 肥箱　3. 排肥器总成　4. 排肥管　5. 驱动连杆
6. 开沟器总成　7. 施肥深度调节及升降机构

2ZTF－6 型水稻深施肥机主要技术参数：外形尺寸（长×宽×高）650 mm×1 700 mm×600 mm，质量 21 kg，工效（0.20～0.27）hm^2/h，开沟器为滑刀式，开沟宽度 2 cm，排肥器为塑料外槽轮式，排肥方式为摇摆式，肥量调整范围 0～400 kg/hm^2，施肥方式为条施，适宜直径 2～4 mm 的颗粒肥。

（四）其他通用施肥机械

1. 圆盘撒肥机

上海世尔达推出的 2F 系列撒肥机（图 4－7），结合我国农业生产的实际，借鉴了国外圆盘式撒肥机特点，适用于颗粒状化肥、结晶状化肥以及颗粒状有机肥的施肥作业。工作时，由拖拉机牵引撒肥机在田间前进，驱动地轮带动安装在地轮轴上的链轮转动，通过链条和链轮带动齿轮箱内的一对锥齿轮转动，固定在被动锥齿轮轴上的撒肥盘在锥齿轮的驱动下高速旋转。肥料箱内的化肥靠重力通过肥料箱底部的落肥口下落到转动的撒肥盘上，在离心力的作用下撒布于田间地表；在被动锥齿轮轴伸入肥料箱底部的端头，安装有搅肥装置，将肥料箱内的化肥结块搅碎，起到防止落肥口堵塞的作用。撒肥量可通过改变落肥口开度来调节。该机设计简单紧凑、操作方便、性能稳定可靠，其稳定高效的产品性能，可以在每年有限的作业季里以最高的效率完成肥料的均匀撒施，为用户节省宝贵的时间及人力成本。

图 4－7　上海世达尔 2FS－600 撒肥机

2. 水肥一体化

水肥一体化技术是将灌溉与施肥融为一体的农业新技术。水肥一体化是借助压力系统（或地形自然落差），将可溶性固体或液体肥料按土壤养分含量及作物的需肥规律和特点配成肥液，肥液与灌溉水一起通过可控管道系统供水、供肥，水肥相融后，通过管道、喷枪或喷头均匀、定时、定量喷洒在作物发育生长区域，使主要发育生长区域土壤始终保持疏松和适宜的含水量。同时根据不同作物的需肥特点，土壤环境和养分含量状况，需肥规律情况进行不同生育期的需求设计，将水分、养分定时、定量、按比例直接提供给作物（赵春江 等，2017）。

该项技术适合有井、水库、蓄水池等固定水源，且水质好、符合微灌要求，并已建设或有条件建设微灌设施的区域推广应用。主要适用于设施农业以及经济效益较好的其他作物，使其省肥节水、省工省力、降低湿度、减轻病害、增产高效。

滴灌主要有以下优点：①水肥均衡。采用滴灌，可以根据作物需水需肥规律随时供给，保证作物“吃得舒服，喝得痛快”。②省工省时。水肥一体化滴灌只需打开阀门，合上电闸，几乎不用工。③节水省肥。水肥一体化大幅度地提高了肥料的利用率，可减少50％的肥料用量，用水量也只有沟灌的 30％～40％。④减轻病害。水肥一体化能有效控制土传病害的发生。降低棚内的湿度，减轻病害的发生。⑤控温调湿。能控制浇水量，降低湿度，提高地温。避免作物沤根、黄叶等问题。⑥增加产量，改善品质，提高经济效益。

图 4－8、图 4－9 分别为水肥一体化精准施用系统和水肥一体化系统原理。

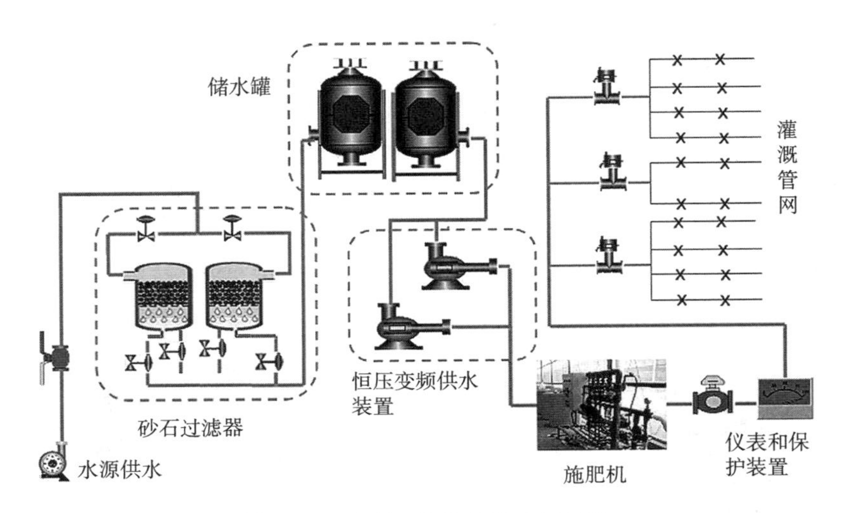

图 4－8　水肥一体化精准施用系统

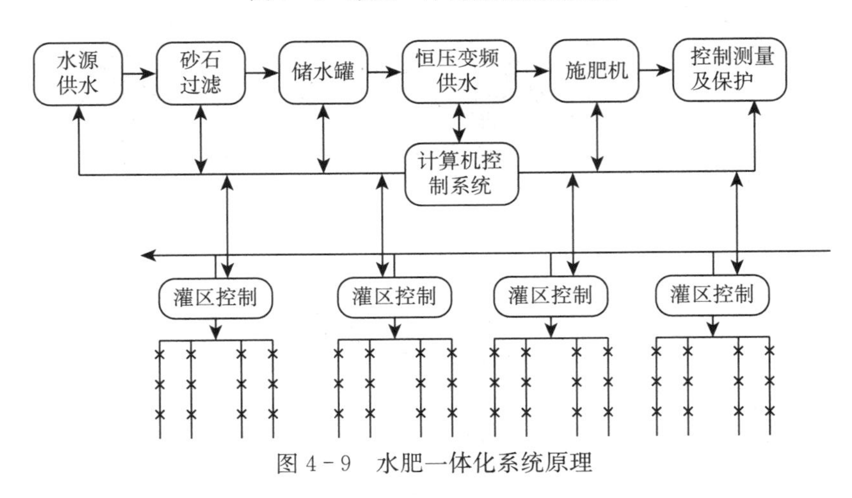

图 4－9　水肥一体化系统原理

二、主要粮食作物施肥机械化生产问题

由于我国农业高度分散，不利于田间机械作业，尤其是限制了大型机械的使用，制约了粮食生产机械化的发展。目前，国内基本上没有专门的施肥机械生产厂家，目前市场上的施肥机械也大部分是小型的兼用型机械，如用于小麦、玉米等作物的播种施肥机等。纵观我国目前施肥机械的发展现状和过程，有以下几个特点：

（一）研究成果的市场化率低

针对我国施肥机械的研究不少，但市场化率极低，如我国从 21 世纪初就有多个部门从事变量施肥机的研制，目前也没有市场化生产。这有两方面的原因，一是生产企业不愿承担市场风险，不愿对施肥机械进行推广；二是研究成果还没有熟化到应用阶段，企业不愿承担从成果到产品的放大成本。

（二）施肥机械应用难度大

我国农业高度分散，作物种植密度大，如小麦、水稻等作物的追肥，基本上所有的机械都不能深入田间，机械施肥就更加困难。近年来，农业科研部门提出的根际施肥、近根施肥、根区施肥等技术，由于施肥机械的应用难度很大，生产企业没有足够的研究队伍，使得施肥技术也很难提高。

（三）施肥机械技术水平整体比较低

播种施肥机型以纯机械式为主，气力与液力播种施肥技术发展缓慢滞后。播种机部件及工作参数监测控制技术缺乏，影响了播种施肥机的作业质量和效率。追肥施肥机的运动副容易产生磨损，修理比较难（付宇超 等，2017）。排肥管在施肥机升降的往复运动中容易产生形变，产生的缝隙可能会使肥料漏掉。化肥撒施机撒施肥料后只能通过翻耕来掩埋，而通过翻耕掩埋的方法往往深度达不到要求，如果撒肥后因为下雨没有及时耕翻，就会造成污染。自动化变量施肥机械的研究与国外有很大差距，缺少自主创新的技术。

（四）农机与农艺难融合，栽培方式不规范

农艺技术研究主要追求产量，往往忽略了机械作业的适应性；而农机研制过程中，多是针对不同的种植制度研究不同作业要求的机械，二者结合研究得不够。同时为增加产量，农艺部门研究出套作、间作、密植、稀植等多种多样的种植方式，在一定程度上增加了机械化的难度。

第二节　冬小麦一次性施肥联合作业机的研发及应用

一、一次性施肥方案

机械化施肥技术就是使用施肥机械按照农艺要求，一次完成开沟、施肥、覆盖和镇压等作业工序的技术。根据农业农村部施肥建议推荐配方 25－12－8（$N-P_2O_5-K_2O$）或相近配方施肥。

施肥建议：①产量水平每亩 350～450 kg，配方肥推荐用量每亩 39～50 kg，作为基肥一次性施用；②产量水平每亩 450～600 kg，配方肥推荐用量每亩 50～67 kg，作为基肥一次性施用；③产量水平每亩 600 kg 以上，配方肥推荐用量每亩 67～78 kg，作为基肥一次性施用；④产量水平每亩 350 kg 以下，配方肥推荐用量每亩 28～39 kg，作为基肥一次性施用。

二、深松旋耕施肥播种联合作业技术

目前，在黄淮海冬小麦与夏玉米轮作地区，由于连年免耕或者旋耕作业，以及过量施用化肥，造成土壤耕层变浅、土壤板结、蓄水保墒能力降低，严重影响了小麦生产的稳产

和增产，影响了农业增效和农民增收，必须应用深松整地作业技术，为保证粮食安全提供技术支撑。

设计和集成创新，山东省农业机械科学研究院和山东大华机械有限公司联合研制了深松旋耕施肥播种联合作业机（图4-10），该机可一次性完成深松、旋耕、施肥、精密播种等多项作业，满足冬小麦一次性施肥的农艺要求，极大地提高了生产效率，降低了生产成本。

图4-10 深松旋耕施肥播种联合作业机

（一）整机结构

小麦深松免耕施肥播种机的主要功能有深松、旋耕、施肥、播种、覆土和镇压。深松铲采用特种弧面倒梯形设计，作业时不打乱土层、不翻土，实现全方位深松，形成贯通作业行的“鼠道”，松后地表平整，保持植被的完整性；经过重型镇压辊镇压提高保墒效果，可最大限度地减少土壤失墒，更有利于免耕播种作业。同时，对种床进行整备，使排种器排出的种子呈带状均匀播撒到整备好的种床上，由于播深一致，保证了出苗整齐、均匀。施肥采用外槽轮排种器和箭铲式开沟器，镇压轮采用可调式结构，使其排种、排肥传动比更加精确，提高了播种精度，改善了镇压效果。

（二）技术参数

深松旋耕施肥播种联合作业机主要技术参数见表4-1。

表4-1 小麦深松旋耕施肥播种联合作业机主要技术指标

项目	数值
外形尺寸	2 900 mm×2 750 mm×1 660 mm
配套动力	≥125kW
机构质量	1 230 kg
作业行数/肥	9/4 行
作业速度	3～5 km/h
深松深度	≥300 mm

（三）深松旋耕施肥播种联合作业技术流程

深松旋耕施肥播种联合作业机主要由深松部件、旋耕部件、施肥部件和播种部件构成，玉米收获、秸秆粉碎还田后，在适宜播期及土壤墒情适宜时，用深松旋耕施肥播种机一次完成振动深松、旋耕、肥料分层集中深施、播种、播后镇压等复式作业。实现深松、整地、施肥、播种、镇压一次性完成，省工省时。振动深松，打破犁底层；旋耕整地，蓄水保墒；肥料深施，提高肥料利用率；等深匀播，确保苗齐、苗匀；播后镇压，提高播种质量。

主要技术特点：①保护土壤结构，减少水土流失和地表水分蒸发，提高土壤蓄水保墒能力；②能够减少地表沙土流失，保护生态环境；③能增加土壤有机质，培肥地力；④可有效地减少劳动力和机械投入，提高劳动生产率，节本增效；⑤可防止农民群众焚烧秸秆污染空气，保护环境。

（四）技术效果

深松作业打破犁底层和深施肥提高肥料利用率，适当浅播种保证小麦播种质量，培育壮苗。跟传统技术相比，减少了作业程序，节省了种子和化肥用量，提高了单位产量，每亩播种量比原来减少了一半，降至 7～10 kg，施肥量减少了 15%～20%，而且每亩小麦增产 10%左右，每亩节本增效 200 元以上。

深松旋耕施肥播种联合作业技术的应用，解决了黄淮海冬小麦播种过程中农村青壮年劳动力转移的问题，能够一次性完成深松、旋耕整地、施肥、播种、镇压等作业，能有效地提高播种效率和播种质量，同时降低生产成本，起到增产、增收的效果，具有极大的社会效益。

试验证明，此技术程序轻简、操作方便、技术稳定、安全环保、节约成本，广大农民易于掌握和接受，适宜在黄淮海冬小麦种植区大面积普及推广。

（五）技术应用与示范面积

深松旋耕施肥播种联合作业技术既提高了机械化作业程度，又达到了省工省力、增产增收的目地，同时也解决了农机具多次进地给土壤带来的地表板结问题。深松旋耕施肥播种联合作业技术的应用，增加了小麦种植的科技含量，提高了劳动效率，促进了小麦规模种植的发展，极具推广价值。

第三节　玉米一次性施肥联合作业机的研发及应用

一、一次性施肥方案

玉米一次性施肥技术，是指在玉米的整个生长发育过程中，只施用一次肥料。该技术施用肥料时，是与播种同时进行，但由于肥料的特殊性，肥料可以为玉米生长的前、中、后期持续提供营养，不需要后期追肥。该技术的出现简化了施肥工作，不仅可以保证玉米苗期用肥，而且减少了施肥量、节约了化肥生产原料（煤、电、天然气）、提高了肥料利用率、减少了生态环境污染。玉米一次性施肥是根据土壤肥力指标和玉米需肥特性，来确定最佳施肥量的定量化施肥技术，根据农业农村部施肥建议：

东北春玉米推荐配方：29－13－10（$N-P_2O_5-K_2O$）或相近配方。

施肥建议：①产量水平每亩 550～700 kg，配方肥推荐用量每亩 33～41 kg，作为基肥或苗期追肥一次性施用；②产量水平每亩 700～800 kg，要求有 30%以上释放期为 50～60 d 的缓/控释氮素，配方肥推荐用量每亩 41～47 kg，作为基肥或苗期追肥一次性施用；③产量水平每亩 800 kg 以上，要求有 30%以上释放期为 50～60 d 的缓/控释氮素，配方肥推荐用量每亩 47～53 kg，作为基肥或苗期追肥一次性施用；④产量水平每亩 550 kg 以下，配方肥推荐用量每亩 27～33 kg，作为基肥或苗期追肥一次性施用。

华北夏玉米推荐配方：28－7－9（N－P_2O_5－K_2O）或相近配方。

施肥建议：①产量水平每亩 450～550 kg，配方肥推荐用量每亩 35～43 kg，作为基肥或苗期追肥一次性施用；②产量水平每亩 550～650 kg，可以有 30%～40%释放期为 50～60 d 的缓/控释氮素，配方肥推荐用量每亩 43～51 kg，作为基肥或苗期追肥一次性施用；③产量水平每亩 650 kg 以上，建议有 30%～40%释放期为 50～60 d 的缓/控释氮素，配方肥推荐用量每亩 51～58 kg，作为基肥或苗期追肥一次性施用；④产量水平每亩 450 kg 以下，配方肥推荐用量每亩 27～35 kg，作为基肥或苗期追肥一次性施用。

二、玉米苗带秸秆还田旋耕施肥播种联合作业技术

黄淮海地区麦茬地小麦收获后留茬高、秸秆覆盖量大而导致的土地板结、整地质量差、出苗不整齐和全幅灭茬、整地动力消耗大等问题，在“主要粮食作物一次性施肥技术研究与示范”课题支持下，通过技术优化设计和集成创新，山东省农业机械科学研究院和山东大华机械有限公司联合研制了新型玉米苗带秸秆还田旋耕施肥播种联合作业机（图 4－11），该机可一次完成苗带秸秆还田、苗带旋耕、施肥、播种和覆土镇压等多道工序，减少了动土量，降低了能量消耗，极大地减轻了农民的劳动强度，提高了作业效率。

图 4－11　玉米苗带秸秆还田旋耕施肥播种机

（一）整机结构

玉米苗带秸秆还田旋耕施肥播种机整机方案如图 4－12 所示。其主要由三点悬挂装置、秸秆还田装置、旋耕装置、排肥装置、排种装置、镇压装置、种箱、肥箱、变速箱、排种开沟器、排肥开沟器、带传动和链传动等组成。

（二）技术参数

玉米苗带秸秆还田旋耕施肥播种机主要技术参数见表 4－2。

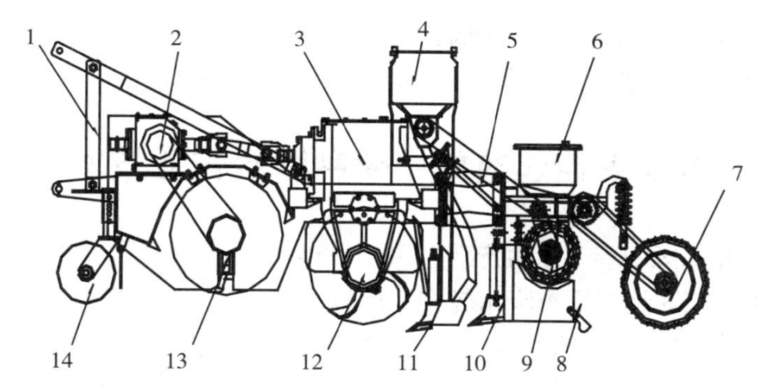

图 4-12　玉米苗带秸秆还田旋耕施肥播种机示意

1. 三点悬挂装置　2. 前置变速箱　3. 后置变速箱　4. 肥箱　5. 平行四连杆机构　6. 种箱　7. 镇压轮　8. 覆土板　9. 排种器　10. 排种开沟器　11. 排肥开沟器　12. 旋耕刀辊　13. 秸秆还田刀辊　14. 地轮

表 4-2　玉米免耕播种机主要技术指标

项目	数值
外形尺寸	2 400 mm×3 000 mm×1 120 mm
配套动力	≥80kW
行数	4 行
工作幅宽	2 400 mm
苗带还田宽度	300 mm
作业速度	4～7 kg/h
结构形式	全悬挂

（三）玉米苗带秸秆还田旋耕施肥播种作业技术流程

玉米苗带秸秆还田旋耕施肥播种机的工作原理：作业时，拖拉机的动力经动力输出轴传递给一级变速箱，经一级变速箱后一部分动力经带传动传递给苗带秸秆还田刀辊，对小麦秸秆进行苗带粉碎还田处理；另一部分动力由二级变速箱传递给旋耕刀轴，旋耕刀对土壤进行苗带浅松、碎土，以增加土壤的透气性和蓄水能力。旋耕时覆土板起到挡土和整平土壤的作用。施肥开沟器开沟深度为 100～120 mm，完成施肥作业。播种开沟器在苗带上与肥沟距离 10 mm 的右侧进行播种开沟，开沟深度为 50～70 mm，种子经排种器下两侧板间排入种沟内。侧深施肥达到了种肥分离的效果，避免了肥料烧种。播种后覆土器完成自动覆土后，由镇压轮完成镇压作业。

（四）技术效果

苗带秸秆还田旋耕施肥播种作业方式，机具能一次性完成秸秆粉碎、旋耕、施肥、播种和镇压等多道工序，提高了工作效率，降低了劳动强度，赢得了农时。优化了还田刀和旋耕刀排列方式，在每组开沟器前分别有 1 组还田刀和 1 组旋耕刀，每行苗带秸秆还田和旋耕宽度分别为 300 mm 和 200 mm，既减少了动土量、降低了能耗，又达到了防堵松土的目的。田间性能试验表明：该播种机通过性能良好、秸秆粉碎效果好、浅松深度稳定、碎土率高、播种均匀、排量稳定，各项指标均达到了设计要求。

三、东北春玉米灭茬起垄施肥播种联合作业技术

目前，我国东北地区的春玉米生产普遍采用一年一熟的种植模式，由于东北地区夏季降水较多，所以一般玉米种植都采用垄作方式，以方便排水，减少渍涝灾害。春季播种玉米时，要经过秸秆还田、灭茬整地、旋耕、起垄、施肥播种等多个环节，需要各种机具多次进地作业。首先，使用秸秆粉碎还田机将玉米秸秆粉碎还田（图 4－13），然后使用旋耕起垄机完成整地起垄作业（图 4－14），也有一些地区使用深松旋耕起垄机完成深松整地起垄作业（图 4－15）。

图 4－13　玉米秸秆粉碎还田

图 4－14　旋耕起垄机

图 4－15　深松旋耕起垄机

随着秸秆综合利用技术的发展，大多数玉米秸秆都要收集利用，地表只剩余玉米根茬，一些灭茬起垄机（图 4－16）和灭茬旋耕起垄机（图 4－17）在一些地区也有应用。起垄作业完成后，使用玉米播种机在垄上完成播种作业。

图 4－16　灭茬起垄机

图 4－17　灭茬旋耕起垄机

2BYML－4 玉米垄作免耕播种机（图 4－18）是在“主要粮食作物一次性施肥技术研

究与示范”课题支持下研发的一种新型播种机，该机能够一次性完成灭茬整地、起垄、施肥、精密播种等多项作业，极大地提高了生产效率、降低了生产成本。田间试验证明，该机具能够满足东北春玉米起垄种植农艺要求，能够有效地提高播种效率和播种质量，提高田间排水性能，预防渍涝灾害的发生。山东省农业机械科学研究院研制应用的控制器和显示器如图 4－19 所示。

图 4－18　2BYML－4 玉米垄作免耕播种机

A.触摸屏

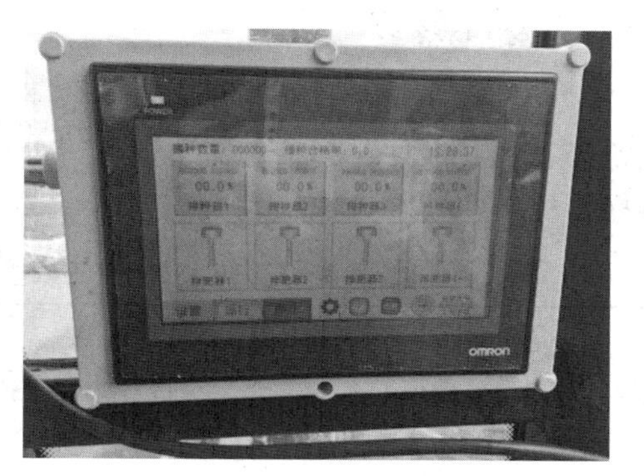

B.种、肥监控

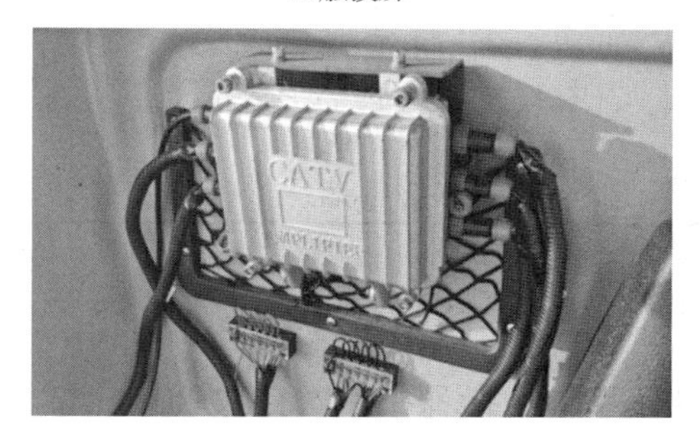

C.控制器

D.复位

图 4－19　山东省农业机械科学研究院研制应用的控制器和显示器

（一）整机结构

2BYML－4 玉米垄作免耕播种机由控制系统、耕整机、中间连接件、起垄机构、播种单体、施肥装置及镇压轮等组成。灭茬刀按苗带间隔布置在刀辊上；播种单体主要由仿形机构、排种器、开沟器及镇压轮等组成；起垄机构采用铧式起垄铲，起垄铲通过 U 形螺栓固定在机架上，犁铧柄可在仿形机构铧柄裤内上下调节耕深，分土板开度可调，可根据要求调所需垄型；施肥采用外槽轮排肥器和箭铲式开沟器；控制系统由触摸屏、PLC 控制器和传感器组成。玉米垄作免耕播种机整机结构如图 4－20 所示。

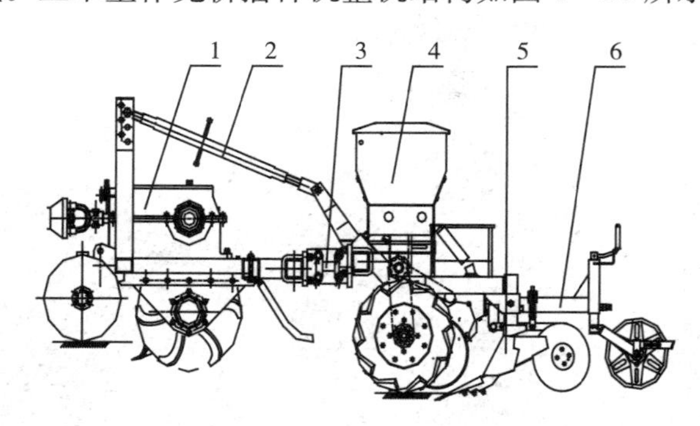

图 4－20　2BYML－4 玉米垄作免耕播种机结构

1. 耕整机　2. 拉杆　3. 中间连接件　4. 肥箱　5. 起垄机构　6. 播种单体

（二）技术参数

2BYML－4 玉米垄作免耕播种机是由拖拉机后输出轴提供动力，通过一次作业完成根茬粉碎、精量播种、起垄、覆土镇压等农艺的保护性耕作机具。2BYML－4 玉米垄作免耕播种机主要技术参数如表 4－3 所示。

表 4－3　2BYML－4 玉米垄作免耕播种机主要技术指标

项目	数值
外形尺寸	2 400 mm×3 000 mm×1 120 mm
配套动力	60～90 kW
整机质量	950 kg
作业行数	4 行
作业速度	4～6 km/h
垄高	100～160 mm
垄顶宽	230～290 mm

（三）2BYML－4 玉米垄作免耕播种机结构与工作原理

灭茬起垄施肥播种联合作业技术利用灭茬起垄施肥播种机一次完成灭茬、起垄、施肥、播种作业，为玉米生长创造良好条件，具有生产效率高、作业成本低等优点。灭茬起垄施肥播种机由灭茬装置、起垄装置、施肥部件和播种部件组成。灭茬装置安装在机架前架上，播种部件、施肥部件、镇压轮安装在机架后架上，起垄装置安装在起垄铲架上。灭茬装置动力由拖拉机动力输出轴通过变速箱提供，高速旋转的灭茬刀将前茬作物的根茬和土壤切碎并将原垄型破坏，为播种和施肥创造条件。该机采用外槽轮式排肥器和窝眼式排种器，施肥和播种部件的转动由地轮通过链条带动。播种单体与机架后架之间采用平行四边形仿形机构连接，保证播种深度的一致性。

工作时，灭茬机先将苗带上秸秆打碎，完成播种前对苗床的整理，肥料由施肥开沟器深施入土壤，双圆盘开沟器在土壤反力的作用下将土壤向两侧推挤形成种沟，导种管在双圆盘的内侧将种子导入种沟，铧式培土器安装在机架上，覆土后起垄，镇压辊置于播种单体的后端，可以上下调节以限定播种深度。该机由地轮驱动，通过传动系统实现排种、排肥作业。

（四）技术效果

灭茬起垄施肥播种联合作业技术的应用，解决了东北春玉米播种作业中存在的机具功能单一、生产效率低的问题，能够一次性完成残留根茬粉碎还田、起垄开沟、施肥、玉米精密播种等作业，有效地提高了播种效率和播种质量，同时降低了生产成本，起到增产增收的效果，具有极大的社会效益。该机具创新联合作业技术，采用免耕防堵装置，可一次性完成玉米根茬粉碎还田、起垄、施肥、精密播种联合作业。动土次数少，提高了作业效率，极大地减少了生产成本，增加了农民收入，实现了保护性耕作。旋耕整地，蓄水保墒；肥料深施，提高肥效；排种器一体化播种单元、单体仿形，有效解决了大量秸秆覆盖下的玉米精播难题，作业质量满足当地农艺要求。田间试验结果表明：2BYML－4 型玉米垄作免耕播种机可原垄破茬播种，发挥了保护性耕作的优点；起垄、镇压的效果达到预期，垄高、垄顶宽、垄间距合格率分别为 94.73％、90.64％和 90.13％；播种效果较好，粒距合格指数 92％，种子覆土深度合格率为 88.3％，种下施肥合格率为 89.7％，变异系数分别为 9.71％和 10.32％。该机各参数完全满足免耕播种的农艺要求，为垄上播种的耕播联合作业提供了参考。

玉米垄作免耕播种机的结构设计应满足灭茬、起垄和精播的农艺技术要求，该机具通过复式起垄，达到蓄水保墒的作用；只对播种苗带秸秆进行灭茬还田，降低了功耗，缩小了对土壤的扰动范围，增加了土壤肥力；由仿生柔性镇压辊对起垄后土壤表层压平、压实，提高了土壤表层紧实度、平整度，优化了后期种子生长环境，玉米播种作业的播深一致性明显提高，同时，可有效防止风蚀和水蚀等环境灾害的发生，此技术程序轻简、操作方便、技术稳定、安全环保、节约成本，广大农民易于掌握和接受，适宜在东北春玉米种植区大面积普及推广。

（五）技术应用

2BYML－4 玉米垄作免耕播种机田间作业如图 4－21 所示，该技术既提高了机械化作业程度，又达到了省工省力、增产增收的目的，同时也解决了农机具多次进地给土壤带来的地表板结问题。灭茬起垄施肥播种联合作业技术的应用，增加了玉米种植的科技含量，提高了劳动效率，促进了玉米规模种植发展，极具推广价值。作业经济效益分析如表 4－4 所示。

该机具采用耕播联合作业技术，大大提高了劳动生产率。通过与传统农艺对比分析，耕播联合作业工作效率提高了 57.28％、减少人工 39.31％、减少燃油消耗 22.94％，且

图 4-21　2BYML-4 玉米垄作免耕播种机田间作业

由于进地次数减少，降低了土壤压实程度。

表 4-4　作业经济效益对比分析

对比项目	传统作业	耕播联合作业	评价
单位面积作业时间/(h/hm²)	2.06	0.88	提高 57.28%
单位面积消耗工时/[人/(h·hm²)]	2.9	1.76	降低 39.31%
单位面积人工费/(元/hm²)	39	19.56	降低 49.85%
单位面积燃料消耗量（柴油)/(L/hm²)	17	13.1	降低 22.94%

注：传统作业是指分时间段进行农艺作业，即先用 1GFZ-240（4）耕整联合作业机进行灭茬、起垄作业，然后用 2BJ-4 播种机进行施肥、精密播种、镇压等作业；耕播联合作业是用 2BYML-4 玉米灭茬整地起垄施肥播种机一次完成灭茬、起垄、播种、施肥、镇压等作业。

2017 年，灭茬起垄施肥播种联合作业机已经完成性能试验及田间作业试验，2018 年在东北春玉米种植区的试验示范基地进行大规模示范作业，试验示范面积 200 亩。

第四节　水稻一次性施肥联合作业机的研发及应用

一、旋耕整地施肥联合作业技术

在我国华中及长江中下游单季稻种植区（主要包括安徽、江苏、浙江、福建，以及湖南、湖北的部分地区），目前主要实行稻-麦轮作或稻-油轮作种植模式，在这些地区普遍存在人均耕地面积少、地块较小、地块形状不规则、水田作业环境恶劣等问题，生产机械化程度较低，在整地和施肥环节尤为突出。耕地作业多采用微耕机、手扶拖拉机配套旋耕机等小型机械，有许多地区仍然使用畜力；施肥作业靠人工完成，劳动强度大，作业效率低，肥料浪费严重。1GF-200 旋耕整地施肥联合作业机（图 4-22）是在“主要粮食作物一次性施肥技术研究与示范”课题支持下研发的一种新型施肥机，该机能够一次性完成旋耕、施肥、耙平整地作业。

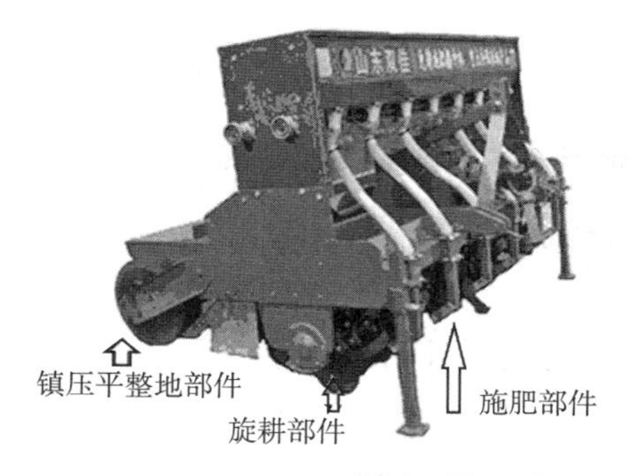

图 4-22　1GF-200 旋耕整地施肥联合作业机

（一）整体结构

为了实现全幅均匀施肥、旋耕、耙平作业一次同步完成，将施肥装置配装在水田旋耕机上设计了 1GF-200 旋耕施肥机。1GF-200 旋耕施肥机主要由万向节总成、旋耕机、肥箱总成、镇压轮、施肥器等组成，见图 4-23。

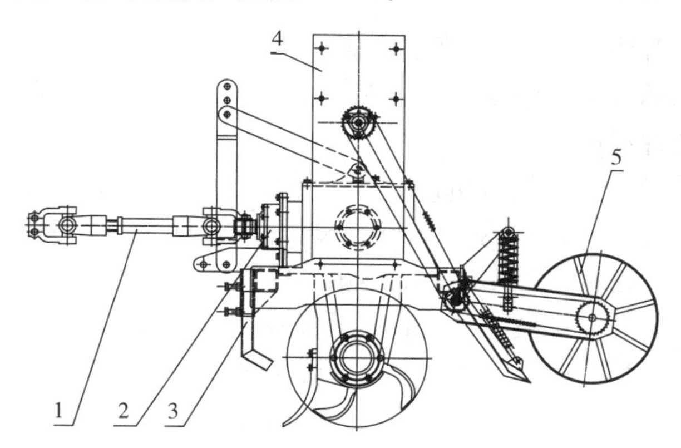

图 4-23　1GF-200 旋耕施肥机

1. 万向节总成　2. 旋耕机　3. 施肥器　4. 肥箱总成　5. 镇压轮

拖拉机通过万向节总成与旋耕机相连，旋耕机上方装有肥箱，后端设有地轮。在旋耕机前梁上均匀设有 6 个施肥器（图 4-24），施肥器上端为矩形管，下端为扇形施肥口，扇形施肥口内有导流板。

图 4-24　施肥器

（二）技术参数

1GF-200旋耕施肥机主要适用于长江中下游单季稻区，主要技术参数如表4-5所示。

表4-5 样机主要技术参数

项目	参数
整机尺寸	2 300 mm×2 370 mm×995 mm
配套动力	≥50 kW
机身重量	720 kg
工作幅宽	2 000 mm
作业效率	0.5～1 hm^2/h
可靠性	>95%
肥料箱容积	90L

（三）作业技术流程

旋耕整地施肥联合作业技术就是利用旋耕整地施肥联合作业机一次完成旋耕、施肥、耙平整地作业，为水稻种植提供良好苗床条件的田间作业技术。旋耕整地施肥联合作业机由旋耕部件、施肥部件和镇压平整地部件组成。在旋耕机机架上安装有肥料箱，肥料箱的底部安装外槽轮式排肥盒，在旋耕机的后部安装镇压平整地部件（包括拖板和镇压平地辊），用来将旋耕后的土壤压实整平。在旋耕机机架前梁上均匀设有6个施肥器，通过塑料管与外槽轮式排肥盒连接，施肥器上端为矩形管，下端为扇形施肥口，扇形施肥口内有导流板。作业时，从肥箱中排出的肥料通过施肥器扇形施肥口内的导流板分流，肥料流出扇形施肥口时呈扇形被均匀抛洒在地表上，通过旋耕机的旋耕作业，将抛洒在地表上的肥料均匀搅拌在耕层土壤中，从而实现全耕层均匀施肥。

（四）技术效果

旋耕整地施肥联合作业技术的应用，实现了全耕层均匀施肥，能有效地提高农业生产效率和肥料利用率，同时降低生产成本，起到增产增收的效果。施肥和整地同时进行，防止了肥料随水流失和挥发，可大大减轻污染，有利于生态环境的保护，具有极大的社会效益。田间生产试验表明，此技术程序轻简、操作方便、技术稳定、安全环保、节约成本，满足南方水田施肥的农艺技术要求。作业性能符合农业技术要求，广大农民易于掌握和接受，在我国南方水稻种植地区推广使用有着广阔的前景。

（五）技术应用

旋耕整地施肥联合作业技术改变了水田施肥依靠人工抛施的传统施肥方法，既提高了水田机械化作业程度，又达到了省工省力、均匀施肥和提高肥料利用率的目的，同时也解决了人工抛施给土壤带来的地表板结问题。水稻旋耕整地施肥联合作业技术的应用，增加了水稻种植的科技含量，提高了劳动效率，促进了水稻规模种植发展，极具推广价值。

目前，旋耕整地施肥联合作业技术已经完成实验室及田间试验，明年将在课题规定的示范地区进行大规模示范作业。

二、水稻插秧施肥联合作业技术

伴随着农村劳动力结构的变化，传统水稻种植及施肥方式正在向机械化、轻简化方向转移。水稻插秧施肥联合作业机（图 4－25，图 4－26）是在“主要粮食作物一次性施肥技术研究与示范”课题支持下研发的插秧施肥机，该机能够使插秧与施肥相结合，一次性完成，在插秧时将肥料深施，既能减少农民工作量，又能提高肥料利用率。该技术在一定程度上保护了生态环境，减轻了环境污染。

图 4－25　气吹式插秧施肥机

图 4－26　电动螺旋强排式插秧施肥机

（一）整机结构

如图 4－27 所示，水稻插秧施肥联合作业机，其包括机架、动力装置、插秧装置、施肥装置。动力装置由内燃机和传动系统组成，提供整机行走、插秧作业及其他动力来源；插秧装置连接在机架后端，主要完成秧苗插植工作；施肥装置固装在机架的踏板上，主要完成侧深施肥，由鼓风机、肥箱、电动排肥器、软输肥管、固定输肥管、开沟器等组成。

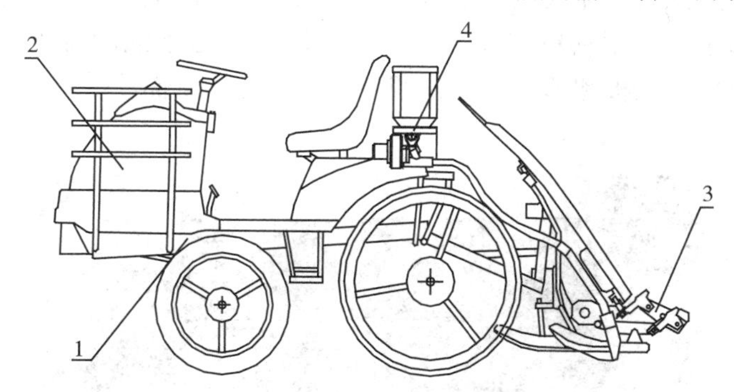

图 4－27　插秧施肥联合作业机结构

1. 机架　2. 动力装置　3. 插秧装置　4. 施肥装置

（二）技术参数

水稻插秧施肥联合作业机主要适用于南方双季稻区，主要技术指标如表 4－6 所示。

表 4-6 样机主要技术参数

项目	参数
整机尺寸	3 260 mm×2 960 mm×2 330 mm
机身质量	770 kg
工作行数	6 行
插秧行距	300 mm
施肥量	0～675 kg/hm^2
施肥位置	深：45 mm 侧：50 mm
作业效率	0.2～0.6 hm^2/h
可靠性	＞95%
肥料箱容积	70L

（三）水稻插秧施肥机作业技术流程

水稻插秧施肥是指在水稻插秧的同时将肥料一次性准确、定量施于秧苗一侧，且具有一定深度土壤中的施肥方式。水稻机插秧施肥联合作业技术与表层施肥不同的是，肥料集中，肥料浓度高，微生物获取少，肥料被水稻吸收利用率高，秧苗返青后肥料很快被吸收。

气吹式侧深施肥装置由施肥管接口、肥料滚筒、风扇、连接管和施肥箱构成，安装在水稻高速插秧机机架上，插秧同时进行侧深施肥联合作业。气吹式侧深施肥排除了水田侧深施肥管堵塞故障，施肥可靠，施肥质量好，减少了肥料的流失；有利于水稻根部吸收，可促进水稻前期生长，加快水稻分蘖速度；提高肥料利用率，减少水质污染，实现省时、高效、节肥、降本，是提高水稻生产机械化水平的轻简化技术。

田间作业（图 4-28）时，插秧爪将秧苗从栽秧盘取下，随着插秧机前行将秧苗插植到整好的水田中，同时施肥装置将肥料施入秧苗一侧距秧苗行 3～4.5 cm、深 40～50 cm 的土层中，施后覆上泥土，完成侧深施肥作业。肥料输出由电动施肥器直流电机带动，使肥料自施肥轮凹槽中落入肥料输出管，在鼓风机风力吹送下强制排入已开沟的水田泥土中，沟内施入肥料后在船板和覆土板的作用下泥土闭合，从而使肥料精确施在秧苗侧深预定的位置。

图 4-28 水稻插秧施肥机田间作业试验

稻田耕作、整地深度在12 cm以上。耕层浅时，中期以后易脱肥。水整地精细平整，泥浆沉降时间以3～5 d为宜，软硬适度；侧深施肥部位一般为侧3～5 cm、深5 cm；调整好排肥量，保证各条间排肥量均匀一致。田间作业时，施肥器、肥料种类、转数、速度、泥浆深度、天气等都可影响排肥量，为此，要及时检查调整；不同类型的肥料（颗粒状、粉状）混合施用时，应现混现施，防止排肥不均，影响侧深施肥效果。

（四）技术效果

在机械化插秧技术的基础上，对相应工作单元进行了改进设计和优化组合，开发的水稻插秧施肥联合作业机能够插秧、变量施肥作业一次完成，实现了功能集成，与传统方式相比，减少了施肥作业环节。施肥装置结构简单、运转平稳、工作安全可靠，插秧机自带蓄电池可提供动力，减少了传动环节，节省能耗。依据变量施肥作业流程设计的变量施肥装置，采用机电一体化技术，提高了机具的自动化水平和作业效率，并能够有效减轻机手的工作负担。

生产试验结果表明，在侧深施肥状态下，水稻对肥料的利用率明显提高，从而起到减少肥料损失，减轻环境污染的效果。此技术程序轻简、操作方便、技术稳定、安全环保、节约成本，广大农民易于掌握和接受，适宜在长江中下游水稻种植区大面积普及推广，为实现高产、优质、高效、生态、安全的农业生产提供装备支撑。

（五）技术应用与示范面积

插秧施肥联合作业技术可以保证水稻施肥定位、定量、均匀，促进水稻生长发育，提早成熟，使株距整齐，色调一致；能够均匀、稳定地为水稻提供养分，实现水稻的稳产、高产。侧深施肥技术能减少肥料挥发，增强水田对氮的吸附，减少流失，在一定程度上保护了生态环境，减轻了环境污染。

我国目前处于劳动力由富余到结构性短缺的拐点，面临农业生产成本上升、资源和环境的约束加剧等问题。水稻插秧施肥联合作业机的应用，既能弥补劳动力短缺的不足，又有良好的生态环境效益，具有广阔的市场前景。目前，插秧施肥联合作业技术已经完成田间性能试验，针对双季稻地区土壤黏度大的问题，改进型施肥装置也已经在实验室完成台架试验，2018年在课题试验示范基地进行大规模推广示范作业。

主要参考文献

白由路，2016. 国内外施肥机械的发展概况及需求分析［J］. 中国土壤与肥料（3）：1-4.

陈远鹏，龙慧，刘志杰，2015. 我国施肥技术与施肥机械的研究现状及对策［J］. 农机化研究，37（4）：255-260.

付宇超，袁文胜，张文毅，等，2017. 我国施肥机械化技术现状及问题分析［J］. 农机化研究，39（1）：251-255.

李坤，袁文胜，张文毅，等，2017. 玉米施肥技术与施肥机械的研究现状及趋势［J］. 农机化研究，39（1）：264-268.

连永胜，赵长海，董卫东，等，2013. 稻田肥量的确定及施肥方法［J］. 天津农林科技（3）：16-21.

马圣祥，2017. 农业现代化深挖水肥一体化技术的思考 [J]. 商情 (4)：60-61.
王吉亮，王序俭，曹肆林，2013. 中耕施肥机械技术研究现状及发展趋势 [J]. 安徽农业科学 (4)：1814-1816.
吴海平，郑德聪，王玉顺，等，1999. 1GNF-200施肥旋耕机的设计与研究 [J]. 山西农业大学学报，19 (2)：163-166.
辛明玲，周素萍，1996. 2ZTF-6型水稻深施肥机 [J]. 现代化农业 (12)：27.
袁文胜，金梅，吴崇友，等，2011. 国内种肥施肥机械化发展现状及思考 [J]. 农机化研究，33 (12)：1-5.
张晋栋，杜之玫，吕笃君，等，2001. 1BSZ-14水田耙耕施肥机的研究与设计 [J]. 农机化研究 (3)：70-72.
赵春江，郭文忠，2017. 中国水肥一体化装备的分类及发展方向 [J]. 农业工程技术 (7)：10-15.

第五章　冬小麦一次性施肥技术

小麦是我国第三大粮食作物，其在实现粮食持续稳产增产、保障国家粮食安全中发挥至关重要的作用。然而，当前小麦生产中存在过量施肥、施肥不经济（张卫峰 等，2008），区域间、农户间施肥不均衡，化肥利用率低以及区域间增产效应差异明显（叶优良 等，2007；王旭 等，2010）等诸多问题。过量以及不合理的施氮不仅降低氮肥利用率，而且导致温室气体排放（Zhang et al.，2013；Oita et al.，2016）、大气污染（Liu et al.，2006）、水体富营养化（Conley et al.，2009）以及地下水硝酸盐污染（Ju et al.，2006）等一系列的环境问题。同时，由于当前我国社会经济变革导致农业劳动力转移，农业劳动力不足，小麦生产也由传统栽培管理向现代简化栽培管理方向转变。进行简化施肥是简化栽培的一个重要方面，研究表明一次性基施控释氮肥能够满足作物生育期内对养分的需求，不仅解决中后期养分不足的问题，而且能简化操作、减少环境污染，具有重要的环境效益和经济效益（Yang et al.，2012；Geng et al.，2015），在小麦生产中具有广阔的应用前景。因此，开展一次性施肥对小麦生长和产量影响的研究，对协同实现高产、高效、减少环境污染以及节约农业劳动力的小麦轻简化可持续生产具有重大的意义。控释氮肥具有养分释放缓慢的特点，能够提高氮肥利用率，已成为国内外新型肥料的研究热点（Geng et al.，2016）。研究表明，在山东省褐土上施用小麦配方缓释肥较普通复合肥可提高氮肥利用率 27.2%，提高产量 12.3%；而在潮土上氮肥利用率提高 13.1%，产量提高 10.3%（谢培才 等，2005）。河北省衡水市潮土上连续 4 年定位试验发现，与分次施用全量普通尿素相比，一次性施用减氮 30%控释氮肥仍可维持小麦产量不降低（孙云保 等，2014）。通过 ^{15}N 同位素示踪法研究了山东棕壤小麦-玉米轮作体系中肥料氮的去向及利用率，结果发现控释氮肥与普通尿素相比可使小麦季氮肥利用率提高 16.4%，氮素损失率降低 25.5%（隋常玲 等，2014）。张务帅（2015）在山东棕壤上的研究结果表明，控释氮肥与普通氮肥相比，可使小麦的氮肥利用率增加 12.3%～61.2%，产量增加 7.8%～16.5%。利用静态暗箱-气相色谱法对华北平原砂姜黑土小麦-玉米轮作体系的土壤 N_2O 排放特征进行了周年观测，结果发现在保证产量的前提下，一次性施用控释氮肥比分次施入普通尿素使 N_2O 年排放总量显著减少 22.8%（张婧 等，2016）。华北平原褐土上的研究结果表明，连续施用 3 年控释氮肥虽然增产效果不显著，但可显著减少氨挥发损失，提高肥料利用率，且能长期保持土壤氮素平衡（王文岩 等，2016）。

第一节　不同肥料品种对冬小麦产量、效率和环境的影响

前人关于控释氮肥在小麦上增产、增效以及减少环境影响方面的研究报道较多，然

而，不同地区的土壤类型、气候条件等各不相同，控释氮肥在不同区域的应用效果也不相同。因此，根据区域气候特点和栽培模式，研究和筛选不同生产区域适宜的控释肥料类型对实现小麦轻简化可持续生产意义重大。

研究设置如下处理：①对照（CON），不施氮肥，只施用磷、钾肥；②优化施肥（OPT），所用氮肥为普通尿素（含氮量46%）；③控释氮肥 A_1 处理（A_1），所用氮肥为项目课题组研发的水性树脂包膜肥料（含氮量43%）；④控释氮肥 A_2 处理（A_2），所用氮肥为项目课题组研发的水性树脂包膜肥料（含氮量43%）；⑤控释氮肥B处理（B），所用氮肥为环氧树脂包膜肥料（含氮量43%），市售主流产品；⑥控释氮肥C处理（C），所用氮肥为聚氨酯包膜肥料（含氮量44.5%），市售主流产品；⑦控释氮肥D处理（D），所用氮肥为水性树脂包膜肥料（含氮量41.5%），市售主流产品；⑧控释氮肥E处理（E），所用氮肥为聚氨酯包膜肥料（含氮量44%），市售主流产品。各试验地点的施肥量及施肥方式见表5-1，所有试验处理的控释氮肥、磷肥、钾肥均作为基肥一次性施入。施肥时将供试肥料均匀撒施，翻入耕层整平地后进行机械播种。拔节期，OPT处理追施氮肥（尿素）后，立即灌溉以减少肥料的损失，同时所有试验处理均采用大水漫灌的方式统一进行灌溉。

表5-1　不同试验地点的施肥量及各处理氮肥的基肥与追肥用量

试验地点	处理	N/(kg/hm^2)			P_2O_5/(kg/hm^2)	K_2O/(kg/hm^2)
		播前	拔节期	总量		
泰安	CON	0	0	0	105	75
	OPT	112.5	112.5	225	105	75
	CRF（A_1～E）	225	0	225	105	75
德州	CON	0	0	0	105	75
	OPT	112.5	112.5	225	105	75
	CRF（A_1～E）	225	0	225	105	75
驻马店	CON	0	0	0	90	90
	OPT	97.5	97.5	195	90	90
	CRF（A_1～E）	195	0	195	90	90
菏泽	CON	0	0	0	135	67.5
	OPT	134.4	105.6	240	135	67.5
	CRF（A_1～E）	240	0	240	135	67.5
石家庄	CON	0	0	0	90	80
	OPT	100	100	200	90	80
	CRF（A_1～E）	200	0	200	90	80

一、产量

综合3年结果，不同年份、处理和试验地点（土壤类型）对冬小麦产量均有影响，土壤类型对产量的影响相对更大（表 5－2）。不同试验地点一次性施用控释氮肥的产量效应不同（图 5－1）。泰安砂姜黑土上的研究结果表明，与 OPT 相比，B 处理 2013—2014 年、2015—2016 年产量分别显著增加 7.1%、12.5%，E 处理 2015—2016 年产量显著增加 9.8%，其他各控释氮肥处理在不同年份均能维持冬小麦高产，平均 3 年结果，A_1～E 处理均具有使冬小麦增产的趋势。驻马店砂姜黑土的结果与泰安的结果一致，2013—2014 年 A_1、A_2、C、E 处理较 OPT 处理产量分别显著增加 5.4%、8.3%、11.8%和 8.9%，

表 5－2　不同年份、地点和试验处理对冬小麦产量、吸氮量和氮肥表观回收率的方差分析结果

因素	产量		吸氮量		氮肥表观回收率	
	df	*F*	*df*	*F*	*df*	*F*
年份	2	16.8***	2	9.18***	2	94.9***
地点	4	460***	1	1 320***	1	1 069***
处理	7	294***	7	296***	6	5.77***
年份×地点	8	7.82***	2	0.07ns	2	143***
年份×处理	14	2.74***	14	2.78**	12	1.30ns
地点×处理	28	20.2***	7	25.5***	6	10.3***
年份×地点×处理	56	2.83***	14	3.78***	12	1.89*

注：ns 表示无差异，* 表示 0.01<*P*<0.05，** 表示 0.001<*P*<0.01，*** 表示 *P*<0.001。

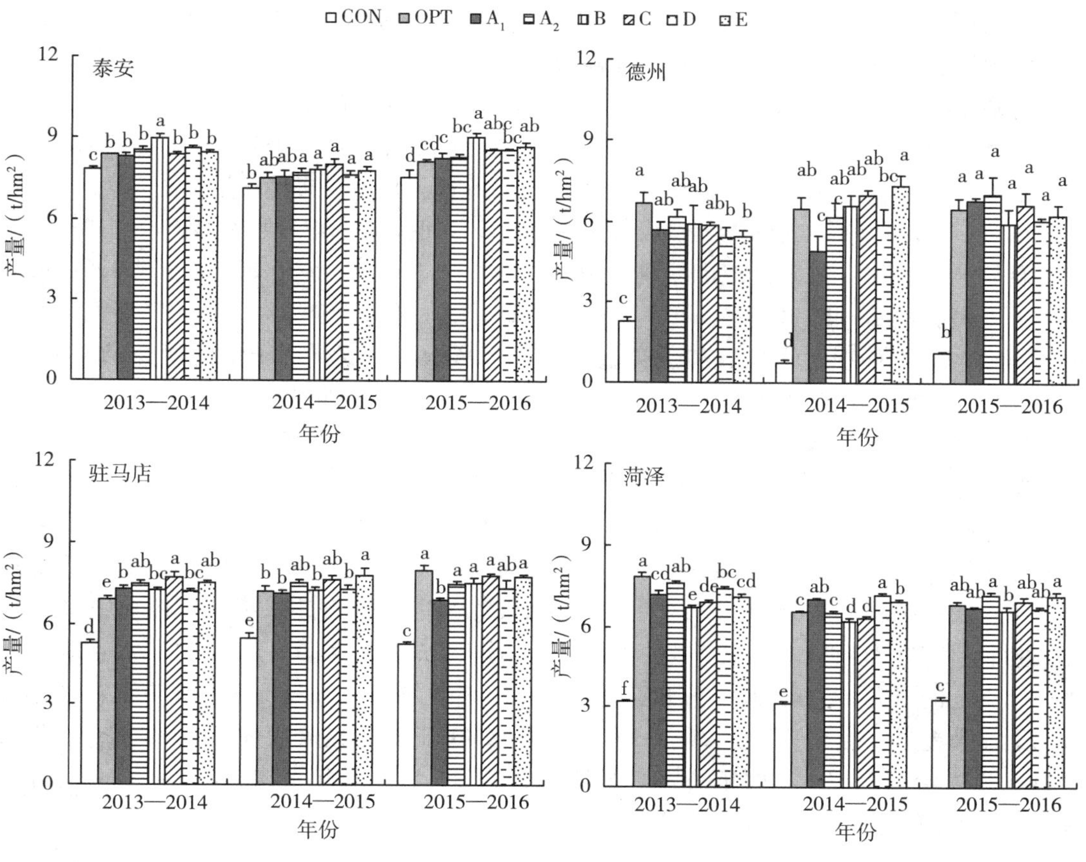

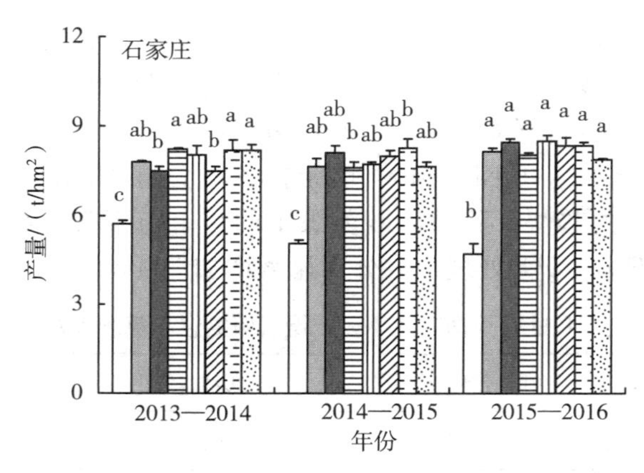

图 5-1　2013—2016 年不同试验地点和氮肥处理的冬小麦产量

注：每个数值表示 3 次重复的平均值，不同的小写字母表示不同氮肥处理间达到 0.05 的显著性水平。

2014—2015 年 E 处理增产 8.1%，而 2015—2016 年 A_1 处理产量较 OPT 显著降低 14.5%。平均 3 年结果，A_2、C、E 处理具有增产趋势。不同控释氮肥在石家庄褐土上的应用效果稳定，连续 3 年的结果总体表明各控释氮肥（A_1～E）处理较 OPT 均能维持冬小麦高产，且都具有增产的趋势，其中 D 处理的平均增产幅度最大。德州与菏泽潮土上的研究结果表明，与 OPT 相比，一次性施用控释氮肥 A_2 连续 3 年均能维持冬小麦高产，但其他控释氮肥处理的结果年际差异较大；2013—2014 年菏泽 A_1、B、C、D 和 E 以及德州 D、E 处理均显著降低了冬小麦产量，降幅为 5.7%～19.1%；2014—2015 年菏泽 A_1、D 和 E 处理显著增产 6.1%～9.5%，而 B、C 与德州 A_1 处理显著减产 3.7%～24.5%；2015—2016 年各控释氮肥（A_1～E）处理均能维持冬小麦产量不降低，菏泽 A_2、C、E 与德州 A_1、A_2、C 处理具有增产趋势，而菏泽 A_1、B、D 与德州 B、D、E 处理使产量降低。

由表 5-3 可知，在泰安砂姜黑土上的研究结果表明，与 OPT 处理相比，2013—2014 年控释肥 A_2、C、D 和 E 处理亩穗数分别显著增加 9.6%、9.8%、8.5%和 8.9%；后两年各控释氮肥（A_1～E）处理较 OPT 处理无明显差异。平均 3 年结果，各控释氮肥（A_1～E）处理较 OPT 处理对穗粒数和千粒重均无显著影响。在德州潮土上的研究结果表明，与 OPT 处理相比，A_2 处理 2013—2014 年、2015—2016 年的亩穗数分别显著增加 7.5%、7.1%。平均 3 年的结果，A_1、B、C、D 和 E 处理较 OPT 处理亩穗数均无显著差异。控释氮肥对穗粒数的影响年度间呈现不一致的结果，与 OPT 处理相比，2013—2014 年，A_1～E 处理总体降低了穗粒数，降幅达 13%～20%，而 2014—2015 年、2015—2016 年，A_1～E 处理均趋于增加穗粒数，2014—2015 年增幅为 0.4%～13%，其中 B、C 和 E 处理达显著水平；2015—2016 年增幅为 4.3%～7.2%，C、E 处理达显著水平。各控释肥（A_1～E）处理较 OPT 处理具有降低千粒重的趋势，3 年平均降幅为 0.1%～3.2%。在驻马店砂姜黑土上的研究结果表明，与 OPT 处理相比，各控释肥（A_1～E）处理亩穗数和穗粒数均无显著差异；控释肥 A_1、A_2、B 和 E 处理较 OPT 处理显著增加了 2013—2014 年与 2014—2015 年的千粒重，两年平均增加 2.2%～2.4%；从 3 年平均来看，各控释肥处理较 OPT 处理趋于增加千粒重。

表 5-3　2013—2016 年不同试验地点和氮肥处理的冬小麦产量构成

地点	处理	亩穗数/×10^4			穗粒数			千粒重/g		
		2013—2014 年	2014—2015 年	2015—2016 年	2013—2014 年	2014—2015 年	2015—2016 年	2013—2014 年	2014—2015 年	2015—2016 年
泰安	CON	43.5d	39.8c	44.0b	30.4ab	34.9c	31.6b	45.9bc	39.2a	47.5a
	OPT	45.9cd	44.7ab	49.9a	32.2a	36.7bc	34.3a	46.5ab	37.9bc	44.3bc
	A_1	47.2bc	42.9bc	49.4a	31.1ab	38.7ab	34.2a	44.7c	37.0bc	44.9bc
	A_2	50.3a	46.1ab	50.3a	29.9b	38.8ab	33.8ab	46.2abc	37.8abc	44.0c
	B	48.7abc	45.9ab	50.9a	30.9ab	37.8ab	35.2a	47.5a	38.5ab	45.2b
	C	50.4a	47.1a	51.3a	30.1ab	39.6a	34.6a	46.0abc	37.9abc	44.9bc
	D	49.8ab	44.0ab	51.1a	31.2ab	38.5ab	34.4a	44.9c	36.4c	45.0bc
	E	50.0ab	45.4ab	51.8a	29.9b	38.2ab	34.6a	45.8bc	38.6ab	44.9bc
德州	CON	21.2d	11.5b	11.5d	17.7d	11.8d	15.3c	41.0b	39.0c	41.9c
	OPT	24.0bc	21.2a	21.2bc	36.0a	27.3c	27.8b	51.2a	48.7a	52.9a
	A_1	24.7b	21.8a	21.8ab	29.0c	27.8bc	29.3ab	52.9a	45.6b	50.0b
	A_2	25.8a	20.6a	22.7a	30.0bc	27.4c	29.0ab	53.1a	48.8a	49.7b
	B	24.7b	21.8a	20.5bc	31.3b	29.7ab	29.0ab	51.0a	46.7ab	50.4ab
	C	24.4b	21.6a	20.4bc	30.0bc	30.4a	29.4a	53.3a	46.4ab	49.8b
	D	23.2c	20.5a	20.5bc	28.7c	29.1abc	29.2ab	53.8a	47.8ab	51.3ab
	E	23.8c	21.0a	20.3c	28.7c	30.8a	29.8a	53.3a	49.3a	49.7b
驻马店	CON	31.5b	31.6b	31.5b	35.3b	34.8b	35.0b	40.5b	40.3b	40.3b
	OPT	37.5a	37.5a	39.2a	36.3a	36.3a	36.7a	41.8b	41.5b	42.5a
	A_1	37.6a	37.3a	37.2a	36.2a	36.0a	35.8a	42.6a	42.6a	42.5a
	A_2	38.2a	37.9a	38.0a	36.4a	36.2a	36.0a	42.8a	42.6a	42.5a
	B	37.8a	37.8a	37.7a	36.3a	36.3a	36.2a	42.6a	42.6a	42.6a
	C	39.0a	38.8a	38.7a	36.3a	36.3a	36.0a	42.5ab	42.3ab	42.2ab
	D	38.5a	38.0a	38.2a	36.2a	36.2a	36.4a	42.5ab	42.4ab	42.2ab
	E	38.4a	38.8a	39.2a	36.5a	36.5a	36.5a	42.6a	42.6a	42.3ab

注：每个数据是 3 次重复的平均值，不同小写字母表示不同氮肥处理间达到 0.05 的显著性水平。

二、氮肥表观回收率与氮吸收

氮肥表观回收率和氮吸收受试验处理、地点与年份的影响，试验地点（土壤类型）的影响最大。如图 5-2 所示，在驻马店砂姜黑土上的试验结果表明，与 OPT 相比，A_2、C 和 E 显著提高 2013—2014 年氮肥表观回收率和氮吸收，氮肥表观回收率分别提高 21%、28%和 22%，氮吸收分别提高 7.5%、9.8%和 7.7%；A_1、B 和 D 较 OPT 氮肥表观回收率和氮吸收均无显著差异；2014—2015 年，A_2、C 较 OPT 处理氮肥表观回收率分别显著提高 16%、20%，E 使氮肥表观回收率、氮吸收分别显著提高 23%、9.0%；2015—2016 年，各控释肥处理较 OPT 处理氮肥表观回收率均显著降低，但 A_2、B、C 和 E 处理的氮吸收并没有显著降低。平均 3 年结果，相比 OPT，A_2、C 和 E 提高了氮肥表观回收率与氮吸收，氮肥表观回收率提高 7.7%～11%，氮吸收增加 4.3%～5.3%；A_1、B 和 D 降低了氮肥表观回收率和氮吸收，氮肥表观回收率降低 4.5%～11%，氮吸收减少 0.4%～3.3%。在石家庄褐土上各控释肥（A_1～E）处理对冬小麦氮肥表观回收率和植株氮吸收的影响具有一致的变化规律，相比 OPT，D 处理 3 年均显著增加氮肥表观回收率和氮吸收，分别增加 21.5%～29.9%和 9.4%～14.8%，而其他控释氮肥的氮肥表观回收率与氮吸收均与 OPT 处理无明显差异。平均 3 年结果，A_1～E 处理较 OPT 处理均具有提高氮肥表观回收率与氮吸收的趋势。

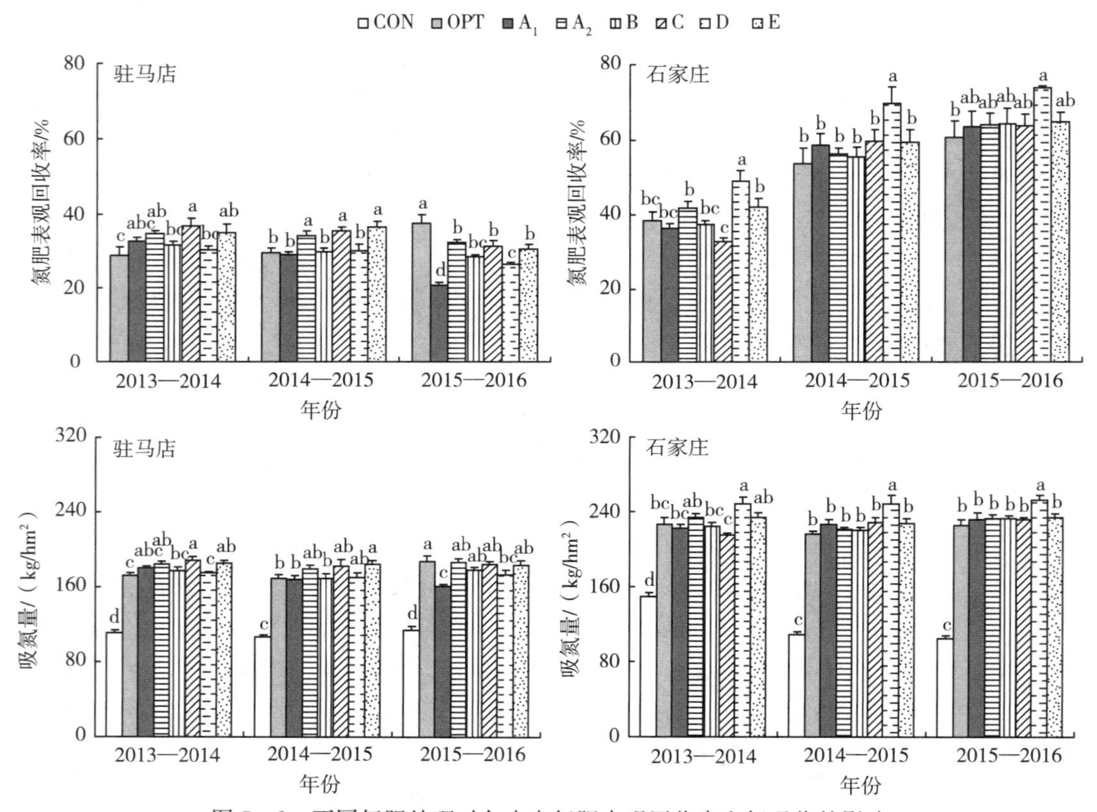

图 5-2 不同氮肥处理对冬小麦氮肥表观回收率和氮吸收的影响

三、群体数量

由表 5-4 可见，在泰安砂姜黑土上的试验结果表明，与 OPT 相比，A_2 显著增加了 3 年的冬前分蘖数，增幅 6.5%～23.4%；D、E 在 2013—2014 年的冬前分蘖数分别增加 17.0%和 28.0%，D、E 在 2014—2015 年的冬前分蘖数分别增加 5.0%、7.3%；平均 3 年的结果，各控释肥（A_1～E）处理的冬前分蘖数均趋于增加。C、D 和 E 处理较 OPT 处理显著增加最大分蘖数，平均 3 年结果，A_1～E 处理较 OPT 最大分蘖数增加 9.2%～22.7%。A_2、C、D 和 E 处理较 OPT 处理显著增加 2013—2014 年有效分蘖数，分别提高 9.6%、9.8%、8.5%和 8.9%，但后两年各控释氮肥较 OPT 处理有效分蘖数无显著差异；平均 3 年结果，相比 OPT 处理，A_2～E 处理均具有增加小麦有效分蘖数的趋势。德州潮土结果发现，不同控释氮肥对小麦的冬前分蘖数和最大分蘖数的影响规律一致，平均 3 年结果，A_1、A_2 较 OPT 趋于增加冬前分蘖数和最大分蘖数，B、C、D、E 较 OPT 趋于减少冬前分蘖数和最大分蘖数。A_2 较 OPT 使 2013—2014 年的有效分蘖数显著增加了 7.0%，综合 3 年的结果，与 OPT 相比，A_1、A_2、B 趋于增加有效分蘖数，而 C、D、E 趋于减少有效分蘖数。

表 5-4　不同控释氮肥处理对群体发育的影响

指标	处理	泰安			德州		
		2013—2014 年	2014—2015 年	2015—2016 年	2013—2014 年	2014—2015 年	2015—2016 年
冬前每亩分蘖数/$\times10^4$	CON	47.6bc	74.0c	75.4c	50.3b	46.9b	47.9b
	OPT	43.6c	82.1b	78.4c	71.9a	66.9a	67.4a
	A_1	44.8c	81.5b	78.1c	71.9a	66.9a	68.1a
	A_2	56.9a	87.8a	89.2a	74.1a	68.9a	69.6a
	B	44.2c	82.4ab	80.5bc	69.0a	64.3a	64.8a
	C	49.2abc	85.0ab	81.5bc	65.4a	60.9a	64.4a
	D	51.0abc	86.2ab	87.7ab	68.3a	63.6a	66.7a
	E	55.8bc	88.1a	80.9bc	67.6a	62.9a	66.4a
每亩最大分蘖数/$\times10^4$	CON	91.4d	115c	103d	58.5d	54.5d	62.7e
	OPT	118c	119c	105cd	83.9abc	78.1abc	85.7ab
	A_1	142ab	142b	110bc	96.8a	90.1a	91.8a
	A_2	119c	148ab	114abc	91.5ab	85.2ab	90.9a
	B	124c	156a	113abc	82.1bc	76.4bc	81.2bc
	C	135b	143b	116ab	73.7c	68.6c	69.6de
	D	145a	156a	120ab	81.2bc	75.6bc	75.7cd
	E	140ab	156a	122a	76.1c	70.9c	72.7cd
每亩有效分蘖数/$\times10^4$	CON	43.5d	39.8c	44.0b	21.2d	11.5b	12.8b
	OPT	45.9cd	44.7ab	49.9a	24.0bc	21.2a	21.8a
	A_1	47.2bc	42.9bc	49.4a	24.7b	21.8a	21.9a
	A_2	50.3a	46.1ab	50.3a	25.8a	20.6a	21.8a
	B	48.7abc	45.9ab	50.9a	24.7b	21.8a	21.1a
	C	50.4a	47.1a	51.3a	24.4b	21.6a	20.4a
	D	49.8ab	44.0ab	51.1a	23.2c	20.5a	22.3a
	E	50.0ab	45.4ab	51.8a	23.8bc	21.0a	21.3a

注：每个数据是 3 次重复的平均值，不同小写字母表示氮处理间达到 0.05 的显著性水平。

四、土壤无机氮含量

由图 5-3 可知，在泰安砂姜黑土上的试验结果表明，2015 年冬小麦灌浆期，相比 OPT，B 使 0～30 cm 土层的无机氮含量提高了 44%；A_1、C、D 和 E 均提高了 30～60 cm 土层的无机氮含量，分别增加 14%、25%、44%和 8.9%；在 60～90 cm 土层，A_1、A_2、B 和 C 处理的无机氮含量与 OPT 处理相比无显著差异，D、E 处理较 OPT 处理显著降低，分别减少 37%和 48%。2016 年灌浆期，A_1、A_2、C 和 D 较 OPT 处理 0～30 cm、30～60 cm 和 60～90 cm 土层的无机氮含量均无显著差异，B 分别显著减少了 30～60 cm、60～90 cm 土层无机氮含量 51%、51%，E 减少了 60～90 cm 土层的无机氮 44%。2015 年收获期，与

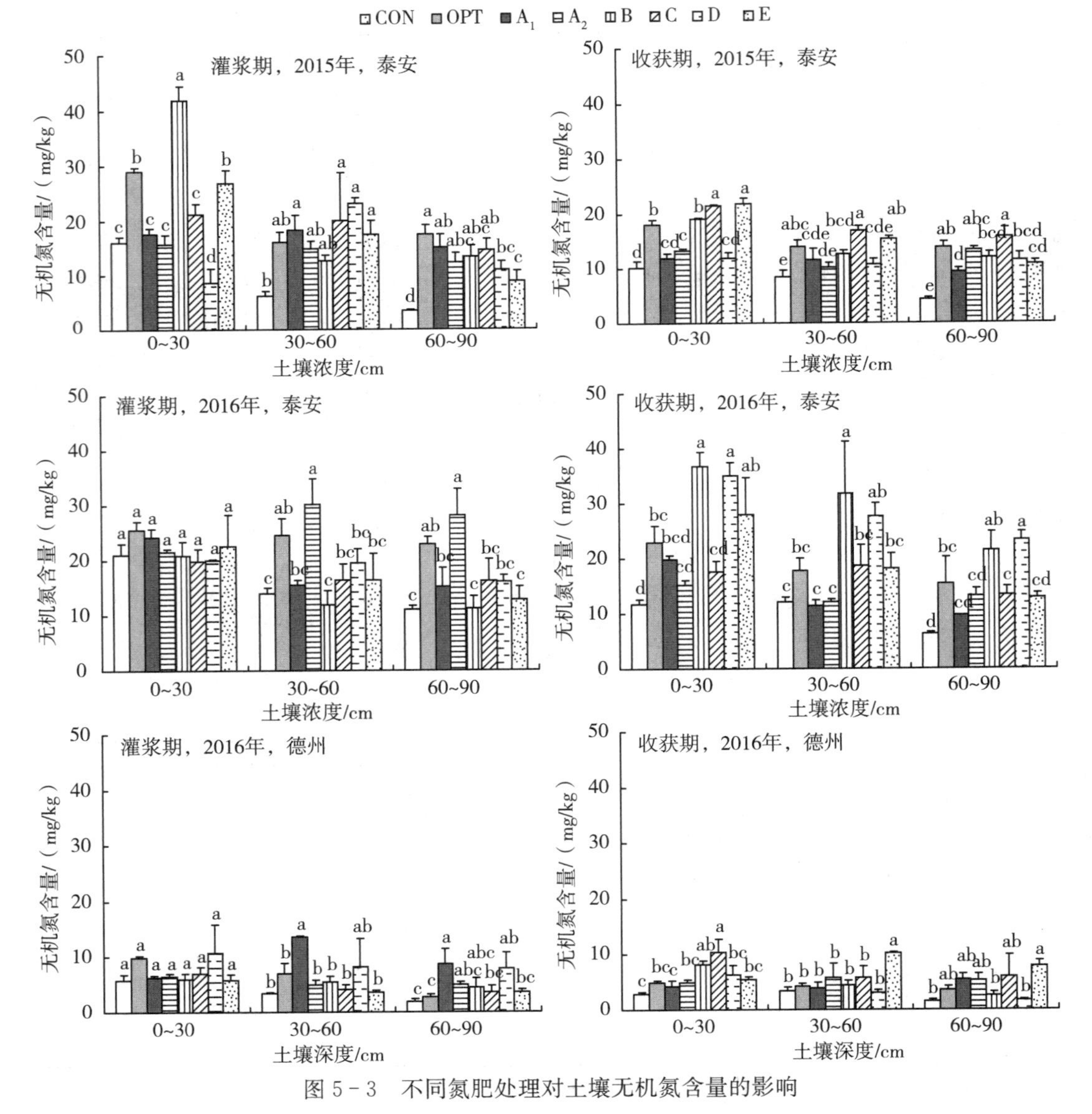

图 5-3　不同氮肥处理对土壤无机氮含量的影响

OPT 相比，C、E 处理分别显著增加了 0～30 cm 土层的无机氮 19%、22%，A_1、A_2 和 D 处理无机氮含量显著降低，分别减少了 34%、26%和 34%；A_2 显著降低 30～60 cm 土层无机氮含量 27%，其他控释氮肥处理较 OPT 均无显著差异；60～90 cm 土层，A_1、E 较 OPT 处理分别显著降低 32%、22%，A_2、B、C 和 D 处理较 OPT 处理无显著差异。2016 年收获期，相比 OPT，B 显著增加了 0～30 cm、30～60 cm 土层的无机氮含量，D 显著增加了 0～30 cm、60～90 cm 土层的无机氮含量；A_1、A_2、C 和 E 处理在 0～30 cm、30～60 cm 和 60～90 cm 土层的无机氮较 OPT 处理均无显著差异。

德州潮土无机氮含量总体低于泰安砂姜黑土。与 OPT 相比，2016 年灌浆期，A_1 显著提高 30～60 cm 土层无机氮含量 96%，A_1、D 分别显著提高 60～90 cm 土层的无机氮含量 215%、185%；A_2、B、C 和 E 处理 60～90 cm 土层无机氮含量趋于增加，增幅达 29%～80%。2016 年收获期，与 OPT 处理相比，C 使 0～30 cm 土层的无机氮含量显著增加 111%，E 使 30～60 cm 土层无机氮含量显著增加 141%。其他控释氮肥处理的无机氮含量在各土层中与 OPT 处理相比均无显著差异。但总体看来，一次性施用控释氮肥具有增加土壤无机氮含量的趋势，相比 OPT 处理，B、D、E 处理使 0～30 cm 土层，A_2、B、C 处理使 30～60 cm 土层，A_1、A_2、C、E 处理使 60～90 cm 土层的无机氮含量趋于增加，增幅分别为 12%～66%、5.8%～39%、53%～123%。

结论：控释氮肥在不同土壤类型上具有不同的应用效果。控释氮肥在田间的氮素释放性能与冬小麦生育期内对氮素的需求相互匹配，对提高冬小麦氮肥利用效率和产量至关重要，也是在不同土壤类型下进行控释氮肥产品筛选的关键依据。综合 3 年的研究结果得出，砂姜黑土上适宜的控释氮肥品种为 A_2、C 和 E，可以实现冬小麦一次性施肥生产；褐土上适宜的控释氮肥品种为 A_2 和 D；控释氮肥 A_2 在潮土上连续施用 3 年均能使冬小麦维持高产，其他控释氮肥类型的应用效果年际差异较大，从 3 年的研究结果综合来看，控释氮肥 A_2、C 可以实现冬小麦一次性施肥。

第二节 不同肥料用量对冬小麦产量、效率和环境的影响

种粮效益不高、农村劳动力向城镇转移、农业从业人员数量减少是不争的现实，确保粮食安全则是我国的基本国策，因此集约化、轻简化生产是我国粮食生产发展的必然趋势。黄淮海冬小麦生育期长，当前生产上需要通过多次施肥，特别是氮肥需要分次施用才能满足其生育期内的养分需求，另外受劳动力季节性转移的影响，冬小麦后期不追肥现象屡有发生，普通肥料“一炮轰”（杨帆 等，2015）显然不能满足小麦整个生育期的养分需求，从而导致小麦减产、养分损失严重。我国玉米（司东霞 等，2014；王寅 等，2016）和水稻（张木 等，2017）已经基本实现一次性施肥生产，这对我国三大粮食作物之一冬小麦研究并实现一次性施肥技术具有重要的意义。氮肥深施（张文玲 等，2009；李华伟 等，2015）和前氮后移（石玉 等，2006；Lu et al.，2015）等先进技术前人研究较多，在小麦生产上运用也较多，这要求机械匹配和春季劳动力充足。但受劳动力春季往城市转移的制约，“一炮轰”施肥应用比例逐年上升，一方面大量速

效养分作为底肥一次性施用造成烧苗、冬前旺苗及不能安全越冬等现象时有发生，同时造成氮养分损失严重，肥料利用率低；另一方面后期养分供应不足导致籽粒灌浆不充分，产量下降（张耀兰 等，2013）。张务帅等（2015）研究发现，在冬小麦上一次性施用缓/控释肥虽然能够提高养分利用率，但产量和效益没有得到显著改观，缓/控释氮肥在制作成本上明显高于普通氮肥，而且市场上缓/控释氮肥品种繁多，适宜冬小麦的品种类型其作用效果不清楚。冬小麦从播种到收获，历经高温、低温又逐渐升到高温的过程，生育期是玉米、水稻的两倍，对小麦控释氮肥产品的养分释放性能要求高，在小麦作物上虽有使用控释氮肥产品，却屡有释放快后期脱肥或释放慢致养分供应不足等现象发生（郑沛 等，2014）。相比冬小麦作物，一次性施肥对于短生育期的水稻或夏玉米较容易实现（孙旭东 等，2017），其所处生长季内温度、水分条件相对稳定，已有缓/控释氮肥产品能够满足其生育进程的养分需求。而在冬小麦上，虽见有少量获得稳产的报道（刘永哲 等，2016），但更多地集中在某一年或者某一特定地块，在技术的可行性和重现性上缺乏说服力。本研究采用两种典型的缓/控释氮肥类型（生物可降解的水基树脂包膜控释氮肥和热固性有机树脂包膜控释氮肥）配合磷、钾肥在冬小麦上进行一次性施用，既是对当前市场诸多缓/控释氮肥适宜品种的合理性探索，也是对该技术效果的一次全面评价，探明在减量投入条件下的区域适应性，为我国黄淮海东部的小麦轻简化生产提供强有力的技术支撑。

不同试验点各年度采用统一试验设计，共设置 6 个处理，分别为：①PK，只施用磷、钾肥；②FP，农民习惯施肥，调查试验地块周围 5 个以上农户施肥情况确定氮、磷、钾的施用量；③OPT，优化施肥处理，氮、磷、钾平衡施用，施肥量依据当地近 3 年的氮养分梯度及基追比试验结果确定，结合测土施肥数据确定氮、磷、钾投入量和氮基追比例；④CRF_a，控释氮肥 a 掺混磷、钾肥作为底肥一次性施用；⑤80%CRFa：减量 20%氮的控释氮肥 a 掺混磷、钾肥作为底肥一次性施用；⑥80%CRFb，减量 20%氮的控释氮肥 b 掺混磷、钾肥作为底肥一次性施用。

除 FP（在本研究区域内习惯施氮量在 151.5～285 kg/hm^2，平均为 237.2 kg/hm^2）外，所有处理等磷、钾养分投入，各处理全部磷、钾肥作为底肥一次性施入。处理 OPT 和 CRFa 等氮投入（在本研究区域内推荐施氮量在 187.5～240 kg/hm^2，平均为 222.5 kg/hm^2），80%CRFa 和 80%CRFb 等氮投入（区域内平均施氮量为 177.9 kg/hm^2），较 OPT 处理减少 20%的氮素投入量。为统一试验条件，普通氮肥为尿素，磷肥为重过磷酸钙，钾肥为氯化钾，控释氮肥 a 由山东省农业科学院农业资源与环境研究所自行研制，为水基树脂包膜的控释尿素（含氮量≥43%，包膜率为 4%），膜可生物降解，肥芯为普通大颗粒尿素，静水释放期约 45 d，麦田土壤释放期 150～180 d；控释氮肥 b 为市售主流控释氮肥（含氮 43%，包膜率为 4%），为热固性有机树脂包膜，膜不能降解，肥芯为普通大颗粒尿素，静水释放期约 60 d，麦田土壤释放期 180～200 d。质量均符合初期氮素养分释放率≤15%，养分释放期累计养分释放率≥80%，氮素释放曲线均为 S 形。除供试肥料和施肥方法外其他田间管理均同当地农民习惯生产。小区面积在 30～50 m^2，3 次重复，随机区组排列。

冬小麦播种时间在 9 月 30 日至 10 月 15 日，收获时间在 6 月 5—17 日，均为当地主推品种。均为冬小麦-夏玉米一年两作（前茬玉米收获后秸秆均粉碎还田）。

一、不同年份冬小麦籽粒产量

（一）不同施肥处理对籽粒产量的影响

3 年多点试验显示（表 5－5），各试验处理小麦籽粒平均产量因试验点分布区域和年份表现不同，差异显著性在各年份有所不同，但总体趋势大体可循以下规律：使用氮肥（尿素和控释氮肥）处理小麦产量不同程度高于不施氮肥处理（PK），其中在 3 个年份里均为等氮一次性施用控释氮肥处理（CRFa）产量表现最高，其次是普通氮肥优化分次施用处理（OPT）（2012—2013 年和 2013—2014 年）或减少 20％氮用量的控释氮肥 a（80％CRFa）处理（2011—2012 年度），农民习惯施肥处理（FP）和减少 20％氮用量的控释氮肥 b（80％CRFb）处理在有氮投入处理中产量表现较低。从 3 年分布在黄淮海东部的 31 个试验点平均产量看，CRFa 与 OPT 处理产量显著高于其他处理，增产幅度 CRFa（21.5％）＞OPT（18.5％）＞FP 与 80％CRFa（16.6％）＞80％CRFb（15.5％）。

表 5－5　不同年份各处理的籽粒产量

处理	2011—2012 年		2012—2013 年		2013—2014 年		2011—2014 年	
	产量/(kg/hm²)	增幅/％	产量/(kg/hm²)	增幅/％	产量/(kg/hm²)	增幅/％	3 年平均产量/(kg/hm²)	增幅/％
PK	5 874±606c	—	5 582±1 167b	—	6 750±1 241 d	—	6 069±1 163c	—
FP	6 656±449b	13.3	6 591±734a	18.1	7 946±1 187bc	17.7	7 064±1 095b	16.4
OPT	6 743±429ab	14.8	6 711±839a	20.2	8 085±1 106ab	19.8	7 180±1 091ab	18.3
CRFa	6 915±531a	17.7	6 878±822a	23.2	8 283±1 022a	22.7	7 359±1 076a	21.3
80％CRFa	6 764±563ab	15.2	6 611±935a	18.4	7 863±1 139bc	16.5	7 079±1 089b	16.6
80％CRFb	6 629±566b	12.9	6 576±1 050a	17.8	7 820±1 232c	15.9	7 008±1 166b	15.5

注：产量数据均为平均值±标准误；同列不同小写字母表示处理间在 0.05 水平上差异显著（LSD 法）。

（二）一次性施肥相比 FP 和 OPT 增产状况及试验点比例

等氮一次性施肥处理（CRFa）相比优化分次施肥（OPT）和农民习惯施肥（FP）具有稳产增产效果（图 5－4，图 5－5）。3 年平均结果：CRFa 相比 OPT 和 FP 处理分别增产 2.6％和 4.37％；但氮肥减少 20％用量的 80％CRFa 和 80％CRFb 处理相比 OPT 分别减产 1.54％和 2.6％，相比 FP 处理分别增产 0.14％和减产 0.94％。相比 OPT 以及 FP 处理，CRFa 处理的增产率与 80％CRFa 和 80％CRFb 均呈显著差异。通过分析各试验点发现，CRFa 相比 OPT 增产点的数量占总试验点数量的 83.9％，具有绝对的稳产效果，而减少 20％氮用量的 80％CRFa 和 80％CRFb 相比 OPT 处理增产点位数只有 32.3％和 25.8％；相比 FP 处理，3 个控释氮肥处理增产试验点比例有所上升，特别是减氮的 2 个控释肥处理增产点位数和减产数量基本持平。

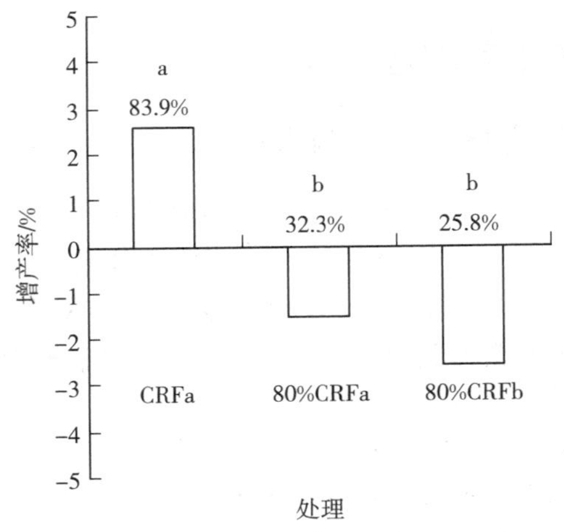

图 5-4 控释肥处理较 OPT 增产率及增产点比例

注：不同小写字母表示处理间在 0.05 水平上差异显著。

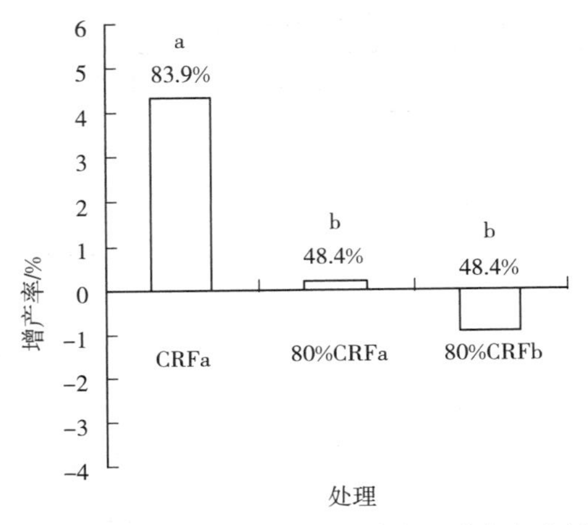

图 5-5 控释肥处理较 FP 增产率及增产点比例

注：不同小写字母表示处理间在 0.05 水平上差异显著。

二、不同土壤质地对各施肥处理产量效应的影响

从图 5-6 可以看出，随着土壤质地由粗变细，优化分次施肥及 3 个控释肥一次性施用处理的增产幅度逐渐加大。4 个施肥处理在沙土、壤土和黏土的平均增产率分别为 10.7%、17.4%和 19.7%，在黏土中增产幅度最大。在 3 种土壤质地中增产率大小顺序为：CRFa>OPT>80%CRFa>80%CRFb。在沙土中，CRFa 处理相比 OPT 处理，增产率提高 3.9%，差异显著，80%CRFa 和 80%CRFb 相比 OPT 分别减少 2.1%和 2.2%；在壤土中，CRFa 处理相比 OPT 处理，增产率提高 3%，80%CRFa 和 80%CRFb 相比 OPT 分别减少 2.9%和 4.6%，减氮的两处理增产率显著降低；在黏土中，CRFa 处理相比 OPT 处理，增产率提高 1.7%，差异不显著，80%CRFa 和 80%CRFb 相比 OPT 分别减少 5.7%火和

8.5%。从沙土、壤土到黏土，等氮投入的 CRFa 相比 OPT 处理的施氮增产幅度差距在缩小，且减氮投入条件下的两个控释肥处理与 OPT 处理的增产幅度差距逐渐拉大。

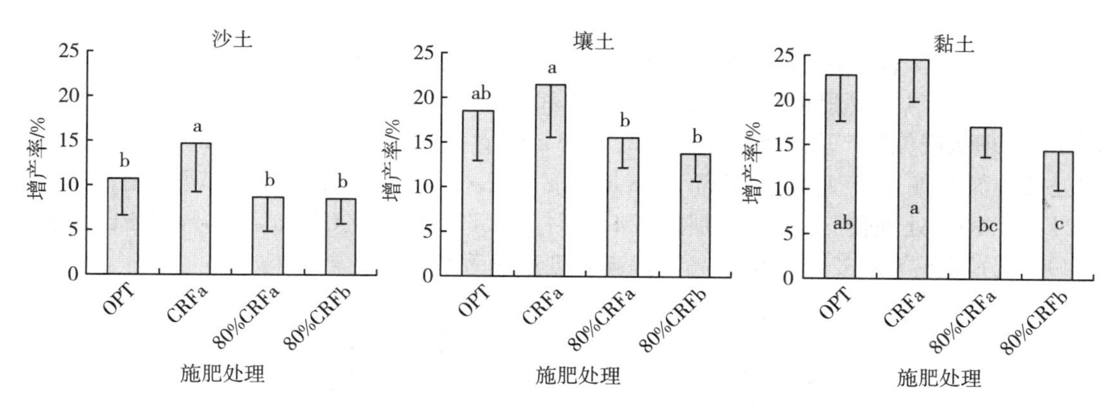

图 5-6　3 种土壤质地对各施肥处理增产效应的影响

注：不同小写字母表示处理间在 0.05 水平上差异显著。

三、不同产量水平下各处理施肥产量效应

将所有的试验点按农民种植习惯产量划分 3 个水平：小于 6 750 kg/hm² 的产量水平，6 750～8 250 kg/hm² 的中产水平，大于 8 250 kg/hm² 的中高产水平。如图 5-7 所示，普通肥料优化施用处理（OPT）和 3 个控释氮肥处理从低产量水平逐渐到高产量水平均表现出增产幅度降低的趋势，在低于 6 750 kg/hm² 的产量水平下 4 个处理施氮平均增产 16%，而在中产和中高产水平下，施氮平均增产分别为 13.4%和 10.6%。且随着产量水平的提高，控释肥相比 OPT 处理的增产幅度下降更明显，CRFa 相比 OPT，增产率差距由低产的 4.6%（差异达显著水平）到中产的 1.7%，再到高产的 1%，同时，减氮 20% 处理的控释氮肥处理相比 OPT 增幅的差距也逐渐加大（大于 8 250 kg/hm² 的中高产水平下差异显著）。

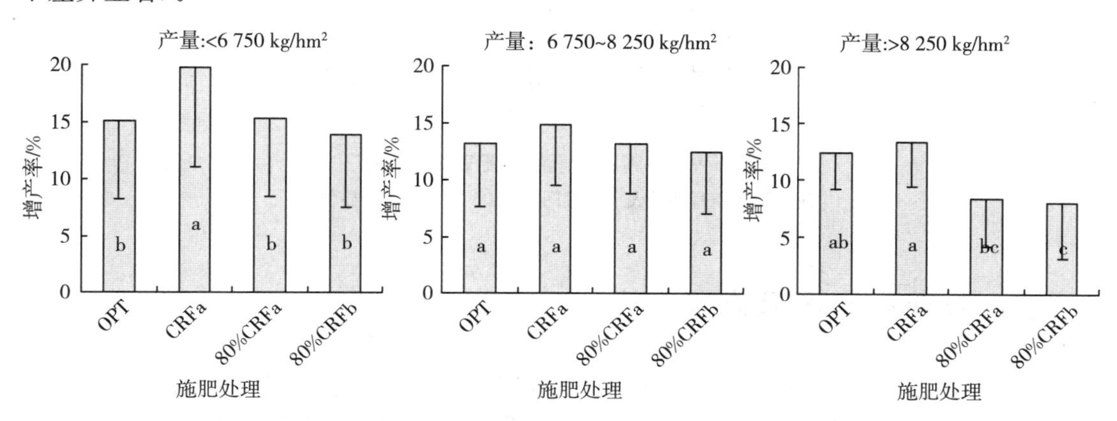

图 5-7　不同产量水平下各施肥处理增产效应比较

注：不同小写字母表示处理间在 0.05 水平上差异显著。

四、氮肥偏生产力及氮肥表观利用率

表征氮肥效率的偏生产力和表观利用率各处理间趋势一致（图 5-8，图 5-9）。相比 FP 处理，其他 4 个氮肥处理的氮肥偏生产力和氮肥表观利用率均显著提高，其中 OPT 和 CRFa 处理氮肥偏生产力较 FP 分别提高 1.96 kg/kg 和 2.36 kg/kg，减氮 20%的两个控释肥处理，氮肥偏生产力分别提高 9.28 kg/kg 和 8.89 kg/kg。在氮肥表观利用率方面，OPT 和 CRFa 处理较 FP 处理分别提高 4.17%和 5.67%，80%CRFa 和 80%CRFb 处理又较 OPT 分别提高 8.62%和 6.21%，提高幅度达显著水平。

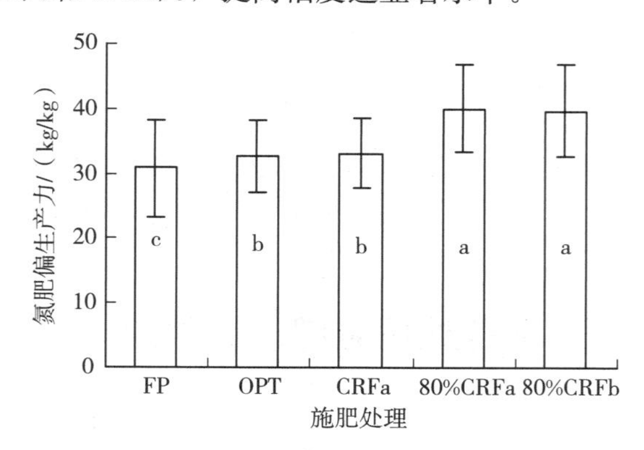

图 5-8　各施肥处理的氮肥偏生产力

注：不同小写字母表示处理间在 0.05 水平上差异显著。

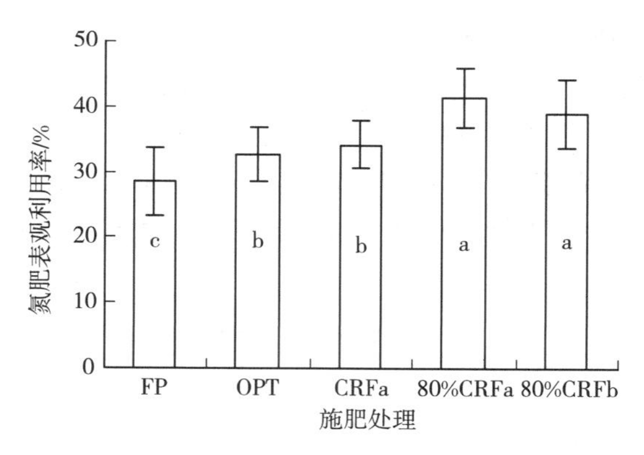

图 5-9　各施肥处理的氮肥表观利用率

注：不同小写字母表示处理间在 0.05 水平上差异显著。

五、收获后土壤硝态氮分布

小麦收获后 0～120 cm 土壤剖面不同层次的硝态氮含量有着明显区别（图 5-10）。控释肥各施肥处理硝态氮含量随着土壤层次变深呈逐渐降低趋势，而普通肥料分次施用在各个土壤层次中没有明显变化，尤其是 FP 处理在深层次土壤中硝态氮含量还有增加趋势；

3 个控释氮肥处理在 0～30 cm 和 30～60 cm 土壤层次中硝态氮含量略高于普通肥料分次施用处理，而在 60～120 cm 土层中硝态氮含量却显著低于 FP 和 OPT 处理。

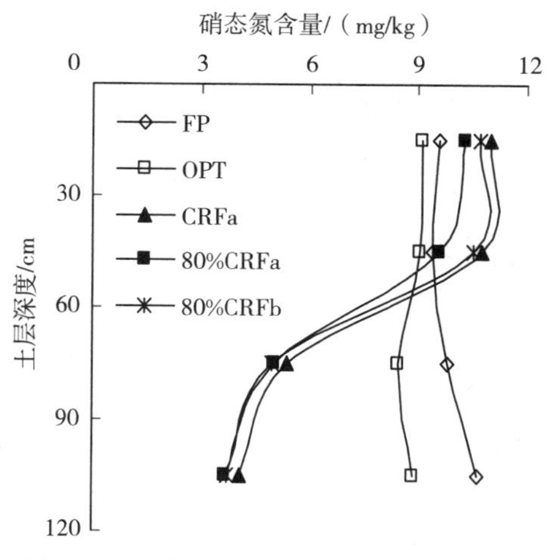

图 5－10　小麦收获不同土层硝态氮分布

六、经济效益核算

核算各施肥处理成本收益发现（表 5－6）：FP 和 OPT 处理由于在春季有一次氮肥追施，投入劳动力成本为 450 元/hm^2，OPT 处理虽然有较高的籽粒产量，但收益仅比 FP 处理增加 457.2 元/hm^2；3 个控释肥处理由于包膜及工艺要求，氮肥成本分别提高 600 元/t 和 1 000 元/t，由于节约后期追肥劳动力，通过核算投入产出发现，CRFa 处理收益最高，相比 FP 处理增加 1 001 元/hm^2，虽然 80%CRFa 处理由于减氮施用产量低于 OPT 处理，但仍可获得高于 FP 处理 607.5 元/hm^2 的收益，同时较 OPT 处理还高出 150.3 元/hm^2，由于另一种控释肥 b 处理产值更低，因此收益略低于 OPT 处理。

表 5－6　不同施肥处理成本收益分析

处理	产值/（元/hm^2）	追肥劳动力成本/（元/hm^2）	氮肥成本/（元/hm^2）	收益/（元/hm^2）	较 FP 增收/（元/hm^2）
FP	15 072.7	450	927.5	6 695.3	—
OPT	15 322.5	450	870	7 002.5	457.2
CRFa	15 703.3	—	1 157	7 546.3	1 001
80%CRFa	15 077.9	—	925.1	7 152.8	607.5
80%CRFb	14 937.1	—	1 083.4	6 853.7	308.4

注：各处理成本核算依据，小麦价格按 2.1 元/kg 计；普通肥料 N 按 3.91 元/kg 计，控释氮 a 和 b 按较普通氮分别增加 1.3 元/kg 和 2.17 元/kg 计；追肥劳动力价格按 450 元/hm^2 计（只有 FP 和 OPT 有追肥用工）；其他管理成本投入视为相同，按 7 000 元/hm^2 计。

结论：冬小麦一次性施用缓/控释氮肥具有稳产增效增收优势，应用在质地较轻、产量水平中等偏下田块更具有施氮优势，节氮投入更需选择适宜的缓/控释氮肥品种，综合产量、效率、效益和养分残留等方面，推荐生物可降解缓/控释氮肥减量20%配合磷、钾养分，在黄淮海东部小麦上进行一次性施肥。

第三节　不同施肥方法对冬小麦产量、效率和环境的影响

一、不同施肥方法对冬小麦产量及土壤氮的影响

控释肥在夏玉米和水稻等粮食作物上的研究与应用技术已日趋成熟（孙浩燕，2015；Sun et al.，2015），而冬小麦生育期长，是水稻和玉米的2倍以上，对控释肥的养分释放性能要求较高。研究适宜小麦生产的专用控释氮肥及其最佳施用方法对于小麦生产中一次性施肥技术的应用和推广具有重要的意义。化肥施用是促进作物增产和保障我国粮食生产安全的重要措施。施肥量过大、肥料利用率低是我国农业生产中一直普遍存在的问题。过量施肥不仅容易造成经济损失，而且对生态系统和公众健康均有不利的影响，尤其是氮素，容易在土壤中发生挥发、淋溶，导致地表水体富营养化、地下水和蔬菜中硝态氮含量超标、氧化亚氮气体排放量增加等环境问题（张学军 等，2007；Gildow et al.，2016；Pan et al.，2017）。提高肥料利用率与应用适宜的肥料施用方法至关重要。肥料的正确施用就是选择正确的肥料产品，根据适宜的施用量、施用时间，施用在合适的位置上。我国肥料施用方法普遍不合理，用量过大、肥料浅施、表施现象非常普遍，致使肥料易挥发、流失或难以到达作物根部，不利于作物吸收，造成肥料利用率低（杨青林 等，2011）。有资料表明，在肥料的损失中，约有60%源于不正确的施肥方法，所以确定合理的施肥方法，在提高肥料利用率的措施中占有关键地位（白由路 等，2006）。控释肥作为一种新型肥料，不仅能够调节土壤-植物系统中养分的有效性，而且能够提供与作物营养需求相吻合的养分（刘宁 等，2010；杨俊刚 等，2012）。控释肥与普通肥料相比，具有养分损失少，在用量大幅减少的情况下，还能促进作物增产、提高肥料利用率的优势，逐渐成为目前国内外新型肥料领域的研究热点和我国“2020年化肥零增长行动计划”替代肥料的主体之一（戴建军 等，2007；Halvorson et al.，2008）。目前，国内外关于常规肥料施用方法的研究相对较多（Su et al.，2015；José et al.，2017）。而随着缓/控释肥料的快速发展，其养分释放特征与常规肥料有明显区别，传统的施肥方法可能不适合控释肥料的实际应用。因此，对于控释肥料施用方法的研究需求也更加迫切。本研究选取山东省土壤类型、肥力水平、气候条件均不同的3个小麦优势产区，研究施用自制小麦专用控释氮肥（水性树脂包膜尿素）的不同施用方法（撒施旋耕、种子正下条施、种子侧下条施）对小麦产量、养分吸收、土壤硝态氮含量及氮肥利用率等的影响，同时与常规尿素施肥和不施氮肥的肥效进行对比。探索小麦生产过程中适宜的控释氮肥品种及其最佳施用方法，以期为小麦控释肥的一次性机械化施用技术的推广应用提供理论依据。

研究设5个处理：CK1，1/2尿素播前撒施，10～15 cm旋耕后播种，1/2尿素返青至拔节期追施；CK2，全部尿素播前撒施，10～15 cm旋耕后播种；CRF1，全部控释氮肥播

前撒施，10～15 cm 旋耕后播种；CRF2，全部控释氮肥条施在种子正下方 6～8 cm 处，然后播种；CRF3，全部控释氮肥条施在种子侧下方，即垂直距离 6～8 cm，横向距离为 5～6 cm 处，然后播种。每个处理 3 次重复，小区的面积为 20 m^2，随机区组排列，小区之间筑畦，保留 0.5 m 的间距，小麦行间距为 20 cm。

控释氮肥为山东省农业科学院农业资源与环境研究所自行研制的小麦专用水性树脂包膜尿素，含 N 44%，不含其他养分，控释期约为 180 d。所有处理氮、磷、钾养分投入量相同，磷肥用重过磷酸钙，钾肥用颗粒状硫酸钾，磷、钾肥全部作为底肥基施。3 个试验地点的养分投入量根据当地生产情况决定，氮肥投入量在当地农民习惯施肥量的基础上均进行了优化减量，具体试验情况见表 5-7。泰安试验点的土壤肥力相对最高，小麦目标产量在 7 500 kg/hm^2以上，因此其施肥量最高。由于茌平试验点的播种时间较晚，为了保证小麦产量，所以加大了播种量。

另外，桓台试验点增设了 1 个空白处理，不施氮肥，只施磷、钾肥，记为 CK0。试验期间采取的其他田间管理措施，诸如浇水、防病、除草等各试验小区实施水平严格一致。

表 5-7　试验地养分投入及种植情况

试验地点	养分投入量/(kg/hm^2)			播种量/(kg/hm^2)	播种日期	收获日期
	N	P_2O_5	K_2O			
茌平	210	75	105	300	2012 年 10 月 27 日	2013 年 6 月 14 日
泰安	225	105	75	180	2012 年 10 月 11 日	2013 年 6 月 16 日
桓台	180	105	60	120	2012 年 10 月 12 日	2013 年 6 月 13 日

(一) 施肥方法对小麦产量与干物质分配的影响

3 个试验地点小麦产量与干物质分配的情况见表 5-8。关于控释肥处理，在 3 个试验地，控释肥条施于小麦种子正下方的施肥方法 CRF2 与条施于侧下方的施肥方法 CRF3 相比，对小麦的产量无显著的影响。在茌平和泰安两地，以控释肥撒施旋耕的处理 CRF1 小麦产量最高，在茌平，CRF1 的产量显著高于 CRF2，增产 9.6%。在泰安，CRF1 的产量显著高于 CRF3，增产 7.0%。在桓台试验点，CRF1 的产量相对最高，但与其他 2 个控释肥处理产量没有显著的差别。综合 3 地，以控释肥撒施旋耕的施肥方法小麦产量较高，控释肥条施于小麦种子正下方和侧下方的施肥方法对产量无显著影响。

尿素的 2 种施肥方法相比，在茌平和桓台两地，尿素一半基施一半追施的处理 CK1 小麦产量显著高于全部作为基肥撒施旋耕的处理 CK2，在泰安试验点，两者无显著差别。控释肥处理与尿素处理 CK1 相比，在茌平，CRF1 与 CK1 小麦产量差异不显著，CRF2、CRF3 小麦产量显著低于 CK1；在泰安，CRF1 与 CRF2 分别比 CK1 增产 6.1%和 3.5%，但差异没有达到显著水平，CRF3 与 CK1 产量差异也不显著；在桓台，CRF1、CRF2、CRF3 均与 CK1 小麦产量无显著差异。控释肥处理与尿素处理 CK2 相比，在 3 地控释肥的 3 种施肥方法其产量均高于 CK2，在茌平和桓台，CRF1 小麦产量显著高于 CK2，分别增产 11.3%和

10.8%；在泰安，CRF1、CRF2 小麦产量显著高于 CK2，分别增产 9.4%和 6.7%。在桓台，施尿素和控释氮肥的处理小麦产量均显著高于不施氮肥的空白处理 CK0。

关于干物质在小麦籽粒和秸秆的分配，在茌平和桓台两地，施肥处理对干物质的分配率没有显著的影响。在泰安，CRF3 和 CK1 处理的籽粒分配率显著高于 CK2，CK1 秸秆分配率显著低于 CK2，其他处理之间干物质的分配率没有显著差别。

表 5-8　施肥方法对小麦产量与干物质分配率的影响

试验地点	处理	产量/(kg/hm²)	分配率/%	
			籽粒	秸秆
茌平	CK1	5 193a	36.7a	63.3a
	CK2	4 576c	36.1a	63.9a
	CRF1	5 093ab	37.9a	62.1a
	CRF2	4 646c	34.9a	65.1a
	CRF3	4 787bc	36.2a	63.8a
泰安	CK1	7 242abc	43.3a	56.7b
	CK2	7 021c	40.5b	59.5a
	CRF1	7 683a	42.9ab	57.1ab
	CRF2	7 494ab	41.7ab	58.3ab
	CRF3	7 181bc	43.7a	56.3a
桓台	CK0	2 437c	46.7a	53.3a
	CK1	5 830a	45.7a	54.3a
	CK2	5 222b	45.1a	54.9a
	CRF1	5 787a	45.4a	54.6a
	CRF2	5 624ab	45.8a	54.1a
	CRF3	5 482ab	45.5a	54.5a

注：同一试验点不同处理比较，不同小写字母表示差异达到 0.05 显著水平。

（二）施肥方法对小麦籽粒与秸秆氮含量的影响

3 个试验点小麦籽粒与秸秆氮含量见图 5-11。控释氮肥和尿素的不同施肥方法对 3 地小麦籽粒氮含量均没有显著的影响。在茌平，各施肥处理之间秸秆氮含量没有显著差别，在泰安和桓台试验点小麦秸秆氮含量差异较大。在泰安，以 CRF2 的秸秆氮含量最高，显著高于其他处理，而 CRF1 和 CRF3 的秸秆氮含量相对较低，均显著低于 CK1。在桓台，以 CRF3 的秸秆氮含量最高，显著高于 CRF1，其他施氮肥处理之间无显著差异（不包括 CK0）；与不施氮的 CK0 相比较，所有施氮肥处理均显著提高了小麦籽粒的氮含量，秸秆氮含量除 CRF1 外其他处理均显著高于 CK0。

（三）施肥方法对氮素累积与分配的影响

3 个试验地点小麦籽粒和秸秆氮素累积与分配的情况见表 5-9。控释肥 3 种施肥方

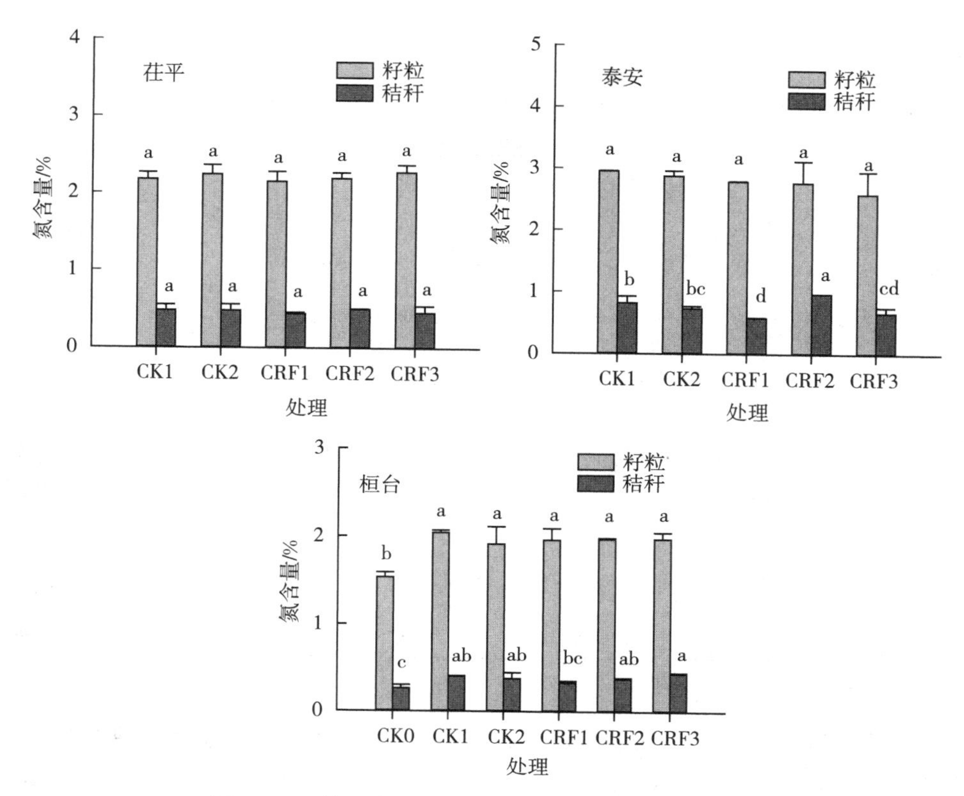

图 5-11　施肥方法对小麦籽粒与秸秆氮含量的影响

注：同一试验点籽粒与秸秆的氮含量分别比较，柱上不同字母代表不同处理间差异达到 0.05 显著水平。

法与尿素 2 种施肥方法相比较，在茌平和桓台，对小麦籽粒和秸秆的氮素累积均没有显著的影响；在泰安，对籽粒氮素的累积没有显著的影响，对秸秆的氮素累积存在一定的影响，CRF2 处理显著高于 CK1 与 CK2，CRF1 处理显著低于 CK1 与 CK2，CRF3 处理显著低于 CK1。控释肥 3 种施肥方法相比较，在 3 地，对小麦籽粒的氮素累积均没有显著的影响。在茌平，对小麦秸秆的氮素累积亦没有显著影响；在泰安，CRF2 的秸秆氮素累积量显著高于 CFR1 和 CRF3；在桓台，CRF3 的秸秆氮素累积量显著高于 CRF1。

表 5-9　施肥方法对小麦氮素累积量与分配的影响

试验地点	处理	氮素累积量/(kg/hm²)		氮素分配/%	
		籽粒	秸秆	籽粒	秸秆
茌平	CK1	113.2a	43.1a	72.5a	27.5a
	CK2	102.6a	38.8a	72.6a	27.4a
	CRF1	109.4a	36.7a	74.9a	25.1a
	CRF2	102.0a	43.6a	70.0a	30.0a
	CRF3	109.1a	38.7a	73.9a	26.1a

（续）

试验地点	处理	氮素累积量/(kg/hm²)		氮素分配/%	
		籽粒	秸秆	籽粒	秸秆
泰安	CK1	213.9a	77.4b	73.5b	26.5b
	CK2	202.0a	75.1bc	72.9b	27.1b
	CRF1	214.1a	59.6d	78.2a	21.8c
	CRF2	207.9a	101.8a	67.0c	33.0a
	CRF3	185.4a	62.0cd	74.9ab	25.1bc
桓台	CK0	37.3c	7.0c	84.2a	15.8b
	CK1	119.1a	27.0ab	81.5ab	18.5ab
	CK2	100.3b	23.2ab	81.2ab	18.8ab
	CRF1	114.1ab	21.9b	82.9ab	17.1ab
	CRF2	111.2ab	24.1ab	81.9ab	18.1ab
	CRF3	108.5ab	27.4a	79.6b	20.4a

注：同一试验点不同处理比较，不同小写字母表示差异达到0.05显著水平。

关于氮素在籽粒和秸秆之间的分配，控释肥3种施肥方法与尿素2种施肥方法相比较，在茌平和桓台，对籽粒和秸秆的氮素分配率均没有显著的影响。在泰安，CRF1的籽粒氮素分配率显著高于CK1与CK2，CRF2的籽粒氮素分配率显著低于CK1与CK2，秸秆氮素分配率规律正好相反。控释肥3种施肥方法相比较，在茌平和桓台，对籽粒和秸秆的氮素分配率均没有显著的影响。在泰安，CRF1与CRF3的籽粒氮素分配率显著高于CRF2，相应的，CRF1与CRF3的秸秆氮素分配率显著低于CRF2，CRF1与CRF3之间籽粒和秸秆的氮素分配率没有显著差别。单从数值来看，在3地均以控释肥撒施旋耕施肥方法（CRF1）的籽粒氮素分配率较高。

（四）施肥方法对氮肥偏生产力和氮肥利用率的影响

3个试验地点氮肥的偏生产力见图5-12，泰安和桓台的氮肥偏生产力在29～34 kg/kg，茌平在21～25 kg/kg。在桓台，各处理的氮肥偏生产力没有显著差异；在茌平和泰安，氮肥的偏生产力变化规律与小麦籽粒产量一致，其中在泰安，CRF1和CRF2处理的氮肥偏生产力略高于CK1。单从数值来看，在3地，控释肥的3种施肥方法的氮肥偏生产力均高于尿素全部作为基肥撒施旋耕的施肥方法（CK2），其中以控释肥撒施旋耕的处理CRF1氮肥偏生产力较高。

桓台试验点的氮肥利用率见图5-13。控释肥CRF1、CRF2和CRF3三种施肥方法的氮肥利用率分别为46.7%、49.5%和50.2%，3个处理之间没有显著差异，与尿素的2种施肥方法相比较，氮肥利用率亦不存在显著差异。尿素一半基施一半追施的处理CK1其氮肥利用率显著高于全部作为基肥撒施旋耕的处理CK2。

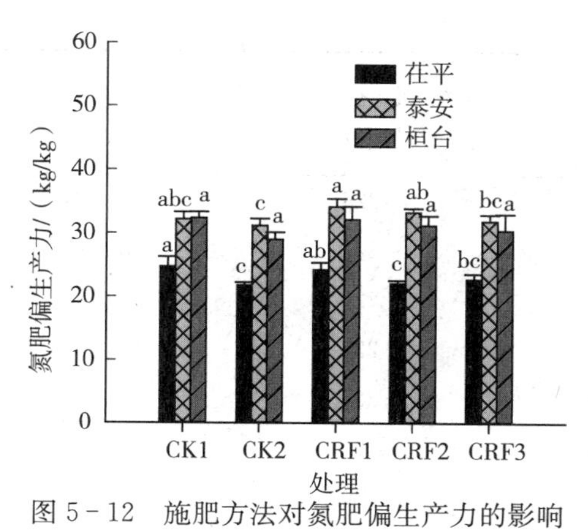

图 5-12　施肥方法对氮肥偏生产力的影响

注：同一试验点不同处理比较，不同小写字母代表差异达到 0.05 显著水平。

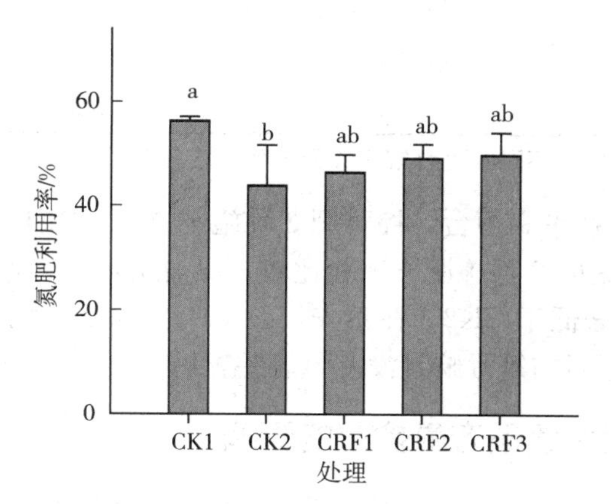

图 5-13　施肥方法对氮肥利用率的影响（桓台）

注：不同小写字母代表不同处理间差异达到 0.05 显著水平。

（五）施肥方法对土壤氮素表观平衡的影响

3 个试验地点氮素表观平衡见表 5-10。总体来看，茌平和桓台各施氮肥处理表现为氮盈余，氮盈余量在 34.0～68.6 kg/hm²，泰安各施肥处理表现为氮亏缺，氮亏缺量为

表 5-10　施肥方法对土壤氮素表观平衡的影响

试验地点	处理	氮素投入/（kg/hm²）	作物氮输出/（kg/hm²）	土壤氮素表观平衡/（kg/hm²）
茌平	CK1	210	156.3a	53.7a
	CK2	210	141.4a	68.6a
	CRF1	210	146.2a	63.8a
	CRF2	210	145.6a	64.4a
	CRF3	210	147.8a	62.2a

（续）

试验地点	处理	氮素投入/（kg/hm²）	作物氮输出/（kg/hm²）	土壤氮素表观平衡/（kg/hm²）
泰安	CK1	225	291.3a	−66.3b
	CK2	225	277.1ab	−52.1ab
	CRF1	225	273.8ab	−48.8ab
	CRF2	225	309.7a	−84.7b
	CRF3	225	247.4b	−22.4a
桓台	CK0	0	44.4c	−44.4c
	CK1	180	146.0a	34.0b
	CK2	180	123.6b	56.4a
	CRF1	180	127.7ab	52.3ab
	CRF2	180	132.9ab	47.1ab
	CRF3	180	134.1ab	45.9ab

注：同一试验点不同处理比较，不同小写字母表示差异达到0.05显著水平。

22.4～84.7 kg/hm²。在茌平和桓台，控释肥3种施肥方法CRF1、CRF2和CRF3的氮盈余量差异不显著，与尿素的2种施肥方法相比较，氮盈余量亦不存在显著差异，其中在桓台，CK1的氮盈余量显著低于CK2。在泰安，以CRF3的氮亏缺量最低，显著低于CK1和CRF2，其他施肥处理间的氮亏缺量没有显著差异。

（六）施肥方法对土壤硝态氮含量的影响

小麦收获后3个试验点0～90 cm土层土壤硝态氮含量的情况见表5-11。总体来看，随着土层深度的增加，硝态氮含量有降低的趋势。在茌平，各土层均以CRF2和CRF3的硝态氮含量较高，0～30 cm土层，CRF3硝态氮含量显著高于CK1与CK2，CRF2硝态氮含量显著高于CK1，60～90 cm土层CRF2硝态氮含量显著高于CK1与CRF1，CRF3显著高于CK1。桓台的0～30 cm土层，CRF3硝态氮含量显著高于CK0、CK2、CRF1与CRF2，30～60 cm土层，CRF3硝态氮含量显著高于CK0、CK2与CRF1，CRF2显著高于CK0与CRF1。

在泰安试验点，各土层CK1与CK2的硝态氮含量较高，CRF1的硝态氮含量相对最低。在0～30 cm土层，CK1的硝态氮含量显著高于CRF1与CRF3，在30～60 cm和60～90 cm土层，CK1与CK2的硝态氮含量均显著高于CRF1。

结论：在减量优化施肥的情况下，自制小麦专用控释氮肥撒施旋耕的施肥方法小麦产量、氮肥偏生产力较高，控释肥条施于种子正下方和侧下方6～8 cm深处的施肥方法小麦产量和氮肥偏生产力无显著差异。3种控释氮肥撒施的施肥方法对于干物质在小麦籽粒与秸秆的分配、籽粒氮素的含量和累积量、氮肥的利用率（桓台褐土）以及氮素的盈余量均没有显著的影响。本研究的结果初步表明，自制的小麦专用控释氮肥在减量优化施肥的情况下，采用撒施旋耕的施肥方法有利于小麦的稳产或增产，同时，包膜生产成本较低，施肥方法容易操作，后期不用追肥，减少了劳动力的投入，节省了生产成本。

表 5-11　施肥方法对小麦收获后土壤硝态氮含量的影响

单位：mg/kg

试验地点	处理	土层深度/cm		
		0～30	30～60	60～90
茌平	CK1	14.3c	9.4a	5.2c
	CK2	15.0bc	11.6a	8.3ab
	CRF1	16.8abc	10.6a	7.5bc
	CRF2	18.3ab	12.5a	10.3a
	CRF3	19.0a	12.7a	9.0ab
泰安	CK1	8.6a	6.2a	4.4a
	CK2	7.3ab	5.9a	5.2a
	CRF1	4.9b	2.4b	1.4b
	CRF2	7.0ab	5.7a	4.6a
	CRF3	5.7b	4.3ab	2.9ab
桓台	CK0	17.1bc	11.9c	11.5a
	CK1	20.7ab	15.5abc	11.9a
	CK2	17.7bc	12.9bc	12.3a
	CRF1	16.6c	12.7c	12.2a
	CRF2	18.7bc	17.2ab	12.7a
	CRF3	22.5a	17.5a	12.8a

注：同一试验点不同处理比较，不同小写字母表示差异达到 0.05 显著水平。

具备不同氮素释放特征的小麦控释肥品种，其最佳的施肥方法，包括最佳施用量、施肥位置等，还需要在不同生态区、不同土壤类型和地力条件下开展更为广泛的田间试验研究来进行筛选总结。

二、不同施肥方法对养分淋溶、径流的影响

通过设置以下处理进行养分淋溶、径流研究：CK 为空白处理，不施用任何肥料；FP 处理，即农民习惯施肥处理（试验地周围 15 个农户调查的平均数据），每亩施用尿素 50 kg，底施和追施各半，不施用磷、钾肥；PK 处理只施用磷、钾肥（$N-P_2O_5-K_2O$ 为 0-4.4-6.6），不施用氮肥，每亩施用重过磷酸钙 10 kg，氯化钾 11 kg，全部底施；OPT 为优化施肥处理，每亩施用尿素 26 kg，底施和追施各半，重过磷酸钙 10 kg，氯化钾 11 kg，磷、钾肥全部底施（$N-P_2O_5-K_2O$ 为 12-4.4-6.6）；CRF 为控释肥处理，每亩施用控释尿素 22.86 kg，重过磷酸钙 10 kg，氯化钾 11 kg，氮、磷、钾肥全部底施（$N-P_2O_5-K_2O$ 为 9.6-4.4-6.6）；80%OPT+M 为优化施肥 80%肥料用量加 80 kg 干鸭粪处理，总养分投入量等同于优化施肥处理，即每亩施用尿素 20.8 kg，底施和追施各半，重过磷酸钙 10 kg，氯化钾11 kg，磷、钾肥与干鸭粪全部底施（$N-P_2O_5-K_2O$ 为 9.6-3.52-5.28）；OPT+

St 处理，每亩施用小麦干秸秆 400 kg，每亩施用尿素 26 kg，底施和追施各半，重过磷酸钙10 kg，氯化钾 11 kg，磷、钾肥和小麦秸秆全部底施（$N-P_2O_5-K_2O$ 为 12－4.4－6.6）。干鸭粪含 N 1.76%，P_2O_5 2.50%，K_2O 1.50%，有机质含量为16.5%；小麦秸秆含 N 0.34%，P 0.05%，K 1.68%。

各小区随机区组排列，每处理重复 3 次，小区面积 45 m^2。各小区之间及周边从距地面 60 cm 处至地表用塑料薄膜及水泥砖加固隔离，防止互相串水串肥。

小麦季内通过径流途径损失的无机氮情况见图 5－14，硝态氮是氮流失的主要形态，在各处理中占无机氮损失总量的 94.2%～96.5%。FP 与 OPT 处理的两种形态氮损失量在各处理中表现较高，其次是 80% OPT＋M 处理，OPT＋St 和 CRF 处理硝态氮损失相对较小，其中控释氮肥一次性施用的处理 CRF 在所有有氮素投入的处理中径流损失氮最小，与其他有氮投入处理差异达显著水平。

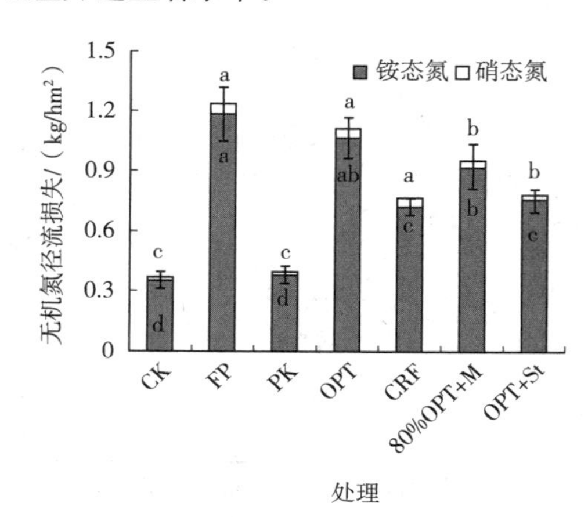

图 5－14　各处理硝态氮、铵态氮径流损失量

注：相同形态氮不同处理比较，不同小写字母表示差异达到 0.05 显著水平。

由图 5－15 可看出，在小麦整个生育季，两种形态氮的淋溶损失量相当（各处理硝态氮平均淋溶量占无机氮总淋溶量的 48.7%）。FP 处理的硝态氮、铵态氮损失量均表现最高，二者之和为 0.597 kg/hm^2，OPT＋St 处理的硝态氮和铵态氮淋溶量仅次于 FP 处理，却显著高于 CK、PK、CRF、80%OPT＋M 处理，CRF 处理的硝态氮、铵态氮淋溶量均显著低于其他 3 个有氮处理。

小麦季各施肥处理通过径流途径损失的不同形态磷比例见图 5－16。其中可溶性磷占有较大比例（占总磷径流损失量的 59.2%～76.1%）。OPT＋St 在所有施肥处理中损失量最低(除 PK 和 FP 处理外)；FP、PK 和 OPT 处理的颗粒态磷径流损失量显著高于 CK、CRF 和 80%OPT＋M 处理，OPT＋St 处理的颗粒态磷损失最低。小麦季 PK 和 FP 处理的总磷径流损失量高于其他处理，与 CRF、80% OPT＋M 和 OPT＋St 处理差异达显著水平。

小麦季相应处理总磷淋溶量见图 5－17。FP 处理总磷损失量在所有处理中表现最高，与 OPT 和 CRF 处理差异达显著水平，80%OPT＋M 和 OPT＋St 处理也表现较高的总磷损失。两种形态磷损失比例相当，在不同处理中表现基本一致：均为 FP 处理最高，CRF 在所有施氮肥处理中表现最低。

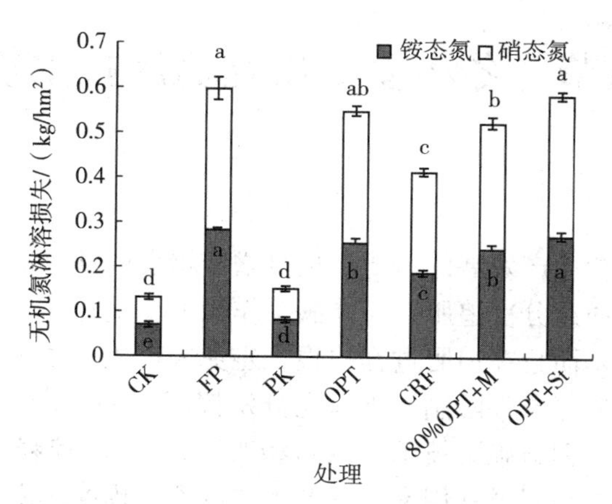

图 5-15　各处理硝态氮、铵态氮淋溶损失量

注：相同形态氮不同处理比较，不同小写字母表示差异达 0.05 显著水平。

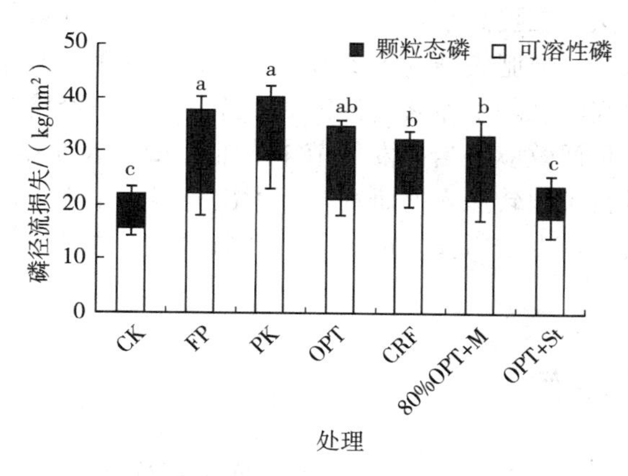

图 5-16　各处理不同形态磷径流损失量

注：相同形态磷不同处理比较，不同小写字母表示差异达 0.05 显著水平。

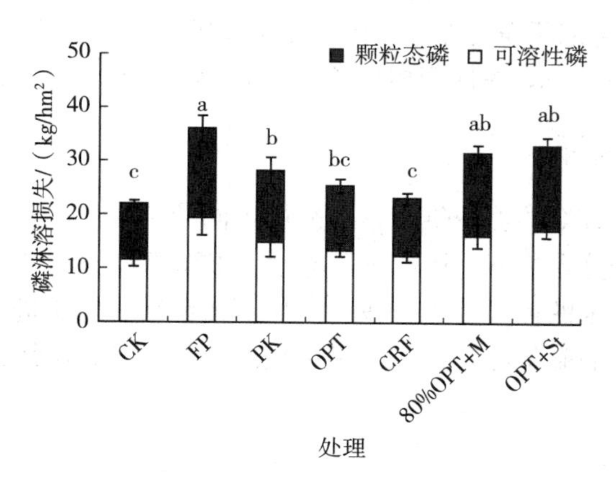

图 5-17　各处理不同形态磷淋溶损失量

注：相同形态磷不同处理比较，不同小写字母表示差异达 0.05 显著水平。

第四节　冬小麦一次性施肥技术规程

一、技术背景

使用化肥是当代粮食生产发展的需要，也是增产粮食的基本保证，常用的速效肥料肥效期短，在生产上必须通过分次追肥，才能满足作物整个生育期间对养分的需要。这样做在生产上不仅费工费力，而且在追肥过程中很难避免人畜机械损坏小麦植株和根系，同时由于受人力、物力、气象等条件限制，难以充分发挥肥料的增产作用。解决问题的根本，必须突破传统施肥习惯，创新施肥技术，以新型改型改性缓/控释肥料为载体，推广小麦简化施肥技术，目的是提高肥料利用率，降低生产成本，提高小麦产量和效益。

小麦施肥技术是小麦栽培技术体系的重要组成部分，在生产上发挥着重要作用。多年来，小麦施肥技术一直在不断地改进和发展，推广了小麦氮肥后移、高产小麦注重灌浆期养分投入的分期施肥方法，在提高小麦产量和肥料利用率等方面取得了明显的效果。但是农村劳动力价格逐渐涨高、追肥表施的现象普遍存在，致使肥料利用率降低，尽管施肥量逐年加大，小麦产量提高幅度却不显著，种田成本连年增加，经济效益明显下降，这种不科学的施肥习惯带来的负面效应与当前发展节本农业、增效农业是不相适应的。近阶段，在小麦施肥技术方面进行了比较深入的研究，探索出与当前小麦生产实际相适应的施肥技术——小麦简化施肥技术，在肥料投入成本上可节省开支，并在一定条件下节约劳动力，实现“双节约”。

二、施肥技术要点

小麦简化施肥技术，也称“小麦长效专用肥一次侧深施肥技术”，就是改过去小麦生育期间多次施肥为整个生育期一次性施肥技术。根据小麦不同生育阶段对各营养的需求特点以及当地的气候特征和土壤条件，以小麦目标产量为基础，按配方施肥理论和肥料改型改性制造技术，将小麦整个生育期所需的养分，在播种同时利用播种深施肥机一次性施入（进行侧深施，横向距离种子 4～6 cm，纵向距离种子 3～5 cm 处），小麦种子播种深度在 3～5 cm。

（一）肥料品种选择

为保证小麦整个生育期的养分供应，应采用不同的长效肥品种进行施用，这其中有含控释氮素的复合肥，养分含量 $N-P_2O_5-K_2O$ 为（22～24）- 15 - 9；此外可施用不同包膜材料及采用异粒变速技术的控释氮肥，按一定比例掺混磷、钾肥进行一次性施用；添加氮肥抑制剂和脲酶抑制剂的肥料亦是可以考虑采用的类型。肥料施用量根据产量目标和地力状况而定。

（二）施肥机械

小麦播种施肥机设计有开沟器、镇压轮、齿轮、链条、旋钮等装置，小麦播种施肥机需挂在微耕机上，依靠微耕机的牵引进行作业，种子和肥料装置及传输装置均分开。作业的时候，微耕机前进，镇压轮上的驱动齿在地面阻力作用下带动镇压轮转动，进而通过其上的齿轮和链条，带动排种器和排肥器转动，种子和肥料顺势落下。开沟排肥器开出沟的深度一般为5～8 cm。肥料排出后，周围土壤回落。相对错开的开沟下种器开出沟的深度一般为2～4 cm，种子落在施肥后回落的土壤上。随即利用镇压轮的镇压作用进行盖种。

普通的播种施肥机是种、肥分施式播种机，其排肥量的调整需要试播来确定。将肥料装入肥箱后，机器行走一段距离，称其排肥量的多少，调整下料口的宽窄以达到要求排肥量。覆土厚度一般调整到40～50 mm，并及时镇压保墒。拖拉机播种作业速度，一般选用Ⅲ挡作业，速度为4 000～5 000 m/h为宜。播种施肥作业时，田间停车地点要做好记号，并及时补种、补肥。机组作业过程中，要经常注意和观察排种器、输种管、排肥器、输肥管工作是否正常，发现问题要及时排除。而相对粗糙的播种施肥则可以通过转动播种施肥机上的旋钮，来调整播种量和施肥量。播种机开沟器开沟深浅要一致，同台播种机的开沟器底平面应在一条直线上，相差不超过10 mm，并和地面相平行。开沟器之间距离应相等，保持行距一致，一般开沟器深度调在40～50 mm。在进行播种作业前，首先拖拉机牵引播种机在地头或路面上进行实际播量试验，使开沟器不入土，种箱装入应播的小麦种子，行走一段距离，统计出1 m长的距离内各行种子粒数，是否与计算理论播种粒数相一致，如不相符，通过调节手柄的位置来调节排种量，直至与理论计算数值基本相等。

（三）施肥用量

每亩目标产量≥600 kg的高肥力土壤上，推荐每亩施用缓释氮肥（N）16～20 kg、磷肥（P_2O_5）8～10 kg、钾肥（K_2O）6～8 kg，另外每亩掺入1～2 kg的硫酸锌。根据缓释氮肥氮素释放期确定全部施用小麦专用生物可降解型缓释氮肥或热固型/热塑型树脂包膜肥料配合10%～30%的速效氮肥。

每亩目标产量500～600 kg的中高肥力土壤上，推荐每亩施用缓释氮肥（N）14～16 kg、磷肥（P_2O_5）6～8 kg、钾肥（K_2O）4～6 kg，另外每亩掺入1～2 kg的硫酸锌。根据缓释氮肥氮素释放期确定全部施用小麦专用生物可降解型缓释氮肥或热固型/热塑型树脂包膜肥料配合10%～30%的速效氮肥。

每亩目标产量<500 kg的中低肥力土壤上，推荐每亩施用缓释氮肥（N）10～14 kg、磷肥（P_2O_5）5～7 kg、钾肥（K_2O）3～5 kg，另外每亩掺入1～2 kg的硫酸锌。根据缓释氮肥氮素释放期确定施用小麦专用生物可降解型缓释氮肥配施10%～20%的腐植酸尿素或热固型/热塑型树脂包膜肥料配合10%～30%的速效氮肥。

三、技术前景

冬小麦一次性施肥技术有以下特点：

（1）减少氮养分投入。采用长效机制能够满足生育期内小麦对氮养分的需求，可在一定程度上减少氮素的投入，为减缓氮素淋溶，降低地下水硝酸盐含量具有一定的作用。

（2）省时、省工。小麦简化施肥是在上茬作物（多为玉米）收获并秸秆还田后立即进行施肥。该技术是将施肥、播种、镇压一次完成，省去了人工施肥和机械耕翻整地和浅耙工序，播种进度可提前 1 d，大面积播种可提前 3～5 d，不会因其他原因耽误最佳播种时期，且每亩节省人工 0.5 个，为培育冬前壮苗争取了时间。同时采用长效肥品种可适当节省小麦返青至拔节期一次追肥的操作，节省劳动力。

（3）土地、光、热、水、肥利用率高。该施肥技术通过调整播种机械可进行宽播幅种子分散式粒播，有利于种子分布均匀，无缺苗断垄、疙瘩苗现象出现，能充分利用土地资源。出苗后单株营养面积大，消除了集中条播形成的行内株间拥挤以及麦苗相互争水、争肥、争光而造成苗弱根少的弊病，提高了对光、热、水、肥和土地等资源的利用率。

（4）节本增效、操作简便，易推广。小麦简化施肥技术简单易懂，可操作性强。只要求将种子化肥均匀撒开，根据小麦产量定施肥量，不存在较难掌握的技术过程，推广难度小。

节省氮素投入量 15%～20%的前提下采用长效肥一次性与种子同时施用的施肥技术，70%以上的试验有增产趋势，平均增产率达 6.6%，具有显著的增产效益，每亩节本增收 120～150 元，具有一定的实用意义和推广前景。

主要参考文献

白由路，杨俐苹，2006. 我国农业中的测土配方施肥 [J]. 中国土壤与肥料 (2)：3-7.

戴建军，樊小林，喻建刚，等，2007. 水溶性树脂包膜控释肥料肥效期快速检测方法研究 [J]. 中国农业科学，40 (5)：966-971.

李华伟，司纪升，徐月，等，2015. 栽培技术优化对冬小麦根系垂直分布及活性的调控 [J]. 作物学报，41 (7)：1136-1144.

刘宁，孙振涛，韩晓日，等，2010. 缓/控释肥料的研究进展及存在问题 [J]. 土壤通报，41 (4)：1005-1009.

刘永哲，陈长青，尚健，等，2016. 沙壤土包膜尿素释放期与小麦适宜施肥方式研究 [J]. 植物营养与肥料学报，22 (4)：905-912.

石玉，于振文，王东，等，2006. 施氮量和底追比例对小麦氮素吸收转运及产量的影响 [J]. 作物学报，32 (12)：1860-1866.

司东霞，崔振岭，陈新平，等，2014. 不同控释氮肥对夏玉米同化物积累及氮平衡的影响 [J]. 应用生态学报，25 (6)：1745-1751.

隋常玲，张民，2014. ^{15}N 示踪控释氮肥的氮肥利用率及去向研究 [J]. 西北农业学报，23 (9)：120-127.

孙浩燕. 施肥方式对水稻根系生长、养分吸收及土壤养分分布的影响 [D]. 武汉：华中农业大学，2015.

孙旭东，孙浒，董树亭，等，2017. 包膜尿素施用时期对夏玉米产量和氮素积累特性的影响 [J]. 中国农业科学，50 (11)：2179-2188.

孙云保，张民，郑文魁，等，2014. 控释氮肥对小麦—玉米轮作产量和土壤养分状况的影响 [J]. 水土保持学报，28 (4)：115-121.

王文岩，董文旭，陈素英，等，2016. 连续施用控释肥对小麦/玉米农田氮素平衡与利用率的影响 [J]. 农业工程学报 (2)：135-141.

王旭，李贞宇，马文奇，等，2010. 中国主要生态区小麦施肥增产效应分析［J］. 中国农业科学，43（12）：2469－2476.

王寅，冯国忠，张天山，等，2016. 控释氮肥与尿素混施对连作春玉米产量、氮素吸收和氮素平衡的影响［J］. 中国农业科学，49（3）：518－528.

谢培才，马冬梅，张兴德，等，2005. 包膜缓释肥的养分释放及其增产效应［J］. 土壤肥料（1）：23－28.

杨帆，孟远夺，姜义，等，2015.2013年我国种植业化肥使用状况分析［J］. 植物营养与肥料学报，21（1）：217－225.

杨俊刚，张冬雷，徐凯，等，2012. 控释肥与普通肥料混施对设施番茄生长和土壤硝态氮残留的影响［J］. 中国农业科学，45（18）：3782－3791.

杨青林，桑利民，孙吉茹，等，2011. 我国肥料利用现状及提高化肥利用率的方法［J］. 山西农业科学，39（7）：690－692.

叶优良，韩燕来，谭金芳，等，2007. 中国小麦生产与化肥施用状况研究［J］. 麦类作物学报，27（1）：127－133.

张婧，夏光利，李虎，等，2016. 一次性施肥技术对冬小麦/夏玉米轮作系统土壤 N_2O 排放的影响［J］. 农业环境科学学报（1）：195－204.

张木，唐拴虎，张发宝，等，2017.60天释放期缓释尿素可实现早稻和晚稻的一次性基施［J］. 植物营养与肥料学报，23（1）：119－127.

张卫峰，马文奇，王雁峰，等，2008. 中国农户小麦施肥水平和效应的评价［J］. 土壤通报，39（5）：1049－1055.

张文玲，王文科，李桂花，2009. 施肥方式对不同小麦品种生长和氮肥利用率的影响［J］. 中国土壤与肥料（2）：47－51.

张务帅，2015. 控释氮钾肥配比及施肥方式对玉米、小麦生长和土壤养分变化的影响［D］. 泰安：山东农业大学.

张务帅，陈宝成，李成亮，等，2015. 控释氮肥控释钾肥不同配比对小麦生长及土壤肥力的影响［J］. 水土保持学报，29（3）：178－183，189.

张学军，赵营，陈晓群，等，2007. 滴灌施肥中施氮量对两年蔬菜产量、氮素平衡及土壤硝态氮累积的影响［J］. 中国农业科学，40（11）：2535－2545.

张耀兰，曹承富，李华伟，等，2013. 氮肥运筹对晚播冬小麦产量、品质及叶绿素荧光特性的影响［J］. 麦类作物学报，33（5）：965－971.

郑沛，宋付朋，马富亮，2014. 硫膜与树脂膜控释尿素对小麦不同生育时期土壤氮素的调控及其产量效应［J］. 水土保持学报，28（4）：122－127.

CONLEY D J，PAERL H W，HOWARTH R W，et al，2009. Controlling eutrophication：nitrogen and phosphorus［J］. Science，323：1014－1015.

GENG J B，MA Q，CHEN J Q，et al，2016. Effects of polymer coated urea and sulfur fertilization on yield，nitrogen use efficiency and leaf senescence of cotton［J］. Field Crops Research，187：87－95.

GENG J B，MA Q，ZHANG M，et al，2015. Synchronized relationships between nitrogen release of controlled release nitrogen fertilizers and nitrogen requirements of cotton［J］. Field Crops Research，184：9－16.

GILDOW M，ALOYSIUS N，GEBREMARIAM S，et al，2016. Fertilizer placement and application timing as strategies to reduce phosphorus loading to Lake Erie［J］. Journal of Great Lakes Research，42（6）：1281－1288.

HALVORSON A D，DEL GROSSO S J，REULE C A，2008. Nitrogen，tillage，and crop rotation effects on nitrous oxide emissions from irrigated cropping systems [J]. Journal of Environmental Quality，37 (4)：1337-1344.

JOSÉ DA SILVA M，HENRIQUE C，FRANCO J，et al，2017. Liquid fertilizer application to ratoon cane using a soil punching method [J]. Soil & Tillage Research，165：279-285.

JU X T，KOU C L，ZHANG F S，et al，2006. Nitrogen balance and groundwater nitrate contamination：comparison among three intensive cropping systems on the North China Plain [J]. Environmental Pollution，143 (1)：117-125.

LIU X J，JU X T，ZHANG Y，et al，2006. Nitrogen deposition in agroecosystems in the Beijing area [J]. Agriculture，Ecosystems & Environment，113 (1)：370-377.

LU D J，LU F F，PAN J X，et al，2015. The effects of cultivar and nitrogen management on wheat yield and nitrogen use efficiency in the North China Plain [J]. Field Crops Research，171：157-164.

OITA A，MALIK A，KANEMOTO K，et al，2016. Substantial nitrogen pollution embedded in international trade [J]. Nature Geoscience，9：111-115.

PAN S G，WEN X C，WANG Z M，et al，2017. Benefits of mechanized deep placement of nitrogen fertilizer indirect-seeded rice in South China [J]. Field Crops Research，203：139-149.

SU W，LIU B，LIU X，et al，2015. Effect of depth of fertilizer banded-placement on growth，nutrient uptake and yield of oilseed rape (*Brassica napus* L.) [J]. European Journal of Agronomy，62：38-45.

SUN H J，ZHANG H L，MIN J，et al，2015. Controlled-release fertilizer，floating duckweed，and biochar affect ammonia volatilization and nitrous oxide emission from rice paddy fields irrigated with nitrogen-rich wastewater [J]. Paddy and Water Environment，DOI 10.1007/s10333-015-0482-2.

YANG Y C，ZHANG M，LI Y C，et al，2012. Controlled release urea improved nitrogen use efficiency，activities of leaf enzymes，and rice yield [J]. Soil Science Society of America Journal，76 (6)：2307-2317.

ZHANG W，DOU Z，HE P，2013. Improvements in manufacture and agricultural use of nitrogen fertilizer in China offer scope for significant reductions in greenhouse gas emissions [J]. Proceedings of the National Academy of Sciences，110：8375-8380.

第六章　春玉米一次性施肥技术

目前，春玉米在施肥上主要有分次施肥和一次性施肥两种方式。分次施肥一般是底肥加追肥的方式，即全部的磷、钾肥和部分氮肥作为底肥，大部分氮肥在玉米生育中期施用。一次性施肥是将玉米全生育期所需的肥料在春播前一次性施入土壤，玉米生育中期无须追肥的施肥方式（苗永建，2004）。一次性施肥正逐渐成为玉米生产中的一种主要施肥方式，在春玉米主产区，采用一次性施肥技术的农户已达65%以上（杨俊刚 等，2009）。一次性施肥方式虽然得到农民的认同，但因为过去所用肥料品种大多为高氮复混肥（胡景有，2005），全生育期只施一次速效化肥易造成氮素分配不均衡，导致前期氮素供应过剩，后期供应不足而出现脱氮现象，不仅影响到玉米单产的提高，而且增加了氮素损失的风险。近几年，新型肥料的研制与生产及在玉米上的广泛应用，改变了肥料养分的供应方式，延长了养分的供应时间（曹兵 等，2005），这为合理地应用一次性施肥技术提供了技术条件。本文中的春玉米一次性施肥技术是指根据土壤肥力情况和玉米需肥特性确定最佳的施肥量，在整地时将玉米全生育期所需的专用缓/控释氮肥配合磷、钾肥作为底肥一次性施入，整个生育期内不再追肥的方法（刘兆辉 等，2018）。

第一节　不同肥料品种对春玉米产量、效率和环境的影响

不同肥料品种试验共8个处理：CK，不施氮肥；A，普通复合肥；B，金正大环氧树脂包膜尿素；C，中国农业大学聚酯类包膜尿素；D，山东省农业科学院绿树脂包膜尿素；E，山东省农业科学院黑腐植酸类包膜尿素；F，中国科学院南京土壤研究所包膜尿素；G，施可丰稳定性肥料。A～G处理肥料用量相同。

在同等施肥量条件下，筛选出的环氧树脂包膜、聚酯类包膜和腐植酸类包膜控释肥产品是适合春玉米一次性施肥的高效肥料品种。

（一）不同肥料品种对春玉米产量及产量构成因素的影响

产量水平是检验施肥方法是否合理的重要指标，高强等在吉林省5种类型土壤上的研究表明，缓/控释肥料一次性施用能够明显提高玉米产量；周丽平等研究得出施用树脂包膜尿素可提高夏玉米产量13.6%；朱英红等研究表明，缓/控释肥料不仅能改善玉米的产量性状，且增产效果显著；吉林省农业科学院试验表明，施用不同品种控释肥处理的穗粒数、百粒重、收获穗数均高于施用普通复合肥处理，连续5年施用控释肥可以较普通肥料提高春玉米产量，其中以B、C、E控释肥处理的玉米产量最高，较B处理增产4.3%～6.0%，其他控释肥品种较普通肥料也有小幅度的增产（表6-1）。

表 6-1　施用不同肥料品种春玉米的产量及产量构成因素

处理	产量/(kg/hm²)	收获穗数/(穗/hm²)	穗粒数/(粒/穗)	百粒重/g
CK	9 064 d	51 996c	520.8c	32.7c
A	11 375c	57 072b	557.8b	34.0b
B	12 057a	60 406a	600.2a	37.6a
C	11 933a	58 642ab	594.6a	37.1a
D	11 673b	56 878b	562.3b	36.8a
E	11 869ab	57 760b	576.4b	36.9a
F	11 782b	57 235b	579.6b	34.3b
G	11 776b	57 186b	571.6b	35.4b

注：同列数据后不同小写字母表示处理间差异达 5%显著水平。

（二）不同肥料品种对春玉米氮效率的影响

肥料利用率是作物所能吸收肥料养分的比率，用以反映肥料的利用程度，肥料利用率越高，技术经济效果就越好，其经济效益也就越大。王友平的研究表明，控释肥料有助于玉米物质积累，提高玉米产量和肥料利用率。通过氮效率的分析可知，各施肥处理氮肥生理利用率差异不显著，施用不同品种控释肥处理的春玉米氮肥农学利用率、氮肥偏生产力均显著高于普通肥料处理，氮肥利用率较普通肥料处理提高 0.9%～28.3%，其中以 B、C、E 控释肥品种表现最好（表 6-2）。

表 6-2　不同肥料品种对氮肥利用效率的影响

处理	氮肥生理利用率/(kg/kg)	氮肥农学利用率/(kg/kg)	氮肥偏生产力/(kg/kg)	氮肥利用率/%
CK	—	—	—	—
A	34.1bc	11.6b	56.9b	33.9c
B	34.4bc	15.0a	60.3a	43.5a
C	35.3ab	14.3a	59.7a	40.7a
D	38.1a	13.0a	58.4a	34.2bc
E	32.6c	14.0a	59.3a	43.0a
F	34.8b	13.6a	58.9a	39.0ab
G	37.0a	13.6a	58.9a	36.6b

注：同列数据后不同小写字母表示处理间差异达 5%显著水平。

（三）不同肥料品种对春玉米生物产量的影响

作物的干物质积累量是产量形成的关键。有研究表明，作物生育期内干物质的累积是产量形成的基础，干物质累积的水平决定了最终籽粒产量的高低。Shoji 的研究表明，施用控释尿素玉米籽粒产量和生物产量均显著高于施用常规尿素，控释尿素能提高玉米产量，表现出明显的前控后保效果。施用不同品种控释肥对玉米地上部干物质累积有一定的影响，研究结果表明，在春玉米不同生育进程中，施用不同品种控释肥可以提高玉米地上部干物质累积量（图 6-1），但与普通肥料处理间差异不显著，其中以施用 B、C 控释肥处理表现最好，其成熟期地上部干物质累积量较 A 处理分别增加 883 kg/hm² （3.4%）和 1 335 kg/hm² （5.2%）。

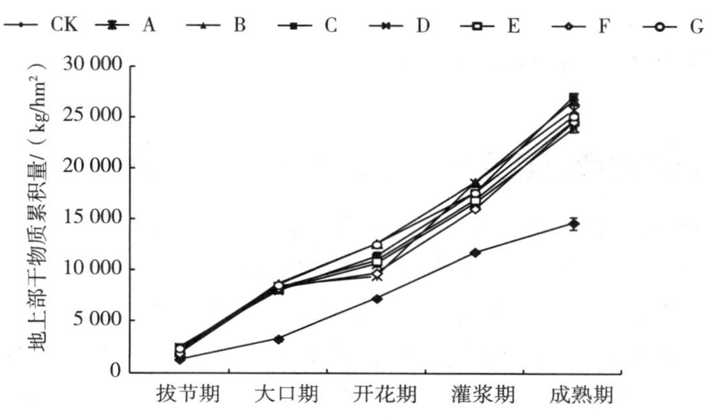

图 6-1　施用不同肥料品种春玉米各生育时期干物质累积动态

（四）不同肥料品种对春玉米土壤无机氮的影响

硝态氮、铵态氮是作物吸收的主要氮素形态，硝态氮的数量标志着土壤氮素的供应强度。有研究表明，施用控释肥既能提高 0～20 cm 耕层土壤的养分，满足作物生长需求，又能减少硝态氮向土壤下层的淋溶迁移，有利于控制农业面源污染。杨俊刚等研究得出一次性施用缓释肥可减少玉米收获后土壤剖面 NO_2-N 的残留量，降低了 NO_2-N 淋出根层的风险。研究表明，在各生育时期，所有施肥处理的土壤耕层硝态氮含量均在拔节期达到最高值（图 6-2）。拔节期，施用控释肥 B 处理土壤中的硝态氮含量显著高于其他处理，为 35.21 mg/kg，其次是 A 和 G 处理；开花期，不同品种控释肥处理的土壤硝态氮含量均高于普通肥料处理，成熟期各缓/控释肥处理土壤硝态氮含量均低于普通肥料处理，但差异不显著。各处理耕层土壤中的铵态氮含量变化趋势与硝态氮含量变化趋势相近。

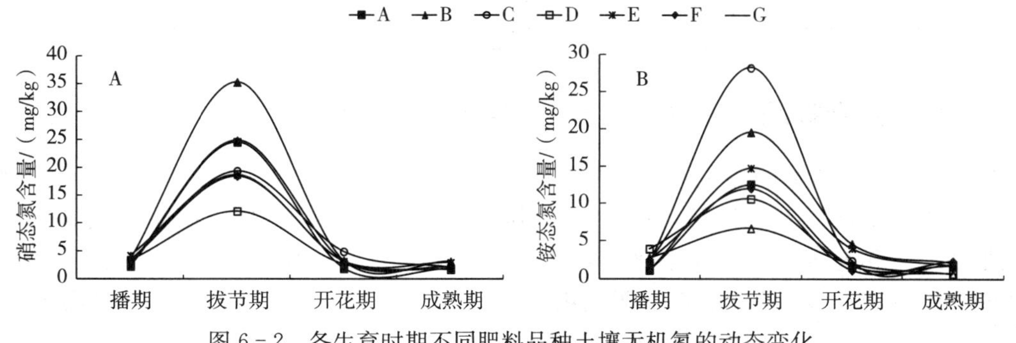

图 6-2　各生育时期不同肥料品种土壤无机氮的动态变化

第二节　不同肥料用量对春玉米产量、效率和环境的影响

不同肥料用量共设 5 个处理：CK，不施氮肥；FP，农民习惯施氮量 240 kg/hm^2；OPT，推荐施氮量 180 kg/hm^2（较 FP 减氮 25%）；CRU1，控释氮肥用量 180 kg/hm^2（较 FP 减氮 25%）；CRU2，控释氮肥用量 144 kg/hm^2（较 FP 减氮 40%）。

明确了春玉米控释肥一次性施用最佳用量为 144～180 kg/hm^2，较农民习惯施肥节省氮肥 25%～40%。

（一）不同肥料用量对春玉米产量及产量构成因素的影响

有研究表明控释肥一次性减量施用可以不同程度地提高玉米产量。尹梅等研究结果表明，适施氮量相同条件下，施控释氮肥的玉米产量比施普通尿素的玉米产量明显提高，增产幅度在 4.7%～16.3%。云鹏等研究了玉米减量施氮的效果，发现与习惯施肥（240 kg/hm^2）相比较，在氮肥施用量减少 40%的条件下仍可保障玉米产量。吉林省农业科学院 5 年的定位试验表明，一次性施用控释肥可以较速效肥料一炮轰的施肥方式增加春玉米的产量（表 6-3）。控释氮肥氮素减量 25%和 40%施用的两个处理（CRU1、CRU2）的穗粒数、百粒重、收获穗数均高于农民一炮轰（FP）处理，5 年产量平均数据显示，CRU1 和 CRU2 处理，分别较 FP 处理增产玉米 4.5%和 2.6%，虽然两处理的玉米产量较分次施肥（OPT）处理稍低，但差异不显著，可见，施用控释肥不仅节省了肥料投入成本，还简化了生产环节，是一条简约化、高效化的施肥途径。

表 6-3　不同施肥处理春玉米产量及产量构成因素

处理	产量/(kg/hm^2)	收获穗数/(穗/hm^2)	穗粒数/(粒/穗)	百粒重/g
CK	9 512b	54 894b	514.7c	32.2b
FP	11 085a	58 201a	559.5b	36.3ab
OPT	11 757a	59 303a	576.6a	37.4a
CRU1	11 579a	59 965a	587.3a	37.8a
CRU2	11 373a	59 303a	588.1a	37.1a

注：同列数据后不同小写字母表示处理间差异达 5%显著水平。

（二）不同肥料用量对春玉米氮肥利用效率的影响

控释氮肥一次性减量施用可以提高氮肥利用效率。赵斌等人的研究得出，控释肥减量 25%时，比常规施肥增产 9.7%～10.0%，其氮肥利用率和氮肥农学利用率也显著高于常规施肥处理。孙晓等研究结果表明，与农户常规施肥相比，缓/控释尿素氮肥用量减少 20%能够维持产量不降低，提高氮肥利用率 2.26%～12.69%。吉林省农业科学院研究表明，在春玉米上施用控释肥，并且氮素减量 25%、40%（CRU1、CRU2），其氮肥生理

利用率、氮肥农学利用率、氮肥偏生产力和氮肥利用率均显著高于农民习惯施肥处理（FP）。CRU1、CRU2处理的氮肥生理利用率分别较FP处理提高了28.5%和13.8%，氮肥农学利用率分别较FP处理提高了4.9kg/kg和6.3kg/kg，氮肥偏生产力分别较FP处理提高了18.1 kg/kg和32.8 kg/kg，氮肥利用率较FP处理分别提高了18.4%和21.7%。综上可知，适量减少氮肥用量，不仅可小幅度提高玉米产量，还可显著提高氮肥的利用效率（表6-4）。

表6-4　不同施肥处理对氮肥利用效率的影响

处理	氮肥生理利用率/（kg/kg）	氮肥农学利用率/（kg/kg）	氮肥偏生产力/（kg/kg）	氮肥利用率/%
FP	23.9b	6.6b	46.2c	22.1b
OPT	28.6a	12.5a	65.3b	41.8a
CRU1	30.7a	11.5a	64.3b	40.5a
CRU2	27.2a	12.9a	79.0a	43.8a

注：同列数据后不同小写字母表示处理间差异达5%显著水平。

（三）不同肥料用量对春玉米生物产量的影响

在春玉米上一次性施用控释肥，相较农民习惯施肥减少氮素25%和40%（CRU1、CRU2）可有效地增加地上部干物质累积量（图6-3），CRU1处理的地上部干物质累积量较FP和OPT处理分别增加1 634 kg/hm²（7.7%）和468 kg/hm²（2.1%），CRU2处理地上部干物质累积量较FP和OPT处理分别增加1 440 kg/hm²（6.8%）和274 kg/hm²（1.2%）。

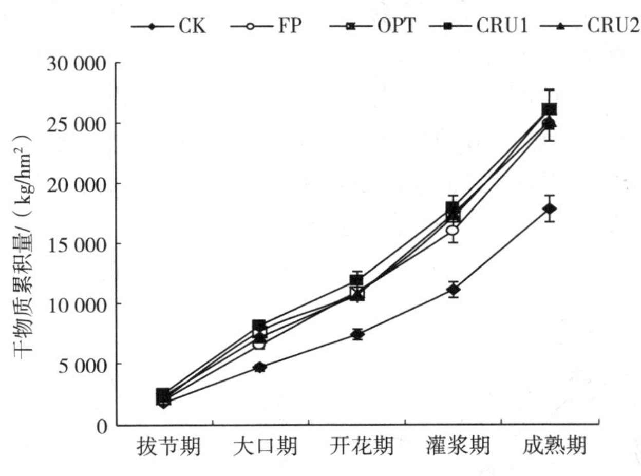

图6-3　各生育时期不同肥料用量春玉米干物质累积动态

（四）不同肥料用量对春玉米品质的影响

粗脂肪和蛋白质是生命的物质基础，对人体的营养极为重要。粗蛋白的含量是随着籽粒发育不断降低的，一次性施用缓/控释肥可以提高玉米籽粒粗脂肪和粗蛋白含量。邵国庆等研究得出，相同氮水平下，包膜控释尿素处理玉米的蛋白质产量比常规尿素处理平均增产 8.4%。本项研究可见，施用控释肥处理的玉米粗脂肪和粗蛋白含量均高于农户一炮轰处理（FP）和分次施肥普通尿素处理（OPT）。施用控释肥处理（CRU1、CRU2）的粗脂肪含量分别较 FP 处理提高 13.4%和 9.5%，较 OPT 处理分别提高 5.2%和 1.5%；两处理粗蛋白含量分别较 FP 处理提高 2.8%和 1.8%（表 6－5）。可见，减量施用控释肥能够提高玉米籽粒中粗脂肪、粗蛋白含量，明显改善玉米的品质。

表 6－5　不同控释尿素处理粗脂肪和粗蛋白含量

处理	粗脂肪含量/%	粗蛋白含量/%
CK	3.03b	7.82b
FP	3.06b	8.38ab
OPT	3.30a	8.60a
CRU1	3.47a	8.62a
CRU2	3.35a	8.53a

注：同列数据后不同小写字母表示处理间差异达 5%显著水平。

（五）不同肥料用量对春玉米土壤效应的影响

1. 不同肥料用量对土壤无机氮的影响

本研究表明，在春玉米各生育时期（图 6－4），施氮肥处理的硝态氮含量均在拔节期达到最高值，而后出现迅速下降的趋势。一次性施用控释肥可较农民习惯施肥增加土壤硝态氮含量，能够满足春玉米各阶段对氮素的需求，使肥料的养分释放与作物需求相吻合。各处理耕层土壤中的铵态氮含量变化趋势与硝态氮含量变化趋势相近。在玉米收获期，土壤硝态氮、铵态氮含量因不同氮肥用量而有差异，两者趋势基本相一致，以 60～90 cm 土层土壤硝态氮含量最低，0～30 cm 土层的含量最高，且控释肥处理 30～90 cm 土层的无机氮含量基本都低于 FP 和 OPT 处理，说明施用控释肥既能提高耕层土壤养分含量，又能控制农业肥料污染（图 6－5）。

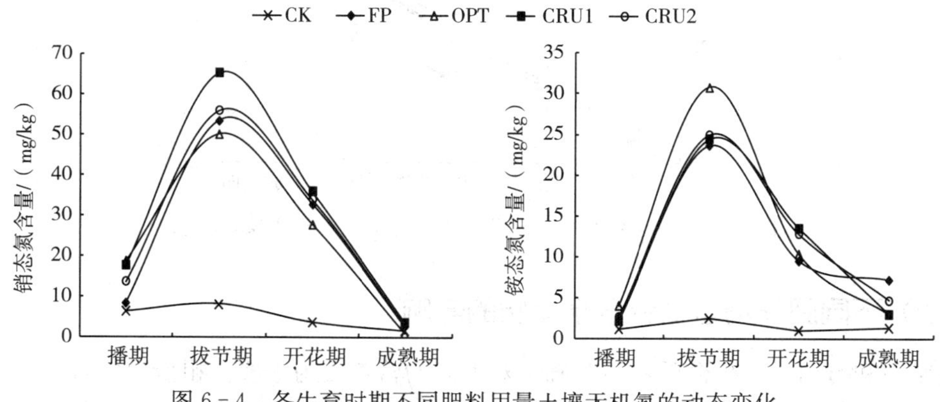

图 6－4　各生育时期不同肥料用量土壤无机氮的动态变化

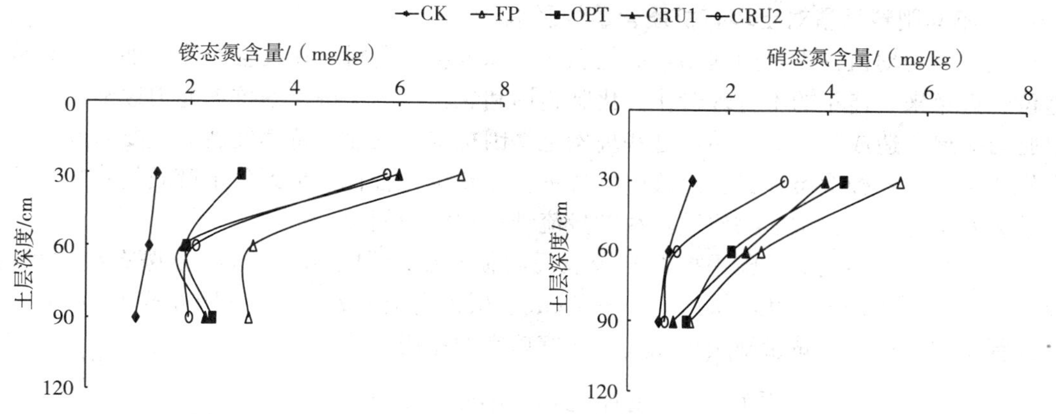

图 6-5 成熟期不同肥料用量 0～90 cm 土壤无机氮的动态变化

2. 不同肥料用量对土壤速效养分的影响

土壤养分是指土壤中含有植物生长发育所需要的营养物质，是土壤肥力的重要影响因素之一。土壤速效养分含量是评价土壤供肥能力的主要指标，土壤的碱解氮、有效磷、速效钾含量分别是反映土壤氮、磷、钾素供应强度的主要指标，其水平的高低在很大程度上决定着作物对氮、磷、钾的吸收情况以及作物的产量和品质，但过量的施用氮、磷、钾肥也会引发水体富营养化等农业面源污染，从而给生态环境带来安全隐患。

连续 5 年一次性施用控释肥测得的结果显示（图 6-6），控释肥可促进玉米对磷、钾肥的吸收利用，起到协同增效的作用。施用控释肥并减量 25%～40%，可较农民习惯一次性大量施用速效肥料（FP）有效降低收获期氮、磷、钾在 0～40 cm 土层的残留。

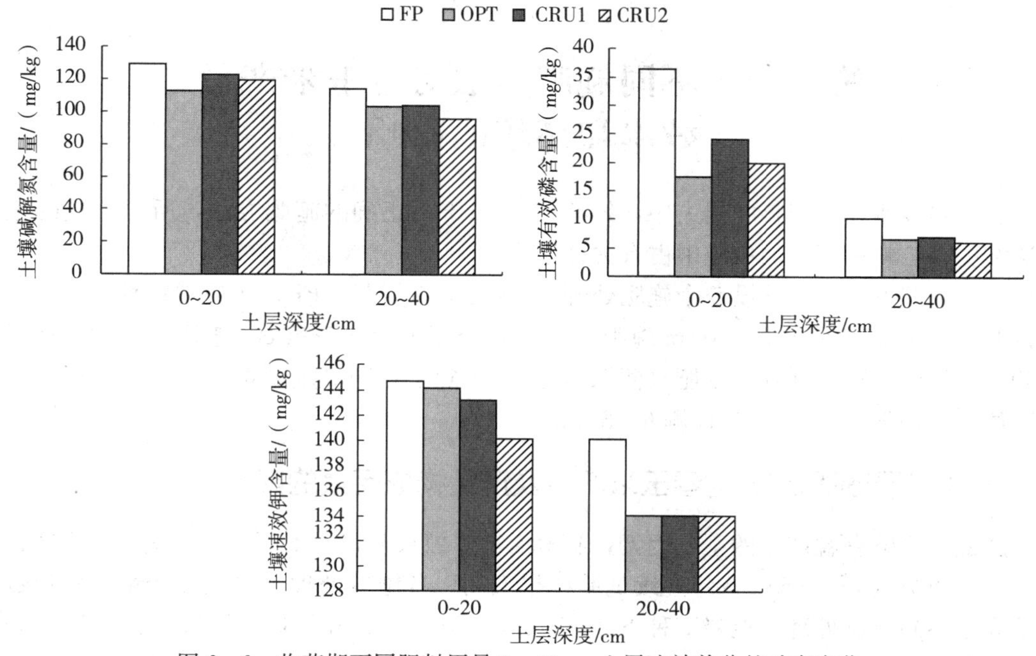

图 6-6 收获期不同肥料用量 0～40 cm 土层速效养分的动态变化

3. 不同肥料用量对土壤有机质含量的影响

土壤作为动植物生产的基础，更是农业的基本生产资料，在社会经济发展中具有重要地位。近年来，连年的不合理耕作、化肥施用和农药喷洒使得土壤抗灾能力逐渐减弱、土壤肥力减退，造成了土壤板结，这些现象也是困扰我国农业可持续发展的主要问题。土壤有机质是指以各种形态存在于土壤中的各种含碳有机化合物，是评价土壤质量状况不可或缺的重要指标，与土壤的物质循环和能量流动过程密切相关。

研究表明，连续5年施用控释肥较农民习惯施肥增加了0～40 cm土壤有机质含量，0～20 cm土层提高幅度为6.3%，20～40 cm土层提高幅度为3.9%（图6-7）。可见，施用控释肥并且适当的减量施用可以起到土壤培肥的作用。

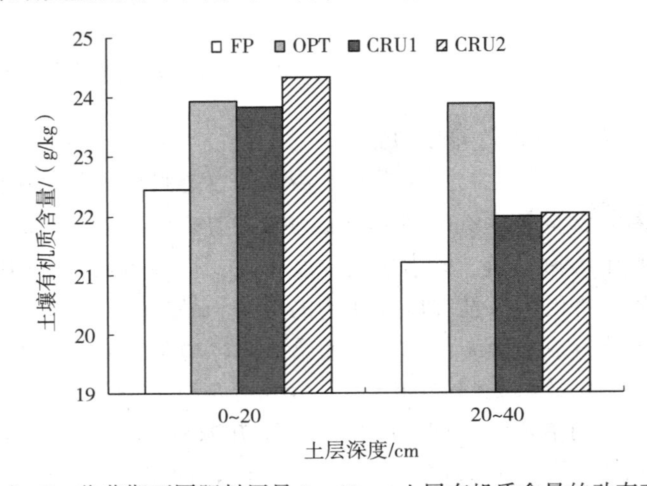

图6-7 收获期不同肥料用量0～40 cm土层有机质含量的动态变化

第三节 不同施肥方法对春玉米产量、效率和环境的影响

有资料表明，在肥料的损失中，约有60%源于不正确的施肥方法，所以合理的施肥方法在提高肥料利用率的措施中占有关键地位。

不同施肥方法试验共设5个施肥处理：CK，不施氮肥；FP，普通肥料种下15 cm施肥；T1，控释氮肥种下8～10 cm施肥；T2，控释氮肥种下5～6 cm施肥；T3，控释氮肥种侧6～8 cm、深8～10 cm施肥（侧深施肥）。明确了在同等施肥量条件下，控释肥最佳施肥位置为种下8～10 cm和种侧6～8 cm。

（一）不同施肥方法对春玉米产量及产量构成因素的影响

施氮是影响籽粒产量的主要因素，施氮后增产效果明显，不同施肥方法对玉米产量也有一定的影响（表6-6）。5年连续试验结果表明，各施氮处理下的玉米产量、穗粒数均显著高于不施氮肥处理，控释肥种下8～10 cm施肥（T1）和控释肥侧深施肥（T3）处理的穗粒数显著高于普通肥料种下15 cm施肥（FP）处理。产量数据显示，T1处理的玉米产量最高，达 12 130 kg/hm²，较 FP 处理增产 8.0%，其次是 T3 处理，较 FP 处理增产 6.3%。

表 6-6　不同施肥位置春玉米产量及产量构成因素

处理	产量/(kg/hm²)	收获穗数/(穗/hm²)	穗粒数/(粒/穗)	百粒重/g
CK	9 724c	52 728c	559c	31.9b
FP	11 230b	57 169b	583b	34.8ab
T1	12 130a	59 287a	610a	35.5a
T2	11 465b	56 083bc	601ab	34.1ab
T3	11 938a	58 965ab	608a	34.0ab

注：同列数据后不同小写字母表示处理间差异达 5%显著水平。

（二）不同施肥方法对春玉米氮肥利用效率的影响

研究表明（表 6-7），施用控释肥各处理的氮肥生理利用率、氮肥农学利用率、氮肥偏生产力和氮肥利用率均高于 FP 处理。其中控释肥种下 8～10 cm 施肥（T1）和控释肥侧深施肥（T3）处理的氮肥生理利用率分别较普通肥料种下 15 cm 施肥（FP）处理提高了 21.8%和 30.3%，氮肥农学利用率与氮肥偏生产力分别较 FP 处理提高了 60.0%、48.0%和 8.0%、6.2%，氮肥利用率较 FP 处理分别提高了 31.1%和 12.7%。综上可知，控释氮肥适当的施用位置，不仅可以提高玉米产量，还可显著提高氮肥的利用效率。

表 6-7　不同施肥位置对氮肥利用效率的影响

处理	氮肥生理利用率/(kg/kg)	氮肥农学利用率/(kg/kg)	氮肥偏生产力/(kg/kg)	氮肥利用率/%
CK	—	—	—	—
FP	23.4c	7.5b	56.2b	32.2b
T1	28.5ab	12.0a	60.7a	42.2a
T2	25.2b	7.7b	56.3b	32.9b
T3	30.5a	11.1a	59.7ab	36.3ab

注：同列数据后不同小写字母表示处理间差异达 5%显著水平。

（三）不同施肥方法对春玉米生物产量的影响

图 6-8 可以看出，成熟期各处理分配到茎叶和籽粒的干物质比例相近，施氮各处理茎叶和籽粒的干物质累积量显著高于不施氮肥处理。控释肥各处理的玉米茎叶与籽粒干物重均高于普通氮肥处理，控释肥种下 8～10 cm 施肥（T1）处理茎叶和籽粒的干物质累积量显著高于普通肥料种下 15 cm 施肥（FP）处理，分别较 FP 处理提高 8.6%和 9.3%，其次是控释肥侧深施肥（T3）处理，其茎叶和籽粒的干物质累积量较 FP 处理分别提高

4.9%和6.8%。干物质分配结果显示，各处理间差异不显著，玉米营养器官所占比例为48.2%～50.0%，生殖器官所占比例为50.5%～51.4%。可见，施用控释氮肥选择适当的施肥位置可增加地上部干物质的形成，减少作物产量损失。

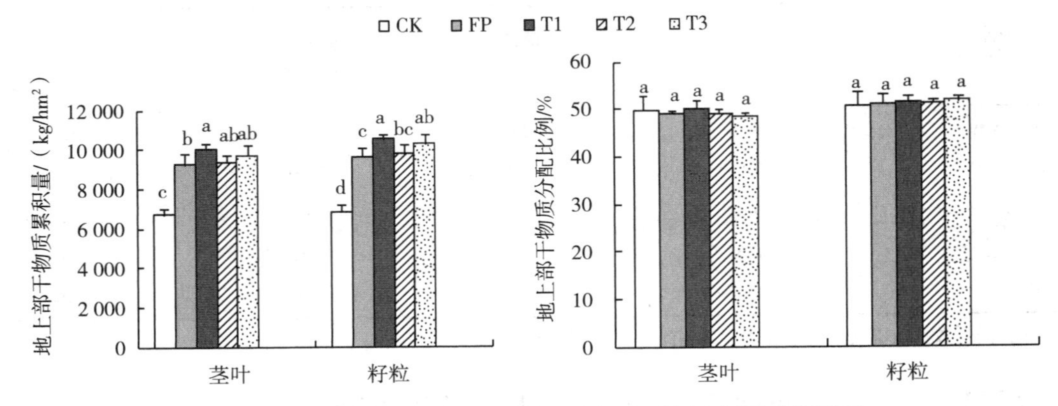

图6-8　成熟期不同施肥方法春玉米干物质累积量及分配情况

注：同部位后不同小写字母表示处理间差异达5%显著水平。

（四）不同施肥方法对土壤速效养分的影响

不同的施肥位置或深度对土壤有效养分能产生不同的影响。由图6-9可以看出，施用控释肥相比普通复合肥可以不同程度降低氮、磷在耕层土壤的残留，成熟期控释肥种下8～10 cm施肥（T1）土壤水解性氮、有效磷含量较普通肥料种下15 cm施用（FP）分别降低了6.4%和7.5%，降低了氮、磷淋出根层的风险，有利于生态环境的保护。

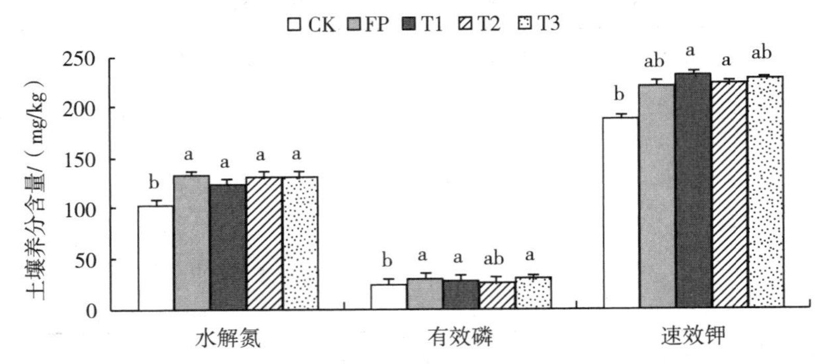

图6-9　成熟期不同施肥方法耕层土壤速效养分的动态变化

注：同种养分不同小写字母表示处理间差异达5%显著水平。

第四节　春玉米一次性施肥技术规程

春玉米一次性施肥技术是以缓/控释肥料为载体，农机与农艺相融合的一项简约化、高效化、环境友好化的施肥技术，包括一次性施肥产品选择、推荐施肥量、施肥时间、施肥方式、施肥深度、施肥位置及施肥机械选择等方面的内容。

（一）适用范围

在春玉米主产区应选择在保水保肥性好、能够做到深施肥的地块应用该项技术，漏水漏肥的沙质土壤上禁止应用该项技术。

（二）技术要点

1. 肥料选择

选择符合标准和国家肥料登记制度要求的肥料，以选择含有缓释肥料、控释肥料、稳定性肥料等的复混肥料作为一次性施肥的肥料为宜。其中缓/控释肥料中缓/控释氮占总氮比例为30%～50%，氮素释放期≥60 d，氮素初期释放率应≤15%，氮素累积释放率≥80%。

2. 推荐施肥量

根据土壤肥力和目标产量确定合理施肥量。

在低等肥力土壤上，目标产量为 7 500～10 500 kg/hm^2 时，推荐施氮量为 200～220 kg/hm^2，推荐施磷量为 70～80 kg/hm^2，推荐施钾量为 70～80 kg/hm^2；目标产量为 10 500～12 000 kg/hm^2 时，推荐施氮量为 220～240 kg/hm^2，推荐施磷量为 85～95 kg/hm^2，推荐施钾量为 80～90 kg/hm^2；目标产量为 12 000～15 000 kg/hm^2 时，推荐施氮量为 240～260 kg/hm^2，推荐施磷量为 95～105 kg/hm^2，推荐施钾量为 90～100 kg/hm^2。

在中等肥力土壤上，目标产量为 7 500～10 500 kg/hm^2 时，推荐施氮量为 160～180 kg/hm^2，推荐施磷量为 60～70 kg/hm^2，推荐施钾量为 60～70 kg/hm^2；目标产量为 10 500～12 000 kg/hm^2 时，推荐施氮量为 180～200 kg/hm^2，推荐施磷量为 75～85 kg/hm^2，推荐施钾量为 70～80 kg/hm^2；目标产量为 12 000～15 000 kg/hm^2 时，推荐施氮量为 200～220 kg/hm^2，推荐施磷量为 85～95 kg/hm^2，推荐施钾量为 80～90 kg/hm^2。

在高等肥力土壤上，目标产量为 7 500～10 500 kg/hm^2 时，推荐施氮量为 140～160 kg/hm^2，推荐施磷量为 50～60 kg/hm^2，推荐施钾量为 50～60 kg/hm^2；目标产量为 10 500～12 000 kg/hm^2 时，推荐施氮量为 160～180 kg/hm^2，推荐施磷量为 65～75 kg/hm^2，推荐施钾量为 60～70 kg/hm^2；目标产量为 12 000～15 000 kg/hm^2 时，推荐施氮量为 180～200 kg/hm^2，推荐施磷量为 75～85 kg/hm^2，推荐施钾量为 70～80 kg/hm^2。

3. 施肥时间及方式

将春玉米全生育期所需要的肥料在播种前整地时一次性施入，也可种肥同播时一次性施入。

4. 施肥深度及位置

施肥位置在种子正下方时，肥料施入深度为 8～10 cm，种子播深 4～5 cm；施肥位置在种子侧下方时，肥料施入深度为 8～10 cm，肥料与种子水平间距为 6～8 cm，种子播深 4～5 cm。

5. 施肥机械的选择

选择适宜的施肥机械，可精确调节施肥量与施肥深度，种肥同播时还需精确调节播种量、播种深度以及肥料与种子间的距离，作业时检查播种深度、施肥深度、种肥间距是否符合要求，及时调整。

（三）技术效果

采用春玉米一次性施肥技术，简化了施肥措施，实现了施肥一次性完成，节约了劳动力，大幅度地减少了肥料的投入，提高了肥料利用率，增加了春玉米产量，改善了土壤环境，很大程度上解决了农业生产效率的现实问题，对春玉米的节本增效起到了重要的意义。

通过对春玉米一次性施肥技术经济效益的分析得出（表 6 - 8），缓/控释肥减量施用可以提高农户的总收益，2013—2017 年在缓/控释肥（CRU）较农民习惯施肥（FP）减量 20%施用的条件下，CRU 处理较 FP 处理总收益提高了 713～1 539 元/hm^2，增收效益幅度为 4.3%～9.7%。

表 6 - 8　春玉米一次性施肥经济效益分析

年份	处理	产量/（kg/hm^2）	肥料成本/（元/hm^2）	产量收益/（元/hm^2）	节省人工/（元/hm^2）	总收益/（元/hm^2）	较 FP 增收效益	
							增收金额/（元/hm^2）	增收率/%
2013	FP	10 365	2 000	18 657	0	16 657	—	—
	CRU	10 611	2 080	19 100	350	17 370	713	4.3
2014	FP	11 482	2 000	22 964	0	20 964	—	—
	CRU	12 117	2 080	24 233	350	22 503	1 539	7.3
2015	FP	10 447	2 000	17 759	0	15 759	—	—
	CRU	11 050	2 080	18 785	350	17 055	1 296	8.2
2016	FP	12 813	2 000	14 094	0	12 094	—	—
	CRU	13 636	2 080	14 999	350	13 269	1 175	9.7
2017	FP	12 783	2 000	20 453	0	18 453	—	—
	CRU	13 433	2 080	21 493	350	19 763	1 310	7.1

主要参考文献

曹兵，徐秋明，任军，等，2005. 延迟释放型包衣尿素对水稻生长和氮素吸收的影响 [J]. 植物营养与肥料学报，11（3）：352 - 356.

胡景有，2005. 一次性施肥技术 [J]. 吉林农业，9：31.

刘兆辉，吴小宾，谭德水，等，2018. 一次性施肥在我国主要粮食作物中的应用与环境效应 [J]. 中国农业科学，51（20）：3827 - 3839.

苗永建，2004. 玉米的施肥方法及建议 [J]. 吉林农业，7：30.

杨俊刚，高强，曹兵，等，2009. 一次性施肥对春玉米产量和环境效应的影响 [J]. 中国农学通报，25（19）：123 - 128.

第七章　夏玉米一次性施肥技术

第一节　不同肥料品种对夏玉米产量、效率和环境的影响

一、材料与方法

（一）试验区气候

夏玉米主要种植区位于黄淮海平原，生长季在每年的6～9月。整个地区玉米生长季水、热同季，据统计2009—2013年，该地区气温在21.25～29.86℃，平均气温25.08℃，降水量为447.14 mm，有利于喜温作物玉米的生长；河北省农业科学院大河试验站（以下简称大河）位于河北省石家庄市鹿泉区大河镇大河村，气温在18.23～28.41℃，平均气温22.91℃，降水量为415.49 mm；河南驻马店农业科学院农场（以下简称驻马店）位于河南省驻马店市农业路北段，气温在21.32～30.61℃，平均气温25.51℃，降水量为419.93 mm；山东德州农业科学院科技园（以下简称德州）和山东济南章丘龙山试验站（以下简称龙山），位于山东省，气温在21.55～29.58℃，平均气温25.10℃，降水量为484.65 mm（孙新素 等，2017）。各试验点土壤类型及养分情况见表7-1。

表7-1　各试验点土壤类型及养分指标

试验地点	土壤类型	有机质含量/(g/kg)	全氮含量/(g/kg)	有效磷含量/(mg/kg)	速效钾含量/(mg/kg)	pH
河北大河	褐土	17.41	1.14	44.88	132.60	8.2
河南驻马店	砂姜黑土	9.40	0.11	11.20	63.40	6.4
山东德州	潮土	7.20	1.42	25.86	77.24	7.8
山东龙山	棕壤	10.60	1.10	7.90	41.30	7.8

（二）试验材料

供试玉米品种为郑单958、鲁单818。常规肥料包括尿素（N 46%）、过磷酸钙（P_2O_5 12%）、硫酸钾（K_2O 50%）。缓/控释肥料CRFA、CRFC为山东省农业科学院农业资源与环境研究所研制的水性树脂包膜尿素，控释期分别为30 d和45 d；CRFB为玉米专用环氧树脂包膜缓/控释肥，CRFD为中国农业大学资源与环境学院研制的聚氨酯包膜尿素，CRFE为中国科学院南京土壤研究所研制的水性树脂包膜尿素，CRFF为添加肥料增效剂的稳定性肥料，CRFG为脲甲醛缓/控释肥，CRFH、CRFI为无机包裹缓释肥，CRFJ为聚氨酯包膜尿素，除CRFA、CRFC、CRFD、CRFE外，其余缓/控释肥料为市

售产品。供试缓/控释肥 $N-P_2O_5-K_2O$ 配比见表 7-2。

表 7-2 各试验点具体情况

试验地点	玉米品种	OPT 施肥量 ($N-P_2O_5-K_2O$)/(kg/hm^2)	缓/控释肥肥料配比 [N (%)/ $N-P_2O_5-K_2O$]
大河	郑单 958	150-90-120	CRFA：44.0 CRFB：29-5-6 CRFC：44.0 CRFD：44.8 CRFE：41.4 CRFF：24-10-14 CREG：26-6-8 CRFH：26-6-8
驻马店	郑单 958	195-90-90	CRFA：43.0 CRFB：43.0 CRFC：44.5 CRFD：41.5 CRFE：44.0 CRFF：24-10-14 CREG：20-9-11 CRFH：26-6-8
德州	郑单 958（2013 年，2015—2016 年）	240-105-135（2013 年，2015—2016 年）	CRFA：44.0 CRFB：29-5-6 CRFC：44.0 CRFD：44.8 CRFE：41.4 CRFF：24-10-14 CREG：26-6-8 CRFH：26-6-8 CRFI：24-10-6 CRFJ：44.3（2013—2014 年）
	鲁单 818（2014 年）	240-120-150（2014 年）	CRFA：44.0 CRFB：28-8-8 CRFC：44.0 CRFD：44.8 CRFE：41.4 CRFF：24-10-14 CREG：20-9-11 CRFH：26-6-8 CRFI：24-10-6 CRFJ：44.3（2015—2016 年）
龙山	鲁单 818	240-120-150	CRFA：44.0 CRFB：29-5-6 CRFC：44.0 CRFD：44.8 CRFE：41.4 CRFF：24-10-14 CREG：26-6-8 CRFH：26-6-8

（三）试验设计

试验自 2013—2016 年分别于 4 个试验点进行，德州试验点包括 1 个 OPT 处理和 10 个品种的缓/控释肥处理，其他 3 个试验点包括 1 个 OPT 处理和 8 个品种的缓/控释肥处理。其中：①OPT 处理，氮肥 1/3 作为种肥，2/3 用于追肥，磷、钾肥全部底施；②缓/控释肥处理，处理个数与缓/控释肥品种数量一致。OPT 处理 N、P_2O_5、K_2O 投入量见表 7-2，相同试验点缓/控释肥处理 N、P_2O_5、K_2O 投入量与 OPT 处理相同，肥料一次性施入。各试验点选择当地肥力水平均匀的地块，采用大区无重复设计，每个处理面积 200 m^2，随机排列。玉米季结束后，所有处理在小麦季统一施用普通肥料，玉米季按以上方案进行定位试验。

（四）测定内容与方法

龙山、驻马店、大河 3 个试验点每个处理测产 1 次，无重复。德州试验点玉米成熟期每个处理取 4 次重复，每次重复收获一行，测产。

（五）数据分析

（1）变异系数（*CV*）（马力 等，2011；陈家法 等，2017）：统计学上用来反映某作物不同年份平均产量之间的稳定性程度，CV 越小说明稳定性越高。

$$CV=S/\overline{X}$$

式中，S 为不同年份作物平均产量的标准差，单位为 kg/hm²；$\overline{X}$ 为某年份作物的平均产量，单位为 kg/hm²。

（2）产量可持续性指数（*SYI*）（李忠芳 等，2009）：用来反映作物不同年份产量的可持续性，*SYI* 值越大，产量可持续性越好。

$$SYI=(\overline{X}-S)/X_{max}$$

式中，X_{max}为所有年份中作物的最大产量，单位为 kg/hm²。

利用 SPSS 对龙山、德州、驻马店、大河 4 个试验点产量数据进行多因素分析；对德州试验点的产量和 4 个试验点的平均产量，通过 Microsoft Excel 2007 和 SAS 6.0.0.3 软件进行数据统计分析和作图。

二、结果

（一）不同缓/控释肥在不同年度对夏玉米产量的影响

采用 SPSS 软件，以 4 个试验点为重复进行多因素分析表明，不同年度间玉米产量水平达到了 5%的显著水平（$F=2.95$），不同施肥处理间差异不显著，说明玉米产量受气候影响较大；同年度、不同区域不同缓/控释肥一次性施用和优化施肥没有显著性差异，说明试验区域夏玉米可以实现一次性施肥。虽然在统计意义上，8 个缓/控释肥产品都可实现玉米一次性施肥，但为了进一步明确缓/控释肥产品在不同年度对夏玉米产量的影响，将各试验点相同处理产量平均（图 7-1）。2013—2016 年不同处理玉米平均产量变化，除了 OPT、CRFG 和 CRFH 处理，其余处理在 4 个年度玉米平均产量表现出逐年增加趋势，但是各处理年际产量差异并不显著。

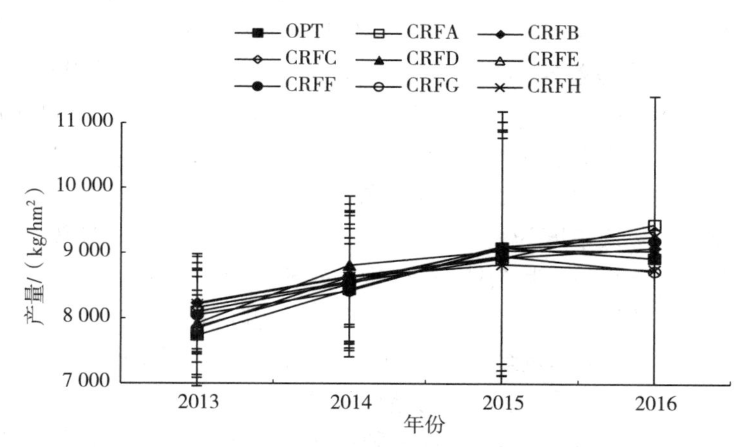

图 7-1　2013—2016 年各处理多地玉米平均产量变化

各年度缓/控肥处理玉米产量与 OPT 处理相比差异不显著。2013—2015 年，各年度缓/控释肥处理间玉米产量差异也不显著。2016 年 CRFA、CRFB、CRFC、CRFD、CRFE 和 CRFF 处理间玉米产量差异不显著，CRFB、CRFC、CRFD、CRFE、CRFF 和 CRFH 处理间玉米产量差异不显著，CRFB、CRFD、CRFE、CRFF、CRFG 和 CRFH 处理间玉米产量差异不显著，CRFA 处理玉米产量较 CRFG 和 CRFH 处理分别显著提高 8.31%和 8.03%，CRFC 处理玉米产量较 CRFG 处理显著提高 7.10%。

山东德州是我国产粮大市，筛选适宜的一次性施用缓/控释肥产品将促进玉米的高产、高效。2013—2016 年不同处理玉米产量变化如图 7-2 所示，2013—2014 年，CRFF 和 CRFI 处理玉米增产不显著，其余处理玉米产量显著提高，增产幅度为 9.40%～28.63%；2014—2015 年，各处理玉米产量均显著提高，增产幅度为 16.11%～32.49%；2015—2016 年，CRFG 和 CRFJ 处理玉米产量显著降低 6.94%和 8.65%，其余处理玉米产量变化差异不显著。

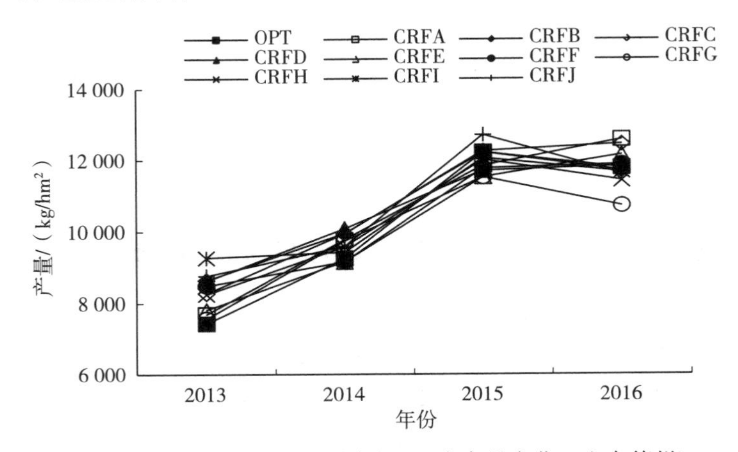

图 7-2　2013—2016 年不同处理玉米产量变化（山东德州）

相同年份，不同处理玉米产量存在显著差异。2013 年一次性施肥处理玉米产量均高于 OPT 处理，除了 CRFA、CRFE 和 CRFG 处理增产不显著外，其余处理较 OPT 处理显著增产 10.94%～24.59%；CRFI 处理玉米产量最高，CRFJ 处理玉米产量次之，且与 CRFI 处理差异不显著。2014 年，除了 CRFD 处理玉米产量较 OPT 处理显著提高 8.92%外，其余处理与 OPT 处理差异不显著；CRFA、CRFB、CRFC、CRFG、CRFH、CRFI 和 CRFJ 处理玉米产量与 CRFD 处理差异不显著。2015 年各缓/控释肥处理玉米产量与 OPT 处理相比差异均未达显著水平；CRFJ 处理玉米产量最高，CRFB、CRFC、CRFH 和 CRFI 处理产量次之，且与 CRFJ 处理差异不显著，其余缓/控释肥处理玉米产量较 CRFJ 处理显著降低，降低幅度为 6.75%～9.30%。2016 年除了 CRFG 处理玉米产量较 OPT 处理显著降低 8.98%外，其余处理与 OPT 处理差异不显著；CRFG 处理玉米产量与 CRFH、CRFJ 处理差异不显著，比其他缓/控释肥处理降低 8.08%～14.72%。

采用 SPSS 软件，以年度为重复进行多因素分析表明：不同试验点产量水平达到了 5%的显著水平（F=40.67），不同施肥处理间差异不显著，说明玉米产量受土壤类型、肥力水平影响较大，同区域、不同年度不同缓/控释肥一次性施用和优化施肥没有显著性差异。为了明确缓/控释肥产品在不同试验点的总体效应，将不同试验点各处理 4 个年度的玉米产量平均（图 7-3）。各处理多点玉米年均产量差异不显著，各一次性施肥处理中，CRFC 处理多点玉米年均产量最高，为 8 791.69 kg/hm²，CRFG 处理最低，为 8 541.10 kg/hm²。

将德州试验点各处理 4 个年度的玉米产量平均，比较不同处理对玉米产量的影响（图 7-4）。各处理玉米年均产量由高到低依次为 CRFC、CRFJ、CRFB、CRFI、CRFD、

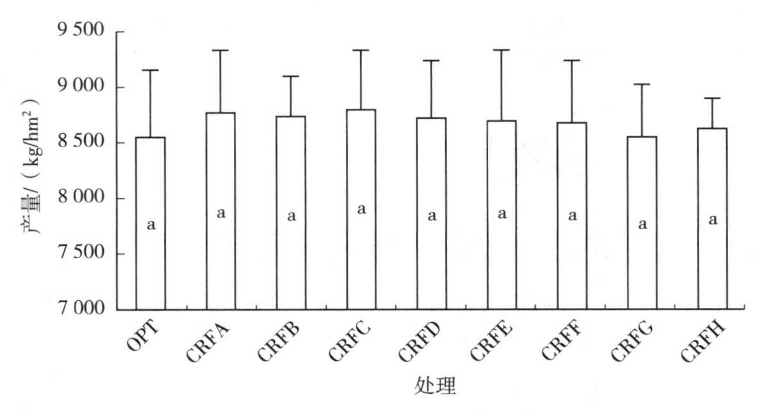

图 7-3　各处理多地玉米年均产量

注：不同小写字母表示差异达 0.05 显著水平。

CRFA、CRFF、CRFH、OPT、CRFE、CRFG，其中 CRFC、CRFJ、CRFB、CRFI、CRFD、CRFA、CRFF、CRFH、OPT 和 CRFE，10 个处理玉米年均产量无显著差异，均高于 10 000 kg/hm²。CRFG 处理的玉米年均产量与 OPT 处理相比也没有显著差异。CRFC 处理玉米年均产量最高，为 10 734.06 kg/hm²，而 CRFG 处理最低，为 9 894.50 kg/hm²。

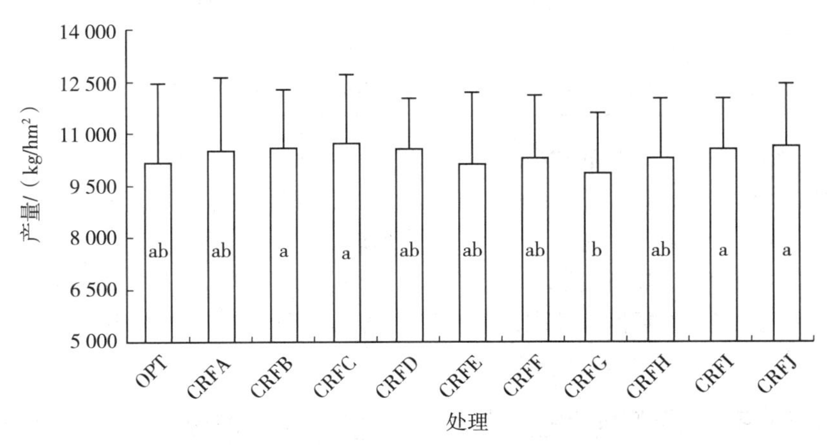

图 7-4　不同处理玉米年均产量（山东德州）

注：不同小写字母表示差异达 0.05 显著水平。

（二）不同缓/控释肥对夏玉米产量可持续性与稳定性的影响

技术效果的可持续性和稳定性是评价技术的重要指标，由表 7-3 可知，各处理多点玉米产量可持续性指数（*SYI*）差异显著，数值在 0.65～0.70。CRFG 处理 *SYI* 值最高，产量可持续性最好，其次为 CRFH、CRFD、CRFF 和 CRFB，这 5 个处理 *SYI* 值差异不显著；CRFB、CRFC、CRFE 和 CRFF 4 个处理，*SYI* 值差异也不显著；OPT 处理 *SYI* 值最低。另外，各处理多点玉米产量变异系数差异显著，数值在 3.19%～7.32%。CRFE 处理 *CV* 值最大，产量稳定性最差。CRFH 处理 *CV* 值最低，产量稳定性最好，其次 CRFB 处理 *CV* 值也较低，产量稳定性也较好。

表 7-3　各处理多地玉米产量可持续性指数（*SYI*）和变异系数（*CV*）

处理	OPT	CRFA	CRFB	CRFC	CRFD	CRFE	CRFF	CRFG	CRFH
SYI	0.65±0.05c	0.65±0.05c	0.68±0.03ab	0.66±0.04bc	0.69±0.05a	0.66±0.05bc	0.69±0.05ab	0.70±0.04a	0.69±0.02a
CV 值/%	7.14±0.53a	6.59±0.43b	4.32±0.19e	6.08±0.37c	6.16±0.40c	7.32±0.55a	6.28±0.40c	5.69±0.34 d	3.19±0.10f

由表 7-4 可见，德州试验点各处理玉米产量可持续性指数（*SYI*）存在显著差异，数值范围在 0.61～0.73。各一次性施肥处理 *SYI* 值均高于 OPT 处理，其中 CRFI、CRFD 和 CRFB 处理的 *SYI* 值较高，数值分别为 0.73、0.72、0.70；CRFG 和 CRFJ 处理的 *SYI* 值也较高，可持续性与 CRFI、CRFD 和 CRFB 3 个处理无显著差异；CRFF 和 CRFA 处理 *SYI* 值较低，与 OPT 处理无显著差异。

表 7-4　各处理玉米产量可持续性指数（*SYI*）和变异系数（*CV*）（山东德州）

处理	OPT	CRFA	CRFB	CRFC	CRFD	CRFE	CRFF	CRFG	CRFH	CRFI	CRFJ
SYI	0.61±0.17f	0.63±0.17ef	0.70±0.13abc	0.67±0.15bcde	0.72±0.12ab	0.66±0.16cde	0.65±0.13 def	0.69±0.14abcd	0.67±0.13bcde	0.73±0.12a	0.68±0.14abcd
CV 值/%	22.95±5.48a	21.77±5.01ab	15.74±2.54ef	19.08±3.79cd	14.60±2.23f	20.54±4.27bc	17.38±2.99 de	17.71±3.42 de	17.07±2.99 de	14.00±1.93f	17.33±2.94 de

各处理玉米产量的变异系数（*CV*）在 14.00%～22.95%，大小关系为 OPT>CRFA>CRFE>CRFC>CRFG>CRFF>CRFJ>CRFH>CRFB>CRFD>CRFI，不同一次性施肥处理 *CV* 值均低于 OPT 处理，产量稳定性均较 OPT 处理好。其中 CRFB、CRFD 和 CRFI 3 个处理的 *CV* 值相对较低，分别为 15.74%、14.60%、14.00%；CRFF、CRFG、CRFH 和 CRFJ 处理的 *CV* 值在 17.07%～17.71%；CRFA、CRFC 和 CRFE 3 个处理的 *CV* 值较高，分别为 21.77%、19.08%、20.54%。

（三）不同缓/控释肥处理玉米产量 *SYI* 值与年均产量、*CV* 值的相关性分析

图 7-5 显示不同处理多点玉米产量 *SYI* 与玉米年均产量、*CV* 值均呈现不显著的负相关关系。多点玉米产量可持续性与玉米年均产量、产量的稳定性没有明显的相关性。图 7-6 可以看出德州试验点不同处理玉米产量 *SYI* 值与年均产量呈现不显著的正相关关系，但与 *CV* 值呈现极显著的负相关关系。不同处理产量 *CV* 值越小，*SYI* 值越高，即稳定性越高，可持续性越好，*SYI* 值每增加 10%，*CV* 值下降 7.00%。

三、讨论

（一）不同缓/控释肥对夏玉米产量的影响

有关一次性施肥在玉米生产上的效果，前人已做了大量研究，高强等（2007）通过在吉林省 5 种主要土壤上的玉米一次性施肥试验总结出一次性施肥（非缓/控释肥）玉米产

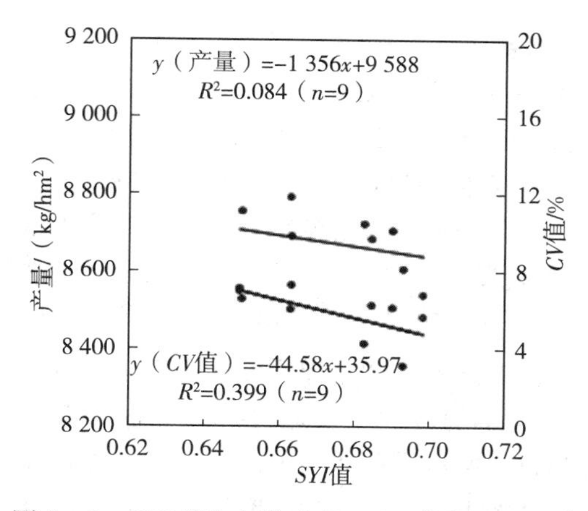

图 7-5　*SYI* 值与年均产量、*CV* 值的相关关系

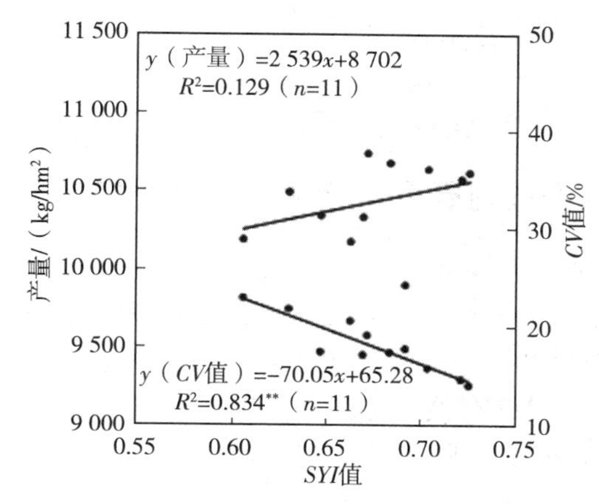

图 7-6　*SYI* 值与年均产量、*CV* 值的相关关系（山东德州）

量明显低于推荐施肥。缓/控释肥料一次性施用能够明显提高玉米的产量；安景文等（2008）研究表明，在保证等氮、磷、钾含量的条件下，一次性施用肥效期 90 d 的包膜尿素玉米产量最高；王宜伦等（2010）研究得出一次性施用缓/控释肥能显著提高夏玉米产量，节省后期追肥成本；周丽平等（2018）研究得出氮肥缓释化处理能够明显提高夏玉米的产量，脲甲醛、凝胶尿素、树脂包膜尿素和控释尿素可提高夏玉米产量 13.6%～18.9%。本试验中选用的缓/控释肥种类包括 3 大类型，有包膜型、化学抑制型和化学合成型等（李庆军，2015）；根据膜材料的特点，包膜型分为以水性树脂为主包膜的缓/控释肥料 CRFA、CRFC、CRFE，以聚氨酯为主包膜的缓/控释肥料 CRFD、CRFJ，以环氧树脂为主包膜的缓/控释肥料 CRFB，以无机物为主要原料的包裹型肥料 CRFH、CRFI；添加肥料增效剂的化学抑制型稳定性肥料 CRFF，化学合成型的脲甲醛肥料 CRFG，10 个产品在玉米上一次性施用也起到了较好的效果，综合 4 个试验点 4 年的试验结果来看，虽然不同试验点、不同年度间玉米产量水平分别达到了 5%的显著水平（$F=40.67$、$F=2.95$），但不同施肥处理间差异不显著，说明同年度、同区域不同缓/控释肥一次性施用和优化施肥没有显著性差异，选用适宜的缓/控释肥料可以实现夏玉米的一次性施肥。本试

验中缓/控释肥料一次性施用与优化施肥（一基一追）相比，主要优势在于可简化施肥环节，同时可保证或略微提高玉米产量，这与前人的研究结果一致（倪露 等，2016）。

德州试验点 2013 年 7 个缓/控释肥料一次性施用显著提高了夏玉米产量，增产率在 10.94%～24.59%，CRFI 增产效果最好，其余 3 个缓/控释肥料施用后夏玉米产量与 OPT 处理差异不显著；2014 年只有 CRFD（聚氨酯）处理显著增产 8.92%，其余 9 个缓控/释肥料施用后夏玉米产量与 OPT 处理差异不显著；2015 年 10 个缓/控释肥料处理夏玉米产量与 OPT 处理差异均不显著；2016 年 CRFG（脲甲醛）处理较 OPT 处理减产 2.79%，其余 9 个缓/控释肥料处理夏玉米产量与 OPT 处理差异不显著。不同缓/控释肥料养分释放规律不同，增产效果亦不相同。缓/控释肥养分释放主要通过扩散机制（Goertz，1993），土壤水分从包膜膜孔进入，溶解一部分肥料，通过膜孔释放出来。当作物吸收养分时，肥料膜外侧养分浓度下降，造成膜内外浓度梯度增大，肥料释放速度加快，实现养分释放与作物需肥规律一致（张民 等，2001）。此外，缓/控释肥的释放还与温度有关（Husby et al.，2003），当温度升高时，植物生长加快，养分需求量增大，肥料释放速度加快；反之，肥料释放速率变慢或停止释放。试验中同一产品 4 年产量出现一定的波动性，特别是 2015 年，多个缓/控释肥料出现减产，其原因可能是 2015 年气候状况、土壤水分和温度影响了缓/控释肥料的效果。

（二）不同缓/控释肥料对夏玉米产量可持续性与稳定性的影响

作物生产注重的是可持续性，对玉米产量的研究不再局限于当季或单季，还需要研究连续多年产量的变化。作物产量安全更重要，作物产量的稳定性和可持续性是反映作物产量安全的重要指标，分别用可持续性指数（李忠芳 等，2010）和稳定性指数（变异系数）（冀建华 等，2015）表示。目前有关作物产量可持续性和稳定性的研究主要集中在不同施肥模式上，研究作物包括小麦（陈欢 等，2014；魏猛 等，2017）、玉米（黄兴成 等，2017）和水稻（廖育林 等，2009），但是通过产量可持续性和稳定性筛选适合玉米一次性施肥的缓/控释肥产品研究未见报道。李忠芳等在收集和分析往年试验数据的基础上得出 NPK 处理玉米产量可持续性指数在 0.57～0.58，*SYI* 值大于 0.55，作物产量高，可持续性好。高洪军等收集黑土肥力与肥效长期定位试验近 20 年的数据，其中 1997—2005 年玉米产量 *SYI* 值为 0.649，*CV* 值为 16.5%；2006—2014 年玉米产量 *SYI* 值为 0.744，*CV* 值为 13.8%；*SYI* 值大于 0.71 时，产量可持续性好。本研究黄淮海区域 4 个试验点 8 种缓/控释肥料夏玉米产量的可持续性指数在 0.65～0.70，CRFG、CRFH、CRFD 的可持续性指数分别为 0.70、0.69、0.69，与 CRFE、CRFC、CRFA 差异达到了显著性水平，CRFF、CRFB 的可持续性指数分别为 0.69、0.68，与 CRFA 差异达到了显著性水平；从产量可持续性方面考虑，首先选用的产品为 CRFG、CRFD、CRFH，其次为 CRFF、CRFB。德州试验点 10 种缓/控释肥料夏玉米产量的可持续性指数在 0.63～0.73，CRFI 的可持续性指数为 0.73，与 CRFC、CRFH、CRFE、CRFF、CRFA 差异达到了显著性水平，CRFD 的可持续性指数为 0.72，与 CRFE、CRFF、CRFA 差异达到了显著性水平，CRFB 的可持续性指数为 0.70，与 CRFF、CRFA 差异达到了显著性水平，CRFG、CRFJ 的可持续性指数分别为 0.69、0.68，与 CRFA 差异达到了显著性水平；从产量可持续性方面考虑，首先选用的产品为 CRFI、CRFD、CRFB，其次为 CRFG、CRFJ、CRFC、CRFH。

本研究黄淮海区域4个试验点8种缓/控释肥料夏玉米产量的变异系数在3.19%～7.32%，CRFH处理的变异系数最小，CRFH、CRFB、CRFG分别与其余产品差异达到了显著性水平；从产量变异性较小方面考虑，首先选用的产品为CRFH、CRFB、CRFG，其次为CRFC、CRFD、CRFF。德州试验点10种缓/控释肥料夏玉米产量的变异系数为14.00%～21.77%，CRFI处理的变异系数最小，CRFI、CRFD与其余7个产品（CRFB除外）差异达到了显著性水平，CRFH、CRFJ、CRFF、CRFG与CRFE、CRFA差异达到了显著性水平；从产量变异性较小方面考虑，首先选用的产品为CRFI、CRFD、CRFB，其次为CRFH、CRFJ、CRFF、CRFG。

综合前人研究结果，本研究中选用的不同缓/控释肥料在玉米上一次性施用，均达到了稳产和可持续生产的效果，而且差异显著，可以好中择优。

德州试验点对2013—2014年、2014—2015年的小麦产量进行了跟踪调查，得出2013—2014年度玉米季使用缓/控释肥CRFC、CRFD、CRFJ、CRFA 4个产品处理的小麦产量高于OPT处理，增产率在3.07%～12.54%，其中CRFC、CRFD增产率大于10%，CRFC、CRFD、CRFJ、CRFA 4个产品小麦产量与OPT达差异显著水平；2014—2015年度只有CRFD、CRFC 2个产品比OPT增产，增产率分别为4.17%、1.58%，且与OPT产量达显著性水平。从两个年度小麦平均产量来看，玉米季施用CRFD、CRFC、CRFJ、CRFA 4个产品的小麦产量大于OPT处理，增产率范围在0.44%～7.76%，大小顺序为CRFD＞CRFC＞CRFJ＞CRFA。从小麦产量来看，CRFC、CRFD、CRFJ、CRFA 4个产品表现较好；从产量稳定性来看，也是CRFD、CRFC、CRFJ、CRFA 4个产品表现较好。综合德州试验点玉米-小麦两季来看，CRFC、CRFD 2个缓/控释肥产品在增产、可持续性和稳定性3方面都具有明显效果。

李红陵等（2005）研究发现水稻上一些施肥模式存在*SYI*值很高但产量低的现象，这种稳定和持续是建立在低生产力水平上的，在持续农业生产中是不可取的。李忠芳等的研究中不同施肥模式下玉米产量与*SYI*值呈现极显著的正相关关系，但他也提出施肥提高作物产量与提高产量可持续性并不是完全一致的。本研究中玉米产量与*SYI*值存在不显著的正（负）相关关系，所以产量高并不一定可持续性好，但可持续性好产量才安全。黄淮海区域4个试验点的玉米产量可持续性与稳定性没有明显的相关性，原因是试验受气候、土壤、产量水平等因素影响较大；而德州试验点玉米产量可持续性与稳定性呈现极显著的负相关关系，适宜的缓/控释肥产品的可持续性和稳定性具有一致性，为CRFI、CRFD、CRFB 3个产品。

四、结论

4季试验数据综合来看，选择适宜的缓/控释肥可以实现夏玉米的一次性施肥。从提高产量角度出发，黄淮海区域首选产品为缓/控释肥CRFC、CRFA、CRFB，德州区域为缓/控释肥CRFC、CRFJ、CRFB和CRFI。从产量可持续性方面考虑，黄淮海区域首选产品为缓/控释肥CRFG、CRFD、CRFH，德州区域为缓/控释肥CRFI、CRFD、CRFB。从产量变异性较小方面考虑，黄淮海区域首选产品为缓/控释肥CRFH、CRFB、CRFG，德州区域为缓/控释肥CRFI、CRFD、CRFB。

第二节　不同肥料用量及施肥方法对夏玉米产量、效率和环境的影响

一、材料与方法

（一）试验时间和地点

试验于2015年和2016年在黄淮海夏玉米主产区的河北、河南和山东3省的8处试验点进行。该区属暖温带半湿润性季风气候，气温高，蒸发量大，无霜期170～220 d，降水量丰富，夏季降水量占全年降水量的70%以上。地下水资源丰富，灌溉条件好。试验点土壤类型及基本养分含量见表7-5。

表7-5　各试验点土壤类型及养分指标

试验地点	土壤类型	pH	有机质含量/(g/kg)	全氮含量/(g/kg)	有效磷含量/(mg/kg)	速效钾含量/(mg/kg)
河北省农业科学院大河试验站	褐土	8.2	17.41	1.14	44.88	132.60
河南省驻马店市西平县盆尧镇于营村	砂姜黑土	6.1	9.30	0.10	10.60	54.30
河南省驻马店市农业科学院农场	砂姜黑土	6.4	9.40	0.11	11.20	63.40
山东省桓台县生态与可持续发展实验站	褐土	8.48	18.80	0.41	8.40	86.20
山东省临沂市农业科学院试验站	潮土	6.4	11.90	1.28	18.30	135.00
山东省章丘龙山试验站	棕壤	7.8	10.60	1.10	7.90	41.30
山东省德州六一农场	潮土	7.9	12.80	0.45	30.52	99.72
山东省德州市农业科学院科技园	潮土	7.8	7.20	1.42	25.86	77.24

（二）试验设计

试验共设7个处理，分别为：①不施氮、只施磷、钾肥处理（N0PK）；②习惯施肥，根据各地前期调研得出具体的氮、磷、钾用量（FP）；③优化施肥，根据玉米需肥规律及当地土壤供肥能力对施肥量进行优化（OPT）；④控释肥A替代OPT处理中的氮肥，且氮、磷、钾施肥量与OPT处理相同（CRFA）；⑤CRFA处理氮肥减施20%（CRFA80%N）；⑥控释肥B替代CRFA80%N中的控释肥A（CRFB80%N）；⑦控释肥C替代CRFA80%N中的控释肥A（CRFC80%N）。3次重复，随机区组排列。试验用控释肥A为山东省农业资源与环境研究所研制的水基树脂包膜的控释尿素，膜可生物降解，含N 44%，控释期为30 d；控释肥B为金正大公司生产的热固性有机树脂包膜尿素，含N 29%，控释期为60 d；控释肥C为山东省农业资源与环境研究所研制的水基树脂包膜的控释尿素，膜可生物降解，含N 44%，控释期为45 d。其余肥料均由市场购置：氮肥为尿素（含N 46%），磷肥为过磷酸钙（含P_2O_5 12%）、钾肥为氯化钾（含K_2O 60%）。

不同试验点各处理氮、磷、钾施用量如表7-6所示。磷、钾肥全部一次性底施，大喇叭口期对FP和OPT处理追施氮肥。各试验点试验期内均采用高产玉米栽培的管理方法，玉米品种和种植密度均按照当地高产栽培技术推荐。播种时间为6月上旬，在玉米达

到生理成熟、乳线完全消失时收获，收获时间在10月初。

表7-6　各试验点施肥情况

试验地点	试验处理	N	氮肥基肥追肥比	P_2O_5	K_2O
河北省农业科学院大河试验站	N0PK	0	—	90	120
	FP	150	1∶0	90	120
	OPT	150	1∶1	90	120
	CRFA	150	1∶0	90	120
	CRFA80%N	120	1∶0	90	120
	CRFB80%N	120	1∶0	90	120
	CRFC80%N	120	1∶0	90	120
河南省驻马店市西平县盆尧镇于营村	N0PK	0	—	90	120
	FP	225	2∶3	90	120
	OPT	180	2∶3	90	120
	CRFA	180	1∶0	90	120
	CRFA80%N	144	1∶0	90	120
	CRFB80%N	144	1∶0	90	120
	CRFC80%N	144	1∶0	90	120
河南省驻马店市农业科学院农场	N0PK	0	—	90	120
	FP	225	2∶3	90	120
	OPT	180	2∶3	90	120
	CRFA	180	1∶0	90	120
	CRFA80%N	144	1∶0	90	120
	CRFB80%N	144	1∶0	90	120
	CRFC80%N	144	1∶0	90	120
山东省桓台县生态与可持续发展实验站	N0PK	0	—	120	90
	FP	240	2∶3	120	90
	OPT	—	—	—	—
	CRFA	240	1∶0	120	90
	CRFA80%N	192	1∶0	120	90
	CRFB80%N	192	1∶0	120	90
	CRFC80%N	—	—	—	—
山东省临沂市农业科学院试验站	N0PK	0		78.75	132.75
	FP	262.5	1∶2	90	90
	OPT	230.5	1∶2	78.75	132.75
	CRFA	230.5	1∶0	78.75	132.75
	CRFA80%N	184.5	1∶0	78.75	132.75
	CRFB80%N	184.5	1∶0	78.75	132.75
	CRFC80%N	—	—	—	—

（续）

试验地点	试验处理	N	氮肥基肥追肥比	P_2O_5	K_2O
山东章丘龙山试验站	N0PK	0	—	90	120
	FP	196	2∶3	96	96
	OPT	240	2∶3	90	120
	CRFA	240	1∶0	90	120
	CRFA80%N	192	1∶0	90	120
	CRFB80%N	192	1∶0	90	120
	CRFC80%N	192	1∶0	90	120
山东德州六一农场	N0PK	0	—	90	120
	FP	197.2	1∶1	60	60
	OPT	240	2∶3	90	120
	CRFA	240	1∶0	90	120
	CRFA80%N	192	1∶0	90	120
	CRFB80%N	192	1∶0	90	120
	CRFC80%N	192	1∶0	90	120
山东德州市农业科学院科技园	N0PK	0		105	135
	FP	270	2∶3	45	45
	OPT	240	1∶2	105	135
	CRFA	240	1∶0	105	135
	CRFA80%N	192	1∶0	105	135
	CRFB80%N	192	1∶0	105	135
	CRFC80%N	192	1∶0	105	135

（三）测定项目与方法

1. 植株性状、茎秆特征及土样采集

收获前去掉两侧边行各 1 行及小区两端各 1 m 为收获区，选取连续 10 株，测量株高，计算平均值，另连续选取 20 穗考种，调查穗长、穗行数、穗粒数、行粒数和百粒重等。收获中间 2 行植株样品，分别装入尼龙网袋，晒干脱粒称量，以含水量 14%的质量折算产量。

收获植株样品时，采集 0～30 cm、30～60 cm、60～90 cm 剖面新鲜土样，土壤样品由低温保鲜箱保存，带回实验室测定土壤残留硝态氮含量。

2. 植株、籽粒养分及土壤硝态氮含量

收获时，连续取 5 株植株样品，分为籽粒、茎、叶和其他，计算各器官生物量，并烘干粉碎，测定各器官氮含量及其累积量，计算氮肥利用效率。采用浓 H_2SO_4 - H_2O_2 消煮-蒸馏定氮法（鲍士旦，2000）分析植株各部分全氮含量。土壤样品硝态氮含量采用 2 mol/L KCl 溶液振荡提取后，利用连续流动分析仪进行测定。

3. 有关指标计算和统计方法

$$变异系数（CV）=标准差/均值$$

氮肥农学利用率（kg/kg）=（施氮区籽粒产量－不施氮区籽粒产量）/施氮量（栗丽等，2010）

氮肥表观利用率=（施氮区植株地上部养分吸收量－不施氮区植株地上部养分吸收量）/施氮量×100%（鲁艳红 等，2018）

氮肥偏生产力（kg/kg）=籽粒产量/施氮量

氮素需求量（kg/t）=植株地上部分氮素养分累积量/产量

养分累积量（kg/hm^2）=（非收获物干重×非收获物氮素含量）+（收获物干重×收获物氮素含量）

4. 数据统计分析

采用 Excel 2010 和 SAS 8.1 软件进行数据处理和统计分析。

二、结果

（一）一次性施肥对黄淮海区夏玉米株高及穗部性状的影响

表 7－7 所示数据为 2015 年和 2016 年 8 个试验点相关指标的平均值。与不施氮肥处理（N0PK）相比，2015 年和 2016 年各施氮肥处理均使夏玉米的株高、穗长、穗粗显著增加（$P<0.05$），但对秃尖长无显著影响；此外，一次性施肥的 CRFA、CRFA80%N、CRFB80%N、CRFC80%N 处理与 FP、OPT 处理的各项指标均无显著差异，表明一次性施肥技术对黄淮海区夏玉米长势及外观性状无显著影响。

表 7－7　不同处理对夏玉米株高及穗部性状的影响

处理	株高/cm		穗长/cm		秃尖长/cm		穗粗/cm	
	2015 年	2016 年	2015 年	2016 年	2015 年	2016 年	2015 年	2016 年
N0PK	188.39b	187.74b	13.80b	13.59b	0.81a	1.14a	4.07b	4.10b
FP	234.45a	234.38a	17.38a	16.56a	0.57a	1.03a	4.66a	4.79a
OPT	229.96a	232.84a	17.45a	16.84a	0.50a	0.93a	4.66a	4.79a
CRFA	232.10a	232.10a	16.81a	16.49a	0.64a	0.90a	4.65a	4.80a
CRFA80%N	228.62a	228.74a	17.11a	16.55a	0.50a	1.00a	4.60a	4.71a
CRFB80%N	231.89a	230.22a	17.11a	16.49a	0.77a	0.89a	4.61a	4.74a
CRFC80%N	221.31a	218.31a	17.17a	16.60a	0.97a	1.25a	4.42ab	4.56ab

注：同列数据后不同字母表示处理间差异达 5%显著水平。

（二）一次性施肥对黄淮海区夏玉米产量及其构成因素的影响

从表 7－8 可以看出，一次性施肥处理和 OPT 处理与 FP 处理相比，在穗粒数和百粒重上并无显著差异。2016 年，FP 和 OPT 处理的百粒重较 N0PK 处理分别显著增加 9.20%和 9.71%（$P<0.05$），但与一次性施肥技术各处理无显著差异；与 N0PK 处理相

比，各处理的平均产量均有较大幅度增产，除2015年CRFC80%N处理外，其余处理在2年试验期内的增产效果稳定且显著（$P<0.05$）。各处理两年的产量变异系数均保持在0.20左右，说明各试验点不同处理间的产量稳定性较好，但各处理2016年的产量变异系数总体较2015年有所增加，可能与山东省桓台县生态与可持续发展试验站和河北省农业科学院大河试验站玉米成熟期当地阴雨天气较多而整体减产有关。与FP处理相比，CRFA处理2年的平均增产率最高，分别达7.83%、7.91%，且2016年各一次性施肥技术处理的增产率较2015年总体有较大提高，表明一次性施肥技术对黄淮海区夏玉米的稳产增产效应明显。

表7-8　不同处理对试验期内夏玉米产量及其构成因素的影响

处理	穗粒数/个		百粒重/g		平均产量/(t/hm²)		变异系数		增产率/%	
	2015年	2016年	2015年	2016年	2015年	2016年	2015年	2016年	2015年	2016年
N0PK	432.03a	397.22a	28.89a	31.42b	6.51b	6.09b	0.29	0.27	—	—
FP	506.70a	438.89a	30.43a	34.31a	8.51a	8.36a	0.17	0.21	—	—
OPT	496.65a	455.95a	29.52a	34.47a	9.00a	9.18a	0.20	0.25	5.79	9.85
CRFA	505.06a	440.71a	30.63a	33.69ab	9.18a	9.0a	0.19	0.21	7.83	7.99
CRFA80%N	502.31a	446.63a	30.20a	32.84ab	8.79a	8.86a	0.22	0.24	3.28	6.01
CRFB80%N	483.81a	435.41a	30.49a	33.16ab	8.74a	8.55a	0.25	0.24	2.75	2.28
CRFC80%N	465.81a	441.11a	28.93a	32.93ab	8.14ab	8.78a	0.21	0.26	−4.36	5.07

注：同列数据后不同字母表示处理间差异达5%显著水平。

由于黄淮海夏玉米种植区内的气温、降水等气候环境因素存在较大差异，一次性施肥技术在不同土壤类型上对夏玉米平均产量水平影响变异较大（表7-9）。在棕壤上，除CRFC80%N外，其余一次性施肥处理较FP处理均表现出较好的稳产增产效果，其中CRFA处理的增产率最高，达12.74%；在褐土上，一次性施肥处理中仅CRFA处理较FP处理表现出稳产增产效果，增产率为7.17%，达显著性水平（$P<0.05$）；在潮土上，一次性施肥处理均表现出较好的增产效果，其中CRFC80%N的增产率显著高于FP处理（$P<0.05$），达11.66%；一次性施肥处理在砂姜黑土上未表现出明显的稳产增产效果。利用一次性施肥技术的4个处理中，CRFA和CRFA80%N处理在不同土壤类型上均表现出较好的稳产增产效果，说明控释肥A对于黄淮海夏玉米区不同土壤类型的适应性相对较好，能够作为黄淮海夏玉米区轻简化施肥技术的推荐备选产品。

表7-9　不同处理对不同土壤类型夏玉米产量的影响

单位：t/hm²

处理	棕壤	褐土	潮土	砂姜黑土
N0PK	5.91d	5.13d	6.45c	8.95a
FP	7.69b	7.11b	9.35b	9.82a
OPT	6.85c	7.52a	10.44a	10.44a
CRFA	8.67a	7.62a	10.10ab	9.93a

（续）

处理	棕壤	褐土	潮土	砂姜黑土
CRFA80%N	8.44a	7.00bc	10.09ab	9.45a
CRFB80%N	8.40a	6.67c	9.82ab	9.58a
CRFC80%N	6.77c	6.92bc	10.44a	9.29a

注：同列数据后不同字母表示处理间差异达5%显著水平。

（三）一次性施肥对黄淮海区夏玉米氮肥利用效率的影响

由表7-10可知，与FP处理相比，一次性施肥技术在试验期内，对黄淮海区夏玉米的氮肥农学利用率、氮肥表观利用率及氮肥偏生产力均表现出一定程度的提高，但未达显著性差异水平。在氮肥偏生产力上，一次性施肥技术的各处理亦表现出较明显的增长趋势，其中一次性减氮施肥处理在2年的试验期内总体显著提高了氮肥偏生产力（$P<0.05$），CRFA80%N、CRFB80%N和CRFC80%N处理在2015年分别较FP处理增加32.14%、31.28%、27.55%，2016年分别较FP处理增加40.93%、36.43%、45.46%，平均提高达35.63%。因此，一次性减氮施肥技术能够在实现黄淮海区夏玉米轻简化管理的同时，显著提高氮肥偏生产力，明显提高氮肥利用率。

表7-10 不同处理夏玉米氮肥利用效率

处理	氮肥农学利用率/(kg/kg)		氮肥表观利用率/%		氮肥偏生产力/(kg/kg)		需求量/(kg/t)	
	2015年	2016年	2015年	2016年	2015年	2016年	2015年	2016年
N0PK	—	—	—	—	—	—	17.33b	16.81a
FP	10.66a	9.99a	37.36a	34.91a	39.20c	36.89d	24.05a	20.84a
OPT	14.10a	15.56a	41.59a	39.55a	43.31bc	44.14bcd	22.34a	19.15a
CRFA	13.01a	14.31a	41.24a	42.73a	43.42bc	42.58cd	22.48a	19.89a
CRFA80%N	16.11a	16.65a	39.75a	37.91a	51.80a	51.99ab	21.88a	18.23a
CRFB80%N	15.81a	14.99a	42.18a	37.08a	51.46a	50.33abc	22.90a	18.98a
CRFC80%N	15.34a	16.63a	40.72a	38.95a	50.00ab	53.66a	24.04a	18.55a

注：同列数据后不同字母表示处理间差异达5%显著水平。

（四）一次性施肥对黄淮海区夏玉米0～90 cm土壤硝态氮含量的影响

图7-7为各试验点不同处理2016年夏玉米收获时0～90 cm土壤硝态氮含量平均值分布情况。0～30 cm土层，CRFA和FP处理的硝态氮含量显著高于其余处理（$P<0.05$），分别达18.00 mg/kg和17.40 mg/kg。0～90 cm土层范围内，除CRFA处理外，其余一次性施肥处理的硝态氮含量均显著低于FP处理，此外，OPT处理的土壤硝态氮含量显著高于一次性减氮施肥处理（$P<0.05$），达9.16 mg/kg。

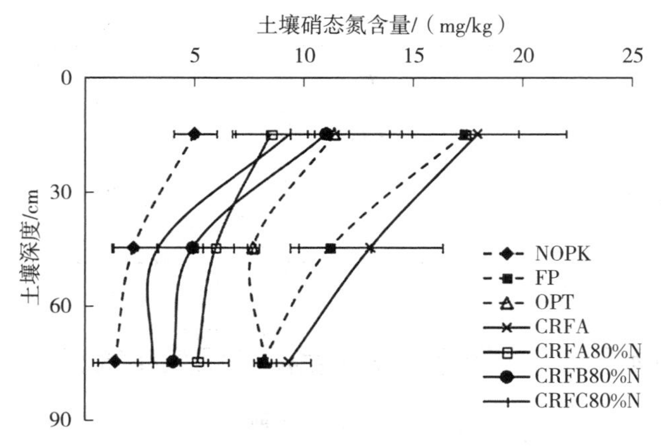

图 7-7 不同处理对 0～90 cm 土壤硝态氮含量的影响

（五）一次性施肥技术经济效益分析

不同处理经济效益分析如表 7-11 所示，一次性施肥技术处理的夏玉米产值较 FP 处理均不同程度提高，其中 CRFA 处理的产值最高，达 14 444.92 元/hm²，且由于其为一次性施肥，省去了后期追肥 900 元/hm² 的人工费，因此其收益亦高于其他处理，较 FP 处理增收 1 772.61 元/hm²，说明一次性施肥能够减少追肥人工投入，增加农民纯收入。此外，CRFA80%N 和 CRFA 处理的收益均高于 OPT 处理，CRFB80%N 和 CRFC80%N 处理则略低于 OPT 处理，说明控释肥 A 在黄淮海夏玉米区的整体适应性相对较好，且 CRFA80%N 处理可作为农民增收的推荐施肥方案。

表 7-11 不同处理经济效益分析

处理	2 年平均产量/（kg/hm²）	产值/（元/hm²）	人工费/（元/hm²）	氮肥成本/（元/hm²）	收益/（元/hm²）	较 FP 增收/（元/hm²）
N0PK	6 235.94	9 977.50	0	—	9 977.50	—
FP	8 329.90	13 327.85	900	862.99	11 564.86	—
OPT	9 026.16	14 441.86	900	815.79	12 726.07	1 161.21
CRFA	9 028.08	14 444.92	0	1 107.45	13 337.47	1 772.61
CRFA80%N	8 749.53	13 999.26	0	886.03	13 113.23	1 548.37
CRFB80%N	8 591.03	13 745.65	0	1 033.98	12 711.67	1 146.81
CRFC80%N	8 362.19	13 379.50	0	887.24	12 492.26	927.40

注：各处理成本核算依据，玉米价格按 1.60 元/kg 计；普通肥料 N 按 3.91 元/kg 计，控释氮 A、B 和 C 按较普通氮分别增加 1.30 元/kg、2.17 元/kg 和 1.50 元/kg 计；追肥劳动力价格按 900 元/hm² 计（只有 FP 和 OPT 有追肥用工）。

三、讨论

氮素是夏玉米生长所必需的重要元素（He et al.，2009），也是夏玉米产量形成的重要限制因子（Ju et al.，2009），氮肥施用不当，不但容易造成作物减产和氮肥利用率下降，还会引发一系列的环境问题（闫湘 等，2008）。近年来，在提高化肥利用率方面，国内已有一些成果报道，如氮肥深施、平衡施肥、以水带肥、腐植酸配施等技术（Hou et al.，2012），但在提高肥料利用率的同时显著增加玉米产量的能力仍有待进一步提高（Ding et al.，2005）。研究表明，作物生育期内干物质的累积是产量形成的基础，干物质累积的水平决定了最终籽粒产量的高低（黄振喜 等，2007）。玉米的干物质生产主要来自叶片的光合作用。生育后期干物质积累多，说明花后光合生产能力强（Echarte et al.，2008）。周宝元等（2017）研究发现，与常规施肥处理相比，施用缓释肥明显改善了玉米的光合性能，使得植株开花后仍然保持较高的叶面积指数和光合速率，且下降缓慢，有利于生产更多的光合产物；此外，缓/控释肥根据玉米生长特性进行选择性释放，显著提高了花后土壤氮素的供应能力（邵国庆 等，2008），从而改善后期光合性能，延缓了叶片衰老。因此，施用缓/控释肥料是提高作物产量和肥料利用率的重要手段和方法（裴瑞杰 等，2017）。研究表明，与等氮量的常规施肥相比，缓/控释氮肥在不同地区不同土壤对玉米均有不同程度的增产效果（Zheng et al.，2016），与本试验一次性施肥技术中施用缓/控释氮肥的结果相吻合。由此可知，夏玉米底肥一次性施用缓/控释肥能满足夏玉米全生育期的养分需求，节约追肥成本，从而实现轻简化生产。

本试验条件下，2016 年夏玉米收获时，OPT 处理 0～90 cm 土壤中硝态氮含量显著低于等施氮量的 CRFA 处理，这可能是由于 OPT 处理的氮肥非一次性施入，减少了淋溶等损失比例，并在一定程度上提高了氮肥利用效率，从而减少了土壤中硝态氮的累积。而 CRFA 处理的养分释放相对较慢，能够明显减少肥料氮的损失，在氮肥吸收量基本相当的情况下，势必有可能会造成土壤残留氮含量的升高。因此，在计算后茬作物的施肥量时应考虑土壤中残留氮的供肥能力，否则长此以往，势必会增加对大气和地下水环境的污染风险（李燕青 等，2015）。一次性减氮施肥处理在保证稳产增产、减少土壤硝态氮的累积，提高氮素利用效率和农民收入方面均有良好的表现，其中 CRFA80％N 和 CRFB80％N 的表现尤为稳定。

本试验期内，优化施肥和一次性施肥技术处理的氮肥利用率均较农民习惯处理有所提高，与王宜伦等提出的减低施氮量可有效提高氮肥利用效率的结论相一致，但如何在保证稳产增产及保持土壤地力或培肥土壤的前提下，进一步提高氮肥利用效率，优化节约用肥，仍需要进行深入的研究。

四、结论

黄淮海夏玉米底肥一次性施用缓/控释氮肥对夏玉米的生长状况和产量影响效果并不显著，但在黄淮海夏玉米区内的棕壤、潮土和砂姜黑土上表现出较好的稳产增产效果，较好地满足了夏玉米生育后期对氮素的吸收利用，提高了产量和氮肥偏生产力，其中 CRFA 和 CRFA80％N 处理在黄淮海夏玉米区不同土壤类型上均表现出较好的稳产增产效果，平均增产率分别为 7.91％和 4.65％。

采用夏玉米专用缓/控释肥一次性施用，避免了夏玉米生育后期的追肥，节约了追肥人工成本，实现了黄淮海夏玉米种植轻简化和高效施肥的目的。其中一次性减量施用氮肥处理能够保证黄淮海夏玉米的稳产增产，并有效提高氮素利用效率，其中氮肥偏生产力较FP处理显著提高33.85%。从配合国家化肥使用量零增长以及化肥减量施用政策考虑，推荐减少20%氮用量的CRFA施肥模式在黄淮海夏玉米生产上一次性施用。

第三节　夏玉米一次性施肥技术规程

一、技术基本情况

夏玉米一次性施肥技术，就是改过去夏玉米生育期间多次施肥为播种和施肥一次性完成生育后期无需再追肥的技术。使用化肥是当代粮食生产发展的需要，也是增产粮食的基本保证，常用的速效肥料肥效期短，在夏玉米生产上一般通过分次施肥（相当大比例的农户播种和第一次施肥操作分开进行），才能满足玉米整个生育期间对养分的需要。这样做在生产上增加了操作环节，不仅费工费力，而且在第二次追肥过程中由于植株的高大很难避免机械损坏玉米植株和根系，有部分农户由于受人力、物力、气象等条件限制，根本不进行第二次施肥，这样势必影响玉米产量乃至收益。解决问题的根本，必须突破传统施肥习惯，创新施肥技术，以新型改型、改性缓控释肥料为载体，推广夏玉米一次性施肥技术。

二、技术要点

根据玉米不同生育阶段对各营养的需求规律以及当地的气候特征和土壤条件，以玉米目标产量为基础，按配方施肥理论和缓控释氮肥应用技术，将玉米整个生育期所需的养分，在播种同时利用播种深施肥机械一次性全部施入（进行侧深施，横向距离种子8～12 cm、纵向距离种子5～8 cm处，根据机械配置也可进行分层施肥，两层施肥深度分别为距离土表10 cm和25 cm左右），玉米种子播种深度在3～5 cm，后期不再进行追肥。

（一）肥料类型

该技术氮肥选用玉米专用缓/控释氮肥，如果缓/控释肥释放期过长，可配施速效氮肥（可选择颗粒硫酸铵或颗粒普通尿素），直径2～4 mm，颗粒硬度大于30 N。磷肥可选用磷酸一铵或二铵、过磷酸钙或重过磷酸钙等。钾肥可选用颗粒氯化钾或硫酸钾。也可选用磷钾复合肥，肥料均为规则或不规则颗粒状，直径2～4 mm，颗粒硬度大于30 N，利用农业机械施肥。

（二）施肥机械

利用玉米免耕施肥播种机在平整田块上操作，玉米播种施肥机设计有开沟器、镇压轮、齿轮、链条、旋钮等装置，玉米播种施肥机种子和肥料装置及传输装置均分开。作业的时候，播种机前进，通过齿轮和链条带动排种器和排肥器转动，种子和肥料顺势落下。

开沟排肥器开出沟的深度一般为 8～12 cm。肥料排出后，周围土壤回落覆盖。相对错开的开沟下种器开出沟的深度一般为 3～5 cm，种子落在施肥后回落的土壤沟上，随即覆土再由镇压轮进行镇压盖种。

（三）肥料用量

1. 目标亩产量 750 kg 以上

目标亩产量≥750 kg 的高肥力土壤上，每亩推荐施用缓释氮肥（N）18～22 kg、磷肥（P_2O_5）9～12 kg、钾肥（K_2O）10～14 kg，另外可根据土壤缺素状况配施部分中微量元素。根据缓/控释氮素释放期确定全部施用玉米专用缓控释氮肥、长效肥或配施部分速效氮肥。

2. 目标亩产量 600～750 kg 以上

目标亩产量 600～750 kg 的中高肥力土壤上，每亩推荐施用缓控释氮肥（N）15～18 kg、磷肥（P_2O_5）6～9 kg、钾肥（K_2O）8～10 kg，另外可根据土壤缺素状况配施部分中微量元素。根据缓/控释氮素释放期确定全部施用玉米专用缓控释氮肥、长效肥或配施部分速效氮肥。

3. 目标亩产量 600 kg 以下

目标亩产量 400～600 kg 的中低肥力土壤上，每亩推荐施用缓控释氮肥（N）12～15 kg、磷肥（P_2O_5）4～6 kg、钾肥（K_2O）5～8 kg，另外可根据土壤缺素状况配施部分中微量元素。根据缓/控释氮素释放期确定全部施用玉米专用缓/控释氮肥、长效肥或配施部分速效氮肥。

三、技术效果

较常规施肥节省氮素投入 15%～20%的水平下，采用缓/控释氮肥掺混磷钾等其他养分与玉米播种同时进行，一次性施肥条件下 90%以上玉米地块有增产趋势，平均增产率达 6.6%，氮养分利用率提高 8 个百分点，同时可改善籽粒部分品质指标，每亩可节省 1～2 个劳动力，降低氮养分流失 25%以上，具有显著的经济效益和生态效益。综合分析每亩节本增收 150 元以上。

四、适用区域

适用于机械化程度较高的黄淮海平原地区。

五、注意事项

在小麦播种前整地时需将地块平整，玉米免耕播种施肥机的牵引机械动力要匹配，需根据地力或目标产量定施肥量，不同养分掺混的肥料外观形状应基本一致，保证肥料顺利输送到土壤适宜位置。

主要参考文献

安景文，汪仁，包红静，等，2008. 不同肥料配方一次性施肥对玉米产量和养分吸收的影响 [J]. 土壤通报，39 (4)：874 - 877.

鲍士旦，2000. 土壤农化分析 [M]．北京：中国农业出版社．

陈欢，曹承富，孔令聪，等，2014. 长期施肥下淮北砂姜黑土区小麦产量稳定性研究 [J]. 中国农业科学，47 (13)：2580 - 2590.

陈家法，陈隆升，涂佳，等，2017. 长期施肥对油茶林产果量及土壤地力可持续性的影响 [J]. 中南林业科技大学学报，37 (7)：59 - 65.

高强，李德忠，汪娟娟，等，2007. 春玉米一次性施肥效果研究 [J]. 玉米科学，15 (4)：125 - 128.

黄兴成，石孝均，李渝，等，2017. 基础地力对黄壤区粮油高产、稳产和可持续生产的影响 [J]. 中国农业科学，50 (8)：1476 - 1485.

黄振喜，王永军，王空军，等，2007. 产量 15 000 kg/hm^2 以上夏玉米灌浆期间的光合特性 [J]. 中国农业科学，40 (9)：1898 - 1906.

冀建华，侯红乾，刘益仁，等，2015. 长期施肥对双季稻产量变化趋势、稳定性和可持续性的影响 [J]. 土壤学报，52 (3)：607 - 619.

李红陵，王定勇，石孝均，2005. 不均衡施肥对紫色土稻麦产量的影响 [J]. 西南农业大学学报（自然科学版），27 (4)：487 - 490.

李庆军，2015. 常见缓控释肥的优缺点及选用缓控释肥方法 [J]. 吉林农业，11：93.

李燕青，唐继伟，车升国，等，2015. 长期施用有机肥与化肥氮对华北夏玉米 N_2O 和 CO_2 排放的影响 [J]. 中国农业科学，48 (21)：4381 - 4389.

李忠芳，徐明岗，张会民，等，2009. 长期不同施肥模式对我国玉米产量可持续性的影响 [J]. 玉米科学，17 (6)：82 - 87.

李忠芳，徐明岗，张会民，等，2010. 长期施肥和不同生态条件下我国作物产量可持续性特征 [J]. 应用生态学报，21 (5)：1264 - 1269.

栗丽，洪坚平，王宏庭，等，2010. 施氮与灌水对夏玉米土壤硝态氮积累、氮素平衡及其利用率的影响 [J]. 植物营养与肥料学报，16 (6)：1358 - 1365.

廖育林，郑圣先，聂军，等，2009. 长期施用化肥和稻草对红壤水稻土肥力和生产力持续性的影响 [J]. 中国农业科学，42 (10)：3541 - 3550.

鲁艳红，聂军，廖玉育林，等，2018. 氮素抑制剂对双季稻产量、氮素利用效率及土壤平衡的影响 [J]. 植物营养与肥料学报，24 (1)：95 - 104.

马力，杨林章，沈明星，等，2011. 基于长期定位试验的典型稻麦轮作区作物产量稳定性研究 [J]. 农业工程学报，27 (4)：117 - 124.

倪露，白由路，杨俐苹，等，2016. 不同组分脲甲醛缓释肥的夏玉米肥料效应研究 [J]. 中国农业科学，49 (17)：3370 - 3379.

裴瑞杰，袁天佑，王俊忠，等，2017. 施用腐殖酸对夏玉米产量和氮效率的影响 [J]. 中国农业科学，50 (11)：2189 - 2198.

邵国庆，李增嘉，宁堂原，等，2008. 灌溉和尿素类型对玉米氮素利用及产量和品质的影响 [J]. 中国农业科学，41 (11)：3672 - 3678.

孙新素，龙致炜，宋广鹏，等，2017. 气候变化对黄淮海地区夏玉米-冬小麦种植模式和产量的影响

［J］. 中国农业科学，50（13）：2476－2487.

王宜伦，李潮海，谭金芳，等，2010. 超高产夏玉米植株氮素积累特征及一次性施肥效果研究［J］. 中国农业科学，43（15）：3151－3158.

魏猛，张爱君，诸葛玉平，等，2017. 长期不同施肥对黄潮土区冬小麦产量及土壤养分的影响［J］. 植物营养与肥料学报，23（2）：304－312.

闫湘，金继运，何萍，等，2008. 提高肥料利用率技术研究进展. 中国农业科学［J］. 41（2）：450－459.

尹春梅，谢小立，钟石仑，2009. 长期不同养分投入对土壤养分和水稻生产持续性的影响［J］. 生态学报，29（6）：3059－3065.

张民，史衍玺，杨守祥，等，2001. 控释和缓释肥的研究现状与进展［J］. 化肥工业，28（5）：27－30，61，63.

周丽平，杨俐苹，白由路，等，2018. 夏玉米施用不同缓释化处理氮肥的效果及氮肥去向［J］. 中国农业科学，51（8）：1527－1536.

DING L，WANG K J，JIANG G M，et al，2005. Post－anthesis changes in photosynthetic traits of maize hybrids released in different years［J］. Field Crops Research，93（1）：108－115.

ECHARTE L，ROTHSTEIN S，TOLLENAAR M，2008. The response of leaf photosynthesis and dry matter accumulation to nitrogen supply in an older and a newer maize hybrid［J］. Crop Science，48（2）：656－665.

GOERTZ H M，1993. Technology development in coated fertilizers. In：A. Hagin，ED.，workshop on controlled/slow release fertilizers［J］. Haifa Israel：Technion：158－164.

HE P，LI S T，JIN J Y，et al，2009. Performance of an optimized nutrient management system for double－cropped wheat－maize rotations in North－central China［J］. Agronomy Journal，101（6）：1489－1496.

HOU P，GAO Q，XIE R Z，et al，2012. Grain yields in relation to N requirement：Optimizing nitrogen management for spring maize grown in China［J］. Field Crops Research，129（1）：1－6.

HUSBY C E，NIEMIERA A X，WRIGHT R D，et al，2003. Influence of diurnal temperature on nutrient release patterns of three polymer－coated fertilizer［J］. HortScience，38（3）：387－389.

JU X T，XING G X，CHEN X P，et al，2009. Reducing environmental risk by improving N management in intensive Chinese agricultural systems［J］. Proceedings of the National Academy of Sciences of the USA，106（9）：3041－3046.

ZHENG W K，ZHANG M，LIU Z G，et al，2016. Combining controlled－release urea and normal urea to improve the nitrogen use efficiency and yield under wheat－maize double cropping system［J］. Field Crops Research，197：52－62.

第八章　长江中游单季稻一次性施肥技术

第一节　不同肥料品种对单季稻产量、效率和环境的影响

一、肥料品种

缓/控释肥料是一次性施肥技术的重要载体，其中控释肥料又是缓释肥料的高级形式。目前关于控释肥的研究工作主要集中在包膜材料的选用、研制和控释机制的研究上。根据包膜材料的不同可将缓/控释肥料分为无机物包膜肥料和有机聚合物包膜肥料2种类型。无机物包膜材料包括沸石、硅藻土、硫黄、石膏、金属磷酸盐、硅粉等；有机包膜材料包括聚合物（聚烯烃树脂、聚乙烯、醇酸树脂等）、焦油、橡胶、乳胶、石蜡、沥青、油类等。由于包膜材料性质和成分的差异以及水稻生长环境的复杂性，不同包膜材料的肥料施用效果存在一定差异。

二、不同控释肥料品种对单季稻产量的影响

近年来许多缓/控释肥料逐渐发展起来，但在农业生产上大面积应用的缓/控释肥还较少，市售缓/控释肥品种虽然较多，但肥料的缓释性能是否能满足单季稻长生育期和长期淹水栽培的要求尚不明确。为了筛选出满足长江中游单季稻一次性施肥的缓/控释氮肥，选取不同类型缓/控释氮肥在湖北荆州进行田间试验。

设置不施氮、农民习惯施肥、优化施肥、普通尿素一次性基施、聚氨基甲酸酯包膜尿素、可降解酯类包膜尿素、水基聚合物包膜尿素、聚氨基甲酸酯包膜尿素与普通尿素以4∶1配合施用处理。农民习惯施肥处理施氮量为210 kg/hm^2（N），氮肥70%作为基肥，30%作为分蘖肥；优化施肥处理氮肥50%作为基肥，25%作为分蘖肥，25%作为穗肥；除农民习惯施肥外，其他施氮处理氮肥用量均为165 kg/hm^2（N）。

不施氮肥导致水稻显著减产（表8-1），连续3年不施氮肥减产幅度逐渐增大，与2013年相比，2014年和2015年分别减产7.8%和33.1%。与不施氮处理相比，各施氮处理2013年、2014年和2015年分别增产达30.5%～48.8%、57.2%～71.3%和120.7%～151.0%。施氮处理中普通尿素一次性基施处理稻谷产量最低，相同氮肥施用量条件下优化施肥处理可以明显提高稻谷产量，控释尿素和配施处理一次性基施可以进一步提高产量。与农民习惯施肥处理相比，控释尿素和配施处理可以在氮肥施用量减少21.4%的条件下实现稳产。2013年和2014年，3种控释尿素处理间的水稻产量无显著差异，2015年则表现为聚氨基甲酸酯包膜尿素施用效果优于可降解酯类包膜尿素和水基聚合物包膜尿素

处理。综合3年的结果来看，3种控释尿素的效果表现为聚氨基甲酸酯包膜尿素最优，其次是水基聚合物包膜尿素，最后是可降解酯类包膜尿素。

表8-1　2013—2015年不同施氮处理对水稻产量的影响

处理	产量/(t/hm²)			
	2013年	2014年	2015年	平均
不施氮	5.86c	5.4c	3.92c	5.06e
农民习惯施肥	8.72a	9.25a	9.07b	9.01ab
优化施肥	8.05ab	8.54b	8.91b	8.50cd
普通尿素一次性基施	7.65b	8.49b	8.68b	8.27d
聚氨基甲酸酯包膜尿素	8.58ab	9.12a	9.84a	9.18a
可降解酯类包膜尿素	8.14ab	8.89ab	8.65b	8.56bcd
水基聚合物包膜尿素	8.34ab	8.91ab	8.92b	8.72abcd
配施	8.28ab	9.16a	9.32ab	8.92abc

注：同列数据后不同小写字母表示处理间差异显著。

氮肥施用对水稻穗数、每穗粒数和千粒重具有极显著的影响，对结实率无显著影响（表8-2）。施氮显著提高水稻穗数，与不施氮处理相比，聚氨基甲酸酯包膜尿素、可降解酯类包膜尿素、水基聚合物包膜尿素、聚氨基甲酸酯包膜尿素与普通尿素配施处理增幅分别为66.1%～179.5%、60.3%～130.7%、56.9%～158.0%和54.6%～152.3%。与普通尿素相比，控释尿素对穗数的提高作用更为明显，其中聚氨基甲酸酯包膜尿素处理表现最为明显，较农民习惯施肥、优化施肥、普通尿素一次性基施处理分别提高1.8%～21.1%、4.7%～31.6%和20.4%～40.1%。施氮显著提高水稻每穗粒数，与不施氮处理相比，聚氨基甲酸酯包膜尿素、可降解酯类包膜尿素、水基聚合物包膜尿素、聚氨基甲酸酯包膜尿素与普通尿素配施处理增幅分别为37.5%～82.4%、34.1%～81.4%、22.2%～70.5%和18.2%～74.3%。与尿素一次性基施处理相比，优化施肥处理和聚氨基甲酸酯包膜尿素处理对水稻每穗粒数提升幅度分别达11.2%～28.0%和8.5%～20.0%。

表8-2　2013—2015年不同施氮处理对水稻产量构成因子的影响

年份	处理	每平方米穗数/$\times10^4$	每穗粒数	结实率/%	千粒重/g
2013	不施氮	174c	132d	84.8ab	25.6ab
	农民习惯施肥	284a	201b	80.6ab	26.1ab
	优化施肥	276ab	224a	85.5a	25.7ab
	普通尿素一次性基施	240b	175c	79.1b	25.4b
	聚氨基甲酸酯包膜尿素	289a	210ab	82.2ab	26.3ab
	可降解酯类包膜尿素	279ab	220a	82.4ab	25.8ab
	水基聚合物包膜尿素	273ab	225a	83.4ab	26.5a
	配施	269ab	211ab	83.5ab	26.0ab

（续）

年份	处理	每平方米穗数/×10⁴	每穗粒数	结实率/%	千粒重/g
2014	不施氮	122 d	210 d	79.6abc	22.6b
	农民习惯施肥	199bc	335c	83.4ab	23.3ab
	优化施肥	187bc	360b	76.9abc	23.9a
	普通尿素一次性基施	172c	322c	83.2ab	23.0ab
	聚氨基甲酸酯包膜尿素	241a	383a	71.9c	23.6ab
	可降解酯类包膜尿素	213ab	381a	75.6bc	23.0ab
	水基聚合物包膜尿素	232a	334c	84.4a	23.4ab
	配施	233a	366ab	84.6a	23.5ab
2015	不施氮	88 d	176c	75.8b	23.8b
	农民习惯施肥	220b	245a	85.1a	25.0a
	优化施肥	187c	248a	81.3ab	25.4a
	普通尿素一次性基施	182c	223ab	86.9a	24.8ab
	聚氨基甲酸酯包膜尿素	246a	242ab	84.4a	24.8ab
	可降解酯类包膜尿素	203bc	236ab	85.1a	24.4ab
	水基聚合物包膜尿素	227ab	215ab	81.5ab	24.9ab
	配施	222ab	208bc	82.3ab	24.6b

注：同一年份同列数据后不同小写字母表示处理间差异显著。

三、不同控释肥料品种对单季稻氮肥利用率的影响

3年试验结果表明，尿素分次施用（优化施肥）相比尿素一次性基施可以明显提高水稻氮肥利用率（表8-3），与尿素一次性基施处理相比，尿素分次施用处理氮肥农学利用率、氮肥回收利用率、氮肥贡献率和氮肥偏生产力分别提高1.1%～22.0%、16.4%～84.5%、1.1%～17.3%和0.4%～5.2%。2013年和2014年，3种控释尿素的氮肥农学利用率、氮肥回收利用率、氮肥贡献率和氮肥偏生产力无显著差异；2015年，聚氨基甲酸酯包膜尿素处理的各项氮肥利用率指标均显著高于可降解酯类包膜尿素和水基聚合物包膜尿素。控释尿素可以在尿素分次施用基础上进一步提高水稻氮肥利用率。与尿素分次施用处理相比，聚氨基甲酸酯包膜尿素处理氮肥农学利用率、氮肥回收利用率、氮肥贡献率和氮肥偏生产力分别提高18.5%～24.1%、-7.7%～56.4%、7.3%～16.2%和6.6%～10.4%。与农民习惯处理相比，聚氨基甲酸酯包膜尿素处理氮肥农学利用率、氮肥回收利用率和氮肥偏生产力分别提高20.4%～45.9%、18.8%～105.6%和25.3%～38.0%。水基聚合物包膜尿素和普通尿素配施处理在减少控释尿素投入条件下氮肥利用率表现持平。

表 8-3　2013—2015 年不同施氮处理对水稻氮素利用效率的影响

年份	处理	氮肥农学利用率/(kg/kg)	氮肥回收利用率/%	氮肥贡献率/%	氮肥偏生产力/(kg/kg)
2013	农民习惯施肥	13.7ab	36.1bc	32.8a	41.5c
	优化施肥	13.3ab	46.5a	27.1ab	48.8ab
	普通尿素一次性基施	10.9b	25.2d	23.1b	46.4bc
	聚氨基甲酸酯包膜尿素	16.5a	42.9ab	31.5a	52.0a
	可降解酯类包膜尿素	13.8ab	36.8bc	27.9ab	49.3ab
	水基聚合物包膜尿素	15.0ab	37.6bc	29.8ab	50.6ab
	配施	14.7ab	33.2cd	29.2ab	50.2ab
2014	农民习惯施肥	18.4c	35.0c	41.6a	44.0c
	优化施肥	19.0bc	45.8b	36.8b	51.7b
	普通尿素一次性基施	18.8bc	32.5c	36.4b	51.5b
	聚氨基甲酸酯包膜尿素	22.6a	59.7a	40.8a	55.3a
	可降解酯类包膜尿素	21.2abc	55.4a	39.2ab	53.9ab
	水基聚合物包膜尿素	21.3ab	44.8b	39.4ab	54.0ab
	配施	22.8a	48.6b	41.1a	55.5a
2015	农民习惯施肥	24.6c	34.0e	56.8ab	43.2c
	优化施肥	30.3b	44.7cd	56.0b	54.0b
	普通尿素一次性基施	28.8bc	38.4de	54.8b	52.6b
	聚氨基甲酸酯包膜尿素	35.9a	69.9a	60.1a	59.6a
	可降解酯类包膜尿素	28.7bc	58.6b	54.6b	52.4b
	水基聚合物包膜尿素	30.3b	52.8bc	55.9b	54.1b
	配施	32.7ab	54.4b	57.9ab	56.5ab

四、不同控释肥料品种对环境的影响

（一）不同控释肥料品种对土壤理化性质的影响

目前农业生产中使用的缓/控释肥料主要以氮肥为主，肥料施入土壤后主要影响的是土壤的碳氮循环过程。然而，缓/控释肥料施用也会对微生物活性和数量产生影响，可能影响水稻对其他养分的吸收，从而影响土壤的养分平衡。

比较不同施氮处理土壤养分变化可以发现，与不施氮肥处理相比，各施氮处理土壤全氮含量、有机质含量有所提高，可能是因为施氮补充了土壤氮库，且施氮能加速有机质的矿化，使土壤有机质含量提高（表 8-4）。与不施氮肥处理相比，施氮处理土壤有效磷和速效钾含量显著降低，一方面，施氮处理的植株生长旺盛，根系发达，吸收带走的养分量大；另一方面，氮肥施用也会促进水稻对磷、钾的吸收利用，从而降低土壤中的有效磷、速效钾养分。不同施氮处理间的土壤全氮、有效磷、速效钾、有机质含量及 pH 差异不显著，说明施用控释氮肥与普通尿素分次施用对土壤养分变化的影响一致，控释氮肥施用不会对土壤养分循环产生不良影响。

表 8-4　3 年水旱轮作后不同施氮处理的土壤养分变化

处理	全氮含量/(g/kg)	有效磷含量/(mg/kg)	速效钾含量/(mg/kg)	有机质含量/(g/kg)	pH
不施氮	1.2b	19.0a	138.3a	18.5b	7.8a
农民习惯施肥	1.4a	14.7bc	108.3b	21.1a	7.6b
优化施肥	1.4a	14.1bc	115.4b	21.3a	7.7ab
普通尿素一次性基施	1.4a	13.6c	114.9b	21.4a	7.7ab
聚氨基甲酸酯包膜尿素	1.4a	14.8bc	110.1b	20.8a	7.7ab
可降解酯类包膜尿素	1.3ab	15.0bc	112.8b	21.3a	7.7ab
水基聚合物包膜尿素	1.4a	15.3b	113.1b	20.9a	7.7ab
配施	1.3ab	14.3bc	113.2b	21.0a	7.6b

注：同列数据后不同字母表示处理间差异显著。

（二）不同控释肥料品种对氨挥发的影响

氨挥发是农田氮肥损失的重要途径。为了了解控释氮肥施用对稻田氨挥发的影响，在湖北省武穴市进行了田间试验。试验设 6 个处理，分别为不施氮肥（CK）、普通尿素一次施用（U_b）、普通尿素分次施用（U_s）、聚氨基甲酸酯树脂包膜尿素（CRU-1）、可降解酯类包膜尿素（CRU-2）、水基聚合物包膜尿素（CRU-3）。各施氮处理的氮肥用量均为 165 kg/hm^2（N）。

如图 8-1 所示，普通尿素一次施用处理和控释尿素处理土壤氨挥发通量峰值分别出现在基肥施用后 1～3 d 和 6～10 d，其大小顺序为 U_b>CRU-3>CRU-1>CRU-2（2013 年）和 U_b>CRU-3>CRU-2>CRU-1（2014 年）；普通尿素分次施用处理土壤氨挥发通量峰值分别出现在基肥后 2～7 d，分蘖肥后 1～2 d 和孕穗肥后 1～2 d。与普通尿素一次施用处理相比，控释尿素处理土壤氨挥发峰值分别降低了 2.5～3.1 $kg/(hm^2 \cdot d)$（2013 年）和 1.5～1.9 $kg/(hm^2 \cdot d)$（2014 年）；与普通尿素分次施用处理相比，控释尿素处理土壤氨挥发峰值分别降低了 1.0～1.5 $kg/(hm^2 \cdot d)$（2013 年）和 0.2～0.6 $kg/(hm^2 \cdot d)$（2014 年）。其中，水基聚合物包膜尿素（CRU-3）处理分别比聚氨基甲酸酯树脂包膜尿素（CRU-1）和可降解酯类包膜尿素（CRU-2）处理土壤氨挥发峰值高出 0.024～0.454 $kg/(hm^2 \cdot d)$ 和 0.337～0.597 $kg/(hm^2 \cdot d)$。

等氮量下，控释尿素处理土壤氨挥发累积损失量显著低于普通尿素处理（图 8-2）。与普通尿素一次施用相比，控释尿素处理土壤氨挥发累积损失量分别降低了 31.7%～49.6%（2013 年）和 42.3%～65.0%（2014 年）；与普通尿素分次施用相比，控释肥处理土壤氨挥发累积损失量分别降低了 14.3%～36.8%（2013 年）和 33.0%～59.3%（2014 年）。其中，水基聚合物包膜尿素（CRU-3）处理土壤氨挥发累积损失量分别比聚氨基甲酸酯树脂包膜尿素（CRU-1）和可降解酯类包膜尿素（CRU-2）处理高出 1.3%～64.8%和 32.6%～35.5%。

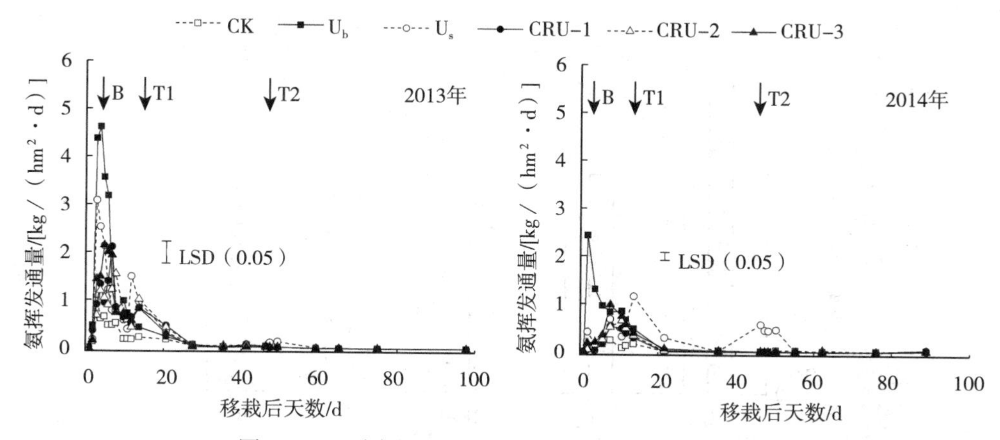

图 8-1 不同施肥处理对水稻田氨挥发通量的影响

注：B 代表基肥施用时间，T1 和 T2 分别代表分蘖肥和穗肥施用时间。

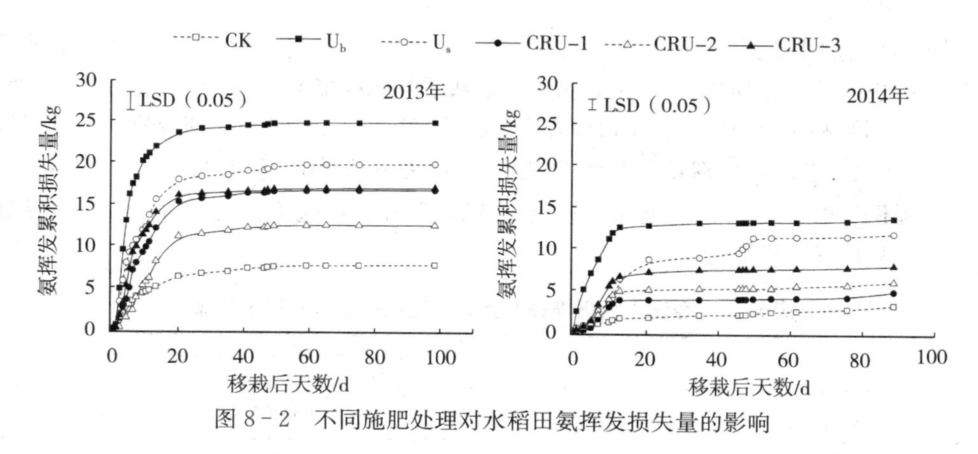

图 8-2 不同施肥处理对水稻田氨挥发损失量的影响

控释尿素处理氨挥发损失率（图 8-3）分别为 2.9%～5.6%（2013 年）和 1.0%～2.9%（2014 年），分别比普通尿素一次施用处理降低了 45.9%～71.8%（2013 年）和 22.1%～84.7%（2014 年），比普通尿素分次施用处理分别降低了 23.4%～60.1%（2013 年）和 45.2%～81.3%（2014 年）。

可见，等氮量下，控释尿素处理土壤氨挥发通量、累积损失量和损失率均低于普通尿素处理，且水基聚合物包膜尿素（CRU-3）处理这些指标均高于聚氨基甲酸酯树脂包膜尿素（CRU-1）和可降解酯类包膜尿素（CRU-2）。

（三）不同控释肥料品种对氮素径流损失的影响

由表 8-5 可知，各施氮处理径流氮损失量均总体高于不施氮处理。2013 年，除水基聚合物包膜尿素（CRU-3）处理径流氮损失量和损失率与普通尿素处理无显著差异外，聚氨基甲酸酯树脂包膜尿素（CRU-1）和可降解酯类包膜尿素（CRU-2）处理均显著低于普通尿素处理；与普通尿素一次施用相比，控释尿素处理径流氮损失量和损失率分别降低了 7.1%～25.0%和 15.4%～61.5%；与尿素分次施用相比，控释尿素处理径流氮损

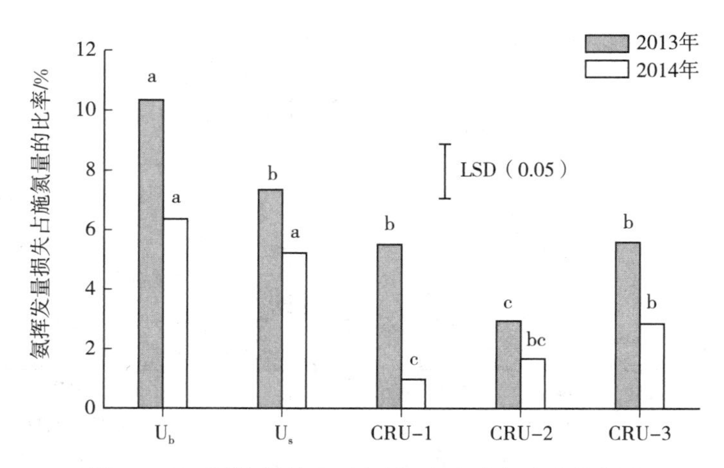

图 8-3　不同施肥处理对水稻田氨挥发损失率的影响

注：同年不同字母表示处理间差异显著。

失量和损失率分别降低了 8.8%～26.3%和 21.4%～64.3%。水基聚合物包膜尿素（CRU-3）处理径流氮损失量和损失率较聚氨基甲酸酯树脂包膜尿素（CRU-1）处理分别增加了 23.8%和 120.0%；较可降解酯类包膜尿素（CRU-2）处理分别提高了 15.6%和 83.3%。2014 年，各处理总氮径流损失量和损失率大小顺序为 U_b＞U_s＞CRU-3＞CRU-2＞CRU-1。说明施用控释尿素能有效降低田面水氮素的径流损失，从而缓解由农业用肥带来的面源污染情况。

表 8-5　径流水氮素损失和氮素径流损失占施氮量的比率

处理	2013 年		2014 年	
	径流氮损失量/(kg/hm²)	径流氮损失率/%	径流氮损失量/(kg/hm²)	径流氮损失率/%
CK	0.34c	—	0.51c	—
U_b	0.56a	0.13a	1.45a	0.57a
U_s	0.57a	0.14a	1.02b	0.31b
CRU-1	0.42b	0.05b	0.66c	0.09c
CRU-2	0.45b	0.06b	0.71c	0.12c
CRU-3	0.52a	0.11a	0.73c	0.14c

注：同列数据后不同小写字母表示差异显著。

（四）不同控释肥料品种对温室气体排放的影响

CH_4 和 N_2O 是重要的温室气体，稻田 CH_4 和 N_2O 排放分别占农业 CH_4 和 N_2O 总排放的 30%和 11%。施氮是稻田生态系统 CH_4 和 N_2O 排放重要的影响因素，为了明确不同氮肥管理对稻田温室气体排放的影响，在湖北省荆州市开展了大田试验。

设 5 个氮肥处理，分别为：①不施氮；②习惯施肥处理，氮肥选用尿素，按基肥 60%、分蘖肥 30%和穗肥 10%的比例施用；③EM 菌剂处理，氮肥用量、种类和施用方式与习惯施肥处理相同，每次施肥时按照100 mL（EM菌原液）/kg的比例稀释200倍，加入红糖100 g，培养2 d后撒入田中；④树脂包衣尿素处理，采用树脂包衣尿素一次性施用；⑤碧晶尿素处理：采用碧晶尿素一次性施用。处理②～⑤氮肥用量均为195 kg/hm^2。

不同施氮处理下CH_4和N_2O累积排放量、增温潜势、综合温室排放强度如表8-6所示，各处理水稻生长季CH_4累积排放量为123.9～313.9 kg/hm^2。与习惯施肥处理相比，树脂包衣尿素处理和碧晶尿素处理分别降低CH_4累积排放量-2.7%～15.6%和28.1%～50.4%。各处理水稻生长季N_2O累积排放量为0.57～2.42 kg/hm^2，与习惯施肥处理相比，树脂包衣尿素处理、碧晶尿素处理、EM菌剂处理减少N_2O累积排放量分别为0.86～1.01 kg/hm^2、0.49～1.01 kg/hm^2、0.33～1.17 kg/hm^2，减幅分别为35.5%～61.2%、22.0%～48.3%、13.6%～52.5%。

在100年尺度上计算各处理稻田CH_4和N_2O排放的全球增温潜势（GWP），结果表明，各处理GWP在3.52～8.29 t(CO_2-eq)/hm^2。缓/控释尿素可以减少水稻季GWP，其中碧晶尿素处理效果最明显。与习惯施肥处理相比，树脂包衣尿素处理和碧晶尿素处理分别平均减少GWP达0.65和2.71 t(CO_2-eq)/hm^2，减幅达10.0%和41.3%。EM菌剂处理对减少稻田GWP的作用并不明显，仅在2015年表现出积极作用。

综合温室排放强度（GHGI）是综合考虑环境效益和作物产量效益来评价不同施肥处理的综合指标，反映了单位产量的GWP。3年试验结果表明，各处理GHGI在0.67～1.50 kg(CO_2-eq)/kg。缓/控释尿素可以显著降低水稻季GHGI，EM菌剂处理对GHGI的影响相对较小。与习惯施肥处理相比，树脂包衣尿素处理、碧晶尿素处理、EM菌剂处理分别平均减少GHGI达0.34 kg(CO_2-eq)/kg、0.67 kg(CO_2-eq)/kg和0.10 kg(CO_2-eq)/kg，减幅分别达24.9%、49.2%和7.3%。

表8-6　不同氮肥处理水稻生长季温室气体排放量及排放强度

年份	处理	CH_4累积排放量/(kg/hm^2)	N_2O累积排放量/(kg/hm^2)	增温潜势/[t(CO_2-eq)/hm^2]	综合温室排放强度/[kg(CO_2-eq)/kg]
2013	习惯施肥	228.3a	2.23a	6.37a	1.37a
	树脂包衣尿素	234.4a	1.22c	6.22a	1.09b
	碧晶尿素	136.1b	1.74b	3.92b	0.74c
	EM菌剂	222.0a	1.06c	5.86a	1.04b
2014	习惯施肥	313.9a	1.47a	8.29a	1.50a
	树脂包衣尿素	264.9a	0.57d	6.79b	1.04b
	碧晶尿素	155.6b	0.76c	4.12c	0.67c
	EM菌剂	294.7a	1.11b	7.70ab	1.36a
2015	习惯施肥	172.4b	2.42a	5.03b	1.22b
	树脂包衣尿素	170.0b	1.56b	4.72b	0.94c
	碧晶尿素	123.9c	1.41b	3.52c	0.67d
	EM菌剂	269.9a	2.09a	7.37a	1.39a

注：同年同列数据后不同字母表示差异显著。

第二节　不同肥料用量对单季稻产量、效率和环境的影响

一、不同肥料用量对单季稻产量的影响

（一）控释肥料不同用量对单季稻产量的影响

水稻在生长期需肥较多，传统的施肥方式一般需要追肥2～3次，施肥于土壤表层易造成养分径流、淋溶及挥发损失，导致农业面源污染的产生。而缓/控释肥料的养分释放速率慢，且其养分释放与作物的养分需求相匹配，相比于速效化肥，缓/控释肥料的养分利用率可不同程度提高。肥料利用率提高的同时，可减少肥料投入，因此，缓/控释肥料的用量与普通速效肥料存在一定差异。

为了明确控释肥料的适宜用量，实现单季稻栽培利益最大化，在湖北省沙洋县曾集镇和湖北省洪湖市大同湖管理区进行田间试验。沙洋试验点设7个处理，分别为：①CK对照，不施氮肥；②U_{150}，施用普通尿素150 kg/hm^2，一次性基施；③$U_{75-37.5-37.5}$，普通尿素150 kg/hm^2，分次施用；④CRU_{75}，施用控释尿素75 kg/hm^2；⑤$CRU_{112.5}$，控释尿素112.5 kg/hm^2；⑥CRU_{150}，施用控释尿素N 150 kg/hm^2；⑦$CRU_{187.5}$，施用控释尿素187.5 kg /hm^2，CRU处理氮肥均作为基肥一次性施用。洪湖试验点设其中的①、②、③、⑤、⑥处理。水稻专用控释尿素为聚氨基甲酸酯包膜尿素，含氮量为44%。普通尿素施用量为田间最佳推荐用量，控释尿素结合普通尿素设计施用量。

沙洋试验点结果表明，与对照相比，施用控释尿素均获得显著增产，增幅在15.1%～20.6%（表8-7）。与普通尿素一次性基施处理（U_{150}）相比，CRU_{75}处理施氮量减少50%，产量相对增加3.0%，增产不显著；$CRU_{112.5}$处理施氮量减少25%，相对增产7.9%，增产效果显著；CRU_{150}处理施氮量与普通尿素处理相当，增产效果显著，相对增产6.2%；$CRU_{187.5}$处理施氮量增加25%，相对增产3.1%，增产不显著。控释尿素处理与普通尿素分次施用处理（$U_{75-37.5-37.5}$）相比，产量均无显著差异，CRU_{75}处理处理相对减产1.7%；$CRU_{112.5}$处理增产效果最好，相对增产3.0%；CRU_{150}处理相对增产不明显；$CRU_{187.5}$处理相对减产1.6%。洪湖试验点结果表明，与对照相比，控释尿素处理增产效果显著，增幅为20.0%～22.1%。与普通尿素一次性基施处理（U_{150}）相比，$CRU_{112.5}$与CRU_{150}处理均显著增产。控释尿素处理与普通尿素分次施用处理相比，产量均无显著差异。洪湖试验点产量水平略低于沙洋试验点，但增产规律和沙洋试验点一致。多点试验结果表明，在相同施氮量下，与普通尿素一次性基施相比，施用控释尿素可获得显著增产；与普通尿素分次施用相比，控释尿素减量25%～50%，仍可获得同等高产水平。

此外，孙锡发等（2009）在四川不同肥力田块上的研究表明，在中高肥力水平下，水稻产量随着控释尿素的用量增加而显著增加，用量为150 kg/hm^{2}时产量最高，继续增加施氮量使水稻产量下降。与普通尿素底肥一次施用相比，施用120 kg/hm^{2}的控释尿素即可达到施用普通尿素180 kg/hm^{2}的水稻产量。而在低肥力田块上，施用90 kg/hm^{2}的控释尿素即可达到施用普通尿素180 kg/hm^{2}分次施用的效果。黑龙江的4年4点次田间试

验表明，施用控释尿素可以在减少氮肥用量的同时，不减少产量，在减氮 20%、25%时施用控释尿素处理的水稻产量均高于 100%普通尿素一次性基施处理。

表 8-7　不同施氮处理对水稻产量的影响

处理	沙洋		洪湖	
	产量/(t/hm²)	增产率/%	产量/(t/hm²)	增产率/%
CK	7.03±0.14c	—	6.74±0.07c	—
U_{150}	7.86±0.18b	11.8	7.81±0.08b	15.9
$U_{75-37.5-37.5}$	8.23±0.12ab	17.1	8.02±0.06ab	19.0
CRU_{75}	8.09±0.05ab	15.1	—	—
$CRU_{112.5}$	8.48±0.04a	20.6	8.23±0.11a	22.1
CRU_{150}	8.35±0.04a	18.8	8.09±0.07a	20.0
$CRU_{187.5}$	8.10±0.22ab	15.2	—	—

注：数据用 A±B 表示，A 为平均值，B 为标准误；同列数据后不同字母表示处理间差异达 5%显著水平。

基于上述多点试验结果可以发现，与普通尿素分次施用相比，控释尿素一次性基施在减氮 20%、50%条件下仍可获得同等高产水平，因此，相比于普通速效化肥，缓/控释肥料的施用量可适当减少。需要注意的是，缓/控释肥料的施用效果易受到气候、环境等因素的影响，不同产区的水稻生育期和养分吸收规律也存在一定的差异，还应根据区域特征和土壤类型进行相应的研究，确定适宜的控释尿素施用量。

（二）控释氮肥与尿素配施对单季稻产量的影响

由于缓/控释肥料的价格一般高于普通肥料，因而成为其在大田作物上广泛应用的主要限制因素。也有研究表明，缓/控释肥料单独施用时前期养分释放慢，不能满足水稻生长需求；而后期养分释放量大，易导致水稻贪青晚熟，从而影响水稻产量。为此，很多专家学者大力推荐将缓/控释肥料与普通尿素配合施用。作物前期氮养分由掺混速效氮肥和控释氮肥共同提供，使养分释放速率与作物吸收规律基本相吻合，以期在大田作物上实现全生育期一次性施肥技术。为了探索控释氮肥与速效氮肥不同配施比例对水稻产量的影响，筛选出最佳配施比例，进行了田间试验研究。

试验共设 7 个处理，分别为不施氮、常规施氮（基追比 7 ∶ 3）、10%控释氮肥＋90%尿素、20%控释氮肥＋80%尿素、40%控释氮肥＋60%尿素、80%控释氮肥＋20%尿素、全量控释氮肥，除不施氮和常规施氮外，其他处理均为一次性基施；所有施氮处理氮肥用量均为 150 kg/hm²。分析不同处理的产量和产量构成因子可以发现，氮肥施用能够有效地提高水稻产量，较不施氮处理提高 13.3%～32.1%，施氮处理中以 40%控释氮肥＋60%尿素配施处理产量最高，全量控释氮肥处理产量相对较低（表 8-8）。从产量构成因子来看，施氮处理有效穗数较不施氮处理增加 15.2%～34.5%，穗粒数增加 15.3%～35.0%。施氮处理中以 40%控释氮肥＋60%尿素产量及其产量构成因子相对最高，全部施用控释氮肥处理产量和结实率较低。随着控释氮肥配施比例的提高，水稻产量及其构成因子均相应提高，但当控释氮肥配施比例达到 80%时有所降低，施用全量控释氮肥处理相对较低。全量控释肥投入稻田，水稻生育后期养分供应过剩，结实率降低，从而影响了水稻的产量。综上，控释氮肥与普通尿素配合施用时，控释氮肥比例在40%时效果最佳。

表 8-8 控释氮肥与尿素配施对水稻产量及产量构成因子的影响

处理	产量/(kg/hm²)	有效穗数/(×10⁴/hm²)	千粒重/g	穗粒数	结实率/%
不施氮	6 901e	171 d	25.9c	177c	87.4c
常规施氮	8 039cd	203bc	28.7a	223ab	90.5ab
10%控释氮肥+90%尿素	8 150c	197c	28.4ab	204bc	90.7ab
20%控释氮肥+80%尿素	8 526b	219ab	28.5ab	225ab	91.0ab
40%控释氮肥+60%尿素	9 116a	230a	29.6a	239a	91.7a
80%控释氮肥+20%尿素	8 035cd	213abc	28.4ab	231a	89.9ab
全量控释氮肥	7 820 d	205bc	27.1bc	225ab	89.5b

注：同列数据后不同小写字母表示处理间差异达5%显著水平。

二、不同肥料用量对单季稻肥料利用率的影响

（一）控释肥料不同用量对单季稻氮肥利用率的影响

为了研究控释尿素不同施用量对单季稻氮素吸收利用的影响，确定控释尿素的适宜用量，为单季稻控释氮肥合理高效应用提供理论依据，在湖北省武穴市进行了田间试验。

试验设置6个肥料梯度，分别为：①不施氮肥（CK）；②控释尿素55 kg/hm²（CRU_{55}）；③控释尿素110 kg/hm²（CRU_{110}）；④控释尿素165 kg/hm²（CRU_{165}）；⑤控释尿素220 kg/hm²（CRU_{220}）。各处理磷、钾肥的用量均为P_2O_5 75 kg/hm²、K_2O 75 kg/hm²，所有肥料于水稻移栽前作为基肥一次性施用，控释尿素为聚氨基甲酸酯树脂包膜尿素（含N 44%）。

结果表明，施氮显著提高水稻成熟期各器官氮素吸收量（表8-9），随着控释氮肥用量的增加，水稻籽粒、秸秆和地上部氮素吸收量均呈增加趋势，总体上均以CRU_{220}处理氮素吸收量最高。但计算籽粒和秸秆氮素吸收量的分配比例可知，籽粒氮素吸收量占地上部总氮素吸收量的比例随施氮量增加在不断降低，相反，秸秆氮素吸收量占地上部总氮素吸收量的比例却在不断上升，大量的氮素积累在秸秆，易造成水稻成熟期贪青晚熟，甚至发生倒伏，使水稻大幅度减产。因此，生产上应合理控制控释氮肥的施用量，提高籽粒的氮素吸收量而降低秸秆的氮素吸收量。

表 8-9 控释氮肥用量对水稻氮素吸收及氮肥利用率的影响

年份	处理	氮素吸收量/(kg/hm²)			氮素收获指数	氮肥回收利用率/%	氮肥偏生产力/(kg/kg)
		籽粒	秸秆	地上部			
2014	CK	63.52	20.69	84.21	0.754		
	CRU_{55}	81.40	26.76	108.15	0.753	43.5	174.0
	CRU_{110}	99.51	38.32	137.83	0.722	48.7	90.3
	CRU_{165}	125.90	65.51	191.41	0.658	65.0	69.5
	CRU_{220}	144.75	91.06	235.81	0.614	68.9	50.4

（续）

年份	处理	氮素吸收量/(kg/hm²)			氮素收获指数	氮肥回收利用率/%	氮肥偏生产力/(kg/kg)
		籽粒	秸秆	地上部			
2016	CK	58.43	21.67	80.10	0.729		
	CRU_{55}	83.26	31.71	114.97	0.724	63.4	160.9
	CRU_{110}	101.54	50.17	151.71	0.669	65.1	88.5
	CRU_{165}	129.94	58.10	188.04	0.691	65.4	62.7
	CRU_{220}	147.22	72.35	219.57	0.670	63.4	47.1

施用控释氮肥能够大幅度提高水稻的氮肥利用率，水稻氮肥回收利用率维持在43%以上。当控释氮肥用量不高于165 kg/hm² 时，随着控释氮肥用量的增加，水稻氮肥利用率呈增加的趋势，超过这一水平，氮肥利用率增加不明显，甚至有降低的风险。氮肥偏生产力也随着控释尿素用量增加急剧降低，在施氮量为220 kg/hm² 时达到最低。

（二）控释肥料与普通尿素配施对单季稻氮肥利用率的影响

设置7个处理，分别为：①不施氮肥（CK）；②普通尿素一次施用（U）；③20%控释尿素+80%普通尿素（Mix-1）；④40%控释尿素+60%普通尿素（Mix-2）；⑤60%控释尿素+40%普通尿素（Mix-3）；⑥80%控释尿素+20%普通尿素（Mix-4）；⑦控释尿素一次性施用（CRU）。除CK处理外，各施氮处理的氮肥（N）用量均为165 kg/hm²，所有肥料均于水稻移栽前作为基肥一次性施用，控释尿素为聚氨基甲酸酯树脂包膜尿素（含N 44%）。比较不同处理下水稻的氮素吸收可以发现，施氮有助于提高水稻籽粒和秸秆对氮素的吸收（表8-10）。各施氮处理地上部氮素总吸收量较CK处理显著增加，2014年增加90.6%～178.8%，2016年增加52.2%～153.6%。2014年各施氮处理中，以单施CRU处理籽粒、秸秆和总氮素吸收量最高，明显高于其他处理；2016年以单施CRU和Mix-4处理籽粒、秸秆和总氮素吸收量较高，明显高于其他处理。添加一定比例的CRU有助于提高水稻氮肥利用率。2014年各施氮处理以单施CRU处理氮肥回收利用率最高，比其他处理提高25.7%～35.2%；2016年以Mix-4处理氮肥回收利用率最高，比其他处理提高6.7%～46.7%，单施CRU处理氮肥回收利用率与其无显著差异。氮肥偏生产力则以普通尿素一次性施用处理最低，其他处理无显著差异。

表8-10　控释氮肥和普通尿素配施对水稻氮素吸收及氮肥利用率的影响

年份	处理	氮素吸收量/(kg/hm²)			氮素收获指数	氮肥回收利用率%	氮肥偏生产力/(kg/kg)
		籽粒	秸秆	地上部			
2014	CK	49.94	15.88	65.82	0.759	—	—
	U	92.29	35.75	128.03	0.721	37.7	39.7
	Mix-1	88.38	37.06	125.44	0.705	36.1	52.5
	Mix-2	95.93	37.37	133.30	0.720	40.9	53.2
	Mix-3	94.30	46.76	144.06	0.655	45.6	53.6
	Mix-4	97.84	42.64	140.48	0.696	45.2	53.6
	CRU	116.80	66.69	183.49	0.637	71.3	54.2

（续）

年份	处理	氮素吸收量/(kg/hm²)			氮素收获指数	氮肥回收利用率%	氮肥偏生产力/(kg/kg)
		籽粒	秸秆	地上部			
2016	CK	55.48	20.56	76.04	0.730	—	—
	U	86.96	28.77	115.73	0.751	24.1	39.2
	Mix-1	102.78	47.04	149.81	0.686	44.7	54.5
	Mix-2	111.72	58.82	170.54	0.655	57.3	57.1
	Mix-3	103.59	57.43	161.02	0.643	51.5	58.7
	Mix-4	117.75	75.07	192.82	0.611	70.8	61.6
	CRU	124.81	56.95	181.76	0.687	64.1	60.2

其他学者的研究也得到了类似的结果。许东恒等（2010）研究结果表明，50%控释氮肥+50%普通氮肥处理不仅获得了最高产量，而且氮肥利用率也最大。其氮肥利用率比100%普通尿素处理提高7.7%。陈贤友等（2010）研究表明，与当地农民习惯施用普通尿素处理相比，等氮量下一次性基施100%包膜尿素、70%包膜尿素+30%普通尿素和50%包膜尿素+50%普通尿素处理氮肥利用率分别提高18.73%、14.33%和9.15%；氮肥农学利用率也有显著增加。相比于普通尿素分次施用，包膜尿素一次性基施节约劳动成本，增加农民收益。王泽胤（2008）的试验结果表明，与等养分普通尿素比较，控释尿素与普通尿素配合施用可使氮肥利用率提高17.7%～25.5%，配合比例以控释尿素占总施氮量的30%～50%最好。付月君等（2016）研究了不同比例控释氮肥与尿素配施对氮肥表观、农学和生理利用率等的影响。结果表明，一次性基施40%控释氮肥+60%普通尿素既提高了水稻产量和氮肥利用率，又减少了劳动投入，效果最佳。

三、不同控释肥料用量对环境的影响

肥料用量是影响氨挥发的重要因素之一，为了研究控释尿素施用量对氨挥发的影响，在湖北省武穴市进行了田间试验。试验设置5个处理，分别为：①不施氮肥（CK）；②控释尿素55 kg/hm²（CRU_{55}）；③控释尿素110 kg/hm²（CRU_{110}）；④控释尿素165 kg/hm²（CRU_{165}）；⑤控释尿素220 kg/hm²（CRU_{220}）。各处理磷、钾肥的用量均为P_2O_5 75 kg/hm²、K_2O 75 kg/hm²，所有肥料于水稻移栽前作为基肥一次性施用，控释尿素为聚氨基甲酸酯树脂包膜尿素（含N 44%）。

施基肥后，控释尿素土壤氨挥发通量见图8-4。2014年仅在施肥后7～10 d出现高峰，峰值分别为CRU_{55} 0.602 kg/(hm²·d)、CRU_{110} 0.826 kg/(hm²·d)、CRU_{165} 1.064 kg/(hm²·d)、CRU_{220} 1.38 kg/(hm²·d)，随后氨挥发通量持续下降，到施肥后30～40 d降至与CK处理相同水平。2016年在施肥后1～3 d各控释尿素处理即出现氨挥发高峰，随后在施肥后18 d又出现明显的氨挥发高峰，各施氮处理峰值分别为CRU_{55} 0.275 kg/(hm²·d)、CRU_{110} 0.363 kg/(hm²·d)、CRU_{165} 0.385 kg/(hm²·d)、CRU_{220} 0.421 kg/(hm²·d)。可见，不同年份、不同季节、不同生育期各处理氨挥发速

率表现不同。

控释尿素施入土壤后，随着其生育期进程的推进，土壤氨挥发损失量呈上升趋势，最后趋于稳定（图 8－5）。与 CK 处理相比，施用氮肥显著增加了土壤氨挥发累积损失量，平均增加 52.3%～352.6%。水稻季土壤氨挥发损失量随着控释氮肥用量的增加而增加，具体表现为 CRU_{220}＞CRU_{165}＞CRU_{110}＞CRU_{55}。不同年份氨挥发损失量不同，具体表现为 2014 年（平均 7.97 kg/hm^2）＞2016 年（平均 4.44 kg/hm^2）。各处理氨挥发累积损失量占施氮量的比例为 1.8%～6.1%。

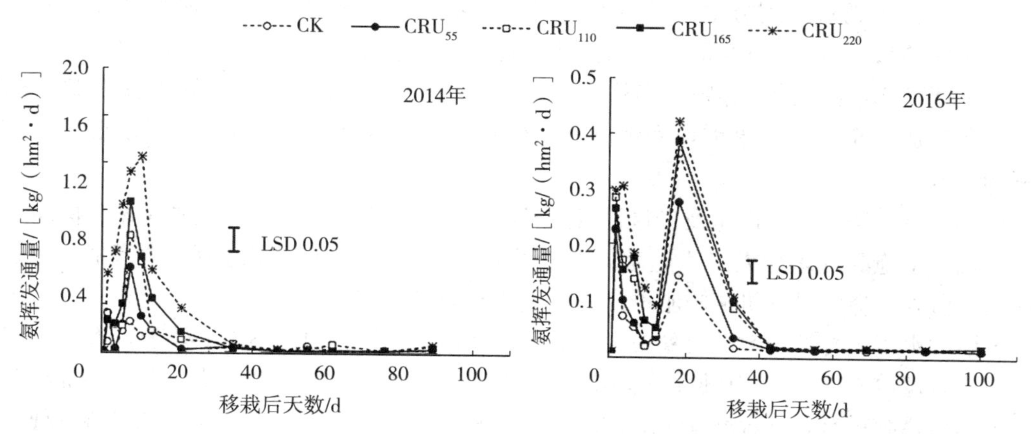

图 8－4 不同控释氮肥用量对水稻田土壤氨挥发通量的影响（李鹏飞，2018）

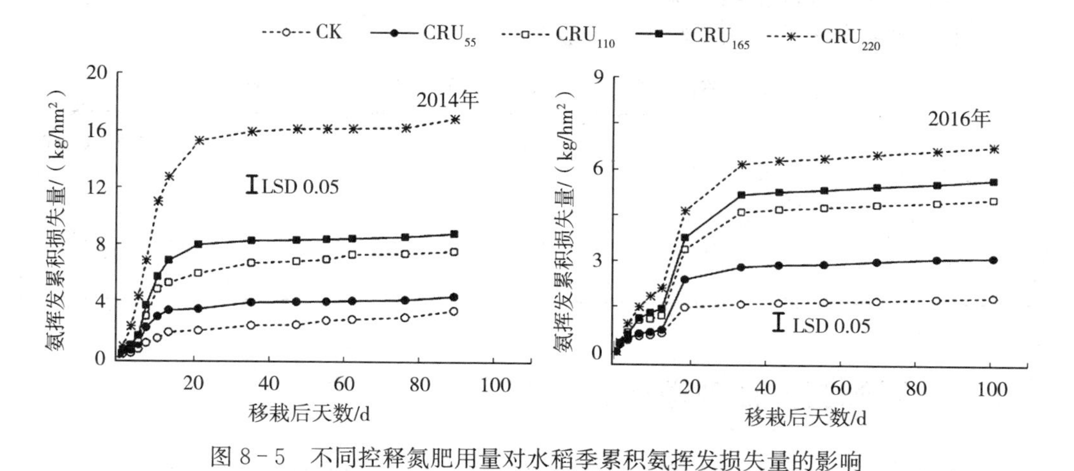

图 8－5 不同控释氮肥用量对水稻季累积氨挥发损失量的影响

第三节 不同施肥方法对单季稻产量、效率和环境的影响

一、不同施肥方法对单季稻产量的影响

施肥方法与肥料利用率和作物产量密切相关。然而我国肥料施用方法不合理，用量过

大、肥料浅施、表施现象非常普遍，致使肥料易挥发、流失或难以到达作物根部，不利于作物吸收，造成肥料利用率低。有资料表明，在肥料的损失中，约有60%源于不正确的施肥方法，所以确定合理的施肥方法，在提高肥料利用率的措施中占有关键地位。缓/控释肥作为一种新型肥料，不仅能够调节土壤-植物系统中养分的有效性，而且能够提供与作物营养需求相吻合的养分。与普通肥料相比，缓/控释肥具有养分损失少，在用量大幅减少的情况下，还能促进作物增产，提高肥料利用率的优势，逐渐成为目前国内外新型肥料领域的研究热点和我国“2020年化肥零增长行动计划”替代肥料的主体之一。目前，国内外关于常规肥料施用方法的研究相对较多，而对于控释肥料施用方法的研究相对较少，为了探明缓/控释肥料的最佳施用方法，提高肥料利用率，开展了相应试验。

试验于2015年在沙洋县曾集镇张池村进行。设置不施氮、人工撒施缓释氮肥、机械施用缓释氮肥3个处理，水稻均采用机械进行移栽。采用大区试验设计，不设重复，每区面积为100 m^2。

不同施肥方法对水稻产量及产量构成因子的影响如表8-11所示，施氮能显著提高水稻产量。相比不施氮处理，人工撒施缓释肥料增产11.6%；机械施用缓释肥料增产17.4%。相比人工撒施缓释肥料，机械施肥增产397 kg/hm^2，增产率为5.2%，增产效果显著。增施氮肥可增加水稻的有效穗数及每穗粒数，从而提高稻谷产量。相比不施氮处理，人工施用缓释肥料有效穗数增加64.5万穗/hm^2，增幅28.7%，每穗粒数增加22.8粒/穗，增幅8.2%；机械施用缓释肥料有效穗数增加75.0万穗/亩，增幅33.3%，每穗粒数增加23.4粒/穗，增幅8.4%。机械插秧条件下，机械施肥较人工撒施有效穗数增加10.5万穗/hm^2，增幅3.6%，每穗粒数、结实率以及千粒重无明显差异。

表8-11　不同施肥方法对水稻产量及其构成因子的影响

处理	有效穗数/(万穗/hm^2)	每穗粒数/(粒/穗)	结实率/%	千粒重/g	产量/(kg/hm^2)
不施氮	225.0	277.4	74.9	27.3	6 795
人工撒施	289.5	300.2	78.9	26.2	7 582
机械施用	300.0	300.8	76.0	26.5	7 979

二、不同施肥方法对单季稻肥料利用率的影响

施肥方法是影响肥料利用率的重要因素之一。为了探究缓释肥不同施用方法对单季稻肥料吸收利用效率的影响，设置不施氮、人工撒施缓释氮肥、机械施用缓释氮肥3个处理，进行了相关试验。可以看出，施氮能显著增加水稻植株氮、磷、钾的养分吸收量，水稻吸收的氮和磷主要分配于籽粒，而钾则主要分配于秸秆（表8-12）。与不施氮处理相比，施肥处理地上部N、P_2O_5和K_2O的吸收量分别增加了25.8～48.9 kg/hm^2、10.8～24.5 kg/hm^2、39.1～60.4 kg/hm^2，增幅分别为23.6%～44.8%、22.1%～50.1%、24.2%～37.3%。其中，机械施用缓释肥料处理水稻地上部养分吸收量显著高于人工撒施，说明机械施肥有利于水稻的养分吸收利用。

表 8-12　不同施肥方法对水稻养分吸收的影响

单位：kg/hm²

处理	籽粒			秸秆			地上部		
	N	P_2O_5	K_2O	N	P_2O_5	K_2O	N	P_2O_5	K_2O
不施氮	75.0	38.9	22.2	34.2	10.1	139.8	109.2	48.9	161.9
人工撒施	79.1	46.1	27.2	56.0	13.7	173.9	135.0	59.7	201.0
机械施用	99.2	61.7	26.1	59.0	11.7	196.2	158.1	73.4	222.3

由表 8-13 可以看出，施肥方式会影响水稻对肥料的吸收利用。相比人工施用缓释肥料，机械施肥使氮肥偏生产力从 38.4 kg/kg 提高到 42.9 kg/kg，磷肥和钾肥的偏生产力也分别提高了 11 kg/kg 和 5.5 kg/kg；人工撒施条件下，氮肥、磷肥、钾肥的回收利用率分别为 14.6%、30.0%、54.3%，而机械施用下 3 种肥料的利用率均有不同程度的提高。

表 8-13　不同施肥方法对肥料利用率的影响

处理	肥料偏生产力/(kg/kg)			肥料回收利用率/%		
	氮肥	磷肥	钾肥	氮肥	磷肥	钾肥
人工撒施	38.4	210.6	105.3	14.6	30.0	54.3
机械施用	42.9	221.6	110.8	27.6	68.1	83.9

三、不同施肥方法对环境的影响

为了比较控释肥料在不同施用方法下氮素的损失及对环境的影响，在江苏太湖地区进行了试验（Ke et al.，2018）。试验设置 8 个处理，采用了 3 种控释肥料，硫包衣尿素（SCU）、聚合物包衣尿素（PCU）和掺混肥（BBF），以及 2 种施肥方式，人工撒施（B）和机械侧深施（S），分别以常规施肥（CK）和不施氮（N0）作为对照，其中机械侧深施的施肥位置为距地表 5 厘米。所有施氮处理的氮肥用量（N）均为 216 kg/hm²，控释尿素均为一次性基施，常规施肥处理使用普通尿素作为氮源，分 4 次施用，30%作为基肥，20%作为分蘖肥，30%在孕穗期施用，20%在齐穗期施用。测定了水稻生长过程中氮素淋溶量，评估了不同施肥方法和肥料类型对土壤氮素平衡的影响。

不同施肥方法和肥料类型对氮素淋溶损失的影响如表 8-14 所示。施肥方法和肥料类型均对总氮淋失量有显著影响。人工撒施时，硫包衣尿素的氮素淋溶量与常规施肥无显著差异，均高于聚合物包衣尿素和掺混肥。机械侧深施会增加氮素淋溶损失，与撒施相比，机械侧深施硫包衣尿素、聚合物包衣尿素和掺混肥的氮素总淋失量在 2015 年分别显著增加了 69.0%、56.0%、33.0%，2016 年分别增加了 54.7%、32.0%、20.2%。

不同施肥方法和肥料类型对土壤氮素平衡的影响如表 8-15 所示，可以看出人工撒施硫包衣尿素和聚合物包衣尿素均导致了较高的表观氮素损失，而在机械侧深施条件下，硫包衣尿素和聚合物包衣尿素的表观氮素损失都明显降低。掺混肥的表观氮素损失在两种施肥方法下并未表现明显差异。虽然机械侧深施会增加氮素淋溶损失的风险，但淋溶损失的氮素相对较少，仅占施氮量的0.8%～3.1%，对环境造成的影响相对较小。在氮肥表施条件下，其他未定义氮损失如氨挥发、氧化亚氮排放、径流损失等占了氮素损失的主体。因此，机械深施可有效降低肥料的氮素损失，其中，掺混肥的效果最佳。

表 8-14　不同施肥方法和肥料类型对氮素淋溶损失的影响（Ke et al.，2018）

年份	处理	氮淋溶损失量/(kg/hm²)				
		苗期至分蘖期	分蘖期至拔节期	拔节期至齐穗期	齐穗期至灌浆期	总量
2015	N0	0.85d	0.37e	0.46g	0.11b	1.79g
	CK	1.30c	0.54d	1.48c	0.20b	3.52cde
	B-SCU	2.47b	0.57d	0.74f	0.15b	3.93cd
	B-PCU	1.27c	0.96b	1.02e	0.16b	3.41ef
	B-BBF	1.24c	0.80c	0.84f	0.15b	3.03f
	S-SCU	3.55a	0.94b	1.76b	0.39a	6.64a
	S-PCU	1.53c	1.29a	2.06a	0.44a	5.32b
	S-BBF	1.48c	0.97b	1.19d	0.39a	4.03c
2016	N0	0.39c	0.35d	0.23d	0.04d	1.01e
	CK	2.28b	0.45c	0.80ab	0.14bc	3.67b
	B-SCU	2.68b	0.45c	0.27d	0.04d	3.44b
	B-PCU	0.47c	0.41c	0.78b	0.15b	1.81d
	B-BBF	0.59c	0.43c	0.65bc	0.11c	1.78d
	S-SCU	4.07a	0.67a	0.54c	0.04d	5.32a
	S-PCU	0.63c	0.62ab	0.96a	0.18a	2.39c
	S-BBF	0.77c	0.51bc	0.75b	0.11c	2.14cd

注：同年同列数据后不同字母表示处理间差异达5%显著水平。

表 8-15　不同施肥方法和肥料类型对土壤氮素平衡的影响（Ke et al.，2018）

年份	指标/(kg/hm²)	常规施肥	人工撒施			机械侧深施		
			硫包衣尿素	聚合物包衣尿素	掺混肥	硫包衣尿素	聚合物包衣尿素	掺混肥
2015	总氮输入	342.3	342.3	342.3	342.3	342.3	342.3	342.3
	总氮输出	258.3c	216.2d	240.1c	282.4b	323.9a	286.0b	294.6b
	表观氮素损失	84.0b	126.1a	102.2b	59.9c	18.4d	56.3c	47.7c
	淋溶损失	3.5cde	3.9cd	3.4ef	3.0f	6.6a	5.3b	4.0c
	未定义氮损失	80.5b	122.2a	98.8b	56.9c	11.8d	51.0c	43.7c
2016	总氮输入	336.5	336.5	336.5	336.5	336.5	336.5	336.5
	总氮输出	249.7b	207.2d	229.0c	261.9ab	258.4b	266.0ab	276.9a
	表观氮素损失	86.8c	129.3a	107.5b	74.6cd	78.1c	70.5cd	59.6d
	淋溶损失	3.7b	3.4b	1.8d	1.8d	5.3a	2.4c	2.1cd
	未定义氮损失	83.1c	125.9a	105.7b	72.8cd	72.8cd	68.1cd	57.5d

注：表观氮素损失＝总氮输入－总氮输出，未定义氮损失＝表观氮素损失－淋溶损失；同行数据后不同小写字母表示处理间差异达5%显著水平。

第四节　单季稻一次性施肥技术规程

一、肥料品种选择

缓/控释肥料品种多样，同一品种缓/控释肥料在不同区域的效果有所差异，不同类型的缓/控释尿素在相同稻区的水稻上施用效果也不同。因此，要选择适宜的肥料品种，才能使肥料效益最大化。实现水稻高产与养分高效的本质是养分供应的时空有效性与水稻对养分的需求同步，即供肥必须与水稻的养分吸收规律相吻合，实现根层养分供应与水稻养分需求在数量上匹配、时间上同步、空间上一致。因此，单季稻一次性施肥技术中肥料品种选择的依据就是肥料养分释放要能满足单季稻整个生育期的养分需求，保证水稻不减产或小幅度增产，达到经济效益、环境效益和社会效益协同提高的目标。

一般情况下，不同产区的水稻生育期不同，其养分吸收规律存在一定的差异；同一产区的不同类型水稻因感光性、感温性不同，其养分吸收规律也不同。例如，长江中游一季中稻的氮、磷、钾吸收积累快速增长期为水稻移栽后26～50 d、37～79 d和27～54 d，对应的生育时期分别为分蘖期至拔节期、拔节期至孕穗期、分蘖期至拔节期。氮、磷、钾吸收快速增长持续时间分别为20～21 d、29～36 d、19～24 d，氮、磷、钾吸收最大速率出现时间分别为36～39 d、51～61 d、37～42 d。由此可见，一季中稻所需控释肥料氮、钾养分释放要比磷早15～20 d，且分蘖期至拔节期释放适量氮和钾，拔节期至孕穗期释放适量磷。因此，在选用缓/控释肥料品种时，要注意肥料养分释放期与水稻养分需求相匹配。例如，控释BB肥、90 d释放期的树脂包膜尿素和60 d释放期的聚氨酯包膜尿素均是能满足长江下游单季稻一次性施肥需求的缓/控释氮肥品种。

二、施肥量确定

缓/控释肥料的养分释放速率慢，且其养分释放与作物的养分需求相匹配，相比于速效化肥，施用缓/控释肥料的养分利用率可不同程度提高。肥料利用率提高的同时，可减少肥料的投入，因此，缓/控释肥料的用量与普通速效肥料存在一定差异。一般来说，与普通尿素分次施用相比，控释尿素一次性基施在减氮20%～50%的条件下仍可获得同等高产水平，因此，相比于普通速效化肥，缓/控释肥料的施用量可适当减少。需要注意的是，缓/控释肥料的施用效果易受到气候、环境等因素的影响，不同产区的水稻生育期和养分吸收规律也存在一定的差异，还应根据区域特征和土壤类型进行相应的研究，确定适宜的控释肥料施用量。

此外，由于缓/控释肥料的价格一般高于普通肥料，因而成为其在大田作物上广泛应用的主要限制因素。也有研究表明，缓/控释肥料单独施用时前期养分释放慢，不能满足水稻生长需求；而后期养分释放量大，易导致水稻贪青晚熟，从而影响水稻产量。为此，很多专家学者大力推荐将缓/控释肥料与普通尿素配合施用，其最佳配比以控释尿素占总氮量的20%～40%为宜。作物前期氮养分由掺混速效氮肥和控释氮肥共同提供，使养分释放速率与作物吸收规律基本吻合，以期在大田作物上实现全生育期一次性施肥技术。

三、施肥方法

（一）旋耕施肥法

采用旋耕施肥机（图 8－6）在稻田旋耕打浆时将肥料一次性施入土壤。这种施肥方法主要应用于长江中下游地区的油菜-水稻轮作、小麦-水稻轮作区。

图 8－6　1GF－230 型旋耕施肥机水田施肥作业现场

一般情况下，前茬作物油菜或小麦收获后提倡秸秆全部还田。无论是机收还是人工收获，作物收获后都会产生大量的秸秆。因此，种植水稻前应首先把秸秆打碎，然后使用旋耕机第一次旋耕，在耕田的同时将秸秆翻埋。灌水后，进行第二次旋耕打浆，同时将肥料施入土壤，耙匀后即可使用插秧机插秧。

（二）机插秧施肥法

采用插秧施肥机（图 8－7）在插秧时将肥料一次性施入土壤。这种施肥方法主要应用于东北稻区冬闲-水稻轮作区。

图 8－7　水稻插秧施肥机在田间作业

尽管水稻收获后会产生一定量的秸秆，但由于冬季休闲，秸秆有大量的时间腐解，所以可以在插秧机工作的同时实现施肥作业。如果前茬作物秸秆没有完全腐解，插秧机会出现卷秆现象以致影响施肥。

（三）同步开沟起垄施肥水稻精量穴直播技术

水稻生产用水、用肥量大。在大田生产过程中，直播水稻减少了育秧环节的施肥。因此，与移栽水稻相比，生产相同数量的稻谷，直播水稻可以减少氮肥（纯氮）使用量 8～10 kg/hm^2。目前我国的肥料利用率不高，造成资源浪费和环境污染。采用肥料深施和使用缓/控释肥是提高肥料利用率的重要途径，其中最有效的方法是播种时同步施放缓/控释肥，以提高肥料利用率，减少施肥次数和生产成本。在旱作作物中已有一些同步（深）施肥播种机具，但由于水田的特殊性和水稻生长的特点，难以在人工插秧、机械插秧、人工撒播和人工抛秧时同步深施肥料。华南农业大学在同步开沟起垄水稻精量穴直播技术的基础上进一步提出了同步开沟起垄施肥水稻精量穴直播技术。通过开沟、起垄、施肥、穴直播联合作业，将肥料集中施于水稻根系附近，有利于根系吸收和水稻生长，减少肥料用量，达到高效、增产、节肥、节水和减少田间甲烷排放量的目的。

为此，研制了同步开沟起垄施肥水稻精量穴直播机具，实现了平地、开沟、起垄、施肥和穴直播一体化（图 8－8）。该机具主要由开沟装置、施肥装置和播种装置等组成，在两蓄水沟之间垄台上的播种沟一侧开设一条施肥沟，施肥沟与播种沟之间的距离（两沟中心距）、播种沟的宽度和深度（距田表面的深度）根据农艺要求确定，一般分别为60 mm、25 mm 和 80 mm，并可根据实际需要调整。播种机工作时先开出施肥沟并施肥，随之开出播种沟并播种，最后由蓄水沟开沟器开出蓄水沟，同时将施肥沟覆盖。

图 8－8　同步开沟起垄施肥水稻精量穴直播机

同步开沟起垄施肥水稻精量穴直播机作业时，同步形成“三沟一垄”，即播种沟、施肥沟、蓄水沟和垄台。施肥沟的开设可实现将肥料施于靠近水稻根系生长区的土壤深处，解决了水田肥料难以深施的问题；对肥料进行覆盖，可以减少由挥发、反硝化、淋失等造成的肥料损失。将缓/控释肥料施于靠近水稻根系生长区的土壤深处，其营养元素能根据水稻生长定时定量释放，满足水稻不同生长时期需要，一次施肥可满足全程生长需要。研究表明，采用同步开沟起垄水稻机械化穴播技术，与人工撒播相比平均增产 16.7%，与机械插秧相比增产 4.1%～27.0%；与人工插秧、人工抛秧和机械插秧相比，分别可降低生产成本 4.4%、7.7%和 7.9%。

主要参考文献

陈贤友，吴良欢，韩科峰，等，2010. 包膜尿素和普通尿素不同掺混比例对水稻产量与氮肥利用率的影响［J］. 植物营养与肥料学报，16（4）：918－923.

付月君，王昌全，李冰，等，2016. 控释氮肥与尿素配施对单季稻产量及氮肥利用率的影响［J］. 土壤，48（4）：648－652.

姬景红，李玉影，刘双全，等，2018. 控释尿素对黑龙江地区水稻产量及氮肥利用率的影响［J］. 土壤通报，49（4）：876－881.

李鹏飞，2017. 控释尿素对双季稻产量、氮素损失及氮肥利用率的影响［D］. 武汉：华中农业大学.

李小坤，2017. 水稻一次性施肥技术［M］. 北京：中国农业出版社.

李云春，李小坤，鲁剑巍，等，2014. 控释尿素对水稻产量、养分吸收及氮肥利用率的影响［J］. 华中农业大学学报，33（3）：46－51.

孙锡发，涂仕华，秦鱼生，等，2009. 控释尿素对水稻产量和肥料利用率的影响研究［J］. 西南农业学报，22（4）：984－989.

王强，姜丽娜，潘建清，等，2018. 长江下游单季稻一次性施肥的适宜缓释氮肥筛选［J］. 中国土壤与肥料（3）：48－53.

王泽胤，2008. 不同配比控释尿素对水稻的影响［J］. 黑龙江农业科学（5）：63－64，67.

许东恒，石玉海，孔丽丽，等，2010. 控释肥料与普通肥料配合施用对水稻产量及其利用率的影响［J］. 吉林农业科学，35（6）：30－31，36.

KE J，HE R，HOU P，et al，2018. Combined controlled－released nitrogen fertilizers and deep placement effects of N leaching，rice yield and N recovery in machine－transplanted rice［J］. Agriculture，Ecosystems & Environment，265：402－412.

第九章　长江下游单季稻一次性施肥技术

第一节　不同肥料品种对单季稻产量、效率和环境的影响

一、不同肥料品种对单季稻产量的影响

单季稻具有生育期长、需肥量大，水稻生长前期气温高、养分损失大等特点，因此肥料品种是影响单季稻一次性施肥技术应用效果的重要因子。树脂包膜尿素和聚氨酯包膜尿素通过包膜控制氮素释放，能增加水稻生长中后期的养分供应，从而提高水稻产量。盆栽试验、田间小区试验和定位试验结果都表明树脂包膜尿素一次性基施水稻产量高于普通尿素分次施用（李敏 等，2013；袁嫚嫚 等，2013；刘益曦 等，2015）。洪腊宝（2013）的研究则表明70%聚氨酯包膜尿素+30%普通尿素一次性施用，水稻产量可比常规多次施肥增产 7.4%。在浙江省长兴县不同肥力土壤上布置的田间小区试验也表现出类似的结果（图 9-1）。树脂包膜尿素（CRU）在林城和太湖新城 2 个试验中分别比普通尿素分次施用（UREA）增产 2.5%和 4.6%，聚氨酯包膜尿素（PCU）在 2 个试验中分别增产 2.5%和减产 2.5%。但树脂包膜尿素和聚氨酯包膜尿素在实际应用中发现如果养分缓释期过长，会表现出在孕穗期供肥不足、后期大量释放的现象。如果农民在孕穗期补施穗肥，则容易导致水稻生长后期贪青迟熟，影响水稻产量和后茬作物生长。

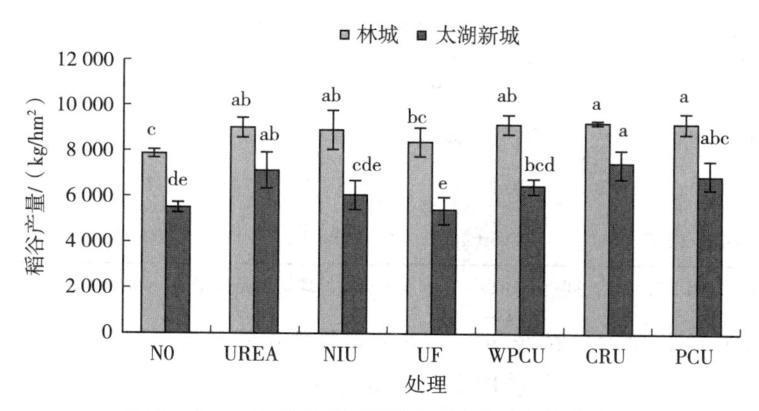

图 9-1　一次性施用不同缓释氮肥对产量的影响

注：N0 为不施氮；UREA 为尿素分次施肥；NIU 为稳定性肥料；UF 为脲甲醛；WPCU 为水基丙烯酸酯类聚合物包膜尿素；CRU 为树脂包膜尿素；PCU 为聚氨酯包膜尿素。同一地区不同字母表示处理间差异达显著水平。

含硝化抑制剂类稳定性肥料在不同试验点和不同年份试验中存在一定的差异，应用稳

定性肥料一次性施肥对土壤保肥能力有较高的要求。通常在土壤较黏重的试验点表现为与普通尿素分次施用平产，但在较沙性的土壤中表现为减产。长兴试验中硝化抑制剂尿素（NIU）产量在林城试验中与普通尿素分次施用基本持平，而在太湖新城试验中减产超过了10%。

田间试验还发现水基丙烯酸酯类聚合物包膜尿素（WPCU）在2个试验点的产量效应有较大的差异，脲甲醛则在2个试验中都表现出明显减产。因此稳定性肥料、水基丙烯酸酯类聚合物包膜尿素和脲甲醛在长江下游单季稻一次性施肥中的应用效果和影响机制还有待于进一步研究。试验中同时发现实验室产品重复间水稻产量的变异系数明显高于产业化肥料公司提供的产品，因此肥料缓释性能的不一致性也是影响缓释氮肥应用效果的重要因素。

良好的土壤基础地力是保证一次性施肥技术应用效果的重要基础。浙江省单季稻主产区多点多年试验中发现，不施氮处理（N0）单季稻平均产量为尿素分次施肥（UREA）处理的83.9%（表9-1），表明土壤具有较好的基础地力，为单季稻一次性施肥提供了有利条件。

表9-1　一次性施肥对单季稻产量的影响

单位：kg/hm²

地点/年份	不施氮（N0）	尿素分次施肥（UREA）	稳定性肥料一次性施肥（NIU）	树脂包膜尿素一次性施肥（CRU）	聚氨酯包膜尿素一次性施肥（PCU）
太湖新城（$n=4$）	5 851.8±348.8c	7 221.8±159.1ab	6 929.9±598.6b	7 524.1±78.0a	6 940.0±120.4b
林城（$n=4$）	6 736.7±864.4b	8 152.3±797.2a	8 076.6±934.2a	8 255.2±757.8a	8 082.5±1 029.6a
金华（$n=3$）	7 901.0±816.0b	8 911.0±1 459.2a	8 838.2±1491.7a	8 862.5±1 431.6a	8 859.2±1 435.4a
总平均（$n=11$）	6 732.5±1 055.3c	8 020.9±1 060.2ab	7 867.3±1 210.8b	8 155.0±947.3a	7 878.9±1 179.2b
2013年（$n=2$）	6 673.8±1 643.0	8 203.3±1 367.2	7 451.3±2 002.2	8 322.0±1 262.9	8 072.3±1 621.0
2014年（$n=3$）	6 810.4±1 451.9c	8 980.3±1 864.1b	8 801.0±2 027.7a	8 978.4±1 701.9a	8 644.2±2 076.6a
2015年（$n=3$）	7 012.0±1 150.5b	7 874.1±749.4a	8 060.8±735.4a	8 113.0±565.9a	7 910.2±947.8a
2016年（$n=3$）	6 414.2±711.0b	7 672.6±439.2a	7 710.5±566.4a	7 801.3±365.1a	7 593.9±500.7a

注：表中数据为平均值±标准误；同行不同小写字母表示不同处理间差异显著（$P<0.05$）。

多点试验中稳定性肥料、树脂包膜尿素和聚氨酯包膜尿素3种缓释氮肥一次性施肥处理氮肥施用量为225 kg/hm²，单季稻平均产量与尿素分次施肥处理（施氮量270 kg/hm²）间没有显著性差异，树脂包膜尿素（CRU）单季稻产量有增加的趋势，而且明显高于稳定性肥料和聚氨酯包膜尿素。分试验点汇总结果中除了太湖新城试验点树脂包膜尿素单季稻平均产量显著高于稳定性肥料和聚氨酯包膜尿素外，其余试验点3种缓释肥一次性施肥处理与尿素分次施肥间单季稻产量都没有显著差异。分年度汇总结果中2014年度尿素分次施肥单季稻平均产量显著低于一次性施肥，2015年度不同施肥处理间单季稻产量则没有显著差异。树脂包膜尿素单季稻产量变异系数在分试验点和分年度统计中都呈小于稳定性肥料和聚氨酯包膜尿素，表现出较好的稳产效应。

二、不同肥料品种对单季稻氮素吸收和效率的影响

从浙江省多年多点试验结果分析（图 9 - 2），稳定性肥料（NIU）一次性施肥降低了收获期地上部氮含量，太湖新城和金华试验点中稻草和稻谷氮含量都显著低于尿素分次施肥处理（UREA）。树脂包膜尿素处理（CRU）和聚氨酯包膜尿素处理（PCU）在 3 个试验点中稻草氮含量与尿素分次施肥处理（UREA）间没有显著差异，但金华试验点中稻谷氮含量却显著低于普通尿素分次施肥处理（UREA），可能是由于采用籼粳杂交稻品种，生育期较长，影响了水稻生长后期植株体内氮素的转运。

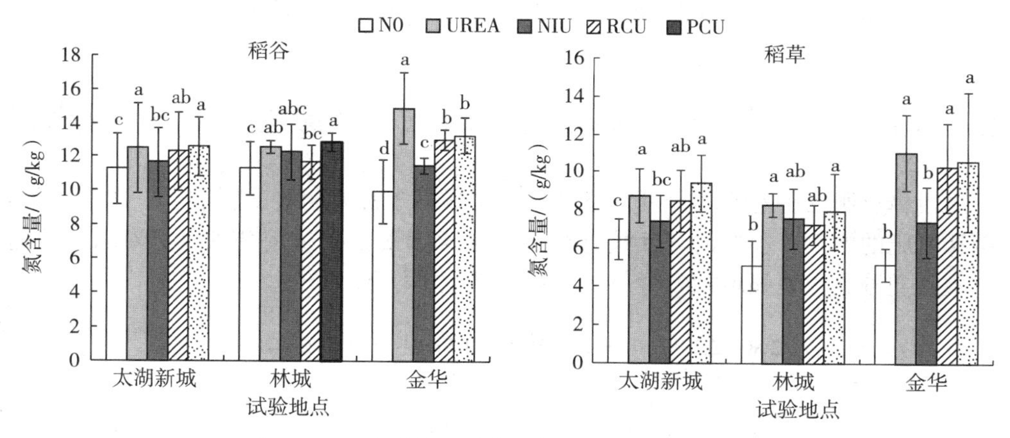

图 9 - 2　一次性施肥对收获期地上部氮含量的影响

注：同一地区不同字母表示差异显著。

稳定性肥料（NIU）一次性施用有降低单季稻氮素吸收量的趋势（图 9 - 3），树脂包膜尿素（CRU）和聚氨酯包膜尿素（PCU）一次性施用则对单季稻的氮素吸收量影响不明显，其中树脂包膜尿素（CRU）在太湖新城试验点氮素平均吸收量显著高于尿素分次施肥处理（UREA），聚氨酯包膜尿素（PCU）在金华试验中氮素吸收量也显著高于尿素分次施肥处理（UREA）。

由于现阶段单季稻习惯施肥用肥量偏高，3 个试验点普通中尿素分次施肥（UREA）处理平均氮肥表观利用率仅分别为 19.2%、19.9%和 20.1%（图 9 - 4）。稳定性肥料（NIU）在部分试验点中由于水稻长势较差和植株氮吸收减少，平均氮肥表观利用率显著低于普通尿素分次施用处理（UREA），树脂包膜尿素（CRU）在 3 个试验点中平均氮肥表观利用率比普通尿素分次施用处理（UREA）提高了 2.8%～9.0%，聚氨酯包膜尿素（PCU）在 3 个试验点平均氮肥表观利用率与普通尿素分次施用处理（UREA）差异则不显著。

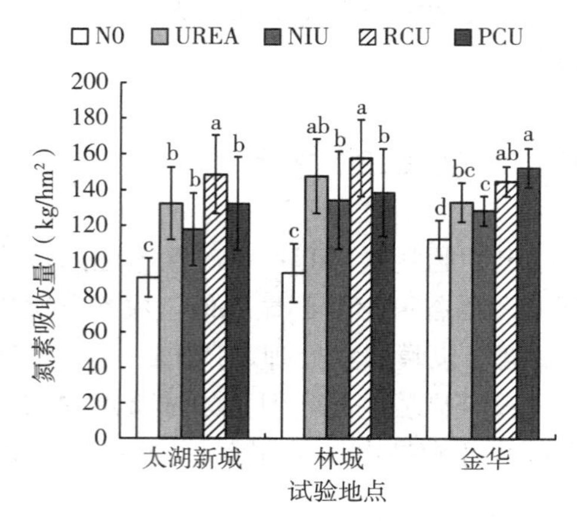

图 9-3　一次性施肥对单季稻氮素吸收量的影响

注：同一地区不同字母表示差异显著。

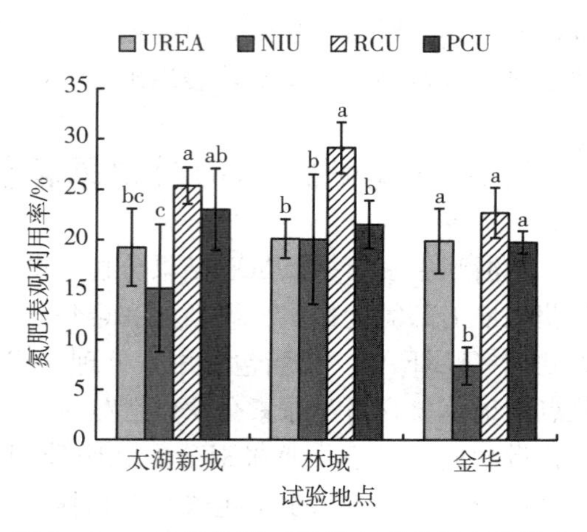

图 9-4　一次性施肥对氮肥表观利用率的影响

注：同一地区不同字母表示差异显著。

三、不同肥料品种对单季稻分蘖动态和产量构成因子的影响

不同缓释氮肥品种对水稻分蘖动态和产量构成因子都有明显的影响。一次性施肥处理由于缓释氮肥的施用，前期的分蘖数有略少于普通尿素分次施用处理（UREA）的趋势，但在分蘖后期分蘖数明显增加，最终的有效分蘖数也增加（图 9-5）。

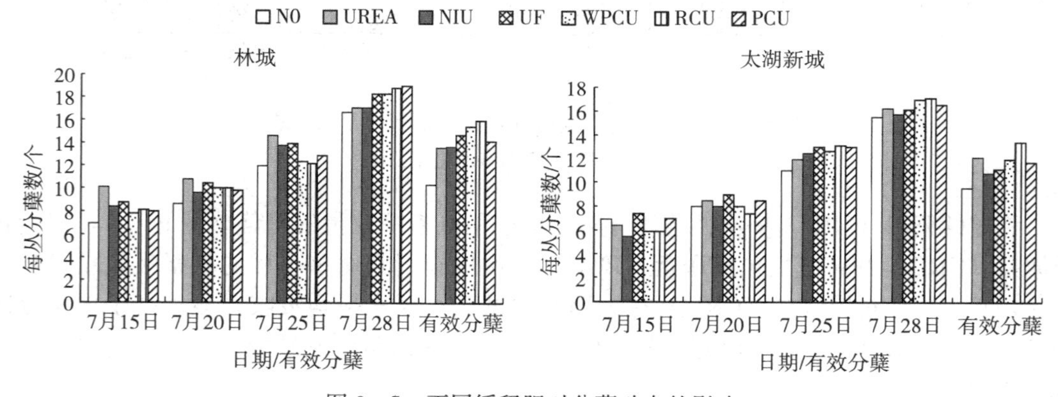

图 9-5　不同缓释肥对分蘖动态的影响

一次性施用不同缓释肥处理对单季稻株高的影响有一定的差异（表 9-2）。树脂包膜尿素处理（CRU）太湖新城试验点水稻株高明显高于普通尿素分次施用处理（UREA），稳定性肥料（NIU）和脲甲醛（UF）在林城试验中水稻株高明显低于普通尿素分次施用处理（UREA），其他一次性施肥处理和普通尿素分次施用处理（UREA）间水稻株高差异不显著。收获期水稻考种结果表明，聚氨酯包膜尿素处理（PCU）在林城试验中千粒重高于普通尿素分次施用处理（UREA），每穗实粒数也高于普通尿素分次施用处理（UREA），在太湖新城试验中有效穗数、每穗实粒数和千粒重略低于普通尿素分次施用处

理（UREA）。树脂包膜尿素处理（CRU）千粒重在太湖新城试验中略低于普通尿素分次施用处理（UREA），有效穗数和每穗实粒数在太湖新城和林城试验中都高于普通尿素分次施用处理（UREA）。考种结果表明聚氨酯包膜尿素（PCU）和树脂包膜尿素处理（CRU）在一次性施肥模式下，水稻分蘖期、孕穗期和灌浆期的供氮要好于普通尿素分次施用处理（UREA）。水基丙烯酸酯类聚合物包膜尿素处理（WPCU）在太湖新城和林城试验点总体表现为有效穗数、千粒重增加，每穗实粒数有所下降，表明该处理分蘖期、孕穗期的供氮好于常规施肥，但灌浆期供氮比普通尿素分次施用处理（UREA）差。稳定性肥料（NIU）和脲甲醛（UF）处理在2个试验点中总体表现为有效穗数下降，千粒重增加或与普通尿素分次施用处理（UREA）持平，表明这两个处理在分蘖后期的供氮不足，使成穗率下降。

表9-2　一次性施肥对单季稻生长及产量构成因子的影响

处理	株高/cm		有效穗数/(穗/丛)		每穗实粒数		千粒重/g	
	林城	太湖新城	林城	太湖新城	林城	太湖新城	林城	太湖新城
N0	84.3c	77.0bc	11.1c	9.7c	113.0a	109.3a	24.4cd	25.8a
UREA	95.7a	77.7bc	14.5ab	12.0ab	110.3a	98.0abc	24.1d	25.8a
NIU	90.3b	77.7bc	13.7b	10.8bc	111.3a	98.7abc	25.2a	25.7a
UF	89.8b	75.7c	13.6b	11.1abc	112.3a	87.0bc	24.8abc	25.7a
WPCU	93.0ab	76.0c	14.7ab	12.0abc	105.3a	84.3c	24.7bc	25.7a
CRU	96.4a	82.0a	16.0a	13.3a	106.5a	104.3ab	25.1ab	25.7a
PCU	95.8a	78.7abc	14.4ab	11.7abc	115.6a	95.7abc	24.8abc	25.6a

注：同列数据不同字母表示处理间差异显著。

四、缓释肥应用效果的影响因子

缓释肥应用效果受到水稻品种、土壤肥力和土壤保肥性等因素的影响。需肥量大、生育期长的品种需要有较长的氮素缓释期，基础肥力较高的土壤和保肥性好的土壤对于缓释肥的释放期要求较低。

通过浙江省和安徽省多点小区试验和大区对比试验分析不同土壤类型对缓释肥应用效果的影响（表9-3）。老黄筋泥田上树脂包膜尿素和2种聚氨酯包膜尿素一次性施肥处理都基本与常规分次施肥处理平产，而在湖松田中一次性施肥处理中只有树脂包膜尿素有增产，其他一次性施肥处理均有不同程度减产，而在青紫泥田上减产的幅度比湖松田上小。树脂包膜尿素一次性施用在不同土壤中都有较好的效果，平产或略有增产，稳定性包膜尿素一次性施用在老黄筋泥田中基本平产，在青紫泥田和湖松田中略有减产，以湖松田中的减产较为明显，聚氨酯包膜尿素在老黄筋泥田中略有增产，但在青紫泥田和湖松田中减产较为明显。

不同土壤上一次性施肥大区对比试验也表现出类似的差异（表9-4）。树脂包膜尿素在大部分土壤中有明显的增产作用，而稳定性包膜肥料在不同土壤上的差异就较为明显，在青粉泥田和黄白田、湖松田中表现为增产，小粉土田上两个试验2014年试验表现平产，而2015年在阴雨天较多导致收获期明显推迟的条件下，表现为明显减产，而在老黄筋泥田中表现为基本平产。聚氨酯包膜尿素在一个小粉土试验中表现为减产，而在青粉泥田中表现为基本平产。这表明了树脂包膜缓释尿素的效果稳定性好，而稳定性包膜肥料的效果稳定性略差，随土壤类型和年度间有变化，而聚氨酯包膜尿素的效果还不能确定。

表9-3　不同土壤类型对缓释氮肥一次性施肥效果的影响

施肥处理	青紫泥田（n=3）		湖松田（n=3）		老黄筋泥田（n=2）	
	产量/（kg/hm²）	比常规施肥增产/%	产量/（kg/hm²）	比常规施肥增产/%	产量/（kg/hm²）	比常规施肥增产/%
常规分次施肥	8 177.2	—	7 291.9	—	9 499.4	—
稳定性包膜肥料	7 983.6	−2.4	6 808.3	−6.6	9 516.7	0.18
树脂包膜	8 266.2	1.1	7 495.0	2.8	9 508.7	0.10
聚氨酯包膜-1	8 073.0	−1.3	6 882.9	−5.6	9 509.2	0.10
聚氨酯包膜-2	7 639.1	−6.6	7 136.4	−2.1	9 550.2	0.54

表9-4　土壤类型对一次性施肥产量效果的影响

单位：kg/hm²

土壤名称	土壤质地	试验点数	一次性施肥比常规施肥增产		
			稳定性包膜肥料	树脂包膜尿素	聚氨酯包膜尿素
小粉土田	黏壤土	2	−278.8	1 179.5	−269.2
青粉泥田	黏壤土	1	200.0		16.7
黄白田	黏壤土	2	652.5	1 083.75	
老黄筋泥田	粉沙质黏壤土	1	−27.2	0	
湖松田	沙质壤土	1	376.3	821.5	

注：空白表示没有该项处理。

单季稻品种类型也影响一次性施肥的效果（表9-5），树脂包膜尿素一次性施肥增产效果为中熟晚粳>特早熟晚粳>粳型杂交，稳定性包膜尿素和聚氨酯包膜尿素-1一次性施肥增产效果则是粳型杂交>特早熟晚粳>中熟晚粳，聚氨酯包膜-2尿素一次性施肥的增产效果为中熟晚粳>粳型杂交>特早熟晚粳。稳定性包膜尿素较常规施肥在粳型杂交稻上平产，在晚粳稻上减产，树脂包膜尿素在各个品种上平产或有增产，聚氨酯包膜-1尿素只在粳型杂交稻上平产，晚粳稻上都减产，聚氨酯包膜-2尿素在特早熟晚粳稻上减产，在中熟晚粳和粳型杂交稻上平产或增产。在特早熟晚粳稻上一次性施肥可选树脂包膜尿素，中熟晚粳稻上可用树脂包膜尿素和聚氨酯包膜-2尿素，粳型杂交稻上各种控释肥一次性施用都适合。

表 9-5　不同单季稻品种类型对一次性施肥产量效果的影响

单季稻品种类型	品种	试验点数	一次性施肥比常规施肥平均增产（kg/hm²）			
			稳定性包膜肥料	树脂包膜尿素	聚氨酯包膜-1尿素	聚氨酯包膜-2尿素
特早熟晚粳	秀水 519，秀水 03	4	−207.70	101.52	−210.09	−129.63（3）
中熟晚粳	秀水 33，嘉 33	2	−503.25	332.40	−252.45	133.50（1）
粳型三系杂交	甬优 9 号	2	17.35	9.32	9.80	50.85

注：表中括号内数字为试验点数。

大区对比试验中不同单季稻品种类型对一次性施肥的反应与小区试验相类似，树脂包膜尿素对粳稻的增产效果要好于杂交稻，而稳定性包膜肥料的增产效果在杂交稻上好于粳稻上（表 9-6）。

表 9-6　粳稻和杂交稻对一次性施肥产量效果的影响

单位：kg/hm²

试验点号	试验地点	一次性施肥比常规施肥增产		
		稳定性包膜肥料	树脂包膜尿素	聚氨酯包膜尿素
1	绍兴孙端	57.7		−269.2
2	平湖广陈	200.0		16.7
4	安徽明光	609	1 203	
5	绍兴孙端	−615.3	1 179.5	
7	长兴太湖新城	376.3	821.5	
粳稻平均		125.5	1 068	−126.3
3	安徽长丰	696	965	
6	金华蒋堂	−27.2	0	
杂交稻平均		334	482	

注：空白表示没有该项处理。

五、不同肥料品种对环境的影响

（一）不同肥料品种氮素径流损失风险评估

径流损失是稻田重要的氮素损失形态，研究表明杭嘉湖地区淹水稻田氮素径流损失约占当季水稻氮素施用量的 12.69%（田平 等，2006）。一次性施肥技术的基肥投入量远大于常规施肥方式，但通过缓释肥的应用和氮肥减量施用，没有明显增加稻田田面水氮浓度和径流损失的风险。

金华和长兴田间小区试验结果表明（图 9-6），与 N0 处理相比，施肥处理田面水铵态氮含量都在施基肥后 2 d 最高，尿素分次施肥处理（UREA）在基肥后 23 d 由于追施分蘖肥的影响，田面水铵态氮浓度升高到 21.71 mg/L，而缓释肥一次性施肥各处理在施基肥 23 d 后铵态氮浓度都低于 10 mg/L。

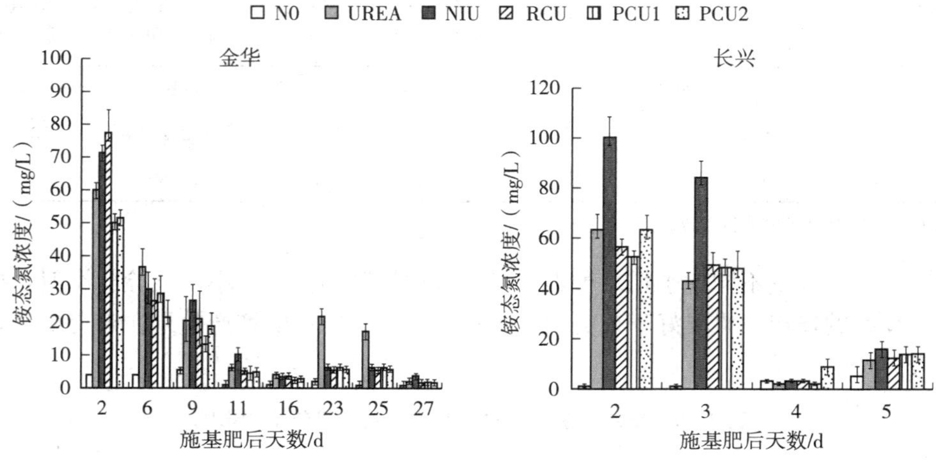

图 9-6 缓释氮肥类型对田面水铵态氮含量的影响

稳定性肥料（NIU）在金华和长兴试验中施基肥后 2 d 田面水铵态氮浓度分别为 71.6 mg/L 和 99.9 mg/L，都明显高于尿素分次施肥。树脂包膜尿素（CRU）只在施肥 2 d 后测定中田面水铵态氮浓度最高，在以后多次测定中则没有明显增加。2 种聚氨酯包膜尿素（PCU1、PCU2）在各次测定中铵态氮浓度都比较低。

稳定性肥料（NIU）通过硝化抑制剂减缓铵态氮向硝态氮的转化，但由于土壤中铵态氮含量高于其他处理，田面水硝态氮浓度仍然较高（图 9-7）。树脂包膜尿素和聚氨酯包膜尿素处理田面水硝态氮浓度总体与尿素分次施肥（UREA）间没有明显差异，而且各处理田面水硝态氮浓度总体都处于较低水平。

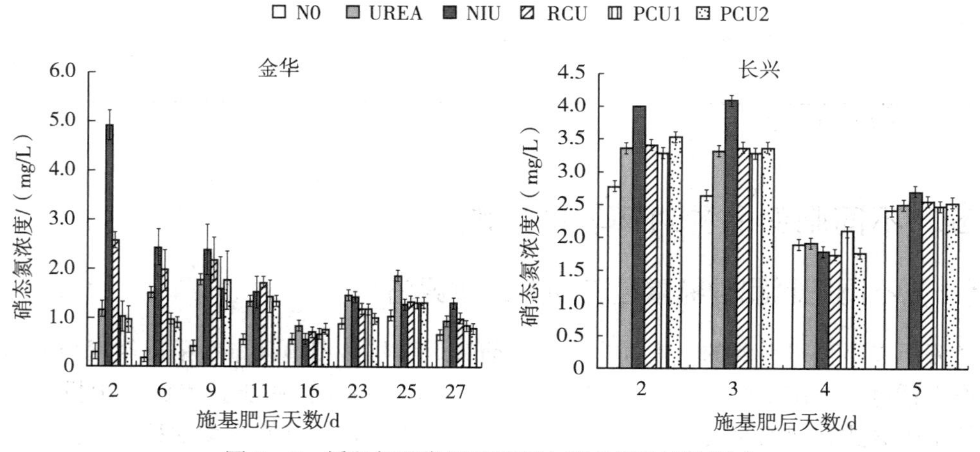

图 9-7 缓释氮肥类型对田面水硝态氮浓度的影响

（二）一次性施肥减少氮素损失的避雨栽培策略

稻田径流损失风险除了受田面水氮浓度影响外，径流强度也是影响径流损失的重要因素。由于长江下游单季稻种植季在6月至7月上旬期间，从金华、长兴两地的累年月平均降水量看（图9-8），6月是全年雨量最大的一个月，长兴地区7月的雨量也较大，表明在现行的单季稻种植模式下，尿素分次施肥和一次性施肥模式都存在一定的氮素流失风险。

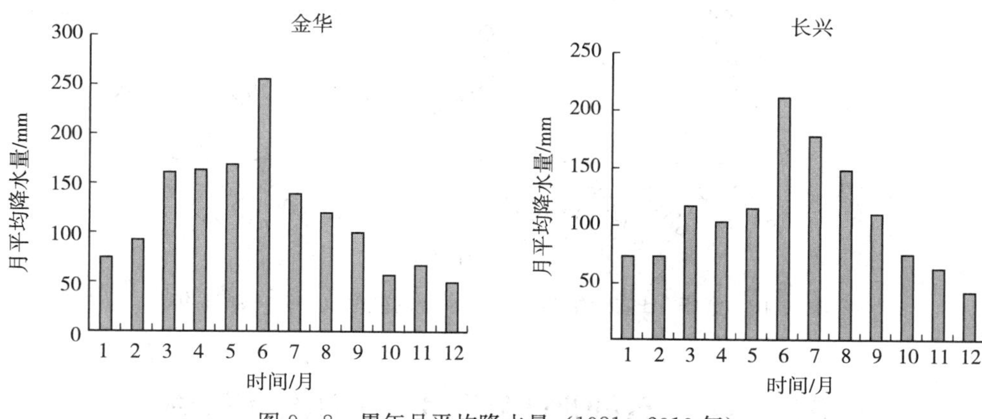

图9-8　累年月平均降水量（1981—2010年）

田间试验结果表明，田面水铵态氮含量在施肥后2d达到峰值，到施肥后5d铵态氮浓度降到20mg/L左右，因此施肥后5d内是氮素径流损失的关键时期。农户常规种植中一般根据秧龄和气温确定水稻种植时间，对于施肥后是否会因为降雨产生氮素径流损失考虑较少。根据区域降水概率，合理安排施基肥时间，避开施肥后5d内降水概率较大的时间段，是降低氮素径流损失的有效策略。从浙江金华和长兴累年（1981—2010年）6—7月平均日降水量看（图9-9），6月中旬到7月上旬日降水量较大。统计1995—2015年金华6—7月5d内出现30mm降水量的概率表明（图9-10），6月16—26日是5d内出现30mm降水量概率最大时段。因此为降低氮素流失风险，金华地区单季稻种植中应避开6月16—26日降水概率大的时段施肥。

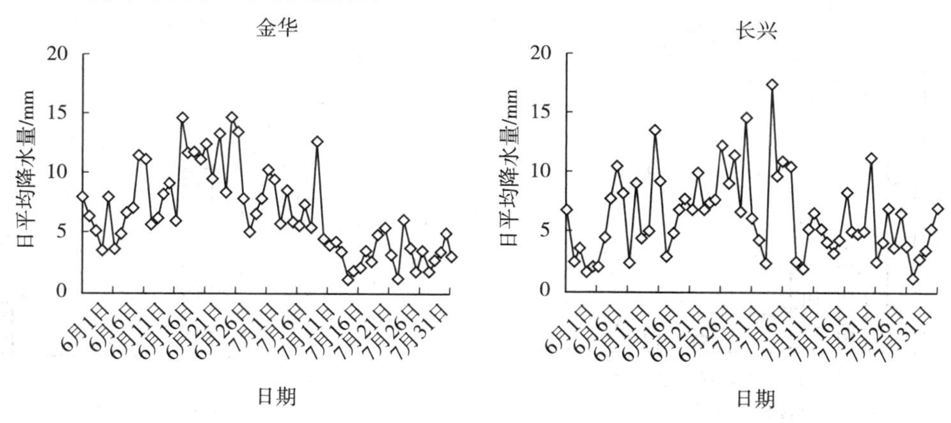

图9-9　累年6—7月日平均降水量（1981—2010年）

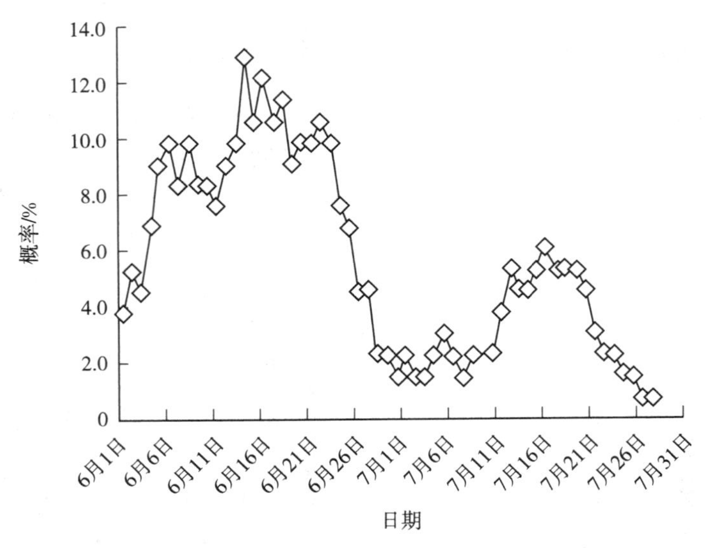

图 9-10 金华 5 d 内产生 30 mm 降水量的概率（1995—2015 年）

第二节 不同肥料用量对环境的影响

氮肥减量对田面水铵态氮含量的影响见图 9-11。金华试验点 PCU1（氮肥用量 180 kg/hm²）和 PCU1r（氮肥用量 144 kg/hm²）处理田面水铵态氮含量随时间变化，都是在 9 d 内较高，11 d 以后趋于平缓。PCU1r 处理在各取样时间田面水铵态氮含量与 PCU1 处理间没有明显差异。长兴试验点测定结果与金华试验点相似，PCU1 和 PCU1r 处理间在施基肥后 5 d 内田面水铵态氮含量没有明显差异。氮肥用量对田面水硝态氮含量的影响见图 9-12。金华试验点监测期间田面水硝态氮浓度为 0.64～1.68 mg/L，PCU1 和 PCU1r 处理都在施基肥后 9 d 和 25 d 出现高峰，但 2 个处理硝态氮浓度在同一取样时

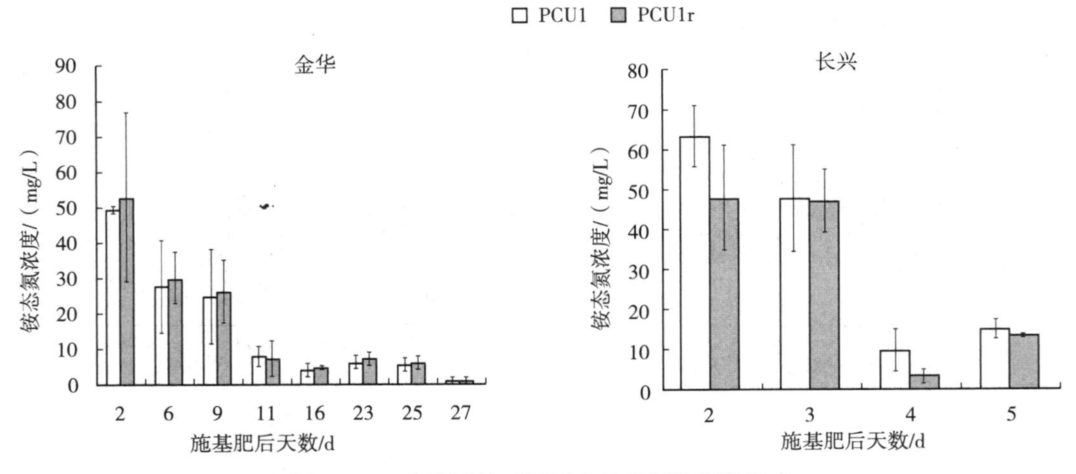

图 9-11 氮肥减施对田面水铵态氮浓度的影响

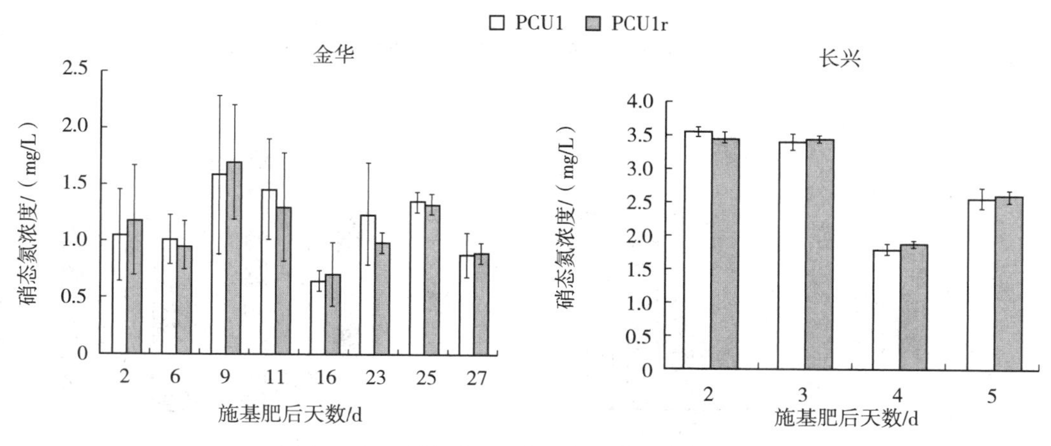

图 9－12　氮肥减施对田面水硝态氮浓度的影响

间没有明显差异。长兴试验点施基肥后 2～5 d 田面水硝态氮浓度为 1.77～3.56 mg/L，2 个处理硝态氮浓度在同一取样时间也没有明显差异。监测结果表明在 PCU1 氮肥用量 180 kg/hm^2 的基础上，减少 20%氮肥用量对田面水氮含量没有产生明显的影响。

缓释氮肥施用比例明显影响田面水铵态氮浓度（图 9－13）。金华试验点施基肥后 2 d 和 6 d 田面水铵态氮浓度随着缓释氮肥施用比例的增加明显下降，其中 40%PCU1 和 60%PCU1 处理在施基肥后 2 d 田面水铵态氮浓度分别比 20%PCU1 降低了 21.1%和 27.0%。施基肥 11 d 后 40%PCU1 和 60%PCU1 处理铵态氮浓度高于 20%PCU1 处理，可能是受缓释氮肥中氮素释放的影响。长兴试验点田面水铵态氮浓度变化趋势与金华相似，施基肥 2 d 后 40%PCU1 和 60%PCU1 处理田面水铵态氮浓度分别比 20%PCU1 处理降低了 40.4%和 54.3%，施基肥 5 d 后，不同处理铵态氮浓度差异逐渐减小。金华试验点 20%PCU1 处理在施肥后 2 d 和 6 d 田面水硝态氮浓度明显高于其他处理（图 9－14），9 d 后各处理间硝态氮浓度差异减小，到施肥后 27 d 时，60%PCU1 处理硝态氮浓度明显增加，可能受包膜氮肥养分释放的影响。长兴试验点施肥后 2～5 d 各处理硝态氮含量则没有明显差异。

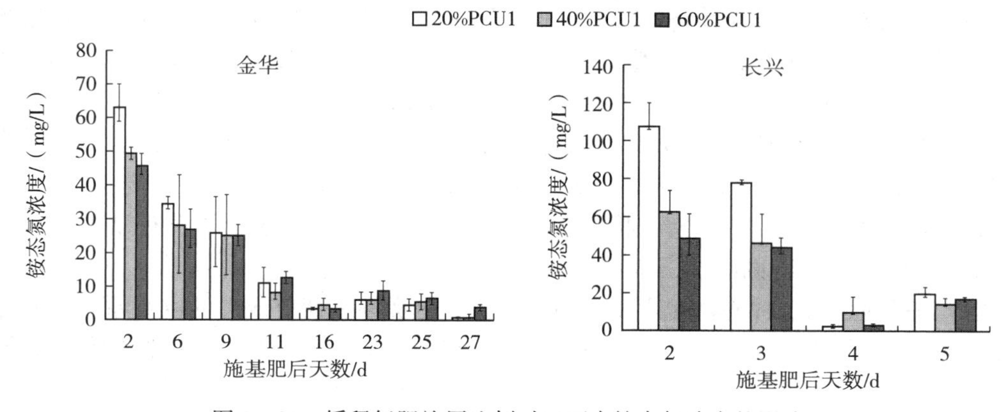

图 9－13　缓释氮肥施用比例对田面水铵态氮浓度的影响

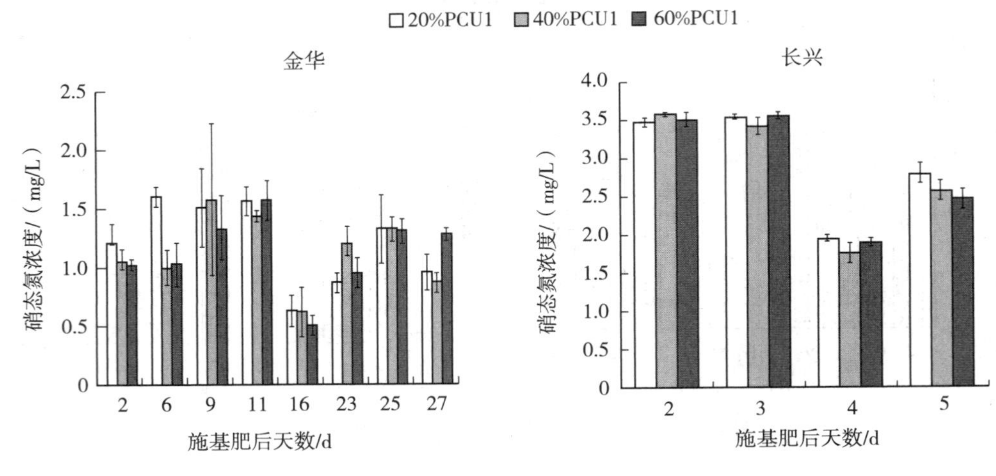

图 9-14　缓释肥施用比例对田面水硝态氮浓度的影响

第三节　不同施肥方法对单季稻产量、效率和环境的影响

机插侧深施肥是指水稻在插秧时通过机械将肥料条状深施于秧苗一侧。与传统基肥撒施方式相比，侧深施肥具有施肥效率高、施肥位置和施肥量精准等优点。研究表明侧深施肥可以提高水稻光合效率，减缓衰老（Pan et al.，2017），而且能减少氮素损失，促进水稻对氮素的吸收，提高氮肥利用率和稻谷产量（Liu et al.，2015；Zhang et al.，2017）。我国在 20 世纪 90 年代就开展过水稻侧条施肥技术研究，但受到施肥机械的限制，无法大规模推广应用。近年来随着水稻侧深施肥机械的研究和推广，水稻侧深施肥技术在浙江、江苏和湖南等水稻生产区域都得到了大规模的推广应用（侯朋福等，2017）。

田间试验结果表明，缓释肥结合侧深施肥技术能进一步减少水稻的氮肥施用量，同时使水稻稳产。以普通复合肥减量 10%侧深施肥（施氮量为 209 kg/hm^2，一基一追，基肥采用机械深施，CFD209）、缓释肥减量 20%侧深施肥（施氮量为 198 kg/hm^2，一基一追，基肥采用机械深施，SF198）或者缓释肥减量 20%一次性施肥时（施氮量为 198 kg/hm^2，基肥采用机械一次性深施，SFD198），分蘖盛期最高苗数明显增加，有效分蘖数也高于常规施肥（施氮量为 233 kg/hm^2，一基二追，基肥采用人工撒施，CF233）（图 9-15），幼穗分化期叶片叶绿素含量没有明显下降（图 9-16），水稻产量与常规施肥间没有显著差异。缓释肥减量 20%撒施处理则降低了水稻产量（图 9-17）。

侧深施肥通过氮肥深施，减少了稻田氨挥发，是提高氮素有效性的重要原因。田间试验表明，基肥以尿素侧深施肥，在等施氮量（225 kg/hm^2）下，随着基肥深施比例的增加，稻田氨挥发量显著下降（图 9-18）。

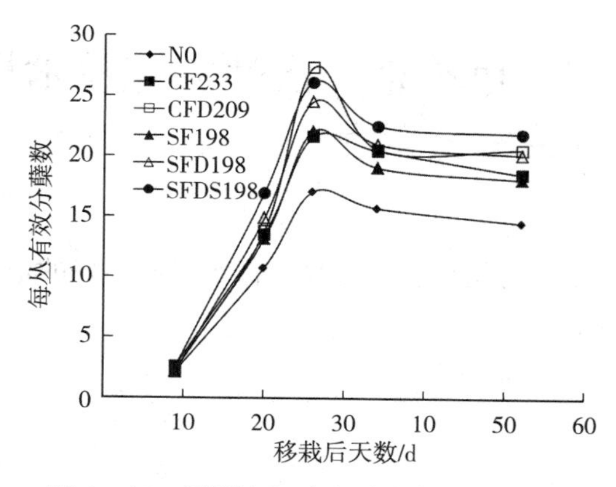

图 9-15　侧深施肥对水稻分蘖动态的影响

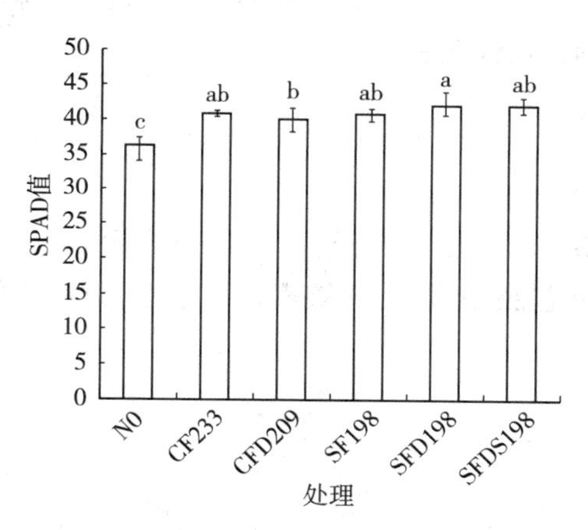

图 9-16　侧深施肥对幼穗分化期叶绿素含量的影响

注：不同小写字母表示处理间差异显著。

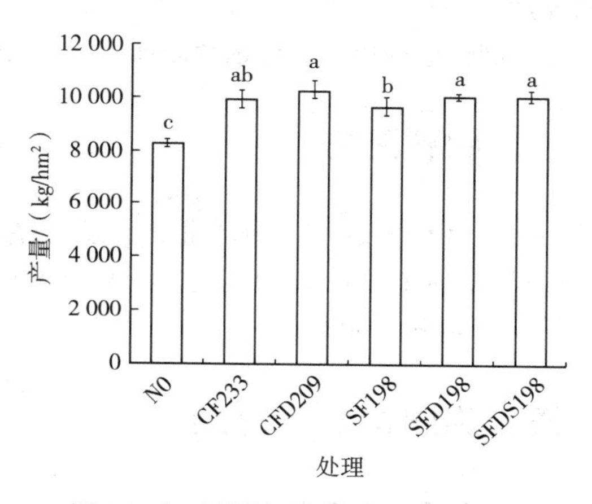

图 9-17　侧深施肥对水稻产量的影响

注：不同小写字母表示处理间差异显著。

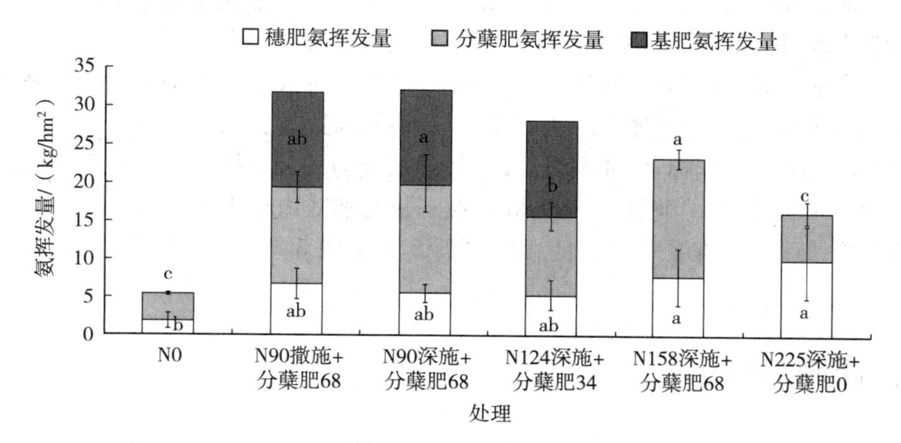

图 9-18　侧深施肥对稻田氨挥发量的影响

注：不同小写字母表示处理间差异显著。

第四节　单季稻一次性施肥技术规程

一、地块选择

应选择中上等肥力土壤，有机质含量较足，保水保肥性好的地块；保水保肥性差的沙质土壤禁止应用该项技术。

二、肥料选择

根据市场情况，选择符合国家标准的缓/控释复合（掺混）肥料作为一次性施肥用肥，要求氮素 60～90 d 释放率 80%、缓效氮肥比例占总氮量 30%以上的缓/控释包膜肥料产品。在保肥性好的田块也可选择添加硝化抑制剂稳定性肥料。

三、肥料配方

中高肥力土壤及中高目标产量推荐缓/控释掺混肥（推荐 $N-P_2O_5-K_2O$ 为 28－8－12）或相近配方，应有 30%释放期为 60～90 d 的树脂包膜型缓/控释氮素；稳定性肥料，氮肥养分供应期为 50～60 d。

四、施肥量确定总则

以“土壤质地”为基础，结合“地力等级和排灌系统”实际，坚持“以产定氮、缓速合理搭配”原则，明确一次性施肥氮肥指标；并掌握氮、磷、钾施用比例，一般为 $N-P_2O_5-K_2O$ 为 1－（0.3～0.5）－（0.7～0.8）。

黏土：地力等级国标 3～4 等（含），排灌系统为每天一排或每天一灌，每亩目标产量为 650～750 kg，每亩用纯氮 16.5～19 kg，缓释氮与速效氮比为 5∶5。

黏壤土：地力等级国标 3～4 等（含），排灌系统为每天一排或每天一灌，每亩目标产量为 600～700 kg，每亩用纯氮 16～18.5 kg，缓释氮与速效氮比为 6∶4。

沙壤土：地力等级国标 3～4 等（含），排灌系统为每天一排或每天一灌，每亩目标产量为 550～650 kg，每亩用纯氮 16～18 kg，缓释氮与速效氮比为 6.5∶3.5。

其他土壤：沙土、排灌系统不良和地力等级 5 等或 5 等以上的，不作为本标准规定对象。

五、施肥耕作

前茬作物收获时粉碎秸秆，前作收获作业质量符合 NY/T995 的要求，耕前 7 d 进行化学除草，之后将肥料作为基肥一次性深施；机械施肥质量应符合 NY/T1003；人工施肥应均匀。

耕作采用一深一浅二遍旋耕或犁耕加旋耕方式作业，耕深基本一致，做到不重、不漏、平整，田面基本无残茬。犁耕深度≥160 mm；深旋耕深度≥120 mm，浅旋耕深度≥80 mm；田面平整度≤40 mm。

直播前 2～3 d，耖田整地，田面平整，高低落差≤30 mm。耖整后保水沉淀土壤，做到下实、上糊；或移栽前沉淀 12 h 以上，使水田硬度保证插秧机前行时不前壅泥，不影响靠行作业，使秧插后能保持直立。

六、大田管理

（一）培育壮秧

（1）用基质叠盘育壮苗。种子经晒种、浸种消毒、沥干后用于播种。采用水稻专用育秧基质育秧，流水线播种。洒水均匀，使基质湿透不滴水。

（2）机插播种量（干种子）。单季杂交晚稻每盘（9 寸盘）50～70 g，常规粳稻 80～100 g；播种后用全基质均匀覆盖，厚度 0.5～0.8 cm。将播种后的秧盘每叠 25～30 盘，整齐摆放在温室内，保持温度 30～32℃、相对湿度 90%以上 2 d，种子出苗立针后直接移入秧田，培育壮苗。

（3）播种量与秧龄配套，播种量高的要缩短秧龄，秧龄长的要降低播种量。

（二）合理稀植

（1）根据目标产量适宜穗数和秧苗素质确定合理基本苗数，力争宽行、少本、稀植、足苗、壮苗早发。

（2）单季杂交晚稻行距 30 cm 以上，株距 20 cm 以上，每亩栽插 0.8 万～1.1 万丛。手插每丛 1～2 本（1 本指没有分蘖的 1 根苗），基本苗数 1.1 万～1.6 万株；机插每丛 2～3 本，基本苗数 2.2 万～2.8 万株。手插每亩用种量 0.4～0.8 kg，机插或直播每亩用种量 0.8～1 kg。

（3）单季常规粳稻直播或机插用种量 2～2.7 kg，基本苗数 4.5 万～6.5 万株。机插 30 cm×（14～18） cm，穴直播 30 cm×（14～18） cm 或 25 cm×（16～20） cm。

（三）水浆管理

开好田内、田外沟，做到三沟配套，做到排灌顺畅，以水调肥，促进壮苗早发、壮秆大穗。做到沟水浅栽、薄水护苗、湿润分蘖、适时搁田、干湿养穗和灌浆。

（四）绿色防控

结合生物物理手段选用高效低毒化学农药适时防治病虫草害。特别需要注意的是，一是直播田先除草，过 1 d 后施基肥；二是对易发稻曲病的籼粳杂交稻品种，在 30%左右植株零叶枕距时（剑叶与倒二叶叶枕高度持平），第一次用药，7 d 左右第二次用药，始穗期（5%抽穗）看天用药。避开 10：00—14：00 扬花时段施药；用药后遇雨冲淋，及时补施农药。用药符合 NY/T 1276 标准规定。

(五) 适时收获

常规晚稻 95%以上、杂交晚稻 90%以上的籽粒达黄熟时，即可择晴天、露水消失后用联合收割机进行收获。水稻收获质量应符合 NY/T 498 标准。

主要参考文献

洪腊宝，2013. 水稻施用加拿大加阳缓释肥料的效果 [J]. 农技服务，30 (4)：362 - 363.

候朋福，薛利祥，俞映倞，等，2017. 缓控释肥侧深施对稻田氨挥发排放的控制效果 [J]. 环境科学，38 (12)：5326 - 5332.

李敏，郭煦盛，叶舒娅，等，2013. 硫膜和树脂包膜控释尿素对水稻产量、光合特性及氮肥利用率的影响 [J]. 植物营养与肥料学报，19 (4)：808 - 815.

刘益曦，袁玲，伍绍福，等，2015. 两种包膜控释尿素对水稻产量和土壤理化性质的影响 [J]. 浙江农业学报，27 (7)：1213 - 1220.

田平，陈英旭，田光明，等，2006. 杭嘉湖地区淹水稻田氮素径流流失负荷估算 [J]. 应用生态学报，17 (10)：1911 - 1917.

袁嫚嫚，叶舒娅，李枫，等，2011. 树脂包膜尿素对水稻产量和氮肥利用率的影响 [J]. 中国农业气象，32 (增 1)：83 - 87.

LIU R Q，FAN D J，ZHANG X X，et al，2015. Deep placement of nitrogen fertilizers reduces ammonia volatilization and increases nitrogen utilization efficiency in no - tillage paddy fields in central China [J]. Field Crop Research，184：80 - 90.

PAN S，WEN X，WANG Z，et al，2017. Benefits of mechanized deep placement of nitrogen fertilizer in direct - seeded rice in South China [J]. Field Crop Research，203：139 - 149.

ZHANG M，YAO Y，ZHAO M，et al，2017. Integration of urea deep placement and organic addition for improving yield and soil properties and decreasing N loss in paddy field [J]. Agriculture Ecosystems & Environment，247：236 - 245.

第十章　双季稻一次性施肥技术

与单季稻相比，双季稻生育期相对较短，早、晚稻生育期分别为125～135 d、120～130 d。双季稻对养分需求呈单峰态势，采用一次性施肥技术前期可促进水稻分蘖，中期保持较高水平养分供应，后期仍有较充足养分提供，水稻生长全程均保持稳健长势，成熟期青枝蜡秆，熟色黄亮。广东省农业科学院自2001年先后在广东、广西、海南开展了多点多次大面积双季稻一次性施肥示范，成效突出，引领了华南双季稻一次性施肥技术的应用。

第一节　不同水稻品种对一次性施肥技术的反应

试验于2009年在肇庆市怀集县梁村镇庙后村进行。供试土壤质地为黏壤土，土壤pH为5.68，有机质含量37.54 g/kg，水解性氮含量175.16 mg/kg，有效磷含量9.01 mg/kg，速效钾含量48.72 mg/kg。供试水稻品种均为杂交稻，包括天优998、天优368、天优116、泰丰优368、泰丰优128、天优3618、天优528、培杂泰丰、华优香占、T优5537等。供试肥料为水稻控释肥（23－7－20）。采用大区试验，各处理施肥方法均为每亩施用水稻控释肥50 kg，作为基肥一次性施用。水稻于3月3日育秧，4月6日移栽，7月10日左右收获。在移栽后10 d，调查各处理分蘖数，每隔6 d调查1次。收获时分区测产，并调查株高，穗长，剑叶性状及进行考种。

一、不同水稻品种应用一次性施肥技术的分蘖动态

从图10－1可以看出，各个品种均在种植后30～35 d达到分蘖高峰期，随后无效分蘖开始衰落，总蘖数随之降低。早期各品种分蘖数基本一致，进入分蘖高峰期后，分蘖能力不同的品种开始呈现不同的分蘖动态。培杂泰丰、天优998及泰丰优128是分蘖能力较强的品种，植株分蘖数一开始快速增加，并显著高于其他品种；而天优116是分蘖能力较差的品种，分蘖数增长缓慢，分蘖高峰期的分蘖数大约只有8条。分蘖高峰期后，各个品种的分蘖数开始减少，培杂泰丰等高峰期分蘖数较多的品种降低的幅度较大，而天优116等分蘖数较少的品种减少幅度较小。

由于试验区处于怀集县梁村平原，水源为山泉水，温度较低，植株分蘖较迟且少。因此，分蘖消长完成后，各个品种的分蘖数均较低，变化范围在5～9，其中天优998、培杂泰丰分蘖数最多；天优116分蘖数最低，只有4.5；其他品种在6～7之间。可见，施用水稻控释肥后，不同水稻品种分蘖动态呈现不同程度的波动起伏，分蘖能力较强的品种分蘖数消长的幅度较大，反之则较小。

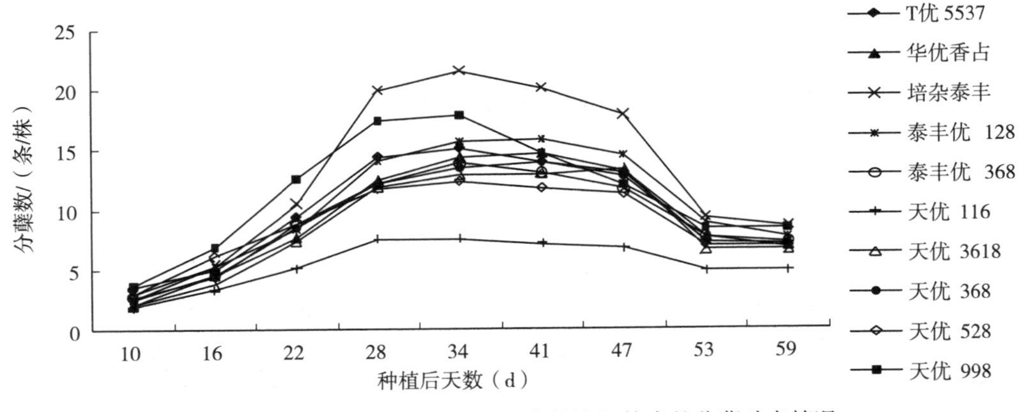

图 10－1　不同水稻品种应用一次性施肥技术的分蘖动态情况

二、不同水稻品种应用一次性施肥技术的农艺性状

从表 10－1 可以看出，T 优 5537 和泰丰优 128 的株高较大，泰丰优 368、天优 116、天优 528、天优 368 及华优香占株高中等，培杂泰丰和天优 3618 较矮。剑叶是植株最重要的功能叶，品种 T 优 5537、泰丰优 128 及天优 116 的剑叶较长，华优香占、培杂泰丰、泰丰优 368 及天优 368 中等，天优 3618 及天优 528 的剑叶较短；T 优 5537、泰丰优 128 及天优 368 的剑叶较宽，其次为华优香占和天优 528，其他品种剑叶均较窄。从各品种的株高、剑叶性状可见，T 优 5537、泰丰优 128、天优 116 及天优 368 植株营养生长较旺盛，株型较大，叶片宽大；而培杂泰丰、天优 3618 及天优 528 株型较矮，叶片短小。T 优 5537、泰丰优 128、华优香占、培杂泰丰及泰丰优 368 品种的穗较长，其他品种穗较短。而天优 998 由于倒伏导致无法测量株高等农艺性状。

表 10－1　一次性施肥技术对不同水稻品种农艺性状的影响

单位：cm

品种	株高	剑叶		穗长
		长	宽	
T 优 5537	121.00	31.75	2.25	24.00
华优香占	109.43	29.57	1.91	23.57
培杂泰丰	101.13	28.00	1.65	23.38
泰丰优 128	118.00	32.00	2.00	24.50
泰丰优 368	111.71	29.14	1.63	23.14
天优 116	112.00	33.13	1.74	20.88
天优 3618	100.67	19.83	1.78	19.33
天优 368	112.88	27.00	1.96	22.25
天优 528	107.86	25.71	1.89	22.14
天优 998				

三、不同水稻品种应用一次性施肥技术的产量表现

从表 10-2 可以看出，天优 998 有效穗数较高、千粒重大，尽量每穗实粒数较低，但产量在供试品种中达到最高；天优 116 有效穗数和每穗实粒数均中等，但千粒重较高，产量表现在各品种中居第二，增产显著。天优 368 有效穗数较多，千粒重也较大，但其每穗实粒数和结实率较低，产量却较高，仅次于天优 116。天优 528 则是每穗实粒数、结实率及千粒重较大，而有效穗数比较低，其产量也较高，排列第四。T 优 5537 有效穗数较少，每穗实粒数明显偏低，但千粒重较高，因此最终产量相对较高。泰丰优 128、泰丰优 368 是兼顾食味品质与产量的杂交稻品种，二者每亩产量分别为 497.33 kg、490.89 kg，处于中等水平。品种华优香占、培杂泰丰及天优 3618 的产量在 480 kg 左右。从产量看，供试品种中以天优 998 和天优 116 产量较高，泰丰优 368、天优 3618、华优香占及培杂泰丰相对较低。因此，梁村平原早稻宜重点推广天优 998 和天优 116。

表 10-2　一次性施肥技术对不同水稻品种产量及其构成因素的影响

品种	每亩有效穗数/万穗	每穗实粒数	每穗总粒数	千粒重/g	结实率/%	每亩产量/kg
T 优 5537	13.76	115.12	148.47	27.08	76.40	509.72±10.89ab
华优香占	14.61	186.21	211.03	22.98	88.23	481.88±31.99b
培杂泰丰	15.76	126.93	161.38	21.47	78.79	481.97±23.07b
泰丰优 128	14.64	136.32	166.83	23.53	81.51	497.33±13.40b
泰丰优 368	14.00	166.34	194.32	22.62	85.62	490.89±13.18b
天优 116	14.76	142.37	150.84	26.85	93.81	544.11±42.38a
天优 3618	12.67	160.67	172.68	24.12	93.00	480.75±19.67b
天优 368	14.17	136.33	184.50	25.38	73.90	520.58±29.64ab
天优 528	13.89	170.86	194.56	24.92	87.56	513.63±13.07ab
天优 998	15.07	119.83	167.92	25.91	71.42	563.94±29.31a

注：每亩产量列数据为平均值±标准误；表中同列数据后不同小写英文字母表示差异显著。

四、结论

在本试验条件下，不同水稻品种应用一次性施肥技术总体上每亩产量均在 480 kg 以上，其中，天优 116 和天优 998 两个品种应用一次性施肥技术生长表现最好，说明采用适宜品种配合一次性施肥技术完全可实现水稻高产稳产。

第二节　不同肥料品种对双季稻产量及土壤养分含量的影响

试验于 2013—2017 年连续 5 年在广东省台山市都斛镇万亩高产片区优质稻米生产基

地开展，本试验共设 8 个处理：①CK1，不施氮、只施磷、钾肥处理，全部底施；②CK2，习惯施肥，根据大量区域调查数据，确定典型的肥料用量和品种，按农民习惯方式施用；③优化施肥，即 OPT 处理，与处理①等磷、钾量，氮为根据测土配方数据及近几年试验数据确定的优化施氮量和基追比、施肥方式；④“新农科”缓释肥处理，N、P_2O_5、K_2O 投入量与 OPT 处理相同，均为一次性施入；⑤“新农科”缓释肥处理，较 OPT 减少 20%氮用量，磷、钾用量与 OPT 相同，所有肥料作为底肥一次性施入；⑥“金正大”控释肥处理，较 OPT 减少 20%氮用量，磷、钾用量与 OPT 相同，所有肥料作为底肥一次性施入；⑦“住商”缓释肥处理，较 OPT 减少 20%氮用量，磷、钾用量与 OPT 相同，所有肥料作为底肥一次性施入；⑧“恩泰克”缓释肥处理，较 OPT 减少 20%氮用量，磷、钾用量与 OPT 相同，所有肥料作为底肥一次性施入。

表 10-3 表明，通过连续 5 年早稻及晚稻的试验，10 季水稻的平均产量高低顺序依次为－20%氮“金正大”控释肥＞“新农科”缓释肥＞－20%氮“住商”缓释肥＞－20%氮“恩泰克”缓释肥＞OPT 分次施肥＞－20%氮“新农科”缓释肥＞习惯施肥 CK2＞无氮 CK1。一次性减量施肥处理在产量上均超越了农民的习惯施肥处理，各减氮处理的 4 年平均产量超越习惯施肥 2.7%～6.7%，效果最好的是－20%N“金正大”控释肥处理。因此，可以看出，一次性施用缓/控释肥即使在减氮 20%的情况下，其产量仍然高于常规分次施肥，甚至超越 OPT 处理，这意味着以缓/控释肥为载体完全可实现水稻一次性施肥，既节省劳动力又显著减少了养分投入。

表 10-3　不同稳定性肥料及缓/控释肥对水稻每亩产量的影响

单位：kg

试验处理	2013 年		2014 年		2015 年		2016 年		2017 年		平均每亩产量
	早稻小农占	晚稻小农占	早稻五山丝苗	晚稻五山丝苗	早稻五山丝苗	晚稻五山丝苗	早稻杂优	晚稻泰丰优	早稻美香占	晚稻美香占	
无氮 CK1	295.4ab	457.1b	373.3b	476.5a	444.0b	413.4ab	397.0c	367.4b	344.0b	309.1d	387.7
习惯施肥 CK2	312.5ab	495.6ab	467.4a	482.6a	465.6ab	371.8b	457.2ab	447.3ab	354.5ab	330.2cd	418.5
OPT 分次施肥	335.4ab	513.1ab	439.7ab	479.4a	502.9a	420.8ab	434.9abc	459.7ab	369.4ab	345.6bc	430.1
“新农科”缓释肥	323.2b	526.8a	470.8a	499.7a	479.7ab	444.6ab	453.7abc	490.1a	363.9ab	353.5abc	440.6
－20%氮“新农科”缓释肥	327.6ab	500.6ab	481.1a	503.3a	493.5ab	382.4b	415.7abc	467.2ab	386.0ab	339.5bc	429.7
－20%氮“住商”缓释肥	344.4a	500.9ab	438.5ab	507.2a	472.1ab	485.6a	470.2a	433.5ab	366.5ab	350.0abc	436.9
－20%氮“恩泰克”缓释肥	315.3ab	461.5ab	472.2a	502.9a	485.7ab	431.7ab	409.2bc	456.8ab	404.8a	362.6ab	430.3
－20%氮“金正大”控释肥	—	490.7ab	456.4a	502.8a	497.0ab	453.4ab	432.6abc	467.4ab	387.0ab	373.0a	446.7

注：同列数据后不同字母表示处理间差异显著。

从表 10-4 可知，从 2013 年早稻至 2017 年早稻，9 季试验各施氮处理土壤中碱解氮含量均有不同程度的增加，特别是减氮20%的4个施肥处理土壤中碱解氮含量也均有所增加，且增加的幅度超越了习惯施肥。由此说明，施用缓/控释肥、稳定性肥减氮20%也不会对土壤氮素产生过度消耗，以致造成氮素亏缺的情况发生。如表10-5所示，经过5年早稻及晚稻的连续种植，土壤中有效磷含量呈现缓慢上升趋势，将各季平均投入磷含量可以看出，2013年晚稻至2017年早稻土壤有效磷含量上升了3 mg/kg，说明当前的磷肥施用水平可以满足土壤长期且连续种植水稻的需求。从2014—2016年早、晚稻土壤速效钾含量对比看（表10-6），晚稻收获后土壤速效钾含量一般均明显高于早稻，但年际间速效钾含量变化趋势仍不明晰，同时，从不同施肥处理看，土壤速效钾含量不存在显著性差异。综上所述，经过了连续几季一次性施肥的水稻种植，土壤碱解氮与有效磷含量呈现出一定的增加趋势，与分次施肥比较，在减氮20%情况下土壤碱解氮仍有增加，可能原因在于分次施肥中40%肥料用作追肥已被雨水冲刷流失掉，而一次性施肥的肥料全部与土壤混匀，基本可避免径流损失，使得养分可以被更好地利用与保存。

表10-4 不同稳定性肥料及缓/控释肥对收获后土壤碱解氮含量的影响

单位：mg/kg

试验处理	2013年		2014年		2015年		2016年		2017年
	早稻	晚稻	早稻	晚稻	早稻	晚稻	早稻	晚稻	早稻
无氮CK1	131.3a	136.2a	142.8ab	144.8ab	147.2b	139.2a	137.5a	136.1b	138.1a
习惯施肥CK2	133.1a	138.8a	144.3ab	134.8b	164.5a	137.8a	139.3a	161.5a	147.1a
OPT分次施肥	135.2a	141.7a	140.2ab	139.8ab	158.8ab	141.7a	151.6a	154.9a	142.3a
“新农科”缓释肥	129.3a	147.0a	133.6b	144.2ab	154.0ab	138.1a	147.6a	150.5a	144.1a
-20%氮“新农科”缓释肥	123.1a	145.1a	135.9ab	140.8ab	151.1ab	138.8a	148.6a	156.7a	145.8a
-20%氮“住商”缓释肥	125.6a	134.0a	139.8ab	150.0a	153.2ab	141.4a	142.4a	157.9a	147.9a
-20%氮“恩泰克”缓释肥	135.6a	138.8a	142.8ab	143.6ab	154.2ab	138.1a	149.1a	154.7a	148.8a
-20%氮“金正大”控释肥		139.6a	145.9a	142.8ab	154.9ab	143.9a	137.8a	157.1a	144.4a

注：同列数据后不同小写字母表示差异显著（$P<0.05$）；空白表示没有该项处理。

表10-5 不同稳定性肥料及缓/控释肥对收获后土壤有效磷含量的影响

单位：mg/kg

试验处理	2013年	2014年		2015年		2016年		2017年
	晚稻	早稻	晚稻	早稻	晚稻	早稻	晚稻	早稻
无氮CK1	14.7b	18.3ab	19.6a	18.5bc	16.0bc	16.1b	23.2a	19.1a
习惯施肥CK2	19.8a	20.9a	14.3b	21.6ab	15.3bc	16.0b	18.8c	20.6a
OPT分次施肥	16.9ab	21.5a	17.6ab	17.1c	15.8bc	20.2ab	20.7abc	19.6a
“新农科”缓释肥	18.8ab	15.0b	18.6ab	16.8c	13.5c	18.4ab	19.5bc	19.8a
-20%氮“新农科”缓释肥	18.1ab	16.2b	19.2a	19.9abc	16.5bc	19.0ab	21.3abc	20.8a

（续）

试验处理	2013 年	2014 年		2015 年		2016 年		2017 年
	晚稻	早稻	晚稻	早稻	晚稻	早稻	晚稻	早稻
－20％氮“住商”缓释肥	14.4b	16.7b	20.5a	20.0abc	21.2a	17.0ab	22.3abc	19.0a
－20％氮“恩泰克”缓释肥	17.2ab	16.2b	21.4a	18.2bc	16.3bc	21.8a	22.4ab	20.1a
－20％氮“金正大”控释肥	16.0ab	15.2b	19.6a	22.6a	18.6ab	18.0ab	20.5abc	20.8a
平均	17.0	17.5	18.9	19.3	16.7	18.3	20.9	20.0

注：同列数据后不同小写字母表示差异显著（$P<0.05$）；空白表示没有该项处理。

表 10－6　不同稳定性肥料及缓/控释肥对收获后土壤速效钾含量的影响

单位：mg/kg

试验处理	2013 年		2014 年		2015 年		2016 年		2017 年
	早稻	晚稻	早稻	晚稻	早稻	晚稻	早稻	晚稻	早稻
无氮 CK1	168.7a	118.0b	132.3c	128.3b	132.3ab	165.0ab	173.8ab	210.5a	138.0c
习惯施肥 CK2	127.3b	138.0a	142.8bc	145.3ab	145.3a	181.0a	174.3a	178.3b	139.3c
OPT 分次施肥	138.1b	128.7ab	135.3bc	151.8a	130.0ab	178.5a	155.0c	190.3b	151.8ab
“新农科”缓释肥	145.0b	130.7ab	144.7bc	149.0a	131.0ab	161.0ab	157.8bc	180.3b	139.7c
－20％氮“新农科”缓释肥	157.3ab	136.3a	173.3a	160.3a	129.8b	169.3ab	173.8ab	181.0b	157.8a
－20％氮“住商”缓释肥	144.7b	128.7ab	142.5bc	154.5a	137.7ab	175.3ab	162.7abc	177.3b	152.5a
－20％氮“恩泰克”缓释肥	144.7b	131.7ab	153.5b	156.7a	140.3ab	181.0a	173.7ab	189.3b	147.7abc
－20％氮“金正大”控释肥		118.7b	145.5bc	142.0ab	134.0ab	154.8b	152.3c	195.0ab	141.8bc

注：同列数据后不同小写字母表示差异显著（$P<0.05$）；空白表示没有该项处理。

第三节　不同肥料用量对双季稻产量的影响

本试验采用缓释肥料，按每亩一次性施用 6 kg、8 kg、10 kg、12 kg、14 kg 氮肥的用量，外加常规分次施氮肥（每亩 12 kg）和不施肥共 7 个处理，研究不同施肥量下水稻产量及植株养分含量的变化，通过拟合产量与施肥量曲线计算出最佳经济施肥量。

一、不同缓释肥料用量对水稻产量的影响

研究结果表明（表 10－7），不同氮养分用量处理间产量表现呈抛物线趋势，其中早稻以 12 kg 缓释氮肥处理的产量最高，亩产达 344.4 kg，较 CK1 无氮处理高 16.6％，较 CK2 常规施肥处理高 10.2％；晚稻以 10 kg 缓释氮肥处理的产量最高，亩产达 504.9 kg，

较 CK1 无氮处理高 10.5%，较 CK2 常规施肥处理高 1.9%；早、晚稻平均产量以10 kg缓释氮肥处理产量最高，但处理间差异未达显著水平。

表 10－7　不同缓释肥料用量处理的水稻每亩产量

单位：kg

处理	2013 年早稻	2013 年晚稻	平均
无氮肥（CK1）	295.4±4.5b	457.1±27.1a	376.2
常规施肥（CK2）	312.5±2.8ab	495.6±10.6a	404.0
6 kg 氮肥	328.8±22.6ab	490.1±10.3a	409.5
8 kg 氮肥	328.5±9.5ab	492.6±23.9a	410.5
10 kg 氮肥	334.3±6.1ab	504.9±27.6a	419.6
12 kg 氮肥	344.4±22.4a	487.5±8.5a	415.9
14 kg 氮肥	311.6±14.6ab	470.0±11.5a	390.8

注：2013 年早稻、2013 年晚稻列数据为平均值±标准误；同列数据后不同小写字母表示差异显著（$P<0.05$）。

由产量构成因素结果比较可知（表 10－8），各处理间千粒重及结实率差异不明显。CK2 常规施肥处理的每穗实粒数最高，平均为 158.4 粒，不同氮用量一次性施肥的各处理每穗实粒数较 CK1 无氮处理均有一定提高，增幅为 8.2%～24.5%，其中 6 kg 氮肥及 8 kg 氮肥处理的增幅较大；12 kg 氮肥处理的每亩有效穗数最多，达 16.5 万穗，较 CK1 增加 36.4%，较 CK2 增加 21.3%，各处理有效穗数变化趋势大体与产量结果一致，说明早稻一次性施用 12 kg 缓释氮肥通过提高水稻有效穗数而获得相对更高的产量。

表 10－8　缓释肥料用量处理早稻产量构成因素

处理	每亩产量/kg	每穗实粒数	千粒重/g	结实率/%	每亩有效穗数/万穗
无 N（CK1）	295.4±4.5b	123.7±10.5	19.7±0.3	80.9±3.2	12.1±0.6c
常规施肥（CK2）	312.5±2.8ab	158.4±1.6	19.5±0.4	83.4±2.6	13.6±0.4bc
6 kg 氮肥	328.8±22.6ab	154.0±5.9	20.0±0.6	76.8±1.6	14.4±0.8b
8 kg 氮肥	328.5±9.5ab	150.2±5.7	19.4±0.6	82.4±4.2	14.8±0.6b
10 kg 氮肥	334.3±6.1ab	136.5±6.0	21.0±0.5	79.5±5.3	15.7±0.7ab
12 kg 氮肥	344.4±22.4a	133.9±1.2	19.8±1.6	77.6±0.2	16.5±0.5a
14 kg 氮肥	311.6±14.6ab	135.2±5.7	20.6±0.4	77.2±2.9	14.7±0.6b

注：表中数据为平均值±标准误；同列数据后不同小写字母表示差异显著（$P<0.05$）。

二、缓释肥料用量对水稻分蘖动态及 SPAD 值的影响

图 10－2 显示，不同氮肥用量处理水稻分蘖数变化趋势基本一致，早稻移栽后 8～30 d分蘖呈迅速增加态势，16～23 d 分蘖增长速率最高，至 30 d 时基本达到分蘖高峰，到 37 d 时分蘖数有所下降。各处理中，8 kg 缓释氮肥处理的高峰分蘖数最大，每穴为 12.1 茎，其次为 10 kg 氮肥及 6 kg 氮肥处理，无氮处理的高峰分蘖数最低（每穴为 7.3 茎），

且其于分蘖后 23 d 即达到峰值。晚稻分蘖变化与早稻有所不同，分蘖于 25 d 时达到峰值，至30 d 时有下降趋势；各处理中，6 kg 缓释氮肥处理的高峰分蘖数最高，每穴为 27.6 茎，14 kg 缓释氮肥处理和无氮处理分蘖高峰期茎数相对较少。可见试验区土壤基础地力较高，供应较低氮量已能满足水稻正常生长，高氮用量反而未获得效果。

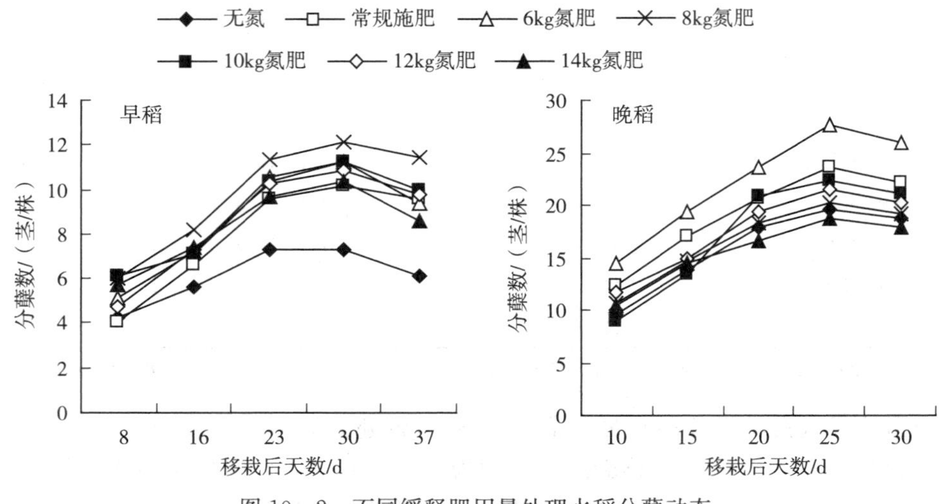

图 10－2　不同缓释肥用量处理水稻分蘖动态

图 10－3 结果表明，不同缓释肥用量处理水稻叶片 SPAD 值变化明显不同。早稻分蘖初期（8～16 d）叶片 SPAD 值无明显变化，中期（16～23 d）快速增加，23～30 d 叶片 SPAD 值趋于平稳，后期（30～37 d）开始出现较大幅度下降；各处理中，8 kg 缓释氮肥处理的分蘖盛期叶片 SPAD 值最高，达 43.0，较 CK1 无氮处理高 4 个单位，较 CK2 常规施肥处理高 1.5 个单位；CK1 无氮处理的叶片 SPAD 值在整个生育前期均处于最低值。

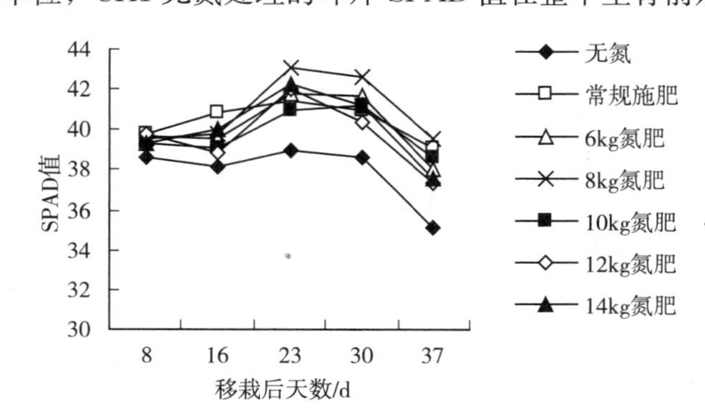

图 10－3　不同缓释肥用量处理水稻叶绿素变化动态（早稻）

对缓释肥用量进行模拟优化，获得氮肥施用量及早、晚稻产量间一元二次多项式数学模型，并对模型分别求最高产量及最佳效益下的极值。结果显示（表 10－9），早稻稻谷最高产量每亩为 334.7 kg，最佳效益值为每亩 867.6 元，对应施氮量分别为每亩 8.8 kg 及 7.3 kg；晚稻稻谷最高产量为每亩 497.2 kg，最佳效益值为每亩 1 358.1 元，对应施氮量分别为每亩 8.0 kg 及 6.8 kg。

表 10－9　不同缓释肥料用量优化模拟

季别	用量优化数学模型	最高产量值		最佳效益值	
		稻谷每亩产量/kg	每亩施氮量/kg	每亩净收入/元	每亩施氮量/kg
早稻	$y=-0.5258x^2+9.2527x+294.04$ $R^2=0.775$	334.7	8.8	867.6	7.3
晚稻	$y=-0.6514x^2+10.401x+455.65$ $R^2=0.8885$	497.2	8.0	1 358.1	6.8

注：早、晚稻价格均为 3.0 元/kg，氮肥价格为 4.8 元/kg，磷肥价格为 6.5 元/kg，钾肥价格为 5.8 元/kg。

第四节　不同施肥方法对双季稻产量的影响

试验于 2009 年在广东省肇庆市怀集县梁村镇大连村进行。试验共设测土配方施肥、一次性施用缓释肥、一次性施用有机无机肥、一次性施用控释 BB 肥、化肥减量高效施肥以及习惯施肥（CK）等处理，其中早稻测土配方施肥、一次性施用缓释肥、一次性施用有机无机肥、一次性施用控释 BB 肥处理采用的水稻品种为 T 优 5537，化肥减量高效施肥处理采用的水稻品种为泰丰优 128，习惯施肥处理采用了 T 优 5537、泰丰优 128 两个品种；晚稻各处理采用的水稻品种均为博优 283。试验采用大区处理，每个区均超过 1.33 hm^2。各种处理施肥方法分别为：测土配方施肥处理，每亩施用 62 kg 的水稻专用肥，其中基肥施 45 kg 配方肥，返青后施配方肥 10 kg，移栽 35 d 施剩余的肥；一次性施用缓释肥处理，每亩施用水稻缓释肥 50 kg（作为基肥一次性施用）；一次性施用有机无机肥处理，每亩施用有机无机复混肥 70 kg（作为基肥一次性施用）；一次性施用控释 BB 肥处理，每亩施用水稻控释 BB 肥 67 kg（作为基肥一次性施用）；化肥减量高效施肥处理，每亩施用水稻专用肥 43 kg，其中，基肥施用 33 kg，移栽 35 d 后施用 10 kg；习惯施肥即按照当地农民施肥习惯，一般基肥施用有机肥 40 kg、碳酸氢铵 20 kg、磷肥 15 kg，7 d 后撒施尿素 5 kg，15 d 后撒施尿素、钾肥各 10 kg，穗肥在追施尿素 3 kg。早稻 3 月 3 日育秧，4 月 6 日移栽，7 月 10 日左右收获；晚稻 7 月 15 日育秧，8 月 7～12 日移栽，11 月 12～17 日收获；在移栽后 10 d，调查各处理分蘖数，每隔 6 d 调查 1 次。收获时分区测产，并采穗样考种。

一、不同施肥技术对水稻分蘖动态的影响

从图 10－4 可以看出，不同施肥技术情况下，水稻的分蘖消长动态基本一致，呈现先增长后减少的趋势。测土配方施肥、一次性施用水稻缓释肥、一次性施用有机无机肥、一次性施用控释 BB 肥及化肥减量高效施用技术均较相同品种的习惯施肥处理增加了分蘖数。早稻一次性施用有机无机肥处理的分蘖数波动较大，早期分蘖数最多，后来消亡的无效穗数也较多；其他施肥处理的变化范围较接近，其中一次性施用水稻缓释肥处理的穗数最多。晚稻一次性施用水稻缓释肥、有机无机肥的分蘖能力均较旺盛。综合早、晚稻的结果可以看出，一次性

施用水稻缓释肥、有机无机肥、控释BB肥以及水稻化肥减量高效施用技术、测土配方施肥技术有助于提高水稻分蘖数，其中一次性施用水稻缓释肥、有机无机肥的分蘖数最多。

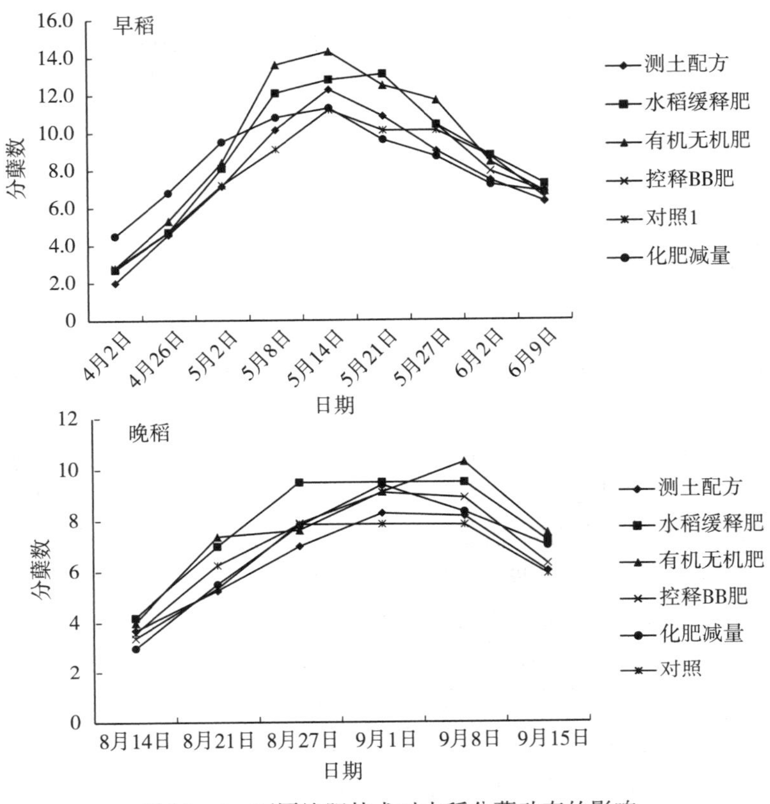

图 10-4　不同施肥技术对水稻分蘖动态的影响

二、不同施肥技术对水稻农艺性状的影响

由表 10-10 可知，在早稻上，与习惯施肥（CK1，CK2）相比，应用一次性施用水稻缓释肥、化肥减量高效施肥技术及测土配方施肥技术穗型较大，总粒数、实粒数较多；应用测土配方、一次性施用水稻缓释肥、有机无机肥及控释 BB 肥技术有助于提高水稻千粒重及有效穗数，而化肥减量施肥技术的千粒重、有效穗数有所降低。晚稻应用施肥新技术可提高水稻有效穗数、结实率，增大水稻穗型；除了一次性施用控释 BB 肥技术的千粒重偏小外，其他施肥技术的千粒重均较习惯施肥（CK）有所提高或相当。因此，水稻应用施肥新技术有利于提高水稻有效穗数，增大穗型，提高植株千粒重。

三、不同施肥技术对水稻产量的影响

从表 10-11 可以看出，早、晚稻应用几种施肥新技术处理均较习惯施肥处理有不同程度的增产。与习惯施肥处理相比，测土配方施肥处理早、晚稻产量均有所增产，其中晚稻增产达到显著水平；早、晚稻每亩分别增产 35.8 kg、91.4 kg，增产率分别为 7.5%、19.1%，年平均增产 13.3%；一次性施用水稻缓释肥处理，早、晚稻产量均在 500 kg 以上，显著增产；早、晚稻每亩分别增产 73.3 kg、85.5 kg，增幅分别为 15.4%、17.9%，年平均增产 16.65%；一次性施用有机无机肥处理不同稻次表现不同，早稻基本持产，晚稻则显著增产，增产达 21.8%；一次性施用控释 BB 肥处理早、晚稻均有一定增产，平均增产 11.15%；化肥减量高效施用处理早、晚稻产量均稳定增加，早稻每亩产量达 584.2 kg，增产率 15.8%；晚稻每亩产量达 556.4 kg，增产率 16.3%。

表 10-10　不同施肥技术对水稻农艺性状的影响

稻别	处理	品种	总粒数/（粒/穗）	实粒数/（粒/穗）	结实率/%	千粒重/g	每亩有效穗数/万穗
早稻	测土配方施肥	T优 5537	163.8	148.1	90.4	26.0	13.5
	一次性水稻缓释肥		166.5	142.0	85.3	27.1	13.5
	一次性有机无机肥		139.8	121.3	86.8	27.1	12.0
	一次性控释 BB 肥		139.1	118.1	84.9	27.4	12.7
	习惯施肥（CK1）		152.9	129.6	84.8	26.3	11.6
	化肥减量高效施肥	泰丰优 128	204.2	189.9	92.9	23.1	11.8
	习惯施肥（CK2）		172.5	160.4	92.9	24.7	15.4
晚稻	测土配方施肥	博优 283	141.0	128.7	91.3	26.5	17.1
	一次性水稻缓释肥		116.8	110.8	94.9	26.4	17.5
	一次性有机无机肥		141.8	128.5	90.6	26.1	17.0
	一次性控释 BB 肥		133.5	128.6	96.3	25.7	17.7
	化肥减量高效施肥		139.7	134.3	96.1	26.2	16.7
	习惯施肥（CK）		128.8	98.8	76.7	26.1	15.7

根据早、晚稻应用各种施肥技术的产量表现，可以看出一次性施用水稻缓释肥及化肥减量高效施用技术的产量较稳定，且均显著增产；一次性施用控释 BB 肥及测土配方施肥的增产幅度也较大，但早稻增产不显著；一次性施用有机无机肥晚稻增产效果较好。

表 10-11　不同施肥技术对水稻产量的影响

稻别	施肥技术	品种	每亩产量/kg	每亩增产/kg	增产率/%
早稻	测土配方施肥	T优 5537	512.5±15.5ab	35.8	7.5
	一次性水稻缓释肥		550.0±28.4a	73.3	15.4
	一次性有机无机肥		490.0±5.8b	13.3	2.8
	一次性控释 BB 肥		524.8±7.1ab	48.1	10.1
	习惯施肥（CK1）		476.7±61.3b	—	—
	化肥减量高效施肥	泰丰优 128	584.2±6.3a	80.6	15.8
	习惯施肥（CK2）		510.4±21.3b	—	—

（续）

稻别	施肥技术	品种	每亩产量/kg	每亩增产/kg	增产率/%
晚稻	测土配方施肥	博优283	569.8±6.9ab	91.4	19.1
	一次性水稻缓释肥		563.9±20.9ab	85.5	17.9
	一次性有机无机肥		582.7±35.85a	104.3	21.8
	一次性控释BB肥		536.7±25.2b	58.3	12.2
	化肥减量高效施肥		556.4±11.1ab	78.0	16.3
	习惯施肥（CK）		478.4±10.9c	—	—

注：表中同列数据后小写英文字母不同者表示差异显著。

四、结论

测土配方施肥技术是我国近几年大力推广应用于指导水稻施肥的技术体系，同时，水稻一次性施肥技术、化肥减施技术等在国内的应用面积也不断增加，这些技术的大面积应用对节省养分、增产增效发挥了重要作用。在怀集梁村平原试验结果表明，测土配方施肥技术可增加植株有效穗数，增大穗型，提高籽粒数，年平均增产13.3%，晚稻增产更显著。

水稻缓释肥可延长肥料养分释放期，一次施用即可满足水稻本田区养分需求，且较常规施肥提高肥料利用率。据研究，一次性施用水稻缓释肥可提高植株叶绿素含量，延缓植株衰老，使茎秆增粗，根系庞大，最终产量明显增加。一次性施用水稻缓释肥，可较常规施肥减少施肥次数2～3次。在怀集梁村平原的应用效果显示，一次性施用缓释肥产量最稳定，早、晚稻均显著增产。

一次性施用有机无机肥、控释BB肥均能达到一定增产效果，晚稻增产达到显著水平，表明其养分释放规律符合水稻整个生育期养分吸收规律，施用一次即可，精简了施肥程序。

化肥减量高效施用技术是针对肥料能源问题而提出来的一种施肥新技术，在保证水稻产量的基础上减少肥料用量。在怀集的应用效果可见，该技术基本已经成熟，不仅仅减少了肥料用量，且在稳产的基础上实现一定的增产。

综合几种施肥技术在怀集梁村平原的应用效果可见，本研究采用的测土配方施肥技术、一次性施用水稻缓释肥、有机无机肥、控释BB肥及化肥减量高效施用技术均较当地农民常规施肥增产，其中以一次性施用水稻缓释肥技术增产效果最显著，说明一次性施肥适宜在水稻产区大范围推广应用。

第五节　华南双季稻一次性施肥的稻田环境效应研究

一、一次性施肥对水稻生长及稻田田面水养分变化的影响

本试验共设5个处理：CK（不施氮）、普通尿素分次施用（基肥50%、返青肥20%、拔节肥30%）、普通尿素一次性施用、稳定尿素一次性施用（尿酶抑制剂含量为尿素的

1.0%）、缓释尿素一次性施用（养分释放期为 90 d）。所有处理除对照不施氮外，氮、磷、钾的用量分别为 150 kg/hm^2（N）、130 kg/hm^2（K_2O）、55 kg/hm^2（P_2O_5）。氮肥种类为尿素，普通尿素含氮 46%，缓释尿素含氮 41%；磷肥为过磷酸钙，含 P_2O_5 16%；钾肥为氯化钾，含 K_2O 60%，所有处理磷、钾肥均作为基肥施用，氮肥一次性施用处理的施肥时间为 4 月 7 日，分次施肥处理的施肥时间分别为 4 月 7 日（基肥）、4 月 14 日（返青肥）、5 月 8 日（拔节肥），试验共设 4 个重复。分别在 4 月 9 日、4 月 11 日、4 月 14 日、4 月 15 日、4 月 20 日、4 月 24 日、5 月 8 日、5 月 9 日、5 月 10 日、5 月 12 日进行田面水采集。

（一）一次性施肥对水稻产量及产量构成要素的影响

如表 10－12 所示，各施氮处理水稻产量均高于不施氮对照，其中以普通尿素分次施肥处理最高，其次为缓释尿素一次施用处理，但二者之间并没有显著性差异，说明缓释尿素一次施用也具有很好的增产潜力；普通尿素一次施用处理及稳定尿素一次施用处理之间产量差别不大，但均低于分次施肥处理。从产量构成要素上来看，各施氮处理主要在千粒重、结实率及有效穗数上高于不施氮处理，这也是各施氮处理产量高于不施氮对照的原因所在。各处理在有效穗数上差别较大，可能是产量差异的主要来源，有效穗数以分次施肥及缓释尿素处理最高。

表 10－12　不同施肥处理对水稻产量及产量构成要素的影响

处理	产量/（kg/hm^2）	穗粒数/个	千粒重/g	结实率/%	每穴有效穗数
CK 不施氮	4 293.0±142.5c	204.8±3.5a	19.1±0.2b	91.9±1.1b	8.5±0.5c
普通尿素分次施用	7 539.0±337.5a	209.0±7.7a	19.7±0.3ab	94.8±0.3a	10.7±0.4a
普通尿素一次施用	6 388.5±88.5b	206.3±5.8a	19.4±0.2ab	93.8±0.4a	9.5±0.3b
稳定尿素一次施用	6 559.5±148.5b	205.4±7.3a	19.8±0.1a	94.2±0.3a	10.2±0.2ab
缓释尿素一次施用	7 414.5±228.0a	206.9±5.6a	19.4±0.2ab	94.9±0.5a	10.8±0.4a

注：同列数据不同小写字母表示差异显著（$P<0.05$）。

（二）不同施肥处理对稻田田面水氮素养分变化动态的影响

如图 10－5 所示，不施氮处理田面水中铵态氮含量始终保持在一个相对较低且稳定的状态；普通尿素一次施用、稳定尿素一次施用以及缓释尿素一次施用处理在刚施肥时田面水铵态氮浓度达到一个较高的水平，在秧苗移栽后 3 d 时的降幅就超过了 50%，7 d 时就达到了相对稳定且较低的水平，在移栽后 30 d 时仍然保持动态平衡的状态；普通尿素分次施肥处理在刚施完肥时田面水中铵态氮浓度虽然较一次性施肥处理低，但是也保持在相对较高的状态，在移栽后 6 d 时就降到一个相对较低的水平，在返青肥追施后就有了第一个跃迁，随后降低，在拔节期追施后又有了第二个跃迁，每次约维持 1 周左右，而后慢慢趋于稳定。在华南地区，雨水较多，分次施肥极大地增加了养分径流损失的风险。

（三）不同施肥处理对土壤养分变化动态的影响

如表 10－13 所示，在孕穗期土壤碱解氮含量以缓释尿素一次施用处理最高，且显著

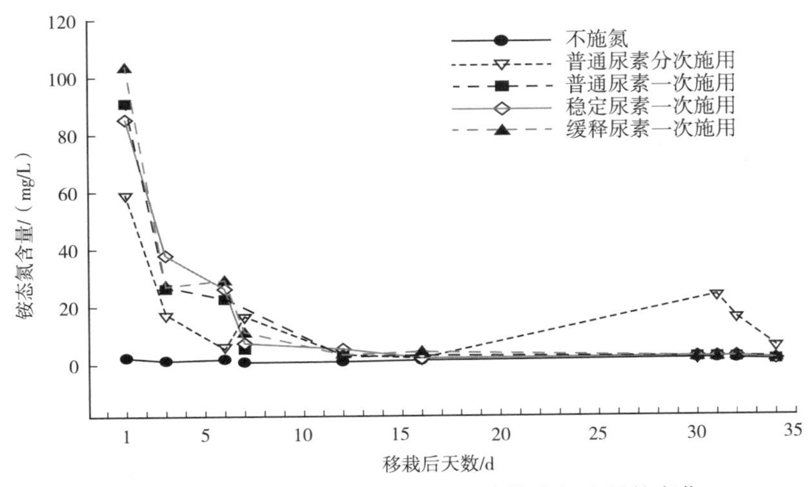

图 10-5 水稻移栽后各处理田面水铵态氮含量的变化

高于普通尿素一次施用处理及不施氮处理；成熟期所有处理之间土壤碱解氮含量均没有显著差异；孕穗期到成熟期土壤碱解氮含量变化不大。各处理土壤有效磷含量在孕穗期及成熟期均没有显著性差异，各处量土壤速效钾含量在孕穗期及成熟期也没有显著性差异；土壤有效磷及速效钾含量从孕穗期到成熟期有降低的趋势。

表 10-13 不同施肥处理对土壤氮、磷、钾养分含量的影响

处理	碱解氮含量/(mg/kg)		有效磷含量/(mg/kg)		速效钾含量/(mg/kg)	
	孕穗期	成熟期	孕穗期	成熟期	孕穗期	成熟期
CK 不施氮	92.7±2.5b	96.7±5.8a	47.0±1.4a	44.2±1.1a	42.3±1.2a	38.0±3.1a
普通尿素分次施用	96.5±4.2ab	96.2±1.3a	49.9±2.1a	43.3±1.1a	45.3±1.5a	41.0±2.3a
普通尿素一次施用	90.6±2.5b	96.7±2.2a	50.2±4.7a	44.6±4.0a	48.5±2.7a	38.3±1.0a
稳定尿素一次施用	101.0±3.6ab	97.8±5.4a	47.8±5.1a	47.4±1.5a	49.5±2.5a	43.5±1.5a
缓释尿素一次施用	106.8±2.2a	105.4±4.3a	46.9±2.0a	45.3±1.3a	42.0±4.7a	36.5±3.5a

注：同列数据后不同小写字母表示差异显著（$P<0.05$）。

二、一次性施肥对水稻生长及稻田温室气体排放的影响

试验设有 4 个处理，分别为：①控释 BB 肥（CBB），其中控释氮与速效氮比例为 1∶2，控释尿素由加阳公司提供；②稳定性氮肥和甲烷抑制剂（SN），其中甲烷抑制剂为腐植酸与 Agrotain（美国 KOCH 公司提供）；③专用肥和有机肥（SM），化肥氮与有机氮分别按 85%和 15%的比例施用，其中专用肥为水稻专用肥（广州新农科肥业科技有限公司生产）；④农民习惯施肥（FP），碳酸氢铵（35%N）作为基肥，尿素（65%N）分别作为返青肥、分蘖肥和孕穗肥施入。各处理氮肥用量均为 150 kg/hm^2（N），磷、钾肥分别为过磷酸钙和氯化钾，用量一致，分别为 45 kg/hm^2（P_2O_5）和 127.5 kg/hm^2（K_2O），其中 CBB 和 SN 处理氮、磷、钾肥全部基施，SM 和 FP 处理氮肥基施及三次追施按

0.35∶0.15∶0.3∶0.2 的比例施入，磷肥全部基施，钾肥基追各半。

（一）不同施肥处理对稻田 CH_4 累积排放特征的影响

早、晚稻 CH_4 累积排放规律存在一定的差异。由图 10-6 可知，早稻 CH_4 累积排放趋势均呈 S 形曲线，而晚稻 CH_4 累积排放表现为自水稻移栽后开始，稻田 CH_4 排放呈直线迅速上升，直至水稻分蘖盛期（水稻移栽后 37～42 d）CH_4 累积排放放缓，其累积排放趋势呈"直线+平台"曲线，由此可推断晚稻 CH_4 集中排放时间较早稻早，且排放速率较早稻快。分析比较两季水稻 CH_4 排放数据可知，不同处理间 CH_4 累计排放差异并不完全一致，但其共同点主要体现在，与 FP 相比，两季水稻 SN 处理均能够有效降低稻田土壤 CH_4 的累积排放量，且该降幅在晚稻上表现更明显。

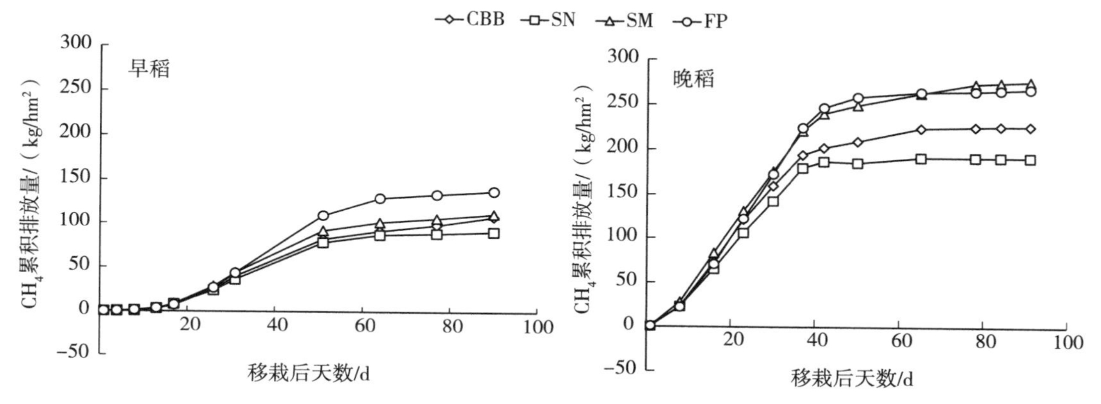

图 10-6　不同施肥模式下早、晚稻 CH_4 累积排放情况

（二）不同施肥处理对稻田 N_2O 累积排放特征的影响

不同季节稻田 N_2O 累积排放规律并不一致（图 10-7）。稻田 N_2O 排放量非常微小，但不同施肥处理 N_2O 累积排放仍存在着一定的差异性，控释 BB 肥一次性施用对控制 N_2O 的排放具有较好的效果。

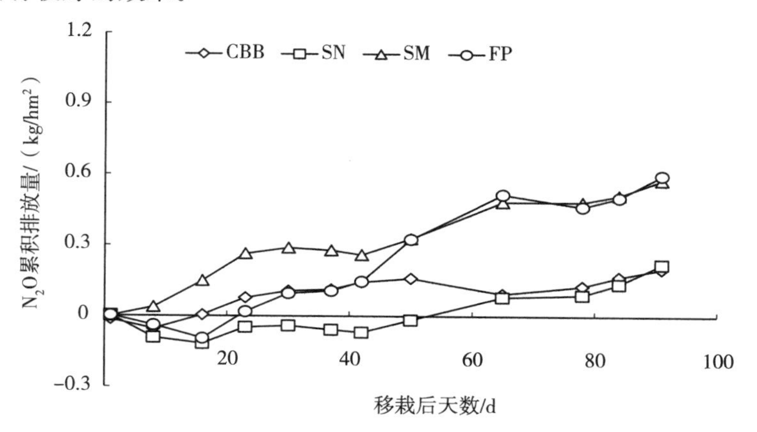

图 10-7　不同施肥处理对晚稻田 N_2O 排放的影响

(三)不同施肥模式下产量、CH_4 与 N_2O 总排放特征

相同氮肥用量条件下，各处理水稻籽粒产量较 FP 处理差异不显著（表 10-14）。由水稻季节温室气体排放总量和全球增温潜势可知，各处理 CH_4 季节排放总量范围为 91～277 kg/hm²，且均以 SN 处理 CH_4 季节排放总量最低，与 FP 处理相比，SN 处理均能大幅降低 CH_4 季节排放总量，2012 年早稻、2012 年晚稻、2013 年早稻降幅分别为 34.1%，28.4%和 7.7%。而两季水稻各处理 N_2O 季节排放总量范围为 0.200～0.978 kg/hm²，由此可知稻田以 N_2O-N 形式损失的氮为 0.13%～0.65%，且各处理之间 N_2O 排放量规律不明显。分析计算单位产量 CH_4 与 N_2O 的 *p*GWP 表明，两季水稻各处理仍以 SN 处理 *p*GWP 值较低，较 FP 处理，单位产量 *p*GWP 分别降低了 30.7%和 17.8%。在华南稻-稻连作条件下，CH_4 气体是 *p*GWP 占主导的贡献气体，其贡献率达 97.3%。

表 10-14　不同施肥模式下籽粒产量、CH_4 与 N_2O 季节排放总量及其温室效应

处理	籽粒产量/(t/hm²)			CH_4 季节排放总量/(kg/hm²)			N_2O 季节排放总量/(kg/hm²)			单位产量 *p*GWP/[kg(CO_2-eq)/t]		
	2012 年早稻	2012 年晚稻	2013 年早稻	2012 年早稻	2012 年晚稻	2013 年早稻	2012 年早稻	2012 年晚稻	2013 年早稻	2012 年早稻	2012 年晚稻	2013 年早稻
CBB	4.3a	5.8bc	5.4ab	108	227	172	—	0.200	0.978	—	0.981	0.850
SN	4.3a	6.3ab	6.3a	91	192	155	—	0.221	0.556	—	0.772	0.641
SM	4.1a	7.1a	5.5ab	112	277	194	—	0.578	0.305	—	0.997	0.896
FP	4.3a	6.2ab	5.5ab	138	268	168	—	0.597	0.317	—	1.114	0.780
平均	4.3	6.4	5.7	112	241	171	—	0.399	0.539	—	0.966	0.780

注：同列数据后不同小写字母表示各处理差异显著（$P<0.05$）。1 t N_2O=298 t CO_2-eq，1 t CH_4=25 t CO_2-eq，*p*GWP=(CH_4×25)+(N_2O×298)，其中 CH_4 和 N_2O 是指气体季节排放量（kg/hm²）。

三、结论

本部分的研究主要是为了明确一次性施肥对稻田环境质量的影响，监测水稻生育期内田面水的养分含量变化及稻田温室气体的排放。一次性施肥处理，在施肥后一周内由于土壤胶体对养分的吸附，田面水养分降低至较低水平，降低了华南地区多雨季节养分径流损失的可能性；而分次施肥处理，每次追肥后田面水养分迅速上升并维持高水平 1 周左右，在水稻生育期内 2～3 次的追肥极大地增加了田面水径流损失的可能性。在水稻生育期内，稻田温室气体主要以 NH_4 为主，N_2O 所占比例较小，而且以缓/控释肥、稳定性肥为载体的水稻一次性施肥技术还能有效降低稻田 NH_4 的排放量。结果表明，华南双季稻一次性施肥技术不但能稳产、增产，而且还具有较好的保护环境效应，可以降低农业面源污染。

第六节　华南双季稻一次性施肥技术示范

2013—2017 年项目组成员连续 5 年在华南双季稻区开展了水稻一次性施肥技术

研究与示范，并且实现了该区域水稻一次性施肥且减氮20%仍然增产、增收的目标。在广东、广西及海南开展的22点次双季稻一次性施肥技术示范中有21点次实现了增产、增收，平均每亩增产38.2 kg，增产率达9.7%，平均每亩节支增收约128.3元（表10-15）。

表10-15　水稻一次性施肥新技术稻谷产量及经济效益比较

年份	地点	示范点数	处理	每亩产量/kg	对比每亩增产/kg	增产率/%	每亩增收/元	每亩节支增收/元
2013	广东台山都斛（早稻）	1	常规施肥	315.9		—		
			控释肥	324.8	8.9	2.8	21.36	71.36
	广东怀集冷坑（早稻）	1	常规施肥	371.6		—		
			控释肥	392.2	20.6	5.5	37.08	67.08
	广东台山都斛（晚稻）	1	常规施肥	349.7		—		
			控释肥	401.5	51.8	14.8	124.32	174.32
	广西贵港港南（早稻）	1	常规施肥	567.9		—		
			控释肥	619.8	51.9	9.1	103.8	153.8
	广西贵港港北（早稻）	1	常规施肥	484.7		—		
			控释肥	517.3	32.6	6.7	65.2	115.2
	广西贵港覃塘（早稻）	1	常规施肥	452.1		—		
			控释肥	500.2	48.1	10.6	96.2	146.2
	广西贵港桂平（早稻）	1	常规施肥	351.2		—		
			控释肥	427.5	76.3	21.7	152.6	202.6
	广西贵港平南（早稻）	1	常规施肥	457.8		—		
			控释肥	471.6	13.8	3.0	27.6	77.6
2014	广东台山赤溪（早稻）	1	常规施肥	484		—		
			控释肥	518	34	7.0	81.6	131.6
	广东惠东捻山（早稻）	1	常规施肥	416		—		
			控释肥	488	72	17.3	144	194
	广东怀集冷坑（早稻）	1	常规施肥	325.9		—		
			控释肥	366.7	40.8	12.5	81.6	131.6
	广东台山都斛（早稻）	1	常规施肥	496.7		—		
			控释肥	508.1	11.4	2.3	27.36	77.36
	广东台山冲蒌（早稻）	1	常规施肥	305.1		—		
			控释肥	327.5	22.4	7.3	53.76	103.76
	广东怀集冷坑（晚稻）	1	常规施肥	371.4		—		
			控释肥	411.5	40.1	10.8	80.2	130.2

（续）

年份	地点	示范点数	处理	每亩产量/kg	对比每亩增产/kg	增产率/%	每亩增收/元	每亩节支增收/元
2015	广东台山都斛（早稻）	1	常规施肥	367.5		—		
			控释肥	369.5	2	0.5	5.2	55.2
	广东怀集冷坑（早稻）	1	常规施肥	450.1		—		
			控释肥	504.1	54	12.0	108	158
	广东怀集冷坑（晚稻）	1	常规施肥	300.6		—		
			控释肥	342.6	42	14.0	84	134
	广东雷州（晚稻）	1	常规施肥	434.2		—		
			控释肥	424.5	−9.7	−2.2	−19.4	30.6
	海南儋州（晚稻）	1	常规施肥	210		—		
			控释肥	275.2	65.2	31.0	130.4	180.4
2016	广东台山都斛（早稻）	1	常规施肥	356.3		—		
			控释肥	360.8	4.5	1.3	10.8	60.8
	广东台山冲蒌（早稻）	1	常规施肥	375		—		
			控释肥	400	25	6.7	60	110
	广东翁源龙仙（早稻）	1	常规施肥	425		—		
			控释肥	558	133	31.3	266	316
	平均	—	常规施肥	394.0				
			控释肥	432.2	38.2	9.7	79.2	128.3

第七节　双季稻一次性施肥技术规程

适宜区域：本技术适宜区域为广东双季稻区。

推荐肥料品种："新农科"水稻控释肥，包括氮、磷、钾≥50%水稻控释肥（23-7-20）和氮、磷、钾≥40%水稻控释肥（24-4-12）两种。其中，前者为广适型控释肥，在华南水稻各产区均适用，后者适用于高肥力、高钾含量土壤或具有秸秆还田传统的区域。

适宜水稻品种：本技术适用于华南各种籼稻品种，包括超级稻、高产杂交稻和常规优质稻，其中包括生长期为120～130 d的早稻品种和生长期为110～125 d的晚稻品种。

推荐施肥量：水稻控释肥氮、磷、钾养分含量为23-7-20，推荐施用量由多年试验示范结果总结得出（表10-16），各地使用时可根据目标产量、品种特性、土壤肥力等具体情况进行调整。

施用方法：根据各地试验示范结果，水稻控释肥在常规优质稻、常规高产稻、高产杂交稻上按推荐量作为基肥一次性施用后不再追肥，可以满足水稻整个生育期的营养需求；超级稻因产量高，肥料用量大，为防止一次施用量过大造成伤苗等问题，建议采用前重后轻施肥方法，即以85%～90%作为基肥施用，其余肥料在幼穗分化二期（移栽后30～40 d）追施。

表10-16　水稻控释肥推荐施用量

每亩目标产量/kg	主要品种类型	控释肥每亩推荐量/kg
≤450	常规优质稻	40～50
450～550	常规高产稻、杂交稻	50～55
≥550	超级稻	早稻55～65，晚稻52～57

施肥操作：水稻控释肥在移栽前施用，在犁翻耙田后撒施，但施肥后要求再耙1～2次田，通过这一简单的操作可达到全层施肥目的，更充分发挥本控释肥的长效控释效果。

砂质田、浅脚田等，由于其保肥、保水能力较差，应用水稻控释肥建议分次施用，一般以50%肥料作为基肥施用，30%肥料在移栽后15～25 d施用，其余肥料在移栽后30～40 d施用。

注意事项：①由于控释肥一季水稻只施一次肥，因此作为“耙尾肥”施用时要多次、反复、均匀撒施，防止“缺空”而出现水稻植株群体生长不平衡问题。施肥前必须调节好田间水，施肥后3 d内避免排水，早稻移栽初期如遇低温建议增加灌水量。②施肥后短期内遇大暴雨或连续阴雨等问题，可以采用“大方向，小调整”方针，适当追肥。③不同区域水稻栽植密度相差悬殊，根据试验与调查结果，建议对分蘖力强的品种每亩栽植密度保持在1.5万～1.7万穴，中等分蘖力品种保持在1.7万～1.9万穴，分蘖力较弱品种保持在1.9万～2.3万穴。④在推荐用量下，施用本控释肥的水稻中期叶色偏淡，属正常现象，不必追肥。

主要参考文献

黄巧义，唐拴虎，陈建生，等，2010. 水稻应用不同施肥技术效果研究 [J]. 广东农业科学，37 (8).

唐拴虎，陈建生，徐培智，等，2004. 控释肥料氮素释放与水稻吸收动态研究 [J]. 土壤通报，35 (2).

唐拴虎，郑惠典，张发宝，等，2003. 控释肥料养分释放规律及对水稻生长发育效应的研究 [J]. 华南农业大学学报（自然科学版），24 (4).

易琼，逄玉万，杨少海，等，2013. 施肥对稻田甲烷与氧化亚氮排放的影响 [J]. 生态环境学报，22 (8).

易琼，唐拴虎，逄玉万，等，2014. 华南稻区不同施肥模式下土壤 N_2O 和 CH_4 排放特征 [J]. 农业环境科学学报，33 (12).

张木，唐拴虎，黄旭，等，2016. 一次性施肥对水稻产量及养分吸收的影响 [J]. 中国农学通报，32 (3)：1-7.

张木，唐拴虎，逄玉万，等，2017. 不同氮肥及施用方式对水稻养分吸收特征及产量形成的影响 [J]. 中国土壤与肥料 (2).

植才科，黄巧义，梁棣文，等，2010. 不同水稻品种一次性施肥效果研究 [J]. 广东农业科学，37 (8).

第十一章　一次性施肥技术环境、经济与社会效益

随着社会发展和人口增长，世界对粮食的需求也在不断增加，以目前趋势预测到2050年粮食产量需要增加一倍以上（Godfraye et al.，2010；Tilman et al.，2011）。我国人口众多，粮食安全始终是国家政策的优先方向（Zhao et al.，2015）。为了应对人口的需求，我国在2000年左右开始实施以肥料高投入的集约化生产模式（Ju et al.，2009），对提高与保障作物产量起到了重要作用，但过量的肥料投入并不能完全保证作物进一步增产，同时还会降低肥料利用效率。众多的研究结果表明，中国农田氮肥利用率在20%～35%，为发达国家的一半（张福锁 等，2008；Peng et al.，2006；叶青 等，2016），剩余未被利用的肥料在进入环境后导致一系列环境问题，如N_2O等温室气体排放、土壤氮淋溶（刘红江 等，2018）、土壤肥力下降（韩蔚娟，2015）和水体环境污染（周丽平 等，2018）等。为解决盲目过量施用氮肥带来的环境影响，在保证粮食安全的前提下降低肥料损失、减少环境污染，考虑到当前我国从事农业生产活动的劳动力逐渐减少的态势，一次性施肥技术被广泛应用到小麦、玉米、水稻、油菜等大田作物和经济作物上（张婧 等，2017；徐驰 等，2018；丁武汉 等，2019）。由于不同区域、不同种植模式一次性施肥技术各有不同，导致所产生的环境效应也不同。因此，本章节从点位和区域两个尺度探究一次性施肥技术施用下的环境效应，为科学准确地评估一次性施肥技术提供依据。

第一节　一次性施肥技术点位尺度环境效应分析

一、东北春玉米一次性施肥技术环境效应

春玉米是东北主要种植模式，播种面积占全国玉米总播种面积的30%以上，产量占全国玉米总产量的29%。为了获得作物高产，施肥是保障其产量的主要手段。近年来，在劳动力短缺和成本增加等条件限制下，东北农民施肥方式逐渐由传统的二次施肥方式逐渐转变成一次性施肥方式，对其研究主要集中在作物生长和产量方面（史桂芳 等，2017；王睿 等，2017），但对一次性施肥技术应用的环境效应尚不明确。因此，本研究以东北春玉米典型地区吉林公主岭为例，对应用一次性施肥技术的农田土壤N_2O排放、氨挥发等环境效应进行重点监测研究。

（一）试验设计

本试验在吉林省农业科学院试验地公主岭地区（东经124°53′，北纬43°34′）进行，从2013年4月开始实施，其中在2017年4—10月玉米生长季开展了温室气体和氨挥发的

监测。本试验选取了其中4个处理开展监测研究，分别为：不施肥的对照处理（CK）；农民常规施肥处理，施用尿素（N）180 kg/hm^2（FP）；一次性施用控释肥（N）180 kg/hm^2 处理（CRF180）；一次性施用控释肥（N）144 kg/hm^2 处理（CRF144）（表11－1）。每个处理分别设有3次重复，共计12个试验小区，小区分布随机区组排列，小区面积为40 m^2（12.7 m×3.15 m）。尿素常规施肥处理（FP）分两次施用，4月25日施入基肥（45 kg/hm^2），于播种前施入，施肥播种间隔一定时间以防止烧苗，施肥深度9～12 cm，施入后立即覆土；于6月27日进行追肥（135 kg/hm^2）。CRF180和CRF144处理氮肥则在播种时一次性施入，施肥深度与FP处理相同。氮肥为尿素，含氮量46.7%，磷肥为重过磷酸钙（P_2O_5 46%），钾肥为氯化钾（K_2O 60%）。一次性施肥处理选用的控释肥为金正大树脂包膜尿素，含氮量为42%。试验地全年无灌溉，其他管理措施与当地农民常规措施一致。试验中氨挥发监测采用Drager－Tube Method（DTM方法），属动态密闭箱法原位测定。土壤 N_2O 排放监测采用静态箱-气相色谱法。

表11－1　各处理氮肥施用量

处理	基肥氮肥用量/(kg/hm^2)	追肥氮肥用量/(kg/hm^2)	磷肥用量/(kg/hm^2)	钾肥用量/(kg/hm^2)
CK	0	0	75	90
FP	45	135	75	90
CRF180	180	0	75	90
CRF144	144	0	75	90

（二）东北春玉米一次性施肥技术的温室效应

1. 土壤 N_2O 排放通量特征

每个处理 N_2O 排放峰值出现在施肥及降水事件后。基肥施用后，N_2O 排放峰持续时间3～6 d（图11－1A），而追肥后 N_2O 排放峰值持续时间为15 d左右（图11－1B），基肥和追肥 N_2O 排放持续时间的不同是因为施入氮肥量差异和反应底物不同。N_2O 排放峰值均在基施后第一天出现，CK、FP、CRF180、CRF144处理 N_2O 平均排放通量分别达到0.017 mg/(m^2·h)、0.061 mg/(m^2·h)、0.086 mg/(m^2·h)、0.083 mg/(m^2·h)，以CRF180处理平均排放通量最高；由于基肥施氮量较低，FP处理 N_2O 排放通量略低于CRF180处理。6月27日追肥后FP处理 N_2O 排放通量明显升高，呈现波动性增加的态势，最大峰值为0.046 mg/(m^2·h)。各处理 N_2O 排放基本呈现升高-降低的连续波动趋势（图11－1C，D，E，F）。

2. N_2O 排放总量

各处理 N_2O 排放总量如图11－2所示。FP处理 N_2O 排放总量显著高于CK处理（$P<0.05$），可以看出施氮明显增加了 N_2O 的排放量。FP处理 N_2O 排放总量为0.67 kg/hm^2（基肥后为0.14 kg/hm^2，追肥后为0.53 kg/hm^2）；在相同施氮量条件下，采用一次性施用控释肥的处理中，CRF180处理 N_2O 排放总量为0.54 kg/hm^2，比FP处理 N_2O 排放总量减少19.4%；CRF144处理 N_2O 排放总量为0.44 kg/hm^2，比FP处理 N_2O 排放量减少34.3%，比CRF180处理 N_2O 排放总量减少18.51%，可以看出改变施肥方式及施肥量可减少 N_2O 排放。

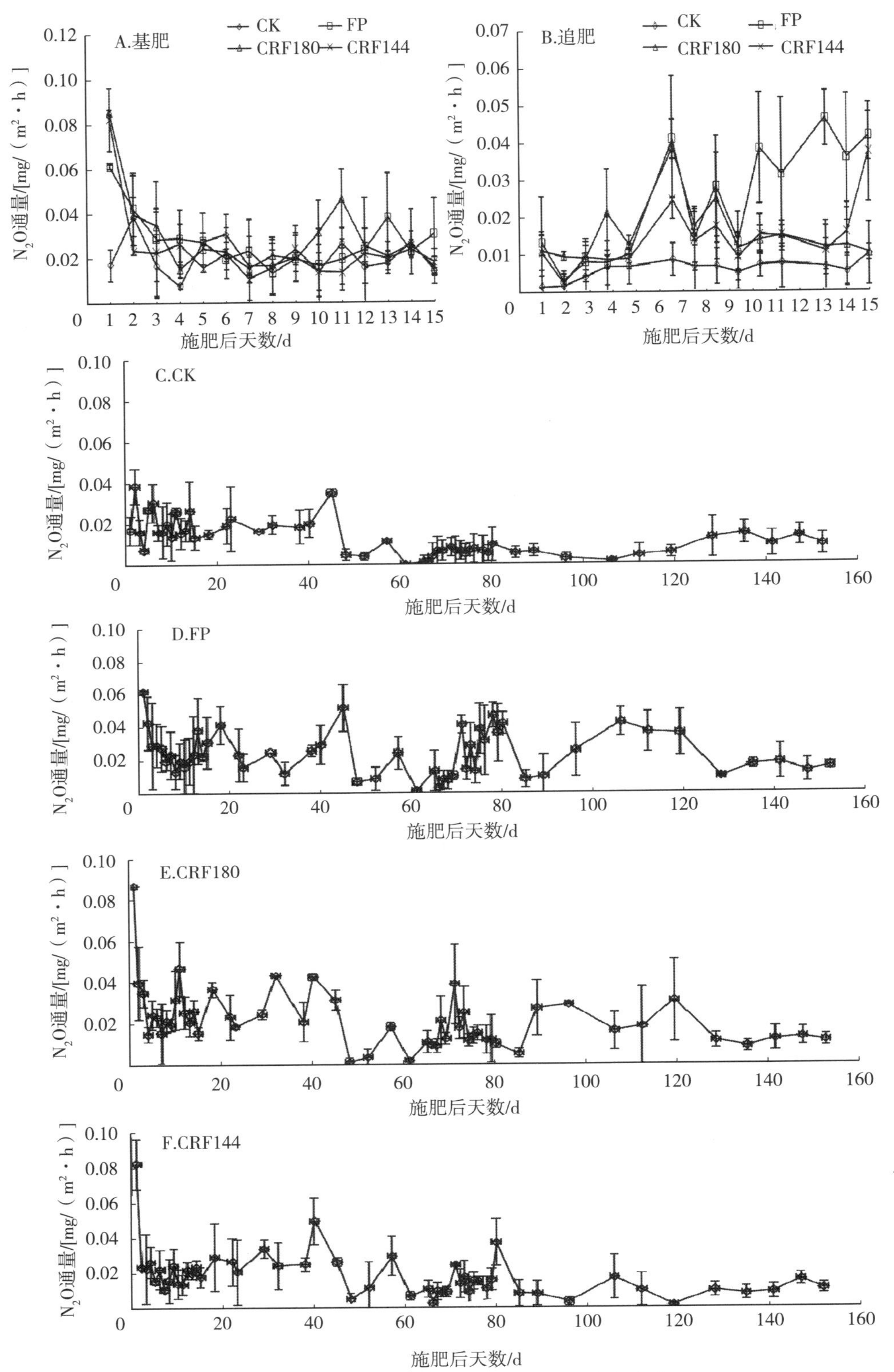

图 11－1 各处理土壤 N_2O 排放通量动态变化

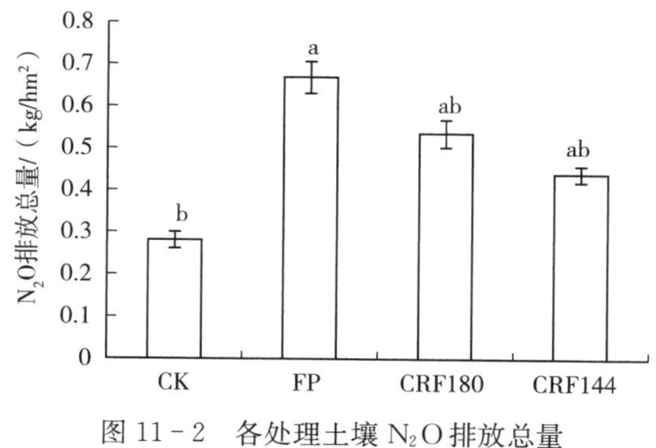

图 11-2　各处理土壤 N_2O 排放总量

注：不同字母表示处理间差异显著。

3. 土壤 N_2O 排放系数和排放强度

由于氮肥用量与 N_2O 排放存在一定关系，氮肥的 N_2O 排放系数这一指标被应用在农田 N_2O 排放温室气体编制工作中，它是评价不同农田管理措施 N_2O 排放效果的一个关键性指标。从表 11-2 可以看出，本试验各个处理 N_2O 排放系数均小于 IPCC 默认值 1%，因此，如果用 IPCC 默认值估算 N_2O 排放，可能会高估该种植方式下农田土壤 N_2O 排放量。试验中各处理 N_2O 排放系数表现为 FP>CRF180>CRF144。

N_2O 排放总量与作物产量相比得到排放强度。试验中 FP、CRF180、CRF144 处理 N_2O 排放强度呈递减关系，CRF180、CRF144 处理排放强度略低于 FP 处理，差异不显著（$P>0.05$），与排放系数表现一致。

表 11-2　各处理 N_2O 排放总量、排放强度和排放系数

处理	N_2O 排放总量/(kg/hm²)	排放强度/(kg/hm²)	排放系数/%
CK	0.28a	0.09b	—
FP	0.67b	0.05a	0.2a
CRF180	0.54ab	0.04a	0.12a
CRF144	0.44ab	0.03a	0.09a

注：表中同列数据后不同小写字母表示差异达 5%显著水平。

（三）一次性施肥技术春玉米土壤氨挥发

1. 氨挥发通量特征

氨挥发变化整体呈现升高-降低的连续波动态势（图 11-3A），受降水等因素影响，FP、CRF180、CRF144 处理在作物生育后期也有少量氨挥发，一次性施肥处理氨挥发更为持久。FP、CRF180、CRF144 处理氨挥发速率第一个高峰出现在施肥后 2 d（图 11-3B），FP 处理氨挥发速率低于一次性施肥处理，是由于常规施肥处理基施氮量仅为总施氮量的 25%。施肥后 11 d 降水，加强了氮素水解，各处理氨挥发速率明显升高（CRF180>CRF144>FP），12 d 后氨挥发速率均小于 0.7 kg/(hm² · d)，FP 处理氨挥发过程基本结束，但一次性施肥处理还有少量释放。基肥施用过程中 CK、FP、CRF180、CRF144 处理氨挥发速率变化幅度分别为 0～2.44 kg/(hm^2・d)、0～2.65 kg/(hm^2・d)、0～2.90 kg/(hm^2・d)、0～2.85 kg/(hm^2・d)，平均氨挥发速率分别为 0.70 kg/(hm^2・d)、0.93 kg/(hm^2・d)、1.00 kg/(hm^2・d)、0.92 kg/(hm^2・d)。

FP 处理追肥后氨挥发速率明显升高，追肥后 7 d 基本持续高于一次性施肥处理（图 11－3C），CRF180、CRF144 处理在此期间氨挥发较为平稳。追肥后 12 d 受降雨影响，各处理氨挥发速率有所回升，之后逐渐降低。在追肥后 CRF180、CRF144 处理氨挥发速率变化幅度分别为 0.64～3.18 kg/(hm^2・d)、0.32～3.01 kg/(hm^2・d)，FP 处理氨挥发速率变化幅度在 0～3.46 kg/(hm^2・d)。

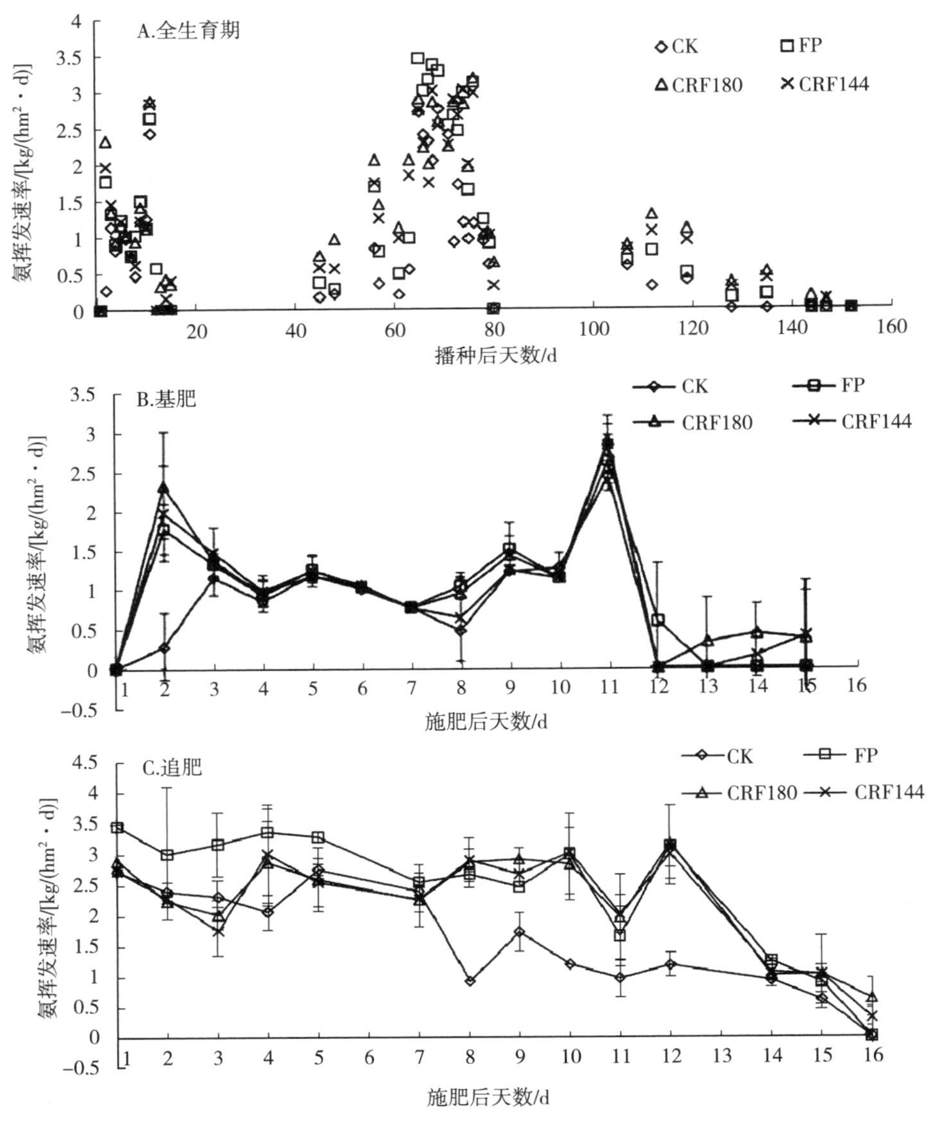

图 11－3　不同氮肥处理对氨挥发速率的影响

2. 氨挥发总量

在春玉米整个生长周期中，一次性施肥处理的土壤氨挥发总量与分次施肥处理相比差异并不显著（表 11－3）。FP、CRF180、CRF144 处理氨挥发总量分别达 59.97 kg/hm²、63.87 kg/hm²、59.67 kg/hm²，即 CRF180＞FP＞CRF144。CRF180 处理的土壤氨挥发总量较 FP 处理升高 6.5%，CRF144 处理的土壤氨挥发总量较 FP 处理降低 0.5%。全生育期 FP、CRF180、CRF144 处理来自氮肥的氨挥发依次为 19.9 kg/hm²、23.8 kg/hm²、19.6 kg/hm²，分别相当于施氮量的 11.06%、13.22%、13.61%。说明等氮量控释尿素相对普通分次施肥没有降低田间土壤的氨挥发总量，反而有所增加，但在相同氮肥种类不同施氮水平下，施氮量低的处理土壤氨挥发总量也较低。

表 11－3　不同施肥处理下氨挥发总量及氨挥发损失率

处理	施肥量/(kg/hm²)	氨挥发总量/(kg/hm²)	损失率/%
CK	0	40.07b	—
FP	180	59.97a	11.06
CRF180	180	63.87a	13.22
CRF144	144	59.67a	13.61

（四）春玉米产量和氮肥利用效率

1. 春玉米产量

由于控释肥适时适量的提供了春玉米需要的养分，减少了氮素流失，并且合理地分配了施氮量，促进了作物根系活动和对养分的吸收，有利于农作物保产、增产（李玮，2016）。本试验中 2017 年相同施肥量下 FP 处理产量略高于 CRF180 处理的产量（12.73＞12.57 t/hm²），结合该试验地 2013—2016 年的产量观测数据（吉林省农业科学院尹彩霞提供）表明，本试验地 2013—2017 年，各施氮肥处理间玉米产量没有显著差异，但均与不施肥处理（CK）差异显著（$P<0.05$）。由此看出，控释肥施用条件下，能够保障作物产量（图 11－4）。

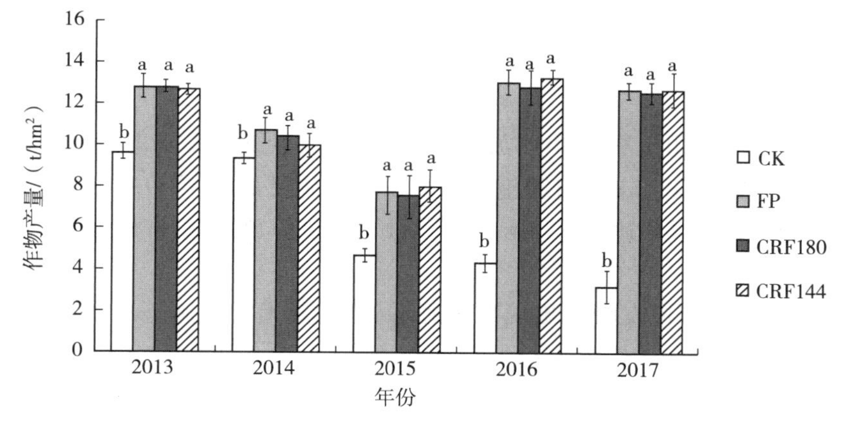

图 11－4　2013—2017 年春玉米产量

注：同一年份不同字母表示处理间差异显著。

根据产量构成因素分析（表 11－4），通过比较玉米穗行数、行粒数等指标，控释肥处理与 FP 处理试验效果相近；对穗粒数进行比较可知 CRF144 的效果高于其他处理，然而千粒重指标稍低于 FP 处理。

表 11－4　2017 年各处理对玉米产量及地上生物量的影响

处理	穗行数	行粒数	穗粒数	千粒重/g	地上生物量/(t/hm²)	籽粒产量/(t/hm²)
CK	—	—	—	315	7.92	3.22b
FP	17.4	34.4	598.6	351	24.41	12.73a
CRF180	17.6	34.1	598.8	350	25.17	12.57a
CRF144	17.6	34.7	609.8	343	24.06	12.70a

注：表中同列数据后不同小写字母表示差异达 5%显著水平。

2. 春玉米氮肥利用效率

氮肥农学利用率是指施氮区玉米产量与对照区玉米产量的差值与施氮量的比例，即氮肥农学利用率＝(施氮区玉米产量－对照区玉米产量)/施氮量，体现由于氮肥施入带来的作物产量；氮肥生产效率是籽粒产量与施氮量的比值，即氮肥生产效率＝籽粒产量/施氮量。通过比较氮肥农学利用率与氮肥生产效率，CRF144 较其他处理具有最显著的优势（$P<0.05$），同时 CRF180 处理与 FP 处理的氮肥农学利用率、氮肥生产效率相近，差异不显著（$P>0.05$）（表 11－5）。

表 11－5　各处理对玉米氮素效率的影响

处理	籽粒产量/(t/hm²)	氮肥农学利用率/(kg/kg)	氮肥生产效率/(kg/kg)
CK	3.22	—	—
FP	12.73	52.83b	70.71b
CRF180	12.57	51.94b	69.82b
CRF144	12.70	65.83a	88.18a

注：表中同列数据后不同小写字母表示差异达 5%显著水平。

（五）小结

（1）东北春玉米农田土壤 N_2O 排放峰主要出现在施肥事件后，基肥施用后持续 6 d 左右，追肥施用后持续 13～15 d，追肥施用后农民习惯施肥处理 N_2O 排放通量明显升高并且大于控释肥处理，最高值达到 0.46 mg/(m^2 · h)；N_2O 排放强度、排放系数均表现为 FP＞CRF180＞CRF144。

（2）玉米生长季内氨挥发峰均出现在施肥后（基肥和追肥），施基肥后氨挥发平均速率 CRF180＞FP＞CRF144[1.00 kg/(m^2 · d)＞0.93 kg/(m^2 · d)＞0.92 kg/(m^2 · d)]，施用追肥后氨挥发平均速率表现为 FP＞CRF180＞CRF144 [2.61 kg/(m^2 · d)＞2.39 kg/(m^2 · d)＞2.34 kg/(m^2 · d)]。

（3）一次性施肥能够减少 N_2O 排放总量，在相同氮肥施用量的条件下，CRF180 处理较 FP 处理减少 N_2O 排放总量 19.4%，而 CRF144 处理，在减少 20%氮肥施用量条件下在保持农作物产量的同时，显著减少土壤 N_2O 排放总量 34.3%（$P<0.05$）；但需要注意的是等氮量一次性施肥技术相对普通分次施肥技术没有降低田间土壤的氨挥发总量，反而有所增加，但不显著（$P>0.05$），在相同氮肥种类不同施氮水平下，CRF144 较 CRF180 处理土壤氨挥发总量降低了 18.51%。

综合 2013—2017 年各施氮肥处理春玉米产量，一次性施肥技术 5 年间作物产量与 FP 处理差异都不显著（$P>0.05$），表现出稳产的性能；CRF180 处理与 FP 处理具有相似的氮肥农学利用率、氮肥生产效率，差异不显著（$P>0.05$），CRF144 较 FP 处理显著提高了氮肥农学利用率 24.6%和氮肥生产效率 24.7%（$P<0.05$）。

二、华北平原冬小麦-夏玉米轮作系统一次性施肥技术环境效应

冬小麦-夏玉米轮作是华北平原地区主要的粮食种植体系，该区域小麦种植面积 1 456.3 万 hm^2，玉米 921.6 万 hm^2，分别占全国小麦、玉米总种植面积的 63.9%和 35.0%（赵荣芳 等，2009）。我国小麦、玉米平均施氮量（以 N 计）分别达到 349 kg/hm^2 和 236 kg/hm^2，氮肥利用率低是该地区普遍存在的问题，氮肥的当季利用率仅为 30%～35%（李生秀，1999；朱兆良，2000）。为了获得更高的作物产量，过量施用氮肥普遍存在。目前华北地区冬小麦-夏玉米轮作体系中氮肥投入量已经严重超过了作物对氮肥的实际需求量，引起环境污染，造成了土壤中硝态氮的累积（Zhao et al.，2006）及地下水硝态氮含量过高（高旺盛 等，1999；Hu et al.，2005），N_2O 排放量增加等一系列环境问题（朱兆良 等，1992）。一次性施肥技术可以使冬小麦-夏玉米轮作系统的氮素利用率提高（卢艳丽 等，2011），有良好的正环境效应（刘东雪，2013）。当前针对华北平原冬小麦-夏玉米轮作系统一次性施肥的研究主要集中在作物产量与长势、土壤养分等方面（邹朋，2012；孙云保 等，2014；谭德水 等，2018），而对于一次性施肥技术条件下冬小麦-夏玉米轮作系统环境效应的研究较少。因此，本研究以华北平原地区冬小麦-夏玉米轮作典型地区——山东省泰安市为研究基地，对一次性施肥技术条件下土壤 N_2O 排放、氮素淋溶和土壤肥力进行重点监测研究。

（一）试验设计

本试验在山东省泰安市现代农业科研基地——肥城市良种试验场（东经 117°08′，北纬 36°11′，海拔 107 m）进行，从 2013 年 10 月开始实施，其中在 2013 年 10 月至 2014 年 10 月开展了温室气体的监测。该地区属温带大陆性半湿润季风气候，年平均气温 13.6℃，年平均降水量 447.9 mm。试验土壤为砂浆黑土，土壤质地为黏壤土。试验田土壤的基本理化性质见表 11－6。

本试验设置 4 个处理开展监测研究，分别为：对照（CK）、优化施氮（OPT）、优化氮肥一次性施用（OPT1）、控释肥施用（CRF），每个处理设置 3 次重复，共计 12 个试验小区，小区面积 37.4 m^2（8.5 m×4.4 m），重复间留 1 m 隔离区。各处理施肥方式和施肥量如表 11－7 所示。磷肥（重过磷酸钙 P_2O_5 44%）和钾肥（氯化钾 K_2O 60%）掺混后一次性作

为基肥撒施。OPT和CRF处理均开沟10 cm，均匀施入氮肥后覆土，OPT1处理为开沟25 cm和10 cm，均匀施入氮肥后覆土，耙平后机械播种。OPT处理小麦追肥时期为返青至拔节期，玉米施肥时期为大喇叭口期前，均为行间沟施氮肥后覆土，深度5～10 cm。其他管理措施与当地高产栽培措施一致。试验中土壤N_2O排放通量采用静态暗箱-气相色谱法进行测定。

表11-6　试验地土壤基础性状

土层/cm	硝态氮/(mg/kg)	铵态氮/(mg/kg)	全氮/%	速效钾/(mg/kg)	有效磷/(mg/kg)	pH	有机质/(g/kg)
0～30	24.08	4.76	0.16	174.67	47.54	6.99	16.95
30～60	8.51	4.2	0.16	122.67	7	8.04	9.84
60～90	8.44	5	0.11	139.33	6.82	7.82	9.69

表11-7　冬小麦-夏玉米轮作施肥种类和施肥量

处理	氮肥种类	施氮方式	N/(kg/hm²)			P_2O_5/(kg/hm²)		K_2O/(kg/hm²)	
			小麦	玉米	总氮量	小麦	玉米	小麦	玉米
CK	—	—	—	—	—	104	104	75	134
OPT	尿素	分次施用，10 cm沟施	基肥112.5 追肥112.5	基肥72 追肥168	465	104	104	75	134
OPT1	尿素	全部基施，10 cm、25 cm沟施（比例4∶6）	上层90 下层135	上层96 下层144	465	104	104	75	134
CRF	控释肥	全部基施，10 cm沟施	225	240	465	104	104	75	134

（二）土壤N_2O排放

1. 土壤N_2O排放特征

在冬小麦-夏玉米轮作周期中，各个处理土壤N_2O排放峰值均发生在施肥、灌溉或降水事件后，一般持续时间7～10 d（图11-5）（2013年10月19日为施肥播种，2014年4月25日为返青至拔节期施肥灌溉，2014年6月25日为施肥）。轮作周期内各施肥处理最强的N_2O排放峰值出现在冬小麦播种后施基肥后的1 d，以OPT1处理N_2O排放通量最高，达到2.78 mg/(m²·h)，入冬后随着环境温度的下降，排放通量逐渐降低，之后处于较低水平；第二次排放峰值出现在翌年小麦返青后，以OPT处理最高，为1.36 mg/(m²·h)，拔节期以后土壤N_2O排放通量随温度的上升而升高；第三次排放峰值在玉米施基肥以后，以OPT1处理最高，为1.66 mg/(m²·h)。CK处理土壤N_2O排放通量在整个观测期没有明显波动。

2. 土壤N_2O排放总量

如图11-6所示，OPT处理下，轮作田中冬小麦生长季土壤N_2O排放总量为1.86 kg/hm²，占整个轮作田排放量的51.10%；玉米生长季土壤N_2O排放总量为1.78 kg/hm²，占轮作田排放总量的48.9%。总体上各处理表现为小麦季N_2O季节排放

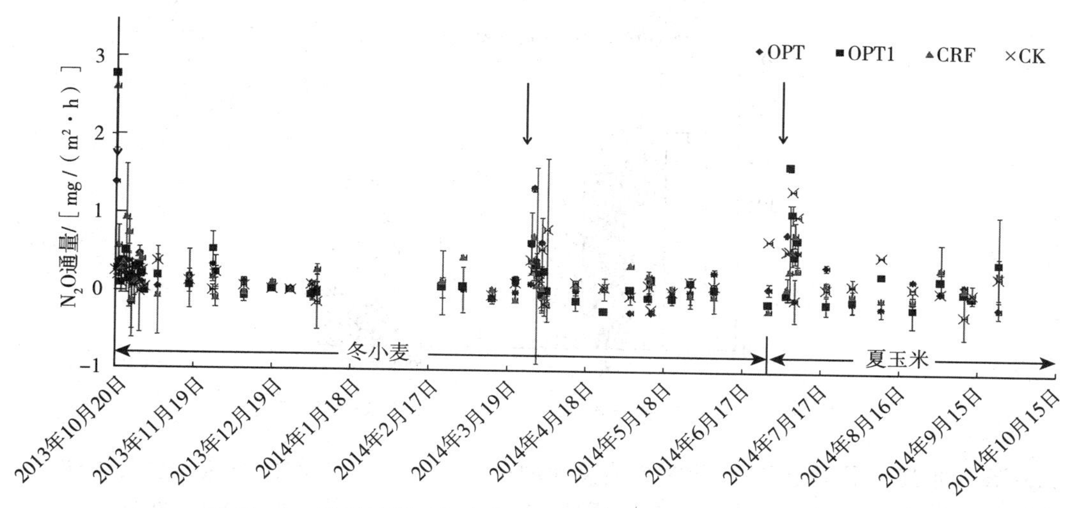

图 11－5　不同处理下冬小麦-夏玉米轮作系统土壤 N_2O 排放通量

总量略高于玉米季。不同施肥方式和肥料种类对不同作物生长期土壤 N_2O 排放总量的影响不同。对于冬小麦生长季 CRF 处理土壤 N_2O 排放总量与 OPT 之间差异显著（$P<0.05$），而在夏玉米生长季 3 个施氮处理之间土壤 N_2O 排放总量没有显著差异。

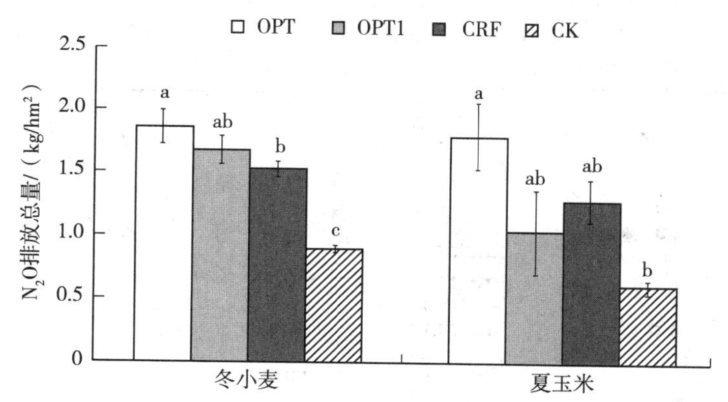

图 11－6　不同施肥方式下冬小麦-夏玉米轮作 N_2O 排放总量

注：同一作物不同小字写字母表示处理间差异显著。

3. 土壤 N_2O 排放强度

冬小麦和夏玉米生长季土壤 N_2O 排放强度均以 OPT 处理最高，分别为（2.23±0.02）kg/t 和（0.18±0.03）kg/t。与 OPT 相比，一次性施肥减少了单位产量土壤 N_2O 排放总量，其中 OPT1 在冬小麦和夏玉米季分别减少 14.00%和 38.38%，CRF 较 OPT 处理分别减少 22.29%和 28.00%（图 11－7）。由此可见，一次性施肥可以有效减少冬小麦和夏玉米生长季单位产量 N_2O 排放总量。

（三）土壤剖面氮素累积

在冬小麦整个生育期，不施氮处理（CK 和 PK）的土壤剖面硝态氮含量大多未超过

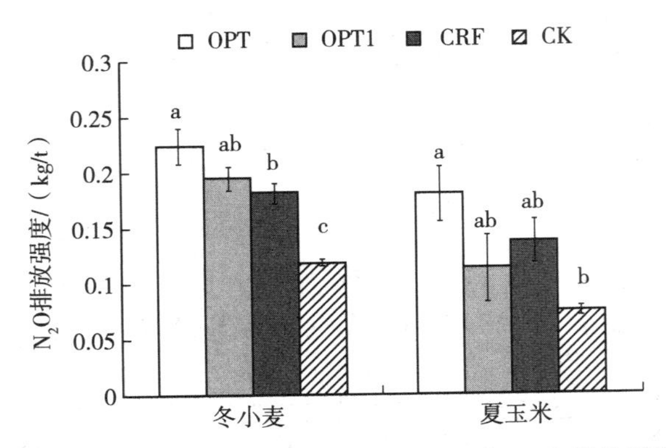

图 11-7 不同施肥方式下冬小麦-夏玉米 N_2O 排放强度

10 mg/kg（尤其是下层土壤），而两个施氮处理在 0～90 cm 土层的硝态氮明显高于两个不施氮处理，说明施氮对土壤硝态氮含量影响较大（图 11-8）。在两个施氮处理之间，优化施肥（OPT）在冬前和收获后的土壤剖面硝态氮含量高于 CRF2（控释氮+尿素氮），说明控释肥的氮素供应高峰出现在小麦生育期的中段，此阶段是冬小麦需氮量较大的关键阶段，据此可以推断控释肥的释放期能较好地吻合冬小麦的需肥特性，从而能有效降低冬小麦收获后硝态氮在土壤剖面的残留和淋洗损失风险。

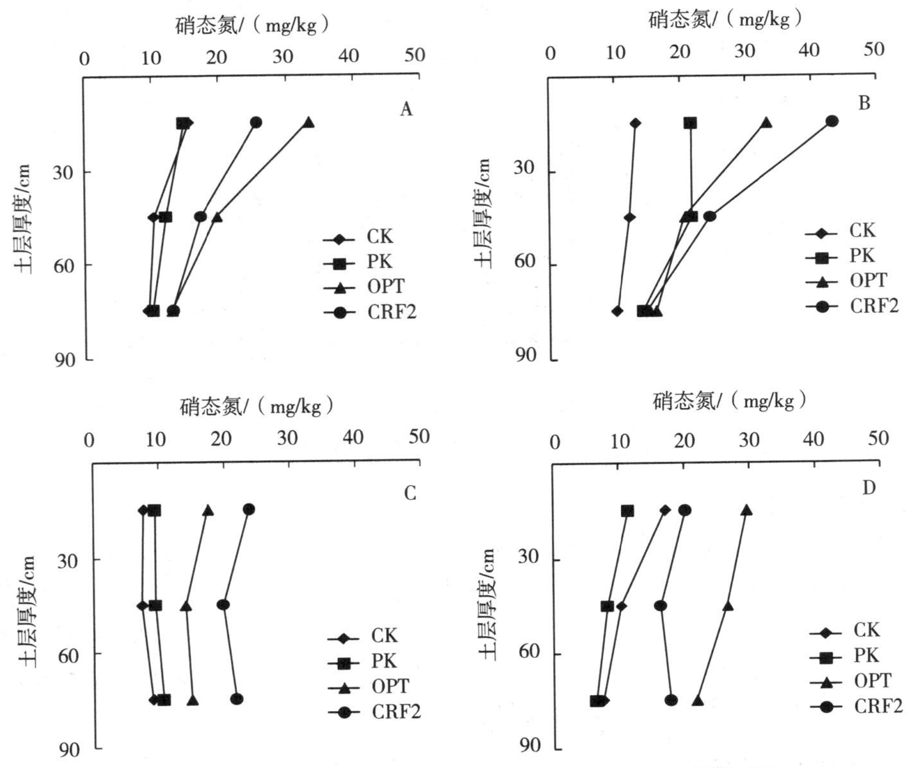

图 11-8 0～90 cm 土层土壤硝态氮在冬前（A）、返青期（B）、拔节期（C）、灌浆期（D）分布

从图 11－9 中可看出，在玉米三叶至拔节期，0～60 cm 土层硝态氮含量基本是控释肥（CRF2）高于优化施肥（OPT），60～90 cm 土层基本无差异；大喇叭口期 0～90 cm 土层硝态氮含量是控释肥（CRF2）显著低于优化施肥（OPT）；抽雄期 0～60 cm 土层硝态氮

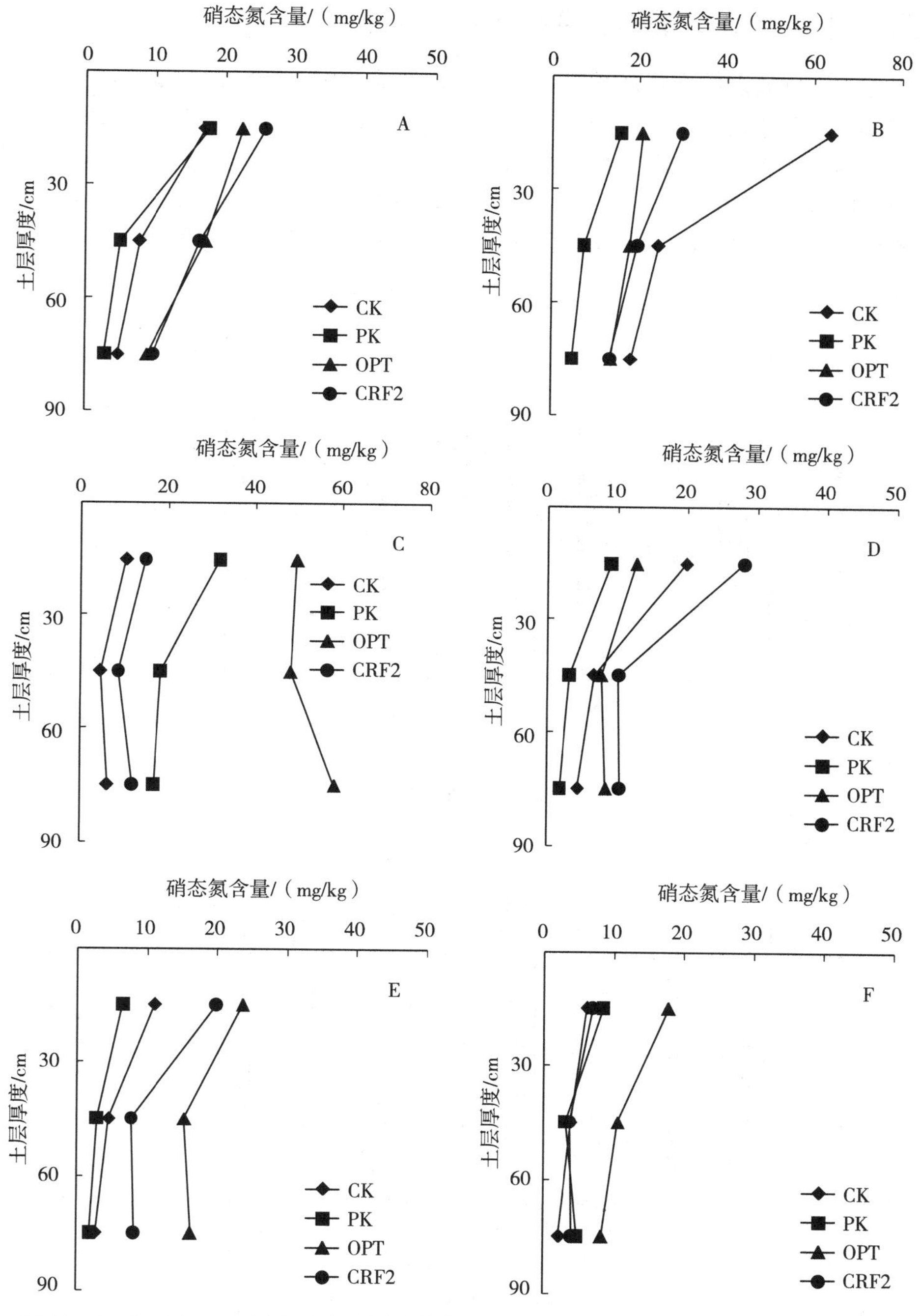

图 11－9　0～90 cm 土层在玉米不同生长期土壤硝态氮分布（A～F 分别代表三叶期、拔节期、大喇叭口期、抽雄期、灌浆期、收获期）

含量是控释肥（CRF2）显著高于优化施肥（OPT）；但在灌浆至收获期 0～90 cm 土层硝态氮含量则是优化施肥（OPT）显著高于控释肥（CRF2）。这说明一次性施肥技术可以显著降低玉米生育后期硝态氮的累积，减少氮淋溶风险。

（四）不同控释肥处理对小麦和玉米产量的影响

本研究对所有处理的作物产量进行了比较，不同处理小麦籽粒产量统计分析结果表明（图 11－10），所有处理产量由高到低依次为：80%CRF1＞OPT1＞OPT2＞CRF＞CRF2＋尿素＞OPT＞80%CRF＞CRF′＞PK＞CK。与 CK 处理相比，各施肥处理增产 5.4%～15.7%，优化施肥处理 OPT、OPT1、OPT2 分别增产 11.6%、15.2%、14.8%，一次性施肥的各个处理 80%CRF1、CRF、CRF2、80%CRF、CRF′分别增产 15.7%、12.6%、11.9%、9.7%、7.9%。

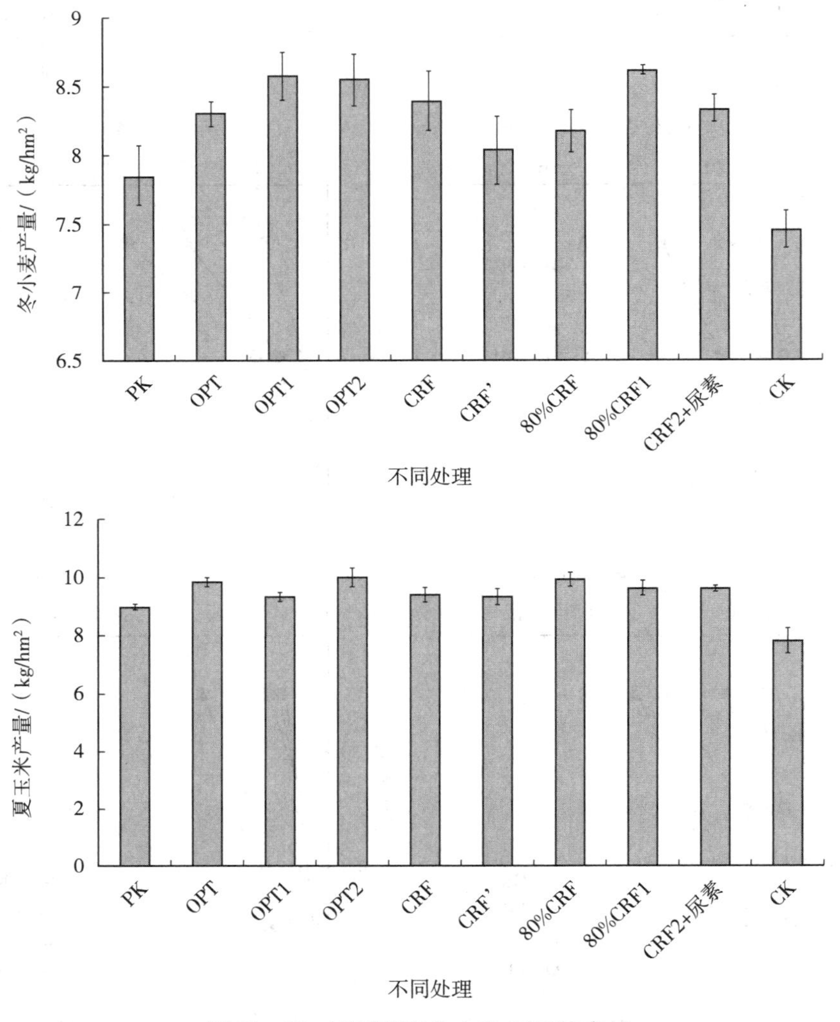

图 11－10　不同处理冬小麦-夏玉米产量

不同处理玉米籽粒产量统计分析结果表明，所有处理产量由高到低依次为：OPT2＞80％CRF＞OPT＞80％CRF1＞CRF2＋尿素＞CRF＞OPT1＞CRF′＞PK＞CK。与CK处理相比，各施肥处理增产14.3％～28.1％，与PK处理相比，各施氮处理增产4.5％～12.2％；OPT2处理分别比OPT1、CRF、CRF′处理增产7.3％、6.9％和7.4％。各个一次性施用控释肥处理间相比，以80％CRF处理表现最好，80％CRF1处理次之，各处理间产量差异均不显著。

本研究中不同一次性施肥技术下冬小麦和夏玉米产量均未出现统计学上显著差异，并且与当地农民常规施肥处理冬小麦产量（8.31 t/hm^2）和夏玉米产量（9.86 t/hm^2）相差不大，说明本研究中的控释肥养分释放速率与作物需求比较一致，保障了产量的形成。

（五）小结

（1）冬小麦-夏玉米轮作系统中土壤N_2O排放主要集中在施肥、灌溉或降水事件后。除追肥以外，一次性施用控释肥引起的N_2O排放峰值高于分次施用处理，但是未改变轮作周期土壤N_2O排放的季节变化规律。冬小麦和夏玉米生长季土壤N_2O排放强度均以OPT处理最高，与OPT处理相比，一次性施肥可以有效降低N_2O排放强度。

（2）无论是冬小麦生长季还是夏玉米生长季，在生育后期，0～90 cm的土壤剖面中一次性施肥处理的硝态氮含量均低于农民常规施肥处理，减少了氮淋溶风险。

综合作物产量、温室气体排放和土壤氮素累积，华北平原冬小麦-夏玉米种植模式一次性施肥技术是既能够保证作物产量又能减少环境污染的双赢措施。

三、长江中下游水稻-油菜轮作系统一次性施肥技术环境效应

水稻-油菜轮作是中国南方的主要耕作制度之一（卜容燕 等，2014），其种植面积仅次于稻-麦轮作系统，由于其较低的管理成本和较高的经济效益，水稻-油菜轮作模式在长江中下游地区得到了大面积的推广。水稻-油菜地作为一种水旱农业生态系统，具有灌溉频繁和施肥量大的特点，因此容易引起氮素淋失、温室气体大量排放（Tao et al.，2010）等一系列环境问题。为解决施肥过量造成的环境问题，在满足作物正常生长的前提下，一次性施肥技术可以降低氮素损失、提高养分利用效率和减少环境污染。目前的研究主要集中在水稻（王强 等，2018）、玉米（杨俊刚 等，2009）、油菜（张小洪 等，2007）和小麦-玉米轮作上（石宁 等，2018；刘冬梅，2019），对一次性施肥技术施用条件下水稻-油菜轮作的环境效应研究尚不明确。因此，本研究以油菜-水稻轮作典型地区——长江中下游的荆州为例，对其应用一次性施肥技术条件下氮素淋失特征、农田温室气体排放（N_2O、CH_4）和土壤肥力进行重点监测研究。

（一）试验设计

本试验从2013年开始在荆州太湖港农场试验田进行。试验土壤质地为沙质壤土，其基本理化性质如表11－8所示。其中在2015年10月至2016年9月（油菜于2015年10月28日移栽，2016年5月1日收割，水稻于2016年5月28日插秧，2016年9月10日

收获）开展了温室气体、氨挥发和氮素淋失的监测。

表 11-8　试验土壤基本理化性质

土层/cm	pH	有机质含量/(g/kg)	全氮含量/(g/kg)	有效磷/(mg/kg)	速效钾/(mg/kg)	硝态氮/(mg/kg)	铵态氮/(mg/kg)
0～20	7.62	15.91	1.27	7.07	79.85	12.58	9.97

本试验共设计了 5 个处理开展监测研究，分别为：对照处理（CK）、农民习惯施肥处理（FP）、优化施肥处理（OPT）、一次性尿素基施处理（UA）和一次性控释肥基施处理（CRF）。每个处理重复 3 次，每个小区面积是 32 m^2（长 8 m，宽 4 m）。施肥方式和施肥量见表 11-9。基肥施用采用沟施，施肥深度为 10 cm，追肥采用表施，优化施肥（OPT）处理、一次性尿素基施（UA）和一次性控释肥基施（CRF）处理均施用相同量的氮肥，各处理的磷肥和钾肥用量均为 75 kg/hm^2，均在播前撒施。其他管理措施与当地高产栽培措施一致。试验中土壤 N_2O 和 CH_4 排放通量的监测采用静态暗箱-气相色谱法。土壤剖面硝态氮和氨态氮含量用连续流动分析仪检测。土壤样品的测定包括：碱解氮、速效钾、有效磷、pH 和有机质。

表 11-9　氮肥施肥种类和施肥量

处理	氮肥种类	施肥方式	施氮量/(kg/hm^2)
CK	—	—	—
FP	尿素	水稻季（基肥 70%+分蘖肥 30%）	210
OPT	尿素	水稻季（基肥 50%+分蘖肥 25%+穗肥 25%）	165
UA	尿素	一次性全部基施	165
CRF	CRF	一次性全部基施	165

（二）一次性施肥技术的温室效应

1. 土壤 N_2O 和 CH_4 排放特征

对于 N_2O 排放特征，各处理 N_2O 排放通量表现为明显的季节动态变化特征，具有油菜季低、水稻季高的季节特点，在油菜季的变化范围为－4.08～35.51 μg/(m^2 · h)，而水稻季则在－16.519～193.301 μg/(m^2 · h)。随着环境温度的下降，结合日均气温、降水量（图 11-11）和 N_2O 排放通量特征（图 11-12），可以看出 N_2O 的排放峰集中在 6—9 月的水稻生长季。对于 CH_4 排放，与 N_2O 排放特征相似，各处理的 CH_4 排放通量也具有油菜季低、水稻季高的季节变化特征（图 11-13），油菜季 CH_4 排放微弱，为－0.084～0.051 mg/(m^2 · h)，而在温度较高、降水多的 6—9 月水稻生长季，CH_4 排放量在－0.535～4.814 mg/(m^2 · h)，主要是因为 CH_4 排放主要通过淹水条件（厌氧还原环境）产生，在旱季很难有淹水的条件，而在水稻季由于淹水从而排放大量 CH_4。CH_4 排放峰值出现在水稻生长分蘖到抽穗阶段，这一时期水稻生长旺盛，植株生物量大量增加，并充当了土壤和大气的通道，将淹水环境下产生的 CH_4 排放到大气中。

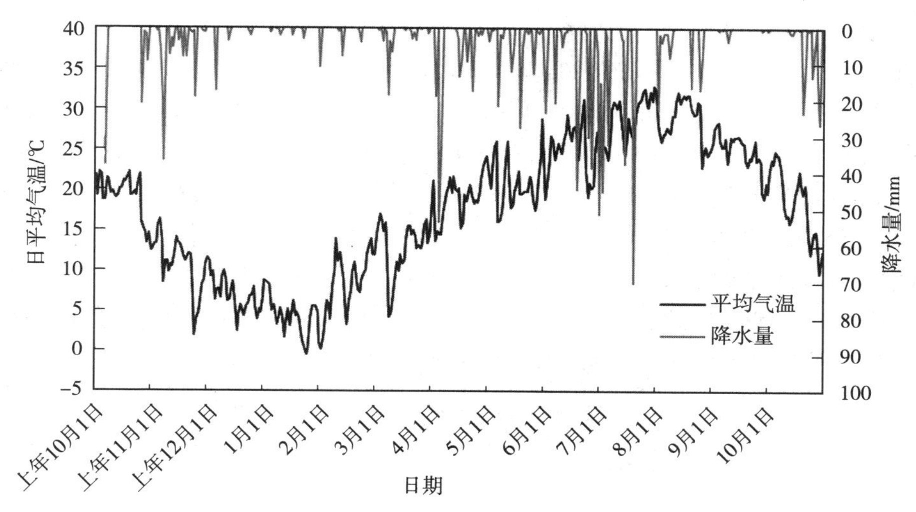

图 11-11　观测期降水量（P）和日平均气温（T）

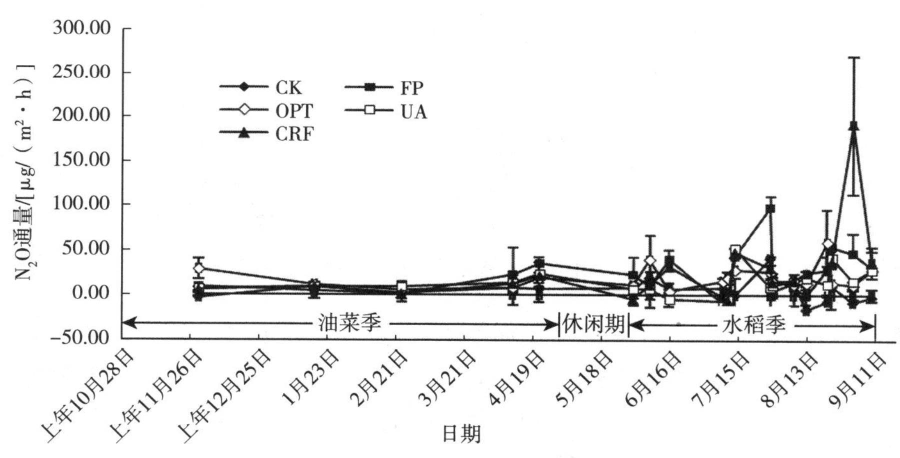

图 11-12　不同处理下土壤 N_2O 排放通量

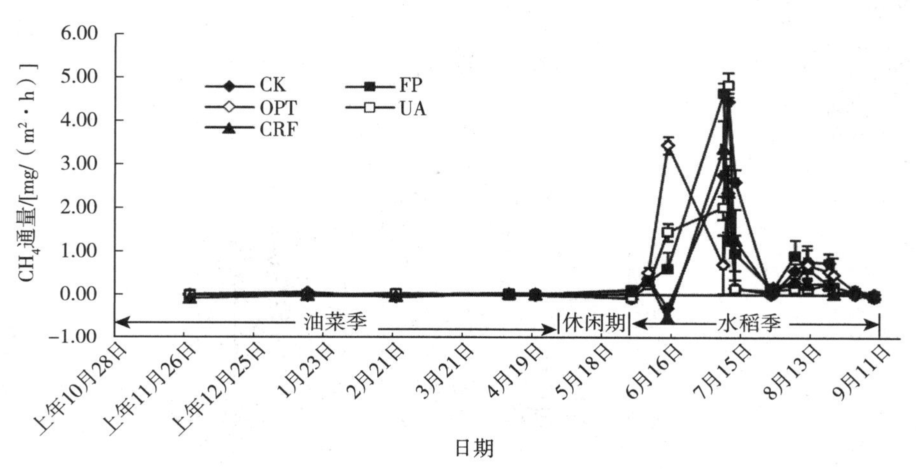

图 11-13　不同处理下土壤 CH_4 排放通量

2. 土壤 N_2O 和 CH_4 的排放总量

由图 11－14 可以看出，整个轮作周期中，各处理的 N_2O 年排放总量从高到低依次是 FP、CRF、OPT、UA 和 CK，分别为 1.31 kg/hm²、1.19 kg/hm²、1.04 kg/hm²、0.82 kg/hm²、0.37 kg/hm²。OPT 处理比 FP 处理在减少氮肥用量 21.42％的条件下减少了 N_2O 排放 20.61％；而在同等施氮水平下，一次性施肥的 UA 比 OPT 处理减少了 21.15％，一次性施肥的 CRF 处理却增加了 14.42％，但是差异均不显著。从不同作物生长季来看，油菜季各处理的 N_2O 的排放量在 0.17～0.41 kg/hm²，一次性施肥对油菜季 N_2O 排放影响不明显。水稻季各处理的 N_2O 排放总量在 0.20～0.99 kg/hm²，一次性施肥条件下水稻季的 UA 比 OPT 处理减少 25.14％，而 CRF 处理比 OPT 增加 44.96％。

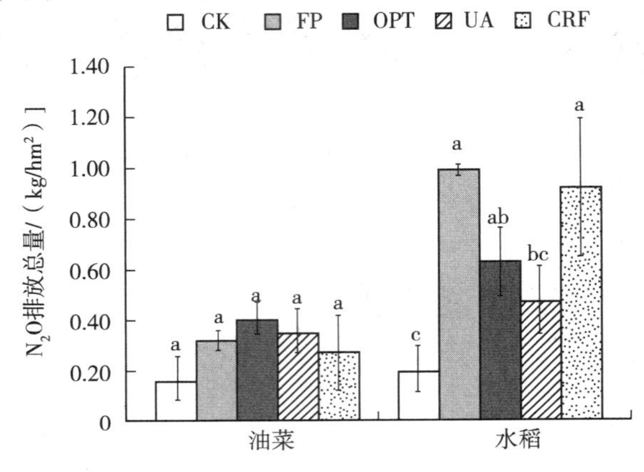

图 11－14　不同施肥方式下 N_2O 排放总量

由图 11－15 可以看出，整个轮作周期的 CH_4 年排放总量，其中 FP 最高，达到了 24.58 kg/hm²，OPT 为 21.25 kg/hm²，CK 为 19.26 kg/hm²，CRF 和 UA 最低，分别是 14.89 kg/hm² 和 15.08 kg/hm²，一次性施肥的 CRF 和 UA 分别比 OPT CH_4 排放量减少 29.9％和 29.0％，而减氮 OPT 处理比 FP 减少了 13.5％的。从不同作物生长季来看，油菜季的各处理 CH_4 排放量在－0.77～0.38 kg/hm²，其中 CK、UA 和 CRF 的排放均是负

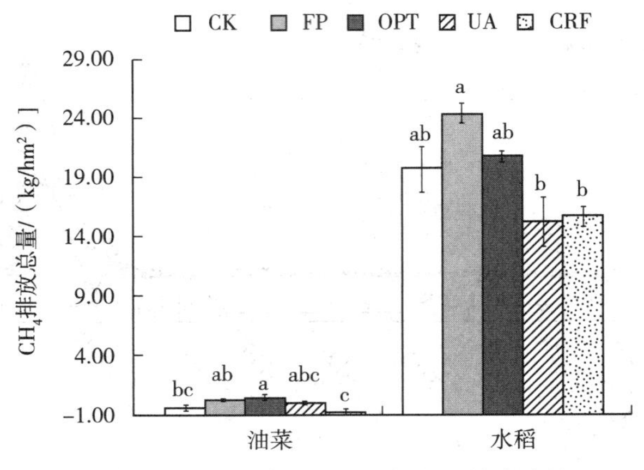

图 11－15　不同施肥方式下 CH_4 排放总量

值（吸收），而水稻季各处理的 CH_4 排放量达到了 15.15～24.26 kg/hm²，一次性施肥处理的 UA 和 CRF 分别比 OPT 减少 27.4%和 25.0%，但是差异不显著。

3. 净温室效应

本研究利用 GWP 综合研究了 N_2O 和 CH_4 的净温室气体排放。各处理的 GWP 从大到小依次为 FP、OPT、CRF、CK、UA，FP 最高，达到了 1 258.87 kg（CO_2－eq）/hm²，显著（$P<0.05$）高于两个一次性施肥处理 UA 和 CRF，其次为 OPT 处理，GWP 值达到了 1 054.92 kg（CO_2－eq）/hm²，显著（$P<0.05$）高于 UA 处理。与 OPT 处理相比，UA 和 CRF 处理 GWP 分别减少了 28.00%和 18.29%（表 11－10）。分析 N_2O 和 CH_4 两种温室气体对 GWP 的贡献率表明，各处理 CH_4 对 GWP 的净贡献率在 64.33%～88.24%，说明 CH_4 对 GWP 的贡献更高，应该更加关注水稻生长季 CH_4 的减排。

表 11－10　不同施肥方式下油菜-水稻一年的 GWP

单位：kg/hm²

处理	CH_4 排放量		N_2O 排放量		GWP
	油菜	水稻	油菜	水稻	
CK	－15.76ab	670.58ab	49.73a	59.44c	764.05c
FP	7.09a	861.85a	95.94a	294a	1 258.87a
OPT	13.07a	709.46ab	132.16a	200.23ab	1 054.92ab
UA	－2.53ab	515.25b	105.61a	141.17bc	759.49c
CRF	－26.13b	532.36b	82.39a	273.36ab	861.97bc

注：表中不同字母表示在（$P=0.05$）水平上差异显著。

4. 温室气体排放强度

对于单位产量的 N_2O 排放强度呈现油菜季高、水稻季低的特征（图 11－16），在油菜季中 FP 的排放强度最低，为 0.088 kg/t，OPT 最高，为 0.189 kg/t，各处理的 N_2O 的排放强度差异不显著。而在水稻季 CK 处理排放强度最小，为 0.037 kg/t，CRF 最高达到了 0.10 kg/t，一次性施肥的 UA 比 CRF 显著（$P<0.05$）低 50.50%，而与 OPT 差异不显著，说明不同的肥料类型如缓释肥增加了 N_2O 排放强度。

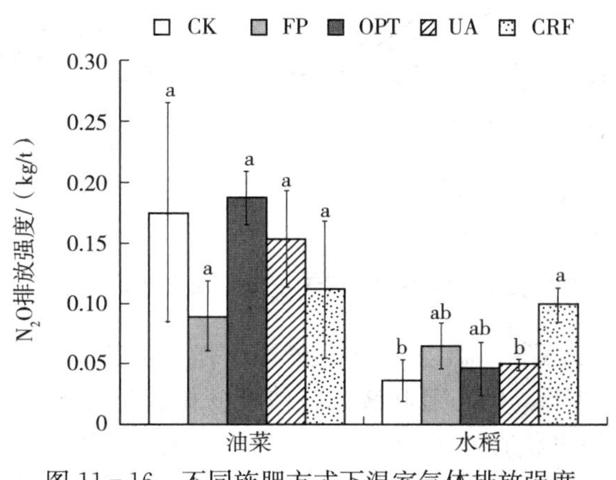

图 11－16　不同施肥方式下温室气体排放强度

（三）长江中下游水稻-油菜一次性施肥技术氮素淋失

1. 氮素淋失浓度

油菜季氮淋失以硝态氮为主（图 11－17），主要占总无机氮淋失的 95%～97%。在降水量和灌溉量都保持基本一致的情况下，各施肥处理淋失过程中淋溶液硝态氮和铵态氮含量的变化趋势基本一致（图 11－18）。其中硝态氮含量的变化趋势总体呈下降趋势，先由缓慢降低到快速上升，再缓慢降低的过程。在整个油菜生长季，FP 处理硝态氮浓度一直高于其他处理，CK 不施肥处理硝态氮浓度最低。整个生长季各处理硝态氮平均浓度表现为 FP（3.10 mg/L）＞OPT（3.00 mg/L）＞CRF（2.87 mg/L）＞UA（2.68 mg/L）＞CK（1.61 mg/L）。可以明显看出在油菜生长季，一次性施肥较分次施肥可降低渗漏水硝态氮浓度，但对铵态氮浓度影响不明显，渗漏水中铵态氮浓度变化较小且积累不明显，说明土壤对铵态氮具有较强的吸附能力。

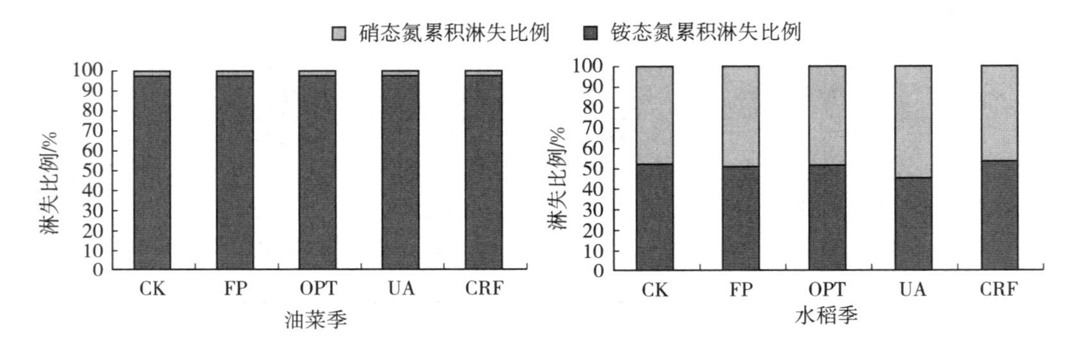

图 11－17　油菜-水稻轮作在不同施氮处理下硝态氮和铵态氮淋失比例

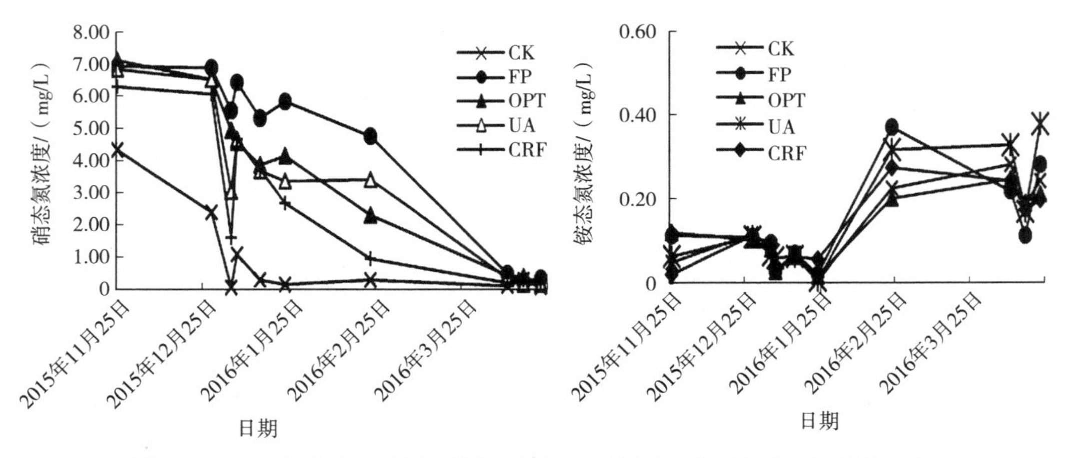

图 11－18　油菜生长季不同施肥方式下土壤渗漏水硝态氮和铵态氮浓度变化

在水稻季氮素淋失形态中，硝态氮和铵态氮都有，且各占总淋失量的 50%左右。可以看出不同施肥处理条件下，硝态氮和铵态氮浓度变化趋势总体一致，但是两者浓度都较低（图 11－19）。到水稻收获时，各处理土壤渗滤液中硝态氮浓度均显著降低，但是 FP（0.18 mg/L）、OPT（0.17 mg/L）两处理最终硝态氮浓度明显高于 UA（0.08 mg/L）和

CRF（0.09 mg/L）处理，差值将近1倍，说明一次性施肥相较于分次施肥处理能够显著降低农田硝态氮浓度。相对于分次施肥，一次性施肥能够降低油菜-水稻轮作区渗漏水中硝态氮淋失浓度，但对渗漏水中铵态氮淋失浓度影响不明显。

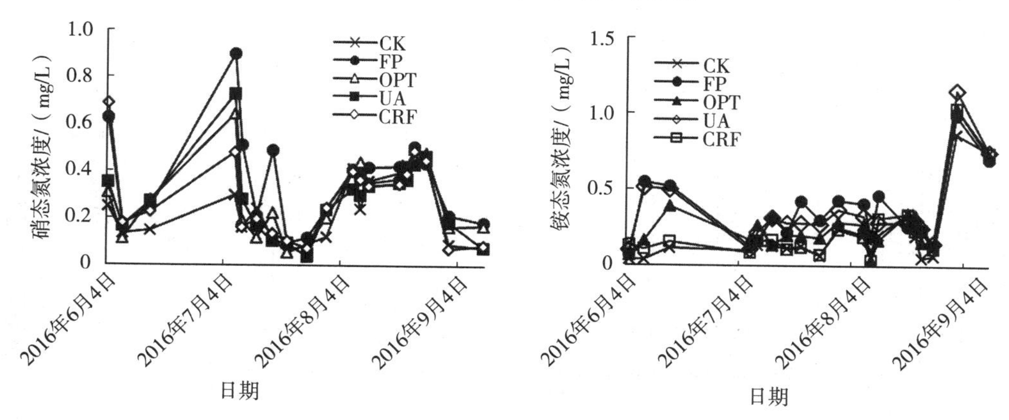

图 11－19　水稻生长季不同施肥方式下土壤渗漏水硝态氮和铵态氮浓度变化

2. 氮素淋失量

不同施氮处理氮素年淋失总量和表观淋失率见表 11－11。各处理年淋失总量在11.97～16.70 kg/hm²，其中FP处理年淋失总量最高，为16.70 kg/hm²，在相同施氮量条件下，OPT、UA和CRF处理年淋失总量分别为13.12 kg/hm²、15.44 kg/hm² 和13.33 kg/hm²。OPT与FP相比是在减氮21%条件下使年淋失总量降低21%。在相同施氮量的条件下，UA和CRF处理相比于OPT，均减少了氮素淋失，分别减少了2.32 kg/hm² 和0.21 kg/hm²。UA处理相比于CRF处理，氮淋失量增加了2.11 kg/hm²。

表 11－11　油菜-水稻轮作不同施氮处理下氮素年淋失总量及表观淋失率

处理	年淋失总量/(kg/hm²)	表观淋失率/%
CK	11.97	—
FP	16.70	7.95
OPT	13.12	7.95
UA	15.44	9.36
CRF	13.33	8.08

在油菜生长季，一次性施肥处理相较分次施肥处理对硝态氮累积淋失量和铵态氮累积淋失量影响不一（图 11－20）。表现为硝态氮累积淋失量UA（6.32 kg/hm²）＞FP（5.91 kg/hm²）＞CRF（4.88 kg/hm²）＞OPT（4.80 kg/hm²）＞CK（4.44 kg/hm²），铵态氮累积淋失量FP（0.24 kg/hm²）＝OPT（0.24 kg/hm²）＞CRF（0.15 kg/hm²）＞UA（0.14/hm²）＞CK（0.13 kg/hm²），说明在油菜生长季相同施氮水平下，一次性施肥处理能够增加单位面积上土壤硝态氮淋失量，降低单位面积上土壤铵态氮量。在水稻生长季，土壤无机氮累积淋失量（硝态氮和铵态氮）都比较高。表现为硝态氮累积淋失量FP（5.29 kg/hm²）＞CRF（4.42 kg/hm²）＞OPT（4.16 kg/hm²）＞UA（4.01 kg/hm²）＞CK（3.80 kg/hm²），铵态氮累积淋失量FP（5.26 kg/hm²）＞UA（4.97 kg/hm²）＞OPT

(3.92 kg/hm²)＞CRF (3.88 kg/hm²)＞CK (3.60 kg/hm²)，可以看出，施肥处理中 FP 处理无机氮淋失量达到最大，UA 处理硝态氮淋失最少，CRF 处理铵态氮淋失最少，同时水稻季硝态氮淋失量低于油菜季。

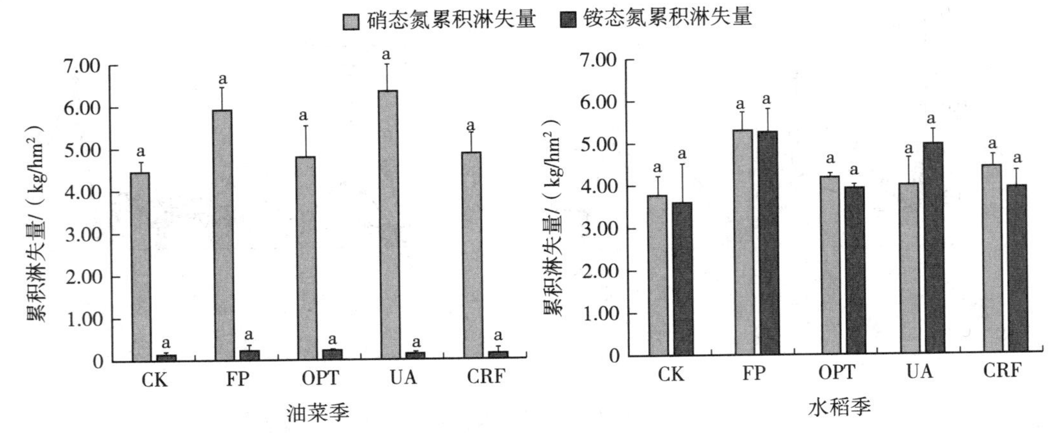

图 11-20 油菜-水稻轮作在不同施氮处理下硝态氮和铵态氮累积淋失量

注：同一氮素形态不同字母表示不同处理间差异显著。

(四) 土壤肥力效应

不同施肥处理土壤有机质含量明显不同，经过耕作后，各个处理 2016 年土壤有机质含量均高于 2015 年的含量（图 11-21）。2016 年 CRF 处理有机质含量最高，达到 20.44 g/kg，相比 2015 年增加明显。而 FP、OPT 和 UA 处理，由于施肥结构均较单一，对有机质增加不显著。可见，一次性施肥更利于土壤有机质的积累。

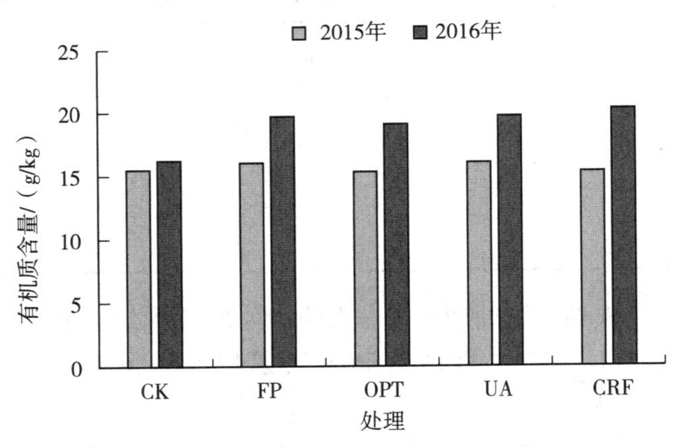

图 11-21 不同施肥处理对土壤有机质含量的影响

经过一年的耕作后，除了 CK 处理外，各施肥处理 2016 年土壤碱解氮、有效磷和速效钾含量均高于 2015 年的含量，均具有明显的积累效应，种植年限越长土壤中碱解氮、有效磷和速效钾的含量越高。施肥对增加土壤中氮、磷、钾的含量存在明显作用（图 11-22）。综合分析表明，OPT 处理土壤中碱解氮和有效磷含量最高，能更好地促进作物生长。而

CRF处理有效钾含量最高，该处理更利于土壤速效钾的积累。可见，一次性施肥对于土壤中碱解氮、有效磷、速效钾含量增长均具有明显的促进作用。

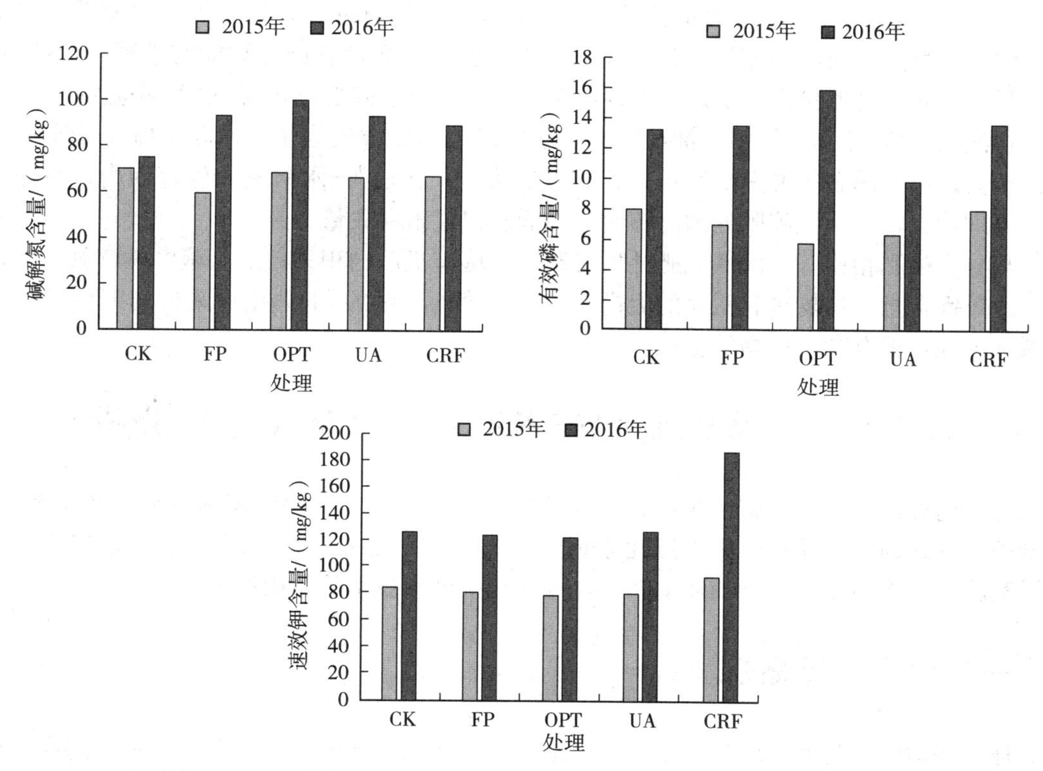

图11-22　不同施肥处理对土壤碱解氮、有效磷、速效钾含量的影响

图11-23结果表明，不同施肥处理对土壤的pH都有调节作用，特别是CRF处理，土壤由原来的弱碱性转化为微碱至中性，向作物最适宜的pH转变，所以一次性施肥处理以及尿素配施更有利于作物的生长。

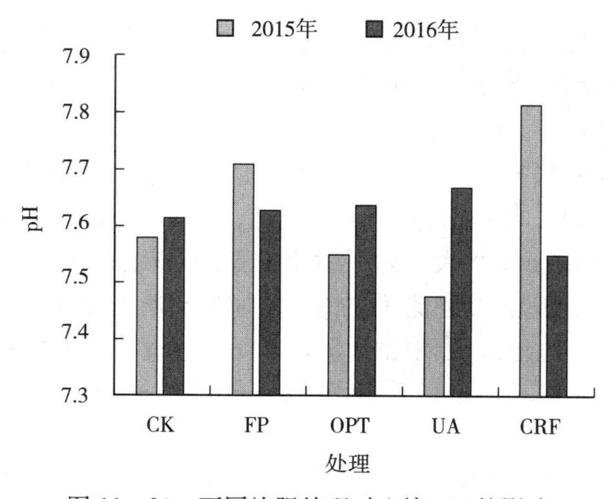

图11-23　不同施肥处理对土壤pH的影响

（五）小结

油菜-水稻轮作系统各处理的土壤 N_2O 和 CH_4 排放通量具有明显的油菜季低、水稻季高的季节特点。与同等施氮量分次施肥处理相比，一次性施肥处理能有效减少 CH_4 年排放量。在相同施氮量条件下，一次性施肥处理可以显著降低 N_2O 和 CH_4 净温室效应。

在油菜-水稻轮作系统中，油菜季淋溶水中以硝态氮淋失为主，水稻季既有硝态氮又有铵态氮，但是硝态氮淋失浓度却显著低于油菜季。在油菜-水稻整个生育期内，与分次施肥处理相比，一次性施肥处理能够明显降低农田氮素淋失量。

与分次施肥相比，一次性施肥处理有利于土壤有机质的积累；对土壤中碱解氮、有效磷、速效钾含量增加均具有明显的促进作用；并改善土壤的 pH，由原来的弱碱性转化为微碱至中性，更有利于作物的生长。

第二节　一次性施肥技术区域尺度环境效应分析

为了明确区域尺度实施一次性施肥技术后的环境效应，本章以环渤海地区冬小麦-夏玉米种植模式为例，通过生物地球化学循环模型和 GIS 数据库的结合，系统地探究了该区域实施一次性施肥情景下的环境效应，为区域尺度该技术的应用提供科学依据。

一、研究区域概况

环渤海地区既是我国政治中心的所在地，也是我国主要的优质农田区、重要的商品粮基地和畜禽养殖基地。广义的环渤海地区包括北京、天津两大直辖市及辽宁、河北、山西、山东及内蒙古中部地区，陆域面积达 112 万 km^2。本项目所研究的环渤海区域主要包括北京、天津、辽宁、河北、山东等地区（邱建军 等，2012）。

（一）地理位置与区位条件

环渤海地区位于北纬 34°25′～43°26′，东经 112°43′～125°46′，是由包括京津冀、山东半岛和辽东半岛在内的环渤海地区所形成的经济地带，呈 C 形，辖河北、辽宁、山东三省及北京、天津两市。

环渤海地区的陆地面积为 52 万 km^2，约占全国陆地总面积的 5.49%。2010 年总人口 2.34 亿人，占全国人口的 17.68%；其中农业人口 1.14 亿人，占总人口的 48.84%。从分布面积看，本区平原面积最大，除了冀北、辽西山地丘陵、鲁中丘陵、山东半岛、辽东半岛等，绝大部分都是地势低平的平原（黄淮海平原主体），占区域总面积的 63.75%，几乎是全国平地地形面积比例 32.51%的两倍；山地面积次之，占 23.45%，远低于全国平均水平（42.17%）；丘陵面积所占比例最小，占 11.72%，略低于全国 13.67%的比例。

环渤海地区的地理位置优越，自北而南依次排列着辽东半岛、京津唐地区、河北东部沿海地区、黄河三角洲及整个胶东半岛，形成了优越的海岸线资源，大陆海岸线北起丹东，南至青岛，长达 6 054km，对外通过各个港口与世界 160 多个国家和地区有经贸往来，对内以东北、西北、华东部分地区为广阔腹地，因而成为华北、东北各省和西北部分省区进入太平洋、走向世界最为便捷的海上门户，也是我国参与东北亚经济技术合作和交流的重要基地，被誉为中国经济第三个“增长极”。

环渤海地区的交通便利，目前已形成集高速公路、铁路、航空运输为一体的较为完善的综合运输体系。随着市场经济体制的不断完善和对外开放重点由南向北逐步推移，区域间的资源互补、经济合作与横向联合为环渤海地区的跨越式发展拓展了十分广阔的空间。

（二）气候特征

环渤海地区地处我国中纬度地区，属于暖温带半湿润季风气候区，大陆性气候明显，四季分明，春旱多风，夏秋高温多雨，冬季干燥；年日照时数为 2 500～2 900 h，年总辐射为 5 000～5 800MJ/m^2，年平均气温为 8～12.5℃，年均≥10℃积温为 2 500～4 500℃，无霜期为 150～230 d，适宜多种暖温带作物及果树生长；平均年降水量为 560～916 mm，呈现自南向北和从东向西递减趋势；降水年际变化大，丰枯年降水量相差 2～3 倍，这给稳定农业生产带来了不利影响（陆大道，1995）。降水量的年内分配也不够均匀，年降水量的 60%左右集中在夏季作物生长季节，而秋、冬、春季降水则较为稀少。因此，气候上的春旱、夏涝、秋旱成为影响本地区农业生产的重要因素。

（三）地貌类型与土壤条件

本地区东临渤海，北西南三面为山地、丘陵和高原所环抱，中部为广阔的平原，地貌类型较为复杂，土地类型多样。不同土地类型的自然条件、环境特点以及土地特性不同，土地利用适宜性也存在明显差异，这为该地区农林牧渔业的综合发展提供了可能。

环渤海地区的土壤类型多样，主要以棕壤、褐土、潮土、盐碱土、草甸土、风沙土、栗钙土为主。棕壤主要分布在辽东半岛、山东半岛及冀东一带的半干旱半湿润的山地垂直带中，生物资源丰富，土壤肥力较高；经过长期的农业耕作和土壤改良，土壤利用较好，已成为环渤海地区主要的粮、林、油、果、蚕、茶的生产基地。褐土主要分布在太行山燕山山脉的低山丘陵与山麓平原、鲁中南山地丘陵，具有较好的光热条件，一般可以两年三熟或一年两熟，土体深厚，土壤质地适中，广泛适种小麦（绝大部分为冬麦）、玉米、甘薯、花生、棉花、烟草、苹果等粮食和经济作物，主要问题是降水量偏小和降水量过于集中。潮土主要分布在京广线以东、京山线以南的冲积平原和滨海平原，鲁西、鲁北黄泛平原及山地丘陵区的河谷平原与盆地内，山区沟谷低阶地也有零星分布，潮土分布区地势平坦，土层深厚，水热资源较丰富，盛产粮、棉，但潮土分布区历史上旱涝盐碱灾害时有发生，大部分属中低产土壤，作物产量低而不稳。经过多年的盐碱化治理和水利设施建设，农业综合生产能力大幅度提升，加之该区域人口较少，人均耕地多，已发展成为我国重要的粮、棉生产基地。盐碱土主要分布在鲁西、鲁北平原及滨海地带，冀东滨海平原、冲积平原及坝上地区，在黄泛平原常与潮土呈斑状镶嵌，在滨海地带呈带状分布。栗钙土主要分布在冀西北的坝上高原区及辽西南山地丘陵区，由于降水偏少且年际变化幅度大，干旱是其主要的限制因素，加上土地利用相对粗放，农田建设总体水较平低，土壤退化明显，导致农业生产水平低而不稳。

（四）水文条件

环渤海地区水资源总量偏少，区域多年平均降水量为 600 mm。近年来在全球暖干化气候变化背景下，降水量呈现减少趋势，北方干旱化明显加剧，区域水资源供需矛盾日趋尖锐。环渤海地区分布有辽东半岛诸河、鸭绿江、浑河-太子河、辽河、饶阳河、辽西沿海诸河、滦河、海河、黄河、小清河、胶东半岛诸河等流域，水源为大气降水和季节性冰雪融水，汛期较短，结冰期长，含沙量较大（黄河），水量不大，冬季有凌汛（如黄河下游），径流季节变化大。地表水多年径流量为 $75\ 208\times10^{8}\ m^{3}$。随着上游地区用水量增加，入境水量呈逐年减少的趋势，而且多为汛期来水。人均水资源量不足 $400\ m^{3}$，仅占全国人均水资源量的 25%。区域水资源空间分布亦很不平衡。京津冀三省（直辖市）2008—2012 年的平均水资源量仅为 $17\ 325\times10^{8}\ m^{3}$，占全区的 21.66%，而其人口和耕地面积分别占全区总量的 41.20%和 37.61%，人均、耕地亩均水资源量仅分别为全国平均水平的 9.5%和 13.2%；辽宁、山东两省虽然水资源量总体上相对较丰富，但省内的地域差异很大，主要表现为辽中地区和胶东半岛的水资源量明显偏少。环渤海地区水资源相对短缺，且日益严重。区内有限的水资源同不断增长的工农业发展、城乡居民生活用水增长的矛盾日益尖锐，水资源成为该地区保障农业与农村可持续发展的最大障碍。

二、环渤海区域农业发展情况

（一）农业用地现状

环渤海地区土地利用以农用地为主，建设用地的比例偏高。2008 年，全区农用地面积为 $3.77\times10^{7}\ hm^{2}$，占全区陆地总面积的 72.16%；建设用面积为 $6.41\times10^{6}\ hm^{2}$，占 12.28%；未利用地面积为 $8.12\times10^{6}\ hm^{2}$，约占 15.56%。在农用地中，以耕地为主的农业用地结构特征明显，耕地为 $1.86\times10^{7}\ hm^{2}$，占农用地总面积的 49.35%，其中 92.73%为水浇地和旱地；园地面积为 $2.46\times10^{6}\ hm^{2}$，占农用地总面积的 6.54%；林地面积为 $1.23\times10^{7}\ hm^{2}$，占农用地总面积的 32.39%；牧草地面积为 $1.19\times10^{6}\ hm^{2}$；其他农用地面积为 $3.23\times10^{6}\ hm^{2}$，农村道路、农田水利和田坎的面积较大。建设用地主要是居民工矿用地，面积为 $5.35\times10^{6}\ hm^{2}$，占建设用地的 83.56%。随着社会主义市场经济体制的不断完善和对外开放重点由南向北逐步推移，环渤海地区的区域经济发展和城镇化进程将进一步加快，耕地非农化及其利用非粮化的速度也在加快，因而耕地保护的压力不断增大。未利用地类型主要是荒草地，面积为 $4.03\times10^{6}\ hm^{2}$，占未利用地的 49.55%。土地后备耕地资源较为匮乏，且开垦利用难度比较大。

（二）农业生产状况

环渤海地区的农耕历史悠久，是我国原始农业发展最早的地区之一，也是我国重要的农业生产与商品粮食基地。华北、辽河平原主要生产小麦、玉米、大豆、棉花、水稻等农作物，辽东、胶东、辽西丘陵主要生产花生和温带水果。该地区的耕地资源集中分布、质量较优，因而农业综合生产能力较强。2008 年，全区耕地面积占全国耕地总面积的 15.27%，却生产了占全国 28.75%的小麦、28.27%的玉米、24.89%的棉花和 36.72%的花生，是全国粮、棉、油生产大县分布比较集中的地区之一。2008 年，全区农作物播种面积为 2.40×10^7 hm^2，其中粮食作物播种面积 1.67×10^7 hm^2，占农作物总播种面积的 69.57%，粮食总产量 9.30×10^7 t，以玉米、小麦和水稻为主；经济作物（油料、棉花、麻类、甜菜、烟叶）播种面积以山东、河北两省为主，两省共有 2.97×10^6 hm^2，约占全区农作物总播种面积的 12.39%。蔬菜、油料、水果、肉类和水产品的产量均有大幅度提高，尤其是 1992 年以来增长速度明显加快，这与城乡居民的消费需求变化趋势相一致。比如河北实行了“稳定粮食、提高苹果、做强畜牧、建设现代农业”的农业结构调整战略，促使畜牧、蔬菜、果品等三大支柱产业的产业化经营水平得到了明显提高，较好地满足了城乡居民对食物消费结构变化的需求。

农业生产总值持续增长，2008 年为 12 167.15 亿元，占全国农业总产值的 20.98%。其中种植业总产值为 5 809.13 亿元，占全区农业总产值的 47.74%。随着该地区农业结构战略性调整的逐步推进，以传统农业为特色、以种植业为主体的区域农业生产结构有所改观，种植业产值占农业总产值的比例降到 50%左右，畜牧业比例提升到 35%以上，总体上林渔业不够发达。当然，从区域横向比较来看，尽管环渤海地区的粮经作物种植结构比为 70：30（2008 年），但仍与“长三角”“珠三角”地区的粮经结构比有着较大差距。

现代城郊型农业迅速发展。由于本区内大城市多、消费人群集中，特别是北京、天津、沈阳、大连、济南、青岛、石家庄等城市集中分布在环渤海周围地区，形成了相对密集的城市群。近些年来，环渤海地区凭借其区位优势和经济优势，进一步加大科技投入，充分利用市场机制来优化资源配置，大力发展都市型、多功能农业，尤其是农业园区化与现代设施农业建设取得了显著成效（刘彦随 等，2003）。农业逐步由数量型向质量型、效益型转变，设施农业、精品农业、都市农业、观光休闲农业等现代农业的兴起，成为该地区农业转型发展的显著标志。据《中国第二次全国农业普查资料综合提要》，京津冀都市圈的温室种植面积为 1.59×10^4 hm^2，大棚面积 5.99×10^4 hm^2，分别占全国的 19.65%和 12.87%，可见，设施农业建设成就远高于全国其他地区。

（三）种植制度

由于耕地所处的地理位置、地形、气候、水资源、土壤等自然条件的不同，耕地自然质量具有明显的区域差异性，社会经济发展水平和土地利用管理水平也存在着区域差异性。根据环渤海地区各省市的气候特征、地形地貌、种植区划等特点，在国土资源部颁发的《农用地分等规程》“全国耕作制度分区”一章中，将环渤海地区划为辽宁平原丘陵区一年一熟区、燕山太行山山前平原区一年两熟区、冀鲁豫低洼平原区一年两熟区、山东丘陵一年两熟区、黄淮平原区一年两熟区、辽吉西蒙东南冀北山地一年两熟区、后山坝上高原区一年一熟区（表 11－12）。

表 11-12　环渤海地区各区气候特点及标准耕作制度表

区名	气候特点					标准耕作制度	
	温度/℃				降水/mm	作物组成	复种类型
	$\overline{T}$	$\overline{T}_1$	$\overline{T}_7$	$\sum t>10$			
辽宁平原丘陵区	5.0～9.0	−7.0～−16.0	23.0～24.5	3 000～3 600	500～870	玉米	一年一熟
燕山太行山山前平原区	10.0～14.0	−7.0～−2.0	250.0～27.0	3 900～4 500	500～700	小麦-玉米 小麦/棉花	一年两熟
冀鲁豫低洼平原区	11.0～13.0	−5.0～−3.0	26.0～27.0	4 100～4 600	500～650	小麦-玉米 小麦/棉花	一年两熟
山东丘陵区	11.0～14.0	−1.0～−4.0	25.0～27.0	3 600～4 500	650～800	小麦-玉米 小麦-花生	一年两熟
黄淮平原区	14.0～15.0	−2.0～1.0	27.0～28.0	4 500～4 800	650～950	小麦-水稻、 小麦-玉米 小麦/棉花	一年两熟
辽吉西蒙东南冀北山地区	5.0～9.0	−10.0～−14.0	22.0～24.0	2 800～3 600	360～550	玉米、谷子	一年一熟
后山坝上高原区	2.0～5.0	−12.0～−18.0	18.0～20.0	1 500～2 500	300～450	春小麦、马铃薯	一年一熟

近年来，随着气候变暖，有效积温逐年增加，加之生育期短的作物新品种的培育，一年两熟区和两年三熟区的种植边界逐渐北移；农业机械化的推广节约了作物收获时间，像冀中平原区的套种面积逐渐减少。在轮作结构方面，一年两作以冬小麦-夏玉米为主，亦有麦田套种棉花、花生，或夏播甘薯、谷子、高粱、秋菜者。一年一作方式变化不大。两年三作除原有轮作内容外，亦有春播棉花-冬小麦-套种夏棉的方式。复种指数随种植制度的改变而相应提高。环渤海地区是全国重要的粮食产区，不同作物的区域分布特征明显。主要粮食作物有小麦和杂粮。小麦分布大致以长城为界，以南为冬小麦，以北为春小麦。玉米在本区粮食作物中仅次于小麦，主要分布在本区的东部和南部。谷子和高粱在河北、北京山区和辽西地区种植较多。高粱主要分布在渤海沿岸和海河平原、辽河平原低洼地区。甘薯以冀中南和辽中最为集中。马铃薯主要分布在河北坝上。水稻主要分布在辽河下游、海河下游、山东南四湖滨湖地区、沂沭河两岸、黄河沿岸及胶莱河谷地带。棉花是本区最重要的经济作物，播种面积约占全区经济作物播种面积的一半，约占全国棉田面积的 1/5；环渤海地区是我国油料作物重要产区之一，主要有花生、胡麻、芝麻、油菜等，其中以花生最重要。花生主要分布在山东、河北两省，播种面积占全国的 26.8%，产量占全国的 27.8%左右。山东种植花生相当普遍，以烟台、临沂、昌潍等地区最为集中，泰安、济宁地区种植也较多，河北冀东唐山地区、冀中南沙土地带是花生的集中产区。油菜以山东、河北低平地区最为普遍。

三、模型验证与数据库建设

（一）模型简介

本研究所采用的是 DNDC（DeNitrification-DeComposition“脱氮-分解”）模型，该模型是目前国际上最为成功的模拟生物地球化学循环的模型之一（Li et al.，1992），目的是模拟农业生态系统中碳和氮的生物地球化学循环。模型由 6 个子模型构成，分别模拟土壤气候、农作物生长、有机质分解、硝化、反硝化和发酵过程。模型分为点位与区域模型，点位模型只要根据轮作情况输入数据，便可进行多年模拟。区域模型则由区域性的输入数据库来支持，即把点位模型所需要的因地而异的输入参数由各种原始资料收集后以最小模拟单位编入一个 GIS 数据库。该模型是对土壤碳、氮循环过程进行全面描述的机理模型，适用于点位和区域尺度任何气候带的农业生态系统。具体模型结构和功能介绍参见邱建军等（2012）著作。

（二）模型验证

模拟结果的可信度，只有与实测结果数据进行比较才能确定。尽管 DNDC 模型对于农田生态系统碳、氮平衡的模拟估算，已经先后与美国、德国和英国的野外实验数据进行比较，表明该模型具有较高的可信度（Li et al.，2004；Qiu et al.，2005；Deng et al.，2011），但如果将该模型应用于估算中国区域农田土壤碳、氮平衡，有必要与中国农田现有的野外实测数据进行比较。本研究主要以环渤海地区冬小麦-夏玉米种植模式为例，开展改变施肥方式对生态环境效应的研究，因此，利用本研究小组 2008—2010 年在山东省桓台县进行的冬小麦-夏玉米定位试验，从作物产量、淋溶水量、氮素淋失量等氮素循环中主要方面对模型进行了全面的验证。结果表明，DNDC 模型能够真实地反映作物生长的动态变化过程，不同处理中模拟值和实测值的相关系数均达 0.80 以上（相关性检验达到了显著水平）（李虎 等，2012）；模型完全再现了土壤不同层次温度和土壤含水孔隙率（WFPS）的动态变化规律，这就说明模型能够有效反映土壤温度、湿度变化及其对土壤气相和液相扩散速率的影响；DNDC 模型模拟与田间测量的淋溶水量及硝态氮淋失量的相关系数（r）分别达到了 0.94 和 0.91，相关性显著（$P<0.01$），能较好地模拟和再现该地区冬小麦-夏玉米轮作系统农田土壤水分以及氮素的淋失。但还需进一步指出的是，虽然模型能够比较准确地模拟作物生长动态、土壤环境因子变化、水氮淋溶量等动态过程，但还存在一些偏差。例如，模型能够较好地模拟玉米生长季氮素的淋失量，但是低估了冬小麦越冬水后（2008 年 11 月 25 日）硝态氮的淋失量，整个冬小麦生长季氮素淋失量模型模拟值（18.35 kg/hm^2）与实测值（14.89 kg/hm^2）相对偏差达到了 20%左右。本研究小组利用作物生长、水氮运移等实测数据，采用时差法对主要作物生长模块和氮素损失模块等关键参数进行了调整和校正，经过校正后模型模拟与田间观测在主要硝态氮浓度峰的峰值、出现的时间、动态变化趋势上均十分接近，两者硝态氮浓度变化趋势的相关系数约为 0.56，通过了显著性检验。考虑到农业生态系统氮循环是非常复杂的过程，同时受人类等因素的影响，虽然目前还没有办法对 DNDC 进行绝对的验证，但以上结果

充分表明了DNDC模型模拟过程和参数是合理的，可以用来定量评估不同氮素施用的环境效应。

（三）数据库的建立

本研究以环渤海地区为研究对象，选取河北省、山东省、辽宁省、北京市、天津市等省、直辖市共333个县级空间单元，选择有地理行政边界的县为最小模拟单元，构建模型所需要的基础数据从统计资料和实际调查中获取，在与GIS数据库的集成过程中实现了土壤数据、管理措施及气象数据等空间的链接。

1. 气象数据库

数据来源于中国气象局国家气象信息中心，包括环渤海3省2市共计82个国家台站，考虑到全区域并不是每个县都有国家地面气象台站，按照就近共享的原则来建立各县域气象数据。本研究气象数据以2008年逐日的最高、最低温度和降水量构成。

2. 土壤属性数据库

土壤数据库资料主要来源于全国第二次土壤普查数据及《中国土种志》的相关数据，包括土壤容重、黏粒含量、土壤有机碳含量和pH。将环渤海县域图和环渤海土壤图叠加，土壤类型图与行政边界图进行空间叠加生成的二级图斑，运用统计分析方法中的克里格插值法得到整个区域土壤本底的空间分布图。为了减小或消除由土壤参数空间异质性带来的误差，在模型土壤数据库中，把每个模拟单元（县）的土壤属性赋予两个值（最大值和最小值），模型将自动分别选择该单元中的最大值和最小值各运行一次，就会得到该单元的一个模拟值范围，以此来减少区域均值所带来的误差。

3. 农田土地利用类型数据库

该部分主要由区域每个模拟单元（县）内农田各种土地利用类型的播种面积建立，鉴于统计数据里只有单种作物的播种面积，而没有轮作体系的播种面积，运用邱建军等开发的转换方法计算冬小麦-夏玉米轮体系种植的耕地面积。

4. 作物耕作管理数据库

包括每个模拟单元（县）作物施肥时间与用量、灌溉、耕作等信息。作物耕作管理数据库是在农田土地利用类型数据库的基础上建立的。

GIS数据库的建立借助于比例尺为1∶100 000的环渤海县级行政边界空间数据，通过字段间的一一对应关系建立统计数据与行政边界空间数据之间的链接。首先对统计资料进行整理，使之与行政边界空间数据相匹配，然后通过县名编码建立空间数据与统计数据库的一一对应关系，得到具有行政区划空间索引的统计数据。以县名编码为公共字段实现空间数据与统计数据及属性数据的链接，并以此为基础，按照DNDC模型输入格式的要求，把区域模型所需要的输入参数由各种原始资料收集后以县域为基本单位编入GIS数据库。当基本模拟单元确定之后，就以基本单元的ID为指引，逐个建立相应ID所在记录的数据库（Li et al.，2006；Tang et al.，2010）。

（四）区域尺度氮肥调控方案的设定

区域氮素总量根据以往的研究和作物的需求，确定了两种不同的氮肥调控方案，一是在全区域冬小麦-夏玉米轮作体系 364 万 t 化肥氮素用量的基础上减少 30%；二是优化一次性施氮，即根据冬小麦-夏玉米种植模式吸氮规律和各区域氮肥施用量，冬小麦-夏玉米施氮量以 300 kg/hm² 为准（冬小麦施氮量 140 kg/hm²，夏玉米施氮量 160 kg/hm²），且在播种前一次性施入。把高于和低于此施氮量的县区全部调整到此施肥量。模型结果中每个最小模拟单元的模拟结果值的总和为该指标的县值，各县总和为该指标整个区域的结果。系统分析区域氮收入和支出，从氮平衡的角度评价这两种调控方案的环境效应。

四、区域环境效应分析

在环渤海冬小麦-夏玉米种植区域氮肥总量减少 30%和优化施肥两种调控方案下，氮素总量输入基本没有差别，都在 255 万 t。与氮素减量 30%的方案相比，优化施氮氮肥总量也减少 30.49%，只是氮肥减少的区域主要集中在山东省东部、西南部和河北中部氮肥施用量较大的区域。环渤海区域冬小麦-夏玉米农田土壤氮素平衡虽然还表现为正平衡，但相比目前施氮水平，氮素减量 30%调控方案下土壤氮素盈余量下降了 14.23 万 t，优化一次性施氮调控方案土壤氮素盈余量下降了 16.44 万 t，下降幅度较大，明显地降低了氮素的环境风险（图 11 - 24）。

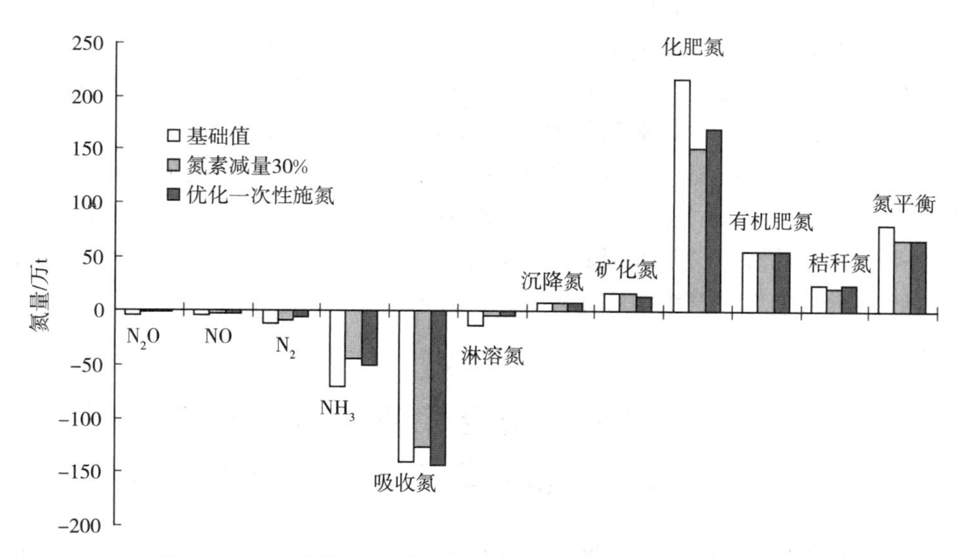

图 11 - 24　不同调控方案下环渤海全区农田土壤氮平衡的变化

系统中氮素输入只是减少了化肥氮的投入，但是整个轮作系统内氮素输出的各个途径则发生了根本性的变化。对于氮素平衡的各个输出项来说，都有不同程度的降低。其中尤以淋溶氮降低幅度最大，氮素减量 30%调控方案淋溶氮减少了 67.23%，优化施氮调控方案淋溶氮则减少将近 70.27%，减少了 9.41 万 t 的氮素淋溶损失（图 11 - 25），这说明在当前高量施氮管理措施下减少化肥氮用量或合理施用氮肥就能够降低氮素的淋溶损失，对降低环境效应是最有效的。

N_2O 下降幅度仅次于氮淋溶，氮素减量 30%调控方案下降了 50%，优化施氮调控方

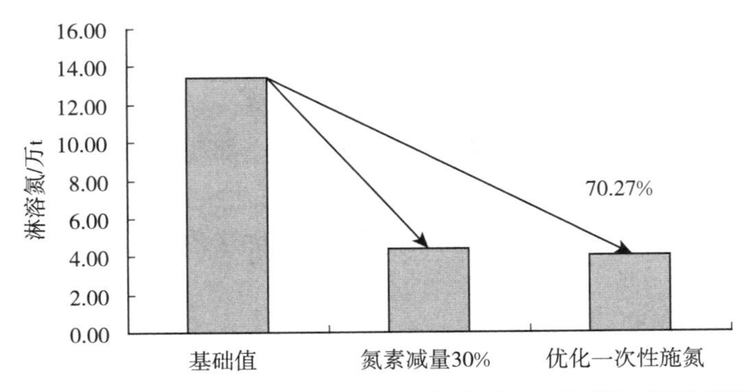

图 11-25 冬小麦-夏玉米轮作系统不同调控方案下氮淋溶的降低幅度

案下降了 66%。两种调控方案下 NH_3 挥发下降幅度分别为 37%和 27%，虽然没有氮淋溶和 N_2O 下降幅度大，但是总量下降且是最多的，氮素减量 30%调控方案下氨挥发减少了 25.91 万 t，优化施氮调控方案下减少了 19.68 万 t。

从作物吸氮量来看，两种调控方案的结果截然不同，氮素减量 30%调控方案总体作物吸氮量减少了 13.48 万 t，大约减少了 9.6%；优化施氮调控方案由于根据作物对氮素的吸收规律设定，更符合作物生长对氮素的需求，作物吸氮量反而增加了 3.24 万 t，这说明冬小麦-夏玉米种植模式优化施氮调控方案更加符合作物吸氮规律。

总体看来，冬小麦-夏玉米种植模式优化施氮调控方案不仅可以获得较高的产量，而且可以显著减少氮素损失，提高氮素利用效率。这也有效说明环渤海地区冬小麦-夏玉米种植模式目前过高的氮肥用量完全可以下调，只要将不合理的施氮量降下来并改进施肥方式，提高氮肥利用率仍有较大的潜力。模型分析表明，环渤海地区冬小麦-夏玉米轮作系统节氮潜力最明显的地区在山东东部，平均节氮可以达到 150～200 kg/hm^2，山东西南部和河北中部节氮潜力在 100～150 kg/hm^2，河北南部节氮潜力较小，在 20～50 kg/hm^2。

第三节 “我国主要粮食作物一次性施肥关键技术”研究成果经济效益测评

项目组委托中国农业科学院农业经济与发展研究所对研究成果经济效益进行了测评。针对当前我国粮食生产面临的施肥过量、氮肥利用率低和农业劳动力短缺等问题，山东省农业科学院农业资源与环境研究所刘兆辉研究员领衔的研究团队，通过 2011—2019 年在我国广东、河南、湖北、吉林等 11 个省（市）区，针对玉米、小麦、水稻等主要粮食作物的一次性施肥关键技术进行联合攻关和推广应用，取得了多项突破与创新，形成了一次性施肥技术体系，开创了生产轻便、节本增效和保护环境的技术模式，为粮食主产区玉米、小麦、水稻的节本和增产提供了有效的技术支撑，取得了显著的经济效益。

本报告依据项目实施单位提供的基础数据和应用技术证明来测算和评价“我国主要粮食作物一次性施肥关键技术”成果的经济效益。

一、计算期项目推广规模与推广效益

（一）项目推广分布情况

在2011—2019年期间，该项目在我国广东、河南、湖北、吉林等11个省（市）区示范推广了玉米、小麦、水稻等主要粮食作物一次性施肥关键技术，累计推广面积达30 706.2万亩（表11－13）。

表11－13　项目成果推广应用情况

应用区域	应用期间	应用规模/万亩	品种	粮食增产/万t	每亩节本增收/元
广东省	2011—2017	1 800	水稻	68.4	128
河南省	2011—2017	1 759	小麦、玉米	45.2	63.3
湖北省	2011—2017	1 200	水稻	稳产	106.7
吉林省	2011—2017	2 430	玉米	75.3	73.1
山东省	2011—2017	2 250	小麦、玉米	53.8	103.3
辽宁省	2011—2017	1 350	玉米	41.8	73.1
河北省	2011—2017	1 050	小麦、玉米	27.5	103.3
南京市	2011—2017	600	水稻	稳产	106.7
浙江省	2011—2017	650	水稻	稳产	85.4
湖南省	2011—2017	85	水稻	1.4	95.4
海南省	2011—2017	550	水稻	14.3	87

（二）经济效益的计算年限

该项目成果属于基础应用研究和社会公益研究，经济效益计算年限预计为12年，其中2011—2019年为正式推广应用阶段，2020—2022年为未来推广阶段。

（三）已推广阶段的年限和当年新推广规模

从推广应用证明情况看，该技术经过2008—2010年的三年研发阶段，从2011年正式推广，以2019年作为计算贴现值的基准年，2011—2019年已累计推广9年，应用该技术累计推广面积达30 706.2万亩。

（四）未来推广阶段的年限和各年推广规模

经济效益计算年限为12年，现已经推广9年，未来推广年限为3年，年利率按10%计。根据现阶段推广情况及相关专家的评估预测，预计2020—2022年的推广规模为30 098.5万亩，预计新增纯收益将达230亿元（表11－14）。

表 11-14　成果推广规模和效益情况表

阶段	年份	离基准年年数（2019 年为基准年）	复利或贴现系数（r=10%）	当年新推广规模/万亩	当年新增纯收益	
					当年值/万元	复利值（贴现值）
已推广阶段	2011	8	2.144	125.7	11 690.1	25 064
	2012	7	1.949	301.5	28 039.5	54 649
	2013	6	1.772	687.5	63 937.5	113 297
	2014	5	1.611	1 258	116 994.0	188 477
	2015	4	1.464	2 575	239 475.0	350 591
	2016	3	1.331	3 862.5	359 212.5	478 112
	2017	2	1.21	6 437.5	598 687.5	724 412
	2018	1	1.1	7 528	700 104.0	770 114
	2019	0	1	7 930.5	737 536.5	737 537
	合计	—	—	30 706.2	2 855 676.6	3 442 253
未来推广阶段	2020	−1	0.909	8 802.8	818 660.0	744 162
	2021	−2	0.826	9 859.1	916 896.0	757 356
	2022	−3	0.751	11 436.6	1 063 604.0	798 766
	合计	—	—	30 098.5	2 799 160	2 300 284

二、成果推广的投入情况

用总科研推广费用来反映成果推广的投入情况。该科研成果由省级科研单位牵头组建的研究团队研发而成，间接科研系数取 1.0；总科研费用等于直接科研费用加间接科研费用。直接科研费用包括专门为研发该成果购买的仪器费、图书资料费、制图费、试验化验费、计算费、材料及加工费、差旅费、会议费以及科研人员和辅助人员的工资等。间接科研费用是指科研单位的共同费用，包括行政和科研管理费、固定资产折旧费等各项公共支出费用。

具体计算公式为：

间接科研费用＝直接科研费用×间接科研费用系数

总科研费用＝直接科研费用＋间接科研费用

2008—2017 年项目总科研推广费用为 2 494 万元，科研推广费用复利值为 4 033 万元，计算结果见表 11-15。

表 11-15　科研推广费用表

阶段	年份	离基准年年数（以 2019 年为基准年）	复利系数	直接科研费用/万元	间接科研费用/万元	总科研费用/万元	科研费用复利值
已推广阶段	2008	11	2.853	68	2.10	70.10	200
	2009	10	2.594	68	2.10	70.10	182

（续）

阶段	年份	离基准年年数（以2019年为基准年）	复利系数	直接科研费用/万元	间接科研费用/万元	总科研费用/万元	科研费用复利值
已推广阶段	2010	9	2.358	68	2.10	70.10	165
	2011	8	2.144	68	2.10	70.10	150
	2012	7	1.949	68	2.10	70.10	136
	2013	6	1.772	374	41.90	415.90	737
	2014	5	1.611	398	44.98	442.98	714
	2015	4	1.464	404	45.78	449.78	659
	2016	3	1.331	589	69.85	658.85	877
	2017	2	1.210	162	14.28	176.28	213
	合计	—	—	2 267	227.29	2 494.29	4 033
未来推广阶段	2020	−1	0.909	727	72.93	799.93	727
	2021	−2	0.826	727	72.93	799.93	661
	2022	−3	0.751	727	72.93	799.93	601
	合计	—	—	2 181	218.79	2 399.79	1 989

注：该项目2017年结题，因此，2017年和2018年的科研投入没有计入。

三、经济效益指标计算

（一）科研推广成果已获经济效益

科研成果已获经济效益指按照已推广应用的规模计算出的已经为社会增加的纯收益或节约资源的价值总值。其中，为真实反映科研推广成果在一定范围内使用后的增产增收效果要小于区域推广实验中的增产增收效果这一实际情况，需要将试验中得到的经济效益乘以缩值系数进行折算，本项目缩值系数取0.70。

具体计算公式及结果如下：

推广期应分摊的科研费用＝已推广规模/可能推广规模×总科研费用复利值

＝30 706.2/30 098.5×4 032.59

＝4 114（万元）

那么，已获经济效益＝$\sum$（新增纯收益×缩值系数）－推广期应分摊的科研推广费用

＝3 442 253×0.7－4 114

＝2 405 463.1（万元）

（二）科研推广成果未来可产生的经济效益

该指标是预测数，表示科研成果进一步推广后还可能为社会增加的纯收益或节约的价值总值。具体计算公式和结果如下：

未来可产生的经济效益＝$\sum$（未来可新增纯收益×缩值系数）－预测期应分摊的科研推广费用

=2 300 285×0.7−1 989

=1 608 210.5（万元）

（三）年经济效益

该指标表示农业科研成果在生产中推广应用后平均每年可能为社会新增加的纯收益或节约资源的价值总额。具体计算公式和结果如下：

年经济效益=(已获经济效益+未来可产生的经济效益)/经济效益计算年限

=(2 405 463.1+1 608 210.5)/12

=334 472.8（万元）

四、成果经济效益测算结果及评价

该项科研推广成果经济效益计算结果详见表11-16。

表11-16 科研成果经济效益汇总表

类别	名称	数值
参数	经济效益计算年限/年	12
	年利率/%	10
	缩值系数	0.7
	间接科研费用系数	1
部分基础数据	已推广年限/年	9
	已推广规模/万亩	30 706.2
	可能推广规模/万亩	30 098.5
	科研费用/万元	2 494
经济效益指数	已获经济效益/万元	2 405 463.1
	未来可能产生的经济效益/万元	1 608 210.5
	年经济效益/万元	334 472.8

计算结果表明，该项科研推广成果目前已创造了240.5亿元的总经济效益，如果该成果可以继续推广，预计未来3年将创造160.8亿元经济效益。该成果年经济效益达33.4亿元，经济效益显著。更为突出的是，根据项目在全国主要粮食主产区的应用情况，该技术既实现了作物稳产高产、氮肥高效利用和减少氮损失，又节省了农业劳动力和降低了生产成本。因而，本项目成果协同实现了作物高产、养分高效和环境友好的农业可持续发展，同时解决了当前农业生产劳动力不足的难题，具有显著的生态效益和社会效益，适宜在全国粮食主产区全面推广和应用，具有广阔的应用前景。

主要参考文献

卜容燕，任涛，鲁剑巍，等，2014. 水稻-油菜轮作条件下磷肥效应研究 [J]. 中国农业科学，47 (6)：

1227－1234.
丁武汉，谢海宽，徐驰，等，2019. 一次性施肥技术对水稻-油菜轮作系统氮素淋失特征及经济效益的影响［J］. 应用生态学报，30（4）：1097－1109.
高旺盛，黄进勇，吴大付，等，1999. 黄淮海平原典型集约农区地下水硝酸盐污染初探［J］. 中国生态农业学报，7（4）：41－43.
韩蔚娟，2015. 新型肥料在黑土上的施用效果及环境效应研究［D］. 长春：吉林农业大学.
李虎，邱建军，高春雨，等，2012. 基于DNDC模型的环渤海典型小流域农田氮素淋失潜力估算［J］. 农业工程学报，28（13）：127－134.
李生秀，1999. 植物营养与肥料学科的现状与展望［J］. 植物营养与肥料学报（3）：193－205.
李玮，2016. 缓释尿素对土壤无机氮及棉花和玉米产量的影响［D］. 石河子：石河子大学.
刘东雪，2013. 施肥对冬小麦-夏玉米轮作生态系统温室气体排放的影响［D］. 泰安：山东农业大学.
刘冬梅，2019. 控释肥对小麦玉米生物学性状和土壤硝酸盐积累的影响［J］. 种子科技，37（1）：109.
刘红江，郭智，郑建初，等，2018. 不同类型缓控释肥对水稻产量形成和稻田氮素流失的影响［J］. 江苏农业学报（4）：783－789.
刘彦随，陆大道，2003. 中国农业结构调整基本态势与区域效应［J］. 地理学报，58（3）：381－389.
卢艳丽，白由路，王磊，等，2011. 华北小麦-玉米轮作区缓控释肥应用效果分析［J］. 植物营养与肥料学报，17（1）：209－215.
陆大道，1995. 中国环渤海地区持续发展战略研究［M］. 北京：科学出版社.
邱建军，王立刚，2012. 环渤海区域农业碳氮平衡定量评价及调控技术研究［M］. 北京：科学出版社.
石宁，李彦，张英鹏，等，2018. 控释肥对小麦/玉米农田土壤硝态氮累积和迁移的影响［J］. 中国农业科学，51（20）：3920－3927.
史桂芳，董浩，衣文平，等，2017. 不同用量长效控释肥对夏玉米生长发育及产量的影响［J］. 山东农业科学（7）：101－104.
孙云保，张民，郑文魁，等，2014. 控释氮肥对小麦-玉米轮作产量和土壤养分状况的影响［J］. 水土保持学报，28（4）：115－121.
谭德水，林海涛，朱国梁，等，2018. 黄淮海东部冬小麦一次性施肥的产量效应［J］. 中国农业科学，51（20）：3887－3896.
王强，姜丽娜，潘建清，等，2018. 缓释氮肥一次性施肥对单季稻氮素吸收和产量的影响［J］. 中国农业科学，51（20）：3951－3960.
王睿，刘汝亮，赵天成，等，2017. 缓/控释肥侧条施用对水稻产量与农学性状的影响［J］. 中国农学通报，33（6）：1－5.
徐驰，谢海宽，丁武汉，等，2018. 油菜-水稻复种系统一次性施肥对 CH_4 和 N_2O 净排放的影响［J］. 中国农业科学，51（20）：155－167.
杨俊刚，高强，曹兵，等，2009. 一次性施肥对春玉米产量和环境效应的影响［J］. 中国农学通报，25（19）：123－128.
叶青，曹国军，耿玉辉，2016. 控释氮肥在小麦玉米轮作体系中的养分高效利用研究［J］. 江苏农业科学，44（8）：124－129.
张福锁，王激清，张卫峰，等，2008. 中国主要粮食作物肥料利用率现状与提高途径［J］. 土壤学报，45（5）：915－924.
张婧，李虎，朱国梁，等，2017. 控释肥施用对土壤 N_2O 排放的影响——以华北平原冬小麦/夏玉米轮作系统为例［J］. 生态学报（22）：253－264.
张小洪，袁红梅，蒋文举，2007. 油菜地 CO_2、N_2O 排放及其影响因素［J］. 生态与农村环境学报（3）：

5－8.

赵荣芳，陈新平，张福锁，2009. 华北地区冬小麦-夏玉米轮作体系的氮素循环与平衡［J］. 土壤学报，46（4）：684－697.

周丽平，杨俐苹，白由路，等，2018. 夏玉米施用不同缓释化处理氮肥的效果及氮肥去向［J］. 中国农业科学，51（8）：151－160.

朱兆良，2000. 农田中氮肥的损失与对策［J］. 生态环境学报，9（1）：1－6.

朱兆良，文启孝，1992. 中国土壤氮素［M］. 南京：江苏科学技术出版社.

邹朋，2012. 控释掺混肥减量施用对小麦生长和土壤养分及其利用率的影响［D］. 泰安：山东农业大学.

DENG J，ZHU B，ZHOU Z，et al，2011. Modeling nitrogen loadings from agricultural soils in southwest China with modified DNDC［J］. Journal of Geophysical Research，116，doi：10.1029/2010JG001609.

GODFRAY H C J，BEDDINGTON J R，CRUTE I R，2010. Food security：the challenge of feeding 9 billion people［J］. Science，327：812－818.

HU K，HUANG Y，LI H，et al，2005. Spatial variability of shallow groundwater level，electrical conductivity and nitrate concentration，and risk assessment of nitrate contamination in North China Plain［J］. Environment International，31（6）：1－903.

JU X，XING G，CHEN X，2009. Reducing environmental risk by improving N management in intensive Chinese agricultural systems［J］. Proceedings of the National Academy of Science，106：3041－3046.

LI C，FARAHBAKHSHAZAD N，JAYNES D B，et al，2006. Modeling nitrate leaching with a biogeochemical model modified based on observations in a row－crop field in Iowa［J］. Ecological Modelling，196：116－130.

LI C，FROLKING S，FROLKING T A，1992. A model of nitrous oxide evolution from soil driven by rainfall events. Model structure and sensitivity［J］. Journal of Geophysical Research，D9：9759－9776.

LI C，MOSIER A，WASSMANN R，et al，2004. Modeling greenhouse gas emissions from rice－based production systems：sensitivity and upscaling［J］. Global Biogeochemical Cycles，18（1）.

PENG S，BURESH R J，HUANG J，et al，2006. Strategies for overcoming low agronomic nitrogen use efficiency in irrigated rice systems in China［J］. Field Crops Research，96（1）：1－47.

QIU J，WANG L，TANG H，et al，2005. Studies on the situation of soil organic carbon storage in croplands in northeast of China［J］. Chinese Agricultural Sciences，4（8）：594－600.

TANG H J，QIU J J，WANG L G，et al，2010. Modeling Soil Organic Carbon Storage and Its Dynamics in Croplands of China［J］. Agricultural Sciences in China，9（5）：704－712.

TAO R，PETER C，JING G W，et al，2010. Root zone soil nitrogen management to maintain high tomato yields and minimum nitrogen losses to the environment［J］. Scientia Horticulturae，125（1）：25－33.

TILMAN D，BALZER C，HILL J，et al，2011. Global food demand and the sustainable intensification of agriculture［J］. Proceedings of the National Academy of Sciences of the United States of America，108（50）：20260－20264.

ZHAO H，SUN B，LU F，et al，2015. Straw Incorporation Strategy on Cereal Crop Yield in China［J］. Cropence，55（4）：1773－1781.

ZHAO R F，CHEN X P，ZHANG F S，et al，2006. Fertilization and Nitrogen Balance in a Wheat－Maize Rotation System in North China［J］. Agronomy Journal，98（4）：938.

第十二章　总结与展望

经过近二十年的研究、探索和实践，作物一次性施肥取得了突破性进展，从理论到技术和产品以及开展田间验证和大面积应用推广，逐步形成了完整的研究体系，建立了成熟的小麦、玉米和水稻三大粮食作物一次性施肥技术，基本形成棉花、花生等经济作物的一次性施肥技术，以及探索了多年生果树和常年生设施蔬菜等作物的简化施肥技术。对一次性施肥的肥料产品、装备和方法等进行了规范，提出了一次性施肥技术的概念，为一次性施肥的研究、应用和可持续发展提供了理论支撑。

在高产作物养分需求规律和资源高效利用研究的基础上，利用多年多点大数据分析及模型模拟，阐明了作物增产过程中单位养分需求特征变化、高产高效作物地上-地下互作的定量机制。明确了高产粮食作物主要增加中后期干物质积累和养分吸收比例的养分需求特征，夏玉米主要增加花后积累，冬小麦主要增加拔节至扬花期积累，为作物专用缓释肥的设计提供了理论基础。基于 GIS 和大数据分析技术，对全国作物生产数据进一步挖掘和总结，获得了我国主要粮食作物养分投入空间变异及投入/产出平衡关系，绘制出三大粮食作物全生育期养分吸收与缓/控释肥养分释放的动态匹配关系。

提出了作物专用缓/控释肥的概念，为缓/控释肥的开发指明了方向。研发出水基树脂包膜冬小麦和单季稻专用缓/控释肥、腐植酸和复合抑制剂型玉米专用缓释肥、复合抑制剂型双季稻专用缓释肥，以及环氧树脂、聚氨酯、水基树脂包膜复配型等作物专用缓释肥，显著提高了产品的针对性，同时大大降低了肥料成本。研发出系列小麦和玉米施肥、播种多功效联合作业机械，以及水稻旋耕施肥、机械插秧和施肥联合作业机，显著提升了施肥和播种的精度，生产效率提高了 30%以上。

明确了主要粮食作物一次性施肥技术主要参数，如肥料养分配比、用量、施用位置和施肥方式等。建立了“肥料＋农机＋农艺”一次性施肥技术模式并开展田间验证。取得的主要进展：一次性施肥在减氮 10%～25%的条件下可实现稳产和小幅度增产，夏玉米减氮 20%和 25%的情况下较农民习惯施肥分别增产 3%和 6%，冬小麦减氮 20%可实现稳产，双季稻减氮 10%平均增产 11.2%，5 年定位试验表明，等氮肥投入下小麦/玉米周年两作可增产 7.8%；一次性施肥改善了作物的品质，提高了玉米粗脂肪含量 11.1%，显著提高了冬小麦蛋白质和湿面筋含量，提高了稻谷精米率和胶稠度，使加工品质得到改善；一次性施肥减少了农业用工支出，可平均省工 7～15 个/hm^2；一次性施肥大幅降低了养分向非农业环境中流失的损失，实现了绿色生产，一次性施肥使冬小麦/夏玉米、水稻/油菜体系的氮素淋失分别减少 17.7%和 20%，早、晚稻氮素径流损失分别减少 8.3%～58.1%和 18.7%～37.5%。早、晚稻氨挥发分别减少 23.3%～62.7%和 23.6%～48.1%。冬小麦、春玉米 N_2O 排放分别减少 20%和 33%，长江中下游水稻/油菜体系 CH_4 减排 18%，华南双季稻 CH_4 减排达 20%。

一、一次性施肥的研究热点和发展趋势

虽然一次性施肥取得了很大的进展，在理论、技术、产品和装备上都有了较大突破，主要粮食作物一次性施肥技术也基本成熟，但一次性施肥技术仍有大量工作需要继续深入研究，例如其他粮食作物、经济作物、果树和蔬菜等的一次性或简化施肥技术，需要作物栽培、植物营养、土壤等多学科协同攻关，今后的研究主要集中在以下几个方面。

作物养分吸收规律方面，当前研究通过多年的大量工作，虽已积累了大量数据，明确了大部分作物的养分吸收规律，绘制出养分吸收曲线，基本建成了作物的养分吸收数据库。但是，针对不同区域、不同土壤类型、不同产量水平下的作物养分需求规律的研究仍然不够系统、不够完善。

缓/控释肥料产品及标准方面，缓/控释肥新产品的研发主要集中在：研发作物专用缓/控释肥；产品养分释放的控制更加精准；缓/控释肥养分释放时的控制材料越来越环保；进一步降低缓/控释肥的生产成本。

目前研究主要集中在缓/控释肥料在静水中的养分释放规律，形成了以净水中养分释放速率和累计释放量评判产品是否合格的国家标准，而对于缓/控释肥在土壤中的释放规律研究不够，今后应加强在不同生态区、不同土壤类型、不同作物养分吸收与肥料养分释放之间的时空匹配关系，以及环境因子对肥料产品养分释放影响的研究，以期探明每种作物养分吸收与土壤养分供应的关键节点，建立作物养分需求与土壤养分供应时空匹配拟合关系的数学模型，为肥料新产品的开发提供理论支撑。

施肥联合作业机械方面，应根据一次性施肥技术的要求，开发施肥量控制更加精准、施肥位置更加合理的施肥播种或施肥插秧联合作业机，机械功能更加多样，机械作业更加灵活，以期能够适应在不同地形、不同尺度田块上作业。

一次性施肥对作物产量、品质、土壤和环境的影响方面，基本明确了一次性施肥对作物产量和氮素损失途径以及数量的影响，今后将更加注重对作物品质、土壤质量以及其他污染物排放的影响，尤其是对作物品质影响机理的研究。

二、加强政策研究，促进一次性施肥健康发展

提高资源利用效率，减少环境污染，实现绿色可持续农业是今后农业发展的必由之路。我国农业农村发展需要以绿色理念为引领，以绿色保护为基础，以绿色科技为支撑，以绿色供给为目标，以绿色政策为保障。健全和完善农业绿色发展政策体系，形成农业绿色发展的激励机制，对农业资源的高效利用，农业污染的有效控制，以及实现农业绿色发展具有重要的作用。

一次性施肥技术不仅能够省工、节肥和减少环境污染，而且能够减少农业机械装备投入，是典型的农业绿色生产技术，应从各个方面加大支持的力度。

（一）鼓励施用环境友好型肥料新品种

能够实现作物一次性施肥的肥料都具有一定的缓释性，如树脂包膜控释肥、稳定性肥料、腐植酸复合肥等，缓/控释肥能大幅提高养分利用率，有效减少环境污染。生产中应该制定激励政策，鼓励农民选用新型环境友好肥料替代传统肥料，例如给购买缓/控释肥料的农民发放补贴，以利于新型环境友好型肥料在全国范围地应用和推广，促进农业绿色生产方式（一次性施肥）的实现。

（二）制定限制过量施肥的政策体系

研究制定我国不同区域、不同作物肥料用量的限定标准，借鉴农业发达国家的经验，制定适合我国国情的肥料施用监管政策，如国外的命令控制型、经济激励型和公众参与型（如教育、培训等）等政策。欧盟的化肥减量政策包括命令控制型和经济激励型两种。在命令控制型政策方面，主要有《饮用水法令》《硝酸盐法令》和《农业环境条例》。《饮用水法令》规定了欧盟每个成员国饮用水中硝酸根含量不得超过 50 mg/L。经济激励型化肥减量政策包括调整农产品价格、排污收费、对化肥生产和销售征税，对减少养分排放的农民给予补贴等。日本的公众参与型政策也具有很好的效果，日本通过有机农业研究会、保护大地会、主妇联合会、消费科学联合会等组织联合全国消费者团体联络会等，发挥社会团体的宣传和推动作用，通过将广大农户需求结合起来，实现上下良性互动，全社会积极参与、共同推进。我国肥料施用限量标准应以县域为单元，依据不同的土壤类型和产量水平，制定不同作物的施肥限量标准。

（三）制定农田氮、磷污染排放限量标准和超标排放惩罚政策

近年来，我国在农业面源污染及其防控技术方面做了大量研究工作，积累了大量试验数据，取得了一批有价值的成果，依据已有的数据和相关标准，参照国外经验，制定适用于我国不同生态区、不同土壤类型、不同作物的农田氮、磷排除限量标准，在此基础上，制定农田氮、磷超标排放处罚条例，对环境保护和发展绿色生产具有重要的意义。

（四）鼓励购置使用施肥播种联合作业机

施肥联合作业机械能够实现施肥、播种或插秧、整地等一次性多功效协同作业，而且能够精准控制施肥量和播种量，机械效率高，作业成本低。应制定相应的农机补贴政策，鼓励农户购买一机多用联合作业机，购机补贴额度应适当高于常规农机。

（五）加大一次性施肥技术推广服务的力度，提升一次性施肥技术的普及到位率

借鉴日本公众参与型方式方法，通过各种形式的科普活动，如电视、报纸、广播等媒体宣传，各级农业技术推广部门的田间推广，提高人们对化肥减施在环境保护和食品安全重要性上的认识，促使减肥增效新技术快速普及。充分发挥新型农业经营组织的带头作用，在农业专业合作社、大中型家庭农场中优先推广应用，辐射带动广大农户采用新技术，提升技术普及到位率，转变传统施肥模式，实现农业绿色可持续生产。

图书在版编目（CIP）数据

中国主要粮食作物一次性施肥技术 / 刘兆辉主编
. —北京：中国农业出版社，2019.12
ISBN 978-7-109-26223-2

Ⅰ.①中… Ⅱ.①刘… Ⅲ.①粮食作物—施肥 Ⅳ.
①S510.62

中国版本图书馆 CIP 数据核字（2019）第 246244 号

中国主要粮食作物一次性施肥技术
ZHONGGUO ZHUYAO LIANGSHI ZUOWU YICIXING SHIFEI JISHU

中国农业出版社出版
地址：北京市朝阳区麦子店街 18 号楼
邮编：100125
责任编辑：魏兆猛　　文字编辑：谢志新
版式设计：史鑫宇　　责任校对：周丽芳
印刷：北京通州皇家印刷厂
版次：2019 年 12 月第 1 版
印次：2019 年 12 月北京第 1 次印刷
发行：新华书店北京发行所
开本：787mm×1092mm　1/16
印张：19
字数：450 千字
定价：120.00 元